大学合格のための**基礎知識**と**解法**が身につく

技 284

数学II・B＋ベクトル

高等進学塾 専任講師

松村淳平

Gakken

　普段の授業や定期テストで見る問題とまったく異なる入試問題。模試や志望校の過去問に挑戦したときに，その難しさに圧倒される受験生も数多くいることでしょう。そのような壁にぶつかった受験生のために，教科書的内容と入試数学の橋渡しとなる『技』を執筆しました。

　受験の準備期間は，時間がいくらあっても足りないぐらい短いです。大学受験において数学は重要な科目ですが，数学以外の他教科の勉強もあるため，数学ばかり勉強するわけにはいきません。

　そこで数学の力を効率的に伸ばせるよう，次の3点を意識して本書を執筆しました。

1問にポイント1つで，学びやすく

　実際の入試問題の中には，1問に複数のポイントが含まれており，自習する上で理解しづらいことが多くあります。それを避けるために，1問1ポイントにし，計算もなるべく複雑にならないように配慮しました。

4問1テーマで，理解を深めやすく

　似ている問題4問を1テーマの構成としています。問題の条件の違いと，それによる解法の違いを比較しやすいので，問題ごとに適切な解法を選ぶ訓練になります。

1問1ページで，読みやすく

　解説の途中でページをめくることによるストレスを減らすために，原則1問1ページで完結するようにしました。

　また，入試数学における有名問題の中には，高度な発想を用いるものでも「有名だから」という理由で出題されます。そのような問題にも対応できるように，多くの有名問題とその定石といえる解法を掲載しました。この本で受験数学における数多くの定石を身につけて，自分の技にしてください。

　自信は努力の量に裏打ちされるもので，試験本番で問題を解くとき，その自信が前に進む勇気につながります。この本がみなさんの合格の手助けになることを願っています。

松村 淳平

もくじ

本書の使い方

各テーマの冒頭で，扱う問題一覧を掲載しています。まずは，問題だけを見て解けるか挑戦してみましょう。

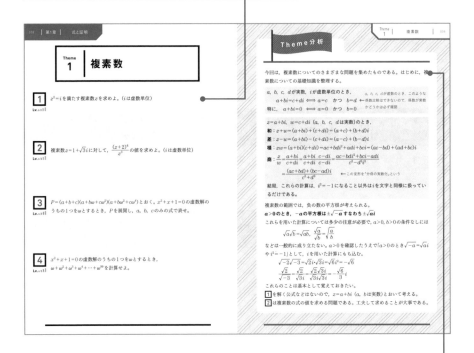

各テーマの問題を解く上で，必要な知識がまとめられています。

一覧に掲載されていた問題の詳細のページです。問題一覧ページをとばして，このページから演習を始めていく使い方もおすすめです。

各問題を解くための方針です。

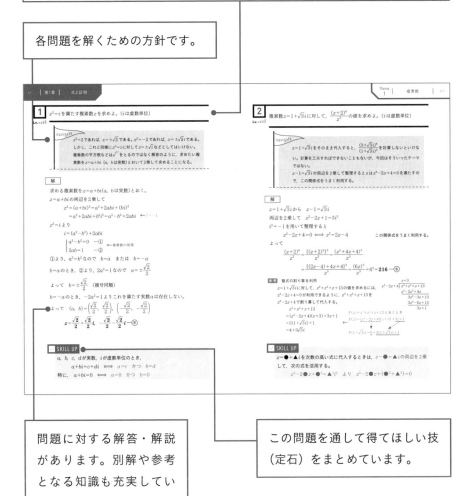

問題に対する解答・解説があります。別解や参考となる知識も充実しています。

この問題を通して得てほしい技（定石）をまとめています。

Theme 1 | # 複素数

1
Lv.

$z^2 = i$ を満たす複素数 z を求めよ。(i は虚数単位)

2
Lv.

複素数 $z = 1 + \sqrt{3}i$ に対して，$\dfrac{(z+2)^6}{z^3}$ の値を求めよ。(i は虚数単位)

3
Lv.

$P = (a+b+c)(a+b\omega+c\omega^2)(a+b\omega^2+c\omega^4)$ とおく。$x^2+x+1=0$ の虚数解のうちの1つを ω とするとき，P を展開し，a, b, c のみの式で表せ。

4
Lv.

$x^2+x+1=0$ の虚数解のうちの1つを ω とするとき，
$\omega+\omega^2+\omega^3+\omega^4+\cdots+\omega^{99}$ を計算せよ。

Theme分析

今回は，複素数についてのさまざまな問題を集めたものである。はじめに，複素数についての基礎知識を整理する。

a, b, c, d が実数，i が虚数単位のとき，

$\quad a+bi=c+di \iff a=c$ かつ $b=d$ ← a, b, c, d が虚数のとき，このような係数比較はできないので，係数が実数かどうかは必ず確認

特に，$\quad a+bi=0 \iff a=0$ かつ $b=0$

$z=a+bi$, $w=c+di$ $(a$, b, c, d は実数$)$ のとき，

和：$z+w=(a+bi)+(c+di)=(a+c)+(b+d)i$

差：$z-w=(a+bi)-(c+di)=(a-c)+(b-d)i$

積：$zw=(a+bi)(c+di)=ac+bdi^2+adi+bci=(ac-bd)+(ad+bc)i$

商：$\dfrac{z}{w}=\dfrac{a+bi}{c+di}=\dfrac{a+bi}{c+di}\cdot\dfrac{c-di}{c-di}=\dfrac{ac-bdi^2+bci-adi}{c^2-d^2i^2}$

$\qquad =\dfrac{(ac+bd)+(bc-ad)i}{c^2+d^2}$ ← この変形を「分母の実数化」という

結局，これらの計算は，$i^2=-1$ になること以外は i を文字と同様に扱っているだけである。

複素数の範囲では，負の数の平方根が考えられる。

$a>0$ のとき，$-a$ の平方根は $\pm\sqrt{-a}$ すなわち $\pm\sqrt{a}\,i$

これらを用いた計算については多少の注意が必要で，$a>0$, $b>0$ の条件なしには

$$\sqrt{a}\sqrt{b}=\sqrt{ab}, \quad \frac{\sqrt{a}}{\sqrt{b}}=\sqrt{\frac{a}{b}}$$

などは一般的に成り立たない。$a>0$ を確認したうえで「$a>0$ のとき $\sqrt{-a}=\sqrt{a}\,i$ や $i^2=-1$」として，i を用いた計算にもち込む。

$$\sqrt{-2}\sqrt{-3}=\sqrt{2}\,i\cdot\sqrt{3}\,i=\sqrt{6}\,i^2=-\sqrt{6}$$

$$\frac{\sqrt{2}}{\sqrt{-3}}=\frac{\sqrt{2}}{\sqrt{3}\,i}=\frac{\sqrt{2}\sqrt{3}\,i}{\sqrt{3}\,i\sqrt{3}\,i}=-\frac{\sqrt{6}}{3}i$$

これらのことは基本として覚えておきたい。

1 を解く公式などはないので，$z=a+bi$ $(a$, b は実数$)$ とおいて考える。

2 は複素数の式の値を求める問題である。工夫して求めることが大事である。

1

$z^2=i$ を満たす複素数 z を求めよ。（i は虚数単位）

Lv.

> navigate
>
> $x^2=2$ であれば，$x=\pm\sqrt{2}$ である。$x^2=-2$ であれば，$x=\pm\sqrt{2}i$ である。
> しかし，これと同様に $z^2=i$ に対して $z=\pm\sqrt{i}$ などとしてはいけない。
> 複素数の平方根などは $\sqrt{}$ をとるのではなく解答のように，求めたい複素数を $z=a+bi$（a，b は実数）とおいて2乗して求めることになる。

解

求める複素数を $z=a+bi$（a，b は実数）とおく。

$z=a+bi$ の両辺を2乗して

$$z^2=(a+bi)^2=a^2+2abi+(bi)^2$$
$$=a^2+2abi+b^2i^2=a^2-b^2+2abi \quad \leftarrow i^2=-1$$

$z^2=i$ より

$$i=(a^2-b^2)+2abi$$

$$\begin{cases} a^2-b^2=0 & \cdots① \\ 2ab=1 & \cdots② \end{cases} \quad \leftarrow 複素数の相等$$

①より，$a^2=b^2$ なので $b=a$ または $b=-a$

$b=a$ のとき，②より，$2a^2=1$ なので $a=\pm\dfrac{\sqrt{2}}{2}$

よって $b=\pm\dfrac{\sqrt{2}}{2}$ （複号同順）

$b=-a$ のとき，$-2a^2=1$ よりこれを満たす実数 a は存在しない。

よって $(a, b)=\left(\dfrac{\sqrt{2}}{2},\ \dfrac{\sqrt{2}}{2}\right),\ \left(-\dfrac{\sqrt{2}}{2},\ -\dfrac{\sqrt{2}}{2}\right)$

$$z=\dfrac{\sqrt{2}}{2}+\dfrac{\sqrt{2}}{2}i,\ -\dfrac{\sqrt{2}}{2}-\dfrac{\sqrt{2}}{2}i -答$$

✓ SKILL UP

a, b, c, d が実数，i が虚数単位のとき，

$$a+bi=c+di \iff a=c \ \text{かつ} \ b=d$$

特に， $a+bi=0 \iff a=0 \ \text{かつ} \ b=0$

2

Lv.∎∎∎∎

複素数 $z=1+\sqrt{3}i$ に対して，$\dfrac{(z+2)^6}{z^3}$ の値を求めよ。(i は虚数単位)

navigate

$z=1+\sqrt{3}i$ をそのまま代入すると，$\dfrac{(3+\sqrt{3}i)^6}{(1+\sqrt{3}i)^3}$ を計算しないといけない。計算を工夫すればできないこともないが，今回はそういったテーマではない。
$z-1=\sqrt{3}i$ の両辺を2乗して整理すると z は $z^2-2z+4=0$ を満たすので，この関係式をうまく利用する。

解

$z=1+\sqrt{3}i$ から $z-1=\sqrt{3}i$

両辺を2乗して $z^2-2z+1=3i^2$

$i^2=-1$ を用いて整理すると

$$z^2-2z+4=0 \iff z^2=2z-4$$ この関係式をうまく利用する。

よって

$$\frac{(z+2)^6}{z^3}=\frac{\{(z+2)^2\}^3}{z^3}=\frac{(z^2+4z+4)^3}{z^3}$$

$$=\frac{\{(2z-4)+4z+4\}^3}{z^3}=\frac{(6z)^3}{z^3}=6^3=\boldsymbol{216}—答$$

参考 整式の割り算を利用

$z=1+\sqrt{3}i$ に対して，z^3+z^2+z+13 の値を求めるには，
$z^2-2z+4=0$ が利用できるように，z^3+z^2+z+13 を
z^2-2z+4 で割り算して代入する。

$$z^3+z^2+z+13$$
$$=(z^2-2z+4)(z+3)+3z+1$$
$$=3(1+\sqrt{3}i)+1$$
$$=4+3\sqrt{3}i$$

$$\begin{array}{r} z+3 \\ z^2-2z+4\overline{)z^3+z^2+z+13} \\ \underline{z^3-2z^2+4z} \\ 3z^2-3z+13 \\ \underline{3z^2-6z+12} \\ 3z+1 \end{array}$$

$P(z)=z^3+z^2+z+13$ とおくとき
$P(z)=(z^2-2z+4)(z+3)+3z+1$
←
$P(1+\sqrt{3}i)=0+3(1+\sqrt{3}i)+1$

✓ SKILL UP

$z=●+▲i$ を次数の高い式に代入するときは，$z-●=▲i$ の両辺を2乗して，次の式を活用する。

$$z^2-2●z+●^2=▲^2i^2 \quad より \quad z^2-2●z+(●^2+▲^2)=0$$

3 $P=(a+b+c)(a+b\omega+c\omega^2)(a+b\omega^2+c\omega^4)$ とおく。$x^2+x+1=0$ の虚数解の
Lv.▮▮▯▯ うちの1つを ω とするとき，P を展開し，a, b, c のみの式で表せ。

navigate

$x^2+x+1=0$ を解くと，$x=\dfrac{-1\pm\sqrt{-3}}{2}=\dfrac{-1\pm\sqrt{3}i}{2}$ だが，これをそのま

ま代入するわけにはいかない。実は，$x^2+x+1=0$ の解は ω（オメガ）と

よばれる有名な値で，これを利用して展開していけばよい。

解

$x^2+x+1=0$ の虚数解のうちの1つが ω なので

$$\omega^2+\omega+1=0$$

この2つの関係式をうまく利
用する。

両辺に $\omega-1$ を掛けると $\omega^3-1=0 \iff \omega^3=1$

よって $(a+b\omega+c\omega^2)(a+b\omega^2+c\omega^4)$

$= (a+b\omega+c\omega^2)(a+b\omega^2+c\omega)$

$= a^2+b^2+c^2+ab(\omega^2+\omega)+bc(\omega^2+\omega)+ca(\omega^2+\omega)$

$= a^2+b^2+c^2-ab-bc-ca$ $\omega^2+\omega=-1$

したがって

$$P=(a+b+c)(a^2+b^2+c^2-ab-bc-ca)$$

$$=\boldsymbol{a^3+b^3+c^3-3abc} \text{——(答)}$$

展開公式を利用した。

参考 ω の性質

a, b を実数とし，$z=a+bi$ に対して，虚部の符号が逆の $a-bi$ を z の共役な複素数と
よび，$\bar{z}$ で表す。このとき，

$$\omega^2=\left(\dfrac{-1\pm\sqrt{3}i}{2}\right)^2=\dfrac{1-2\sqrt{3}i\pm3i^2}{4}=\dfrac{-1\mp\sqrt{3}i}{2} \quad \text{（複号同順）}$$

$$\overline{\omega}=\overline{\dfrac{-1\pm\sqrt{3}i}{2}}=\dfrac{-1\mp\sqrt{3}i}{2} \quad \text{（複号同順）}$$

となり，$\omega^2=\overline{\omega}$ という性質が成り立つのも有名である。

✓ SKILL UP

$x^2+x+1=0$ の虚数解 $x=\dfrac{-1\pm\sqrt{3}i}{2}$ は $\overset{\text{オメガ}}{\omega}$ とよばれ，次の性質をもつ。

① $\omega^2+\omega+1=0$ ② $\omega^3=1$ ③ $\omega^2=\overline{\omega}$

4 $x^2+x+1=0$ の虚数解のうちの1つを ω とするとき，

Lv. ▮▮▮ $\omega+\omega^2+\omega^3+\omega^4+\cdots+\omega^{99}$ を計算せよ。

> navigate
>
> 前問同様，オメガの性質を活用する問題である。$\omega^3=1$なので，
>
> $\omega^4=\omega^3\cdot\omega=\omega$, $\omega^5=\omega^3\cdot\omega^2=\omega^2$, $\omega^6=\omega^3\cdot\omega^3=1$, $\cdots$
>
> というように，3つずつの周期が生じる。これを利用すればよい。

[解]

$x^2+x+1=0$ の虚数解のうちの1つが ω なので $\omega^2+\omega+1=0$

両辺に $\omega-1$ を掛けると $\omega^3-1=0 \iff \omega^3=1$

n を自然数として

$$\omega^{3n}=(\omega^3)^n=1^n=1$$
$$\omega^{3n-1}=(\omega^3)^{n-1}\cdot\omega^2=1^{n-1}\cdot\omega^2=\omega^2$$
$$\omega^{3n-2}=(\omega^3)^{n-1}\cdot\omega=1^{n-1}\cdot\omega=\omega$$

であるから

$$\omega+\omega^2+\omega^3+\omega^4+\omega^5+\omega^6+\cdots+\omega^{97}+\omega^{98}+\omega^{99}$$
$$=\omega+\omega^2+1+\omega^3(\omega+\omega^2+1)+\cdots+(\omega^3)^{32}(\omega+\omega^2+1)$$
$$=33(\omega+\omega^2+1) \qquad\qquad \text{ωの性質より$\omega^2+\omega+1=0$}$$
$$=\mathbf{0} \ —\text{答}$$

参考 i^n も同様に周期性をもつ

$i^4=(i^2)^2=(-1)^2=1$ であり，i^n も同様に周期性をもつ。m を自然数として，

$n=4m$ のとき $i^{4m}=(i^4)^m=1$

$n=4m-1$ のとき $i^{4m-1}=(i^4)^{m-1}\cdot i^3=i^3=i^2\cdot i=-i$

$n=4m-2$ のとき $i^{4m-2}=(i^4)^{m-1}\cdot i^2=i^2=-1$

$n=4m-3$ のとき $i^{4m-3}=(i^4)^{m-1}\cdot i=i$

✓ SKILL UP

ω^n は周期性をもつ。

n	1	2	3	4	5	6	$\cdots$	$3m-2$	$3m-1$	$3m$
ω^n	ω	ω^2	1	ω	ω^2	1	$\cdots$	ω	ω^2	1

Theme 2 | 恒等式と整式

5
Lv. ▪▪▮▮

x についての恒等式

$$\frac{4}{x^2(x+1)(x+2)} = \frac{a}{x} + \frac{b}{x^2} + \frac{c}{x+1} + \frac{d}{x+2}$$

が成り立つとき，定数 a, b, c, d の値を求めよ。

6
Lv. ▪▪▮▮

x, y についての恒等式

$$3x^2 + 2xy + 7y^2 = a(x+y)^2 + b(x+y)(x-y) + c(x-y)^2$$

が成り立つとき，定数 a, b, c の値を求めよ。

7
Lv. ▪▪▮▮

2次式 $x^2 + 3xy + 2y^2 - 3x - 5y + k$ が x, y の1次式の積に因数分解できるとき，定数 k の値を求めよ。

8
Lv. ▪▪▮▮

整式 $f(x)$ はすべての x に対して，$f(x+1) - f(x) = 3x^2 + x$ を満たし，$f(0) = 0$ であるという。$f(x)$ を決定せよ。

Theme分析

一般に，等式 $A=B$ がどのような値で成り立つかによって，**恒等式**と**方程式**に区別される。

恒等式：どのような値でも成り立つ。　**例**　$x^2-2x+1=(x-1)^2$　←任意の実数xで成立

方程式：特定の値で成り立つ。　**例**　$x^2-2x+1=0$　←$x=1$(解)のときのみ成立

> 恒等式には次のような性質がある。
>
> a, b, c, p, q, r を定数とする。
> $$ax^2+bx+c=px^2+qx+r が x についての恒等式である$$
> $\iff$　$a=p$, $b=q$, $c=r$

（証明）

x にどのような値を代入しても成り立つので，$x=0$, ±1 を代入すると

$$c=r,\ a+b+c=p+q+r,\ a-b+c=p-q+r$$
$$a=p,\ b=q,\ c=r$$

逆に，$a=p$, $b=q$, $c=r$ のとき，$ax^2+bx+c=px^2+qx+r$ は x の恒等式となる。

上の証明では，異なる3個の値 $x=0$, ±1 を代入したが，一般に $A=B$ が n 次以下の整式であるとき，異なる $n+1$ 個の x の値について $A=B$ が成り立つならば，この等式は x の恒等式である。

この性質とその証明が恒等式の扱いでは重要となる。 5 で確認してほしい。

恒等式の扱い

方法1　係数比較法：両辺の同じ次数の項の係数を比較する。

方法2　数値代入法：①いくつかのxの値を代入して，必要条件を求める。
　　　　　　　　　└→n次式であれば，異なる$(n+1)$個の値
　　　　　　　　②すべてのxで成り立つこと(十分性)を確認する。

6 は，x, y の2文字の恒等式の問題で，上の係数比較法を用いてもよいし，数値代入法を用いてもよい。

7 も，x, y の2文字の恒等式の問題で，6 のような解法が考えられるが，2次方程式の判別式を利用する考え方もある。

8 は，整式を決定する問題で，次数から決定していくのがポイントである。

5 xについての恒等式

Lv. ▮▮▮▮

$$\frac{4}{x^2(x+1)(x+2)}=\frac{a}{x}+\frac{b}{x^2}+\frac{c}{x+1}+\frac{d}{x+2}$$

が成り立つとき，定数a, b, c, dの値を求めよ。

navigate

恒等式の問題であり，解法は2つとも習得しておきたい。

解1

両辺に$x^2(x+1)(x+2)$を掛けて得られる等式

$$4=ax(x+1)(x+2)+b(x+1)(x+2)+cx^2(x+2)+dx^2(x+1) \quad \cdots ①$$

もxについての恒等式である。整理すると

$$(a+c+d)x^3+(3a+b+2c+d)x^2+(2a+3b)x+2b-4=0$$

両辺の係数を比較して

$$a+c+d=0, \quad 3a+b+2c+d=0,$$
$$2a+3b=0, \quad 2b-4=0$$

これらを解いて

$ax^2+bx+c=0$
がxの恒等式になる
$\iff \quad a=0, \; b=0, \; c=0$

$$\boldsymbol{a=-3}, \; \boldsymbol{b=2}, \; \boldsymbol{c=4}, \; \boldsymbol{d=-1} —\text{答}$$

解2

解1の①に，$x=0$, -1, -2, 1を代入していくと

$$4=2b \quad \cdots ②, \quad 4=c \quad \cdots ③, \quad 4=-4d \quad \cdots ④$$
$$4=6a+6b+3c+2d \quad \cdots ⑤$$

②～⑤を解くと　$a=-3$, $b=2$, $c=4$, $d=-1$

逆に，$a=-3$, $b=2$, $c=4$, $d=-1$のとき，　　十分性を確認する。

①の等式はたしかに成り立つ。

よって　$\boldsymbol{a=-3}$, $\boldsymbol{b=2}$, $\boldsymbol{c=4}$, $\boldsymbol{d=-1} —\text{答}$

☑ SKILL UP

恒等式の扱いとして，以下の2つはおさえたい。

方法1　係数比較法：両辺の同じ次数の項の係数を比較する。

方法2　数値代入法：①いくつかのxの値を代入して，必要条件を求める。

　　　　　　　　　　②すべてのxで成り立つこと(十分性)を確認する。

6

Lv. ■■▮▮▮

x, yについての恒等式

$$3x^2+2xy+7y^2=a(x+y)^2+b(x+y)(x-y)+c(x-y)^2$$

が成り立つとき，定数a, b, cの値を求めよ。

navigate
2文字の恒等式の問題であり，解法は1文字のときと同様に考える。

解1

整理すると $3x^2+2xy+7y^2=(a+b+c)x^2+(2a-2c)xy+(a-b+c)y^2$

両辺の係数を比較して

$$a+b+c=3,\ 2a-2c=2,\ a-b+c=7$$

これらを解いて

$$\boldsymbol{a=3,\ b=-2,\ c=2} ー\text{(答)}$$

$ax^2+bxy+cy^2$
$=px^2+qxy+ry^2$
がx, yの恒等式になる
$\iff\ a=p,\ b=q,\ c=r$

解2

x, yについての恒等式であるから，x, yにどのような値を代入しても等式
が成り立つ。

$(x,\ y)=(0,\ 1)$を代入すると $a-b+c=7$

$(x,\ y)=(1,\ 0)$を代入すると $a+b+c=3$

$(x,\ y)=(1,\ 1)$を代入すると $4a=12$

これらを解いて $a=3,\ b=-2,\ c=2$

逆に，$a=3$, $b=-2$, $c=2$のとき，与式の右
辺は

$$3(x+y)^2-2(x+y)(x-y)+2(x-y)^2$$
$$=3(x^3+2xy+y^2)-2(x^2-y^2)+2(x^2-2xy+y^2)$$
$$=3x^2+2xy+7y^2$$

となり，左辺と一致するから，x, yについての恒等式である。

よって $\boldsymbol{a=3,\ b=-2,\ c=2} ー\text{(答)}$

どのような値を代入してもよ
いが，なるべく式が簡単にな
るような値を代入する。

十分性を確認する。

✓ SKILL UP

2文字の恒等式の扱いとして，等式条件で制約のつく2文字のときは，
文字数を減らすことを考える。2文字の場合も1文字と同じように，係数
比較法または数値代入法を用いる。

7

Lv. ∎∎∎

2次式 $x^2+3xy+2y^2-3x-5y+k$ が x, y の1次式の積に因数分解できるとき，定数 k の値を求めよ。

> **navigate**
>
> 1次式の積とは，$(x+ay+b)(x+cy+d)$ の形に因数分解されることである。恒等式の問題として考えてもよいし，2次方程式の問題と考えてもよい。

解

$$x^2+3xy+2y^2-3x-5y+k=(x+ay+b)(x+cy+d) \quad (a\leqq c)$$

とおくと

$$x^2+3xy+2y^2-3x-5y+k$$
$$=x^2+(a+c)xy+acy^2+(b+d)x+(ad+bc)y+bd$$

これが x, y についての恒等式であるから

$$a+c=3 \quad \cdots① \qquad ac=2 \qquad \cdots②$$
$$b+d=-3 \quad \cdots③ \qquad ad+bc=-5 \quad \cdots④$$
$$bd=k \quad \cdots⑤$$

式処理の方針としては，
  ①，②から，a, c を求める
→ ③，④から，b, d を求める
→ ⑤を用いて，k を求める

①，②より，a, c は2次方程式 $t^2-3t+2=0$ の解である。

これを解いて $t=1$, 2

$a\leqq c$ であるから $a=1$, $c=2$

このとき，④は $d+2b=-5$ $\cdots④'$

③，④'から $b=-2$, $d=-1$

よって，⑤から

$$k=(-2)\cdot(-1)=\mathbf{2} \text{──}\text{答}$$

✓ SKILL UP

2文字の2次式が，1次式の積に因数分解されるには

方法1 係数を置いて，係数比較法 または 数値代入法

方法2 2次方程式の判別式を利用

8

Lv. ▮▮▮▮

整式 $f(x)$ はすべての x に対して，$f(x+1)-f(x)=3x^2+x$ を満たし，$f(0)=0$ であるという。$f(x)$ を決定せよ。

navigate

整式決定の問題である。まずは，最高次の次数や係数に着目しながら，次数を決定する。本問は最高次係数の比較で求められるが，求められなくても背理法によって $n\geqq4$ を否定することなども考えられる。

解

$f(x)$ が1次式または定数関数のとき題意を満たさないので，2次以上の n 次式とすると

$$f(x)=a_nx^n+a_{n-1}x^{n-1}+\cdots+a_1x+a_0$$
$$（n は 2 以上の整数，a_n\neq0）$$

とおく。

あとで2項定理などで $(n-1)$ 次部分などを考えるので，先に $n\geqq2$ としておく。

STEP 1：次数を求める

$f(x+1)-f(x)$ によって $f(x+1)-f(x)$ は $n-1$ 次式になる。一方で

$$f(x+1)-f(x)=3x^2+x$$

であることから，$f(x)$ は3次式である。

STEP 2：係数を求める

$f(0)=0$ も考慮すると，$f(x)=x^3+ax^2+bx$ とおける。

$$f(x+1)-f(x)=(x+1)^3+a(x+1)^2+b(x+1)-(x^3+ax^2+bx)$$
$$=3x^2+(3+2a)x+1+a+b$$

係数を比較して

$$3+2a=1 \quad かつ \quad 1+a+b=0$$

より $a=-1, b=0$

よって $\boldsymbol{f(x)=x^3-x^2}$ —㊙

✓ SKILL UP

整式：$f(x)=a_nx^n+a_{n-1}x^{n-1}+\cdots+a_1x+a_0$ （n は0以上の整数）を決定する問題に対しては，

STEP 1：次数を決定する　　　STEP 2：係数を決定する

Theme 3 | 整式の割り算

9
Lv. ▪▪▫▫

$x=\sqrt{5}-2$ のとき，$x^4+5x^3+4x^2+4x$ の値を求めよ。

10
Lv. ▪▪▫▫

x^n を x^2-3x+2 で割った余りを求めよ。（n は2以上の整数）

11
Lv. ▪▪▫▫

x^n を x^2-2x+1 で割った余りを求めよ。（n は2以上の整数）

12
Lv. ▪▪▫▫

x^n を x^2+x+1 で割った余りを求めよ。（n は2以上の整数）

Theme分析

整式の割り算について学習する。まずは，解法の整理からはじめる。

整式の割り算

整式 $P(x)$ を整式 $f(x)$ で割ったときの商が $Q(x)$ で余りが $r(x)$ のとき，

・整式 $P(x)$ が具体的にわかっており，筆算可能なら筆算する。

$$\begin{array}{r} Q(x) \\ f(x) \overline{) P(x)} \\ \vdots \\ \overline{r(x)} \end{array}$$

・筆算できない場合は，割り算について以下の式を立てるとよい。

$$P(x) = \boxed{f(x)} \, Q(x) + \boxed{r(x)}$$
次数低い

参考 整式の割り算の基本定理から，剰余の定理や因数定理が導かれる。

1次式 $(x-k)$ で割った余りは定数 r と置けるので，

$$P(x) = (x-k)Q(x) + r \quad (r は定数)$$

$x = k$ を代入して，$P(k) = r$ となる。

剰余の定理 整式 $P(x)$ を1次式 $(x-k)$ で割ったときの余りは $P(k)$

さらに，次のこともいえる。

1次式 $(x-k)$ が整式 $P(x)$ の因数である。

$\iff P(x) = (x-k)Q(x)$

$\iff P(k) = 0$

因数定理 1次式 $(x-k)$ が整式 $P(x)$ の因数である $\iff P(k) = 0$

$\boxed{9}$ は，代入の工夫であるが，筆算で割り算して代入すればよい。

$\boxed{10}$ から $\boxed{12}$ は，x^n を割るので筆算できない。したがって，割り算の式で考える。その後，$\boxed{10}$ は，$x^2 - 3x + 2 = 0$ の解である $x = 1$，2 を代入する。

$\boxed{11}$ は，$x^2 - 2x + 1 = 0$ の解である $x = 1$ を代入するが，式が足りないのでその後に工夫が必要である。

$\boxed{12}$ は，$x^2 + x + 1 = 0$ の解の1つである $x = \omega$ を代入する。

9

$x=\sqrt{5}-2$ のとき，$x^4+5x^3+4x^2+4x$ の値を求めよ。

Lv. ▮▮▯

navigate

$x=\sqrt{5}-2$ を直接代入するのは面倒である。こういったときは $x=\sqrt{5}-2$ を解にもつ2次方程式を作って，その2次式で割り算してできる式に代入すればよい。

解

$P(x)=x^4+5x^3+4x^2+4x$ とおく。

まず，$x=\sqrt{5}-2$ を解にもつ2次方程式をつくる。$x+2=\sqrt{5}$ の両辺を2乗して

$$(x+2)^2=5 \iff x^2+4x-1=0$$

次に，$P(x)$ を x^2+4x-1 で割ると

$$
\begin{array}{r}
x^2+x+1 \\
x^2+4x-1 \overline{\smash{)}\ x^4+5x^3+4x^2+4x} \\
\underline{x^4+4x^3-x^2} \\
x^3+5x^2+4x \\
\underline{x^3+4x^2-x} \\
x^2+5x \\
\underline{x^2+4x-1} \\
x+1
\end{array}
$$

商は，x^2+x+1，余りは $x+1$ となるから

$$P(x)=(x^2+4x-1)(x^2+x+1)+x+1$$
$$P(\sqrt{5}-2)=(\sqrt{5}-2)+1$$
$$=\boldsymbol{\sqrt{5}-1} \text{ —(答)}$$

$x=\sqrt{●}+▲$ を変形して
$$x-▲=\sqrt{●}$$
両辺2乗して
$$x^2-2▲x+▲^2-●=0$$
とすれば，$x=\sqrt{●}+▲$ を解にもつ2次方程式がつくれる。

整式 A を整式 B で割るときの注意点
① A も B も次数の高い順に並べる。
② 余りの次数が B の次数より低くなるまで計算を続ける。

$$P(x)=\underset{}{(x^2+4x-1)}(x^2+x+1)+\underset{}{x+1}$$
$$P(\sqrt{5}-2)=0+(\sqrt{5}-2)+1$$

✓ SKILL UP

$x=\sqrt{●}+▲$ を次数の高い式に代入するときは，

$x-▲=\sqrt{●}$ の両辺を2乗して $x^2-2▲x+▲^2=●$

$x^2-2▲x+(▲^2-●)=0$ の左辺の式で与式を割り算して代入する。

10

x^n を x^2-3x+2 で割った余りを求めよ。（n は2以上の整数）

Lv. ∎∎∎∎

> ### navigate
> 今回は前問とは違い，整式 x^n は具体的にわかっているが次数が n 次式なので，筆算による解法は無理である。
> したがって，下の解法のように割り算の恒等式を立てて考える。その際，余りは割る式よりも次数が低いので今回も1次以下の式だとわかり，余り自体は $ax+b$ と具体的における。あとは条件を用いて，a, b を求めればよい。

解

x^n を x^2-3x+2 で割った余りを $ax+b$，

商を $Q(x)$ とおくと

$$x^n = (x^2-3x+2)Q(x)+ax+b$$
$$= (x-1)(x-2)Q(x)+ax+b \quad \cdots ①$$

ここで，①に $x=1$, 2 をそれぞれ代入すると

$$\begin{cases} 1 = a+b \\ 2^n = 2a+b \end{cases}$$

これを解いて

$$a = 2^n-1, \ b = 2-2^n$$

であるから，余りは

$$\boldsymbol{(2^n-1)x+(2-2^n)} \ ─ 答$$

このように割り算の式を立てて考えるのがポイント。

a と b を求めたら余りが $ax+b$ となって終わり。

✓ SKILL UP

整式 $P(x)$ を整式 $f(x)$ で割ったときの商が $Q(x)$ で余りが $r(x)$ ならば，次が成り立つ。

$$P(x) = \boxed{f(x)}\, Q(x) + \boxed{r(x)}$$

次数低い

11

x^n を x^2-2x+1 で割った余りを求めよ。（n は2以上の整数）

Lv.

> navigate
>
> 今回も前問と同様に割り算の恒等式を立てて考える。その際，代入する
> x の値が1つ（$x=1$）しかないので，工夫が必要である。

解

x^n を x^2-2x+1 で割った余りを求めるので，商を $Q(x)$ とし，

$x^n=(x^2-2x+1)Q(x)+ax+b$ とおく。

$\qquad x^n=(x-1)^2Q(x)+ax+b$ …①

このように割り算の式を立てて考えるのがポイント。

ここで，①に $x=1$ を代入すると

$\qquad 1=a+b$ …②

$b=1-a$ を①に代入して

$\qquad x^n=(x-1)^2Q(x)+ax-(a-1)$

$\qquad x^n-1=(x-1)^2Q(x)+a(x-1)$

より $\quad (x-1)(x^{n-1}+x^{n-2}+\cdots+x+1)=(x-1)\{(x-1)Q(x)+a\}$

よって

$\qquad x^{n-1}+x^{n-2}+\cdots+x+1=(x-1)Q(x)+a$

$(x-1)$ 以外の部分の恒等式と考えて，a を求める。

これに $x=1$ を代入すると $\quad n=a$ …③

②，③から，$a=n$，$b=1-n$ であるから余りは

$\qquad \boldsymbol{nx+(1-n)}$ —答

別解 （数学Ⅲ） **微分法の利用**（②以降について）

①を両辺 x で微分して

$nx^{n-1}=2(x-1)Q(x)+(x-1)^2Q'(x)+a$

$x=1$ を代入して $\quad n=a$ …③

$\{(x-1)^2Q(x)\}'$
$=\{(x-1)^2\}'Q(x)+(x-1)^2\{Q(x)\}'$
積の微分（数学Ⅲ）を用いた。

②，③を解いて，$a=n$，$b=1-n$ であるから余りは

$\qquad \boldsymbol{nx+(1-n)}$ —答

✅ SKILL UP

整式 $P(x)$ を整式 $f(x)=(x-a)^2$ で割った余りは，工夫する必要がある。

$(x-a)$ を除いた恒等式 **または** 微分法の利用

12

x^n を x^2+x+1 で割った余りを求めよ。（nは2以上の整数）

Lv.∎∎▮▮

navigate

考え方は前問と同じ。

$x^2+x+1=0$ の解は $x=\omega$ であり，$\omega^2+\omega+1=0$ や $\omega^3=1$ の性質がある

ので，3，4 で学習したように式を簡単にできる。

解

x^n を x^2+x+1 で割った余りを $ax+b$，商を $Q(x)$ とすると

$$x^n=(x^2+x+1)Q(x)+ax+b \quad \cdots ①$$

ここで，$x^2+x+1=0$ の解の1つを ω とし，

①に $x=\omega$ を代入すると

$$\omega^n=a\omega+b$$

k を自然数として，

(i) $n=3k$ のとき

$$\omega^n=\omega^{3k}=(\omega^3)^k=1 から$$

$$1=a\omega+b$$

a, b は実数だから，$a=0$ かつ

$b=1$ で，余りは 1 となる。

(ii) $n=3k-1$ のとき

$$\omega^n=\omega^{3k-1}=\omega^2(\omega^3)^{k-1}=\omega^2=-\omega-1 から \quad -\omega-1=a\omega+b$$

よって，$a=-1$ かつ $b=-1$ で，余りは $-x-1$ となる。

(iii) $n=3k+1$ のとき

$$\omega^n=\omega^{3k+1}=\omega(\omega^3)^k=\omega から \quad \omega=a\omega+b$$

よって，$a=1$ かつ $b=0$ で，余りは x となる。

以上より，k を自然数として

$n=3k$ のとき 1，$n=3k-1$ のとき $-x-1$，$n=3k+1$ のとき x ―答

> このように割り算の式を立てて考えるのがポイント。

> ω^n は周期性に着目して，$n=3k,\ 3k-1,\ 3k+1$ で場合分けする。

> a, b, c, d を実数とするとき，
> $a\omega+b=c\omega+d$ ならば $a=c$ かつ $b=d$ である。
> これは $a\left(\dfrac{-1\pm\sqrt{3}i}{2}\right)+b=c\left(\dfrac{-1\pm\sqrt{3}i}{2}\right)+d$
> の実部と虚部を係数比較すれば導ける。

✓ SKILL UP

整式 $P(x)$ を整式 $f(x)=x^2+x+1$ で割った余りは

$$P(x)=(x^2+x+1)Q(x)+ax+b と \omega^2+\omega+1=0,\ \omega^3=1$$

で考える。

Theme 4 | 等式の証明

13
Lv. ▪▪▮▮
$a+2b+3c=0$ のとき，等式 $a^3+8b^3+27c^3=18abc$ が成り立つことを証明せよ。

14
Lv. ▪▪▮▮
$\dfrac{a}{b}=\dfrac{c}{d}=\dfrac{e}{f}$ のとき，等式 $\dfrac{a+c}{b+d}=\dfrac{a+c+e}{b+d+f}$ が成り立つことを証明せよ。

15
Lv. ▪▪▮▮
$a+b+c=ab+bc+ca,\ abc=1$ のとき，$a,\ b,\ c$ のうち少なくとも1つが1であることを証明せよ。

16
Lv. ▪▮▮▮
$\dfrac{1}{a}+\dfrac{1}{b}+\dfrac{1}{c}=\dfrac{1}{a+b+c}$ のとき，任意の奇数 n に対して，

等式 $\dfrac{1}{a^n}+\dfrac{1}{b^n}+\dfrac{1}{c^n}=\dfrac{1}{(a+b+c)^n}$ が成り立つことを証明せよ。

Theme分析

等式の証明問題でまず重要なことは，どういった方針で証明するかである。そのことについて，$(a^2+b^2)(c^2+d^2)=(ac+bd)^2+(ad-bc)^2$を題材として考えてみよう。

$A=(a^2+b^2)(c^2+d^2)$，$B=(ac+bd)^2+(ad-bc)^2$とおく。

方針1：$A=\cdots=B$を示す。

$$A=a^2c^2+a^2d^2+b^2c^2+b^2d^2$$
$$=(a^2c^2+2abcd+b^2d^2)+(a^2d^2-2abcd+b^2c^2) \quad \leftarrow\text{この部分はテクニカル}$$
$$=(ac+bd)^2+(ad-bc)^2$$
$$=B$$

方針2：$A=\cdots=C$，$B=\cdots=C$を示す。

$$A=a^2c^2+a^2d^2+b^2c^2+b^2d^2$$
$$B=(a^2c^2+2abcd+b^2d^2)+(a^2d^2-2abcd+b^2c^2)$$
$$=a^2c^2+b^2d^2+a^2d^2+b^2c^2$$

方針3：$A-B=\cdots=0$を示す。

$$A-B=(a^2c^2+a^2d^2+b^2c^2+b^2d^2)$$
$$-\{(a^2c^2+2abcd+b^2d^2)+(a^2d^2-2abcd+b^2c^2)\}$$
$$=0$$

これらの方針を問題に応じて使い分けていくことが重要である。一般的には，A，Bの式で複雑さの度合いで方針を決定していくとよい。

等式の証明

$A=B$を示すときに，以下の3つの方針がある。

① $A=\cdots=B$を示す。

（複雑なAの式を簡単にすると簡単なBの式になる）

Bが複雑な式のときは，$B=\cdots=A$を示すとよい。

② $A=\cdots=C$，$B=\cdots=C$を示す。

（複雑なA，Bの式を変形していくと簡単なCの式になる）

③ $A-B=\cdots=0$を示す。

（AとBの差をとって変形していくと0になる）

13 $a+2b+3c=0$ のとき，等式 $a^3+8b^3+27c^3=18abc$ が成り立つことを証明せ
Lv.▂▃▄ よ。

---

navigate

この問題のポイントは，$a+2b+3c=0$ の条件式の扱い方である。

解1 簡単な等式条件を文字消去に利用する。

解2 等式条件をうまく変形して利用する。

解1

文字を消去して，$A=\cdots=C$，$B=\cdots=C$ を示す。

$A=a^3+8b^3+27c^3$，$B=18abc$ とおく。

$a+2b+3c=0$ より $3c=-a-2b$ これを用いて c を消去する。

$$A=a^3+8b^3+(3c)^3$$
$$=a^3+8b^3+(-a-2b)^3$$
$$=a^3+8b^3+(-a^3-6a^2b-12ab^2-8b^3)$$
$$=-6a^2b-12ab^2$$

$3c$ のカタマリを $-a-2b$ で消去すると早い。

$$B=6ab\cdot3c=6ab(-a-2b)=-6a^2b-12ab^2$$

$3c$ のカタマリを $-a-2b$ で消去すると早い。

となり，$A=B$ は成り立つ。—証明終

解2

等式条件をうまく活用して，$A-B=\cdots=0$ を示す。

$A=a^3+8b^3+27c^3$，$B=18abc$ とおく。

$$A-B=a^3+(2b)^3+(3c)^3-3a\cdot2b\cdot3c$$
$$=(a+2b+3c)(a^2+4b^2+9c^2-2a\cdot2b-2\cdot2b\cdot3c-2\cdot3c\cdot a)$$
$$=0$$

となり，$A=B$ は成り立つ。—証明終

立方数の和の形に着目すると，
$$x^3+y^3+z^3-3xyz$$
$$=(x+y+z)(x^2+y^2+z^2-xy-yz-zx)$$
の因数分解の公式が使える。

✓ SKILL UP

等式条件がある等式の証明は，次のいずれかで活用していきたい。

方法1 文字消去に利用する

方法2 うまい変形を考える

14

Lv. ∎∎∎

$\dfrac{a}{b}=\dfrac{c}{d}=\dfrac{e}{f}$ のとき, 等式 $\dfrac{a+c}{b+d}=\dfrac{a+c+e}{b+d+f}$ が成り立つことを証明せよ。

navigate

$\dfrac{\bullet}{\blacktriangle}=\dfrac{\blacksquare}{\blacktriangledown}=\dfrac{\bigstar}{\blacklozenge}$ の形の比例式は, $\dfrac{\bullet}{\blacktriangle}=\dfrac{\blacksquare}{\blacktriangledown}=\dfrac{\bigstar}{\blacklozenge}=k$ とおく。

解 1

$\dfrac{a}{b}=\dfrac{c}{d}=\dfrac{e}{f}=k$ とおくと,

$a=bk,\ c=dk,\ e=fk$ だから

$$\dfrac{a+c}{b+d}=\dfrac{bk+dk}{b+d}=\dfrac{(b+d)k}{b+d}=k$$

$$\dfrac{a+c+e}{b+d+f}=\dfrac{bk+dk+fk}{b+d+f}=\dfrac{(b+d+f)k}{b+d+f}=k$$

となり, 与えられた等式が成り立つ。──[証明終]

> このように $=k$ とおくところがポイントである。
>
> これら3式で, $a,\ c,\ e$ を消去する。

解 2

$\dfrac{a}{b}=\dfrac{c}{d},\ \dfrac{a}{b}=\dfrac{e}{f}$ から $c=\dfrac{ad}{b},\ e=\dfrac{af}{b}$

$$\dfrac{a+c}{b+d}=\dfrac{a+\dfrac{ad}{b}}{b+d}=\dfrac{a(b+d)}{b(b+d)}=\dfrac{a}{b}$$

$$\dfrac{a+c+e}{b+d+f}=\dfrac{a+\dfrac{ad}{b}+\dfrac{af}{b}}{b+d+f}=\dfrac{a(b+d+f)}{b(b+d+f)}=\dfrac{a}{b}$$

となり, 与えられた等式が成り立つ。──[証明終]

> これら2式で, $c,\ e$ を消去する。

✓ SKILL UP

比例式の扱いは

$a:b=c:d,\ \dfrac{a}{b}=\dfrac{c}{d}\ \Longrightarrow\ \dfrac{a}{b}=k,\ \dfrac{c}{d}=k$ とおいて, $a=bk,\ c=dk$

$a:b:c=p:q:r,\ \dfrac{a}{p}=\dfrac{b}{q}=\dfrac{c}{r}$

$\Longrightarrow\ \dfrac{a}{p}=k,\ \dfrac{b}{q}=k,\ \dfrac{c}{r}=k$ とおいて, $a=pk,\ b=qk,\ c=rk$

15

$a+b+c=ab+bc+ca$, $abc=1$ のとき, a, b, c のうち少なくとも1つが1であることを証明せよ。

Lv. ∎∎∎

> navigate
>
> 「x, y, z の少なくとも1つが0」 $\Longleftrightarrow$ 「$x=0$ または $y=0$ または $z=0$」
>
> $\Longleftrightarrow$ 「$xyz=0$」
>
> であるから,次を示せばよい。
>
> 「a, b, c の少なくとも1つが1」 $\Longleftrightarrow$ 「$a=1$ または $b=1$ または $c=1$」
>
> $\Longleftrightarrow$ 「$(a-1)(b-1)(c-1)=0$」

解

$(a-1)(b-1)(c-1)=0$ となることを証明する。

この等式の証明問題と読みかえる。

$$(a-1)(b-1)(c-1)$$
$$=abc-ca-bc+c-ab+a+b-1$$
$$=(a+b+c)-(ab+bc+ca)+(abc-1)=0$$

よって

$$(a-1)(b-1)(c-1)=0$$
$$\Longleftrightarrow \quad a-1=0 \text{ または } b-1=0 \text{ または } c-1=0$$
$$\Longleftrightarrow \quad a=1 \text{ または } b=1 \text{ または } c=1$$

であり,a, b, c のうち少なくとも1つが1である。──証明終

参考 「すべて〜」の証明

「a, b, c すべてが1」ときたら,

$\Longleftrightarrow$ 「$a=1$ かつ $b=1$ かつ $c=1$」

$\Longleftrightarrow$ 「$a-1=0$ かつ $b-1=0$ かつ $c-1=0$」

$\Longleftrightarrow$ 「$(a-1)^2+(b-1)^2+(c-1)^2=0$」 ($a$, b, c は実数)

を示せばよい。

✓ SKILL UP

覚えておきたい,日本語の数式化

a, b, c の少なくとも1つが● $\Longleftrightarrow (a-●)(b-●)(c-●)=0$

a, b, c のすべてが● $\Longleftrightarrow (a-●)^2+(b-●)^2+(c-●)^2=0$

(a, b, c は実数)

16

Lv. ∎∎∎∎

$\dfrac{1}{a}+\dfrac{1}{b}+\dfrac{1}{c}=\dfrac{1}{a+b+c}$ のとき，任意の奇数 n に対して，

等式 $\dfrac{1}{a^n}+\dfrac{1}{b^n}+\dfrac{1}{c^n}=\dfrac{1}{(a+b+c)^n}$ が成り立つことを証明せよ。

navigate

本問のポイントは，条件式である $\dfrac{1}{a}+\dfrac{1}{b}+\dfrac{1}{c}=\dfrac{1}{a+b+c}$ の扱い方である。

前問で学習したように，簡単な等式条件を文字の消去に利用すると $a+b=0$ などの式があらわれ，文字を消去できる。

解

$$\dfrac{1}{a}+\dfrac{1}{b}+\dfrac{1}{c}=\dfrac{1}{a+b+c} \iff \dfrac{bc+ca+ab}{abc}=\dfrac{1}{a+b+c}$$

$$\iff (a+b+c)(ab+bc+ca)=abc \iff \{a+(b+c)\}\{(b+c)a+bc\}-abc=0$$

$$\iff (b+c)a^2+(b+c)^2a+bc(b+c)=0 \qquad \text{a の式とみて整理してみる。}$$

$$\iff (b+c)\{a^2+(b+c)a+bc\}=0 \iff (b+c)(c+a)(a+b)=0$$

$$a+b=0 \quad \text{または} \quad b+c=0 \quad \text{または} \quad c+a=0$$

条件式は a, b, c に関して対称な式であるから，$a+b=0$ のときのみを考えればよい。

> 対称性より，1つの場合のみ考えればよい。他も同様。

$A=\dfrac{1}{a^n}+\dfrac{1}{b^n}+\dfrac{1}{c^n}$, $B=\dfrac{1}{(a+b+c)^n}$ とおく。

$a+b=0$ のとき $b=-a$

n は奇数であるから $b^n=-a^n$

$$A=\dfrac{1}{a^n}+\dfrac{1}{b^n}+\dfrac{1}{c^n}=\dfrac{1}{a^n}+\dfrac{1}{(-a)^n}+\dfrac{1}{c^n}=\dfrac{1}{c^n} \qquad \begin{array}{l} n \text{ は奇数なので，} \\ (-a)^n=(-1)^na^n=-a^n \end{array}$$

$$B=\dfrac{1}{(a+b+c)^n}=\dfrac{1}{(a-a+c)^n}=\dfrac{1}{c^n}$$

となり，$A=B$ は成り立つ。—証明終

✓ SKILL UP

複雑な等式条件がある等式の証明は，まずその等式条件を簡単にし，その後，(方法1)文字消去に利用する，または(方法2)うまい変形を考える。

不等式の証明①

17
Lv. ∎∎∎∎
$|a|<1$, $|b|<1$ のとき, 不等式 $|ab+1|>|a+b|$ が成り立つことを証明せよ。

18
Lv. ∎∎∎∎
a, b, c を実数とするとき, $a^2+b^2+c^2 \geqq ab+bc+ca$ が成り立つことを証明せよ。

19
Lv. ∎∎∎∎
$|a|<1$, $|b|<1$, $|c|<1$ のとき, 不等式 $abc+2>a+b+c$ が成り立つことを証明せよ。

20
Lv. ∎∎∎∎
$0<a<b$, $a+b=1$ のとき, 5つの数 $\dfrac{1}{2}$, a, b, $2ab$, a^2+b^2 の大小を比較せよ。

Theme分析

まず，**不等式の証明問題($A \geq B$)の目標は，$A-B \geq 0$とすること**である。
例えば，xが実数のとき，$x^2+1 \geq 2x$を証明する。

$$(x^2+1)-2x = x^2-2x+1$$
$$= (x-1)^2 \geq 0 \quad \leftarrow p を実数とするとき，p^2 \geq 0 であるから，$$
平方完成により示される

であるから

$$(x^2+1)-2x \geq 0 \quad すなわち \quad x^2+1 \geq 2x$$

となり，不等式は成り立つ。
次に，$a>1$，$b>1$のとき，$ab+1>a+b$を証明する。これも同様に，
(左辺)$-$(右辺)>0を示す。

$$ab+1-(a+b) = ab-a-b+1$$
$$= (a-1)(b-1)>0 \quad \leftarrow p>0，q>0 のとき，pq>0 であるから，$$
因数分解により示される

であるから

$$ab+1-(a+b)>0 \quad すなわち \quad ab+1>a+b$$

これをまず不等式証明の基本方針としたい。
17 から 20 の問題は以下の方針で進めていくことになる。

17 　2乗の差をとって，平方完成すればよい。

18 　差をとって，平方完成すればよい。

19 　どれかの文字を主役に見た関数の最小値が正になることを示せばよい。

20 　大小比較なので，まず具体的な数値を代入することから予想を立てて，それぞれの不等式を証明すればよい。

不等式の証明

$A \geq B$を示すには，$A-B \geq 0$を目標にすればよい。以下の4つの方針が有名。

① 　因数分解して，より簡単な式の正負を考える。

② 　平方完成して，2乗の和をつくる。

③ 　$A-B=f(x)$として，$f(x)$の最小値≥ 0を示す。

④ 　有名不等式(相加相乗，コーシー・シュワルツなど)を利用する。

17

$|a|<1$, $|b|<1$ のとき，不等式 $|ab+1|>|a+b|$ が成り立つことを証明せよ。

Lv.

navigate

> そのまま両辺の差をとっても $|ab+1|-|a+b|$ となり，それぞれの絶対値の中身の正負を考えて絶対値を場合分けして外すのは面倒である。
>
> このように，絶対値，$\sqrt{\ }$ などが入ってそのままでは変形しにくいときは，2乗の差をとればよい。
>
> ただし，2乗するときは両辺が0以上であることを確認する必要がある。

解

両辺0以上より，2乗の差をとって

$$|ab+1|^2-|a+b|^2=(a^2b^2+2ab+1)-(a^2+2ab+b^2)$$
$$=a^2b^2-a^2-b^2+1$$
$$=(a^2-1)(b^2-1)$$
$$>0$$

条件より，
$-1<a<1$ なので
$a^2<1$ であり，
$a^2-1<0$ となり，
同様に，$b^2-1<0$ である。

となるので

$$|ab+1|>|a+b| \quad \text{証明終}$$

参考　$|\bullet|$ 以外にも，$\sqrt{\bullet}$ 等を含んだ不等式証明でも $A^2-B^2>0$ を示すことはある。

n が自然数のとき，$\sqrt{n^2+2}>n-1$ を証明する。

n が自然数のとき，$n-1\geqq0$，$\sqrt{n^2+2}>0$ だから

$$(\sqrt{n^2+2})^2-(n-1)^2=(n^2+2)-(n^2-2n+1)$$
$$=2n+1>0$$

よって

$$\sqrt{n^2+2}>n-1$$

✓ SKILL UP

$A\geqq B$ を示すには，$A-B\geqq0$ を目標にすればよい。$\sqrt{\bullet}$ や $|\bullet|$ があり，$A-B$ が簡単になりそうにないときは，$A^2-B^2\geqq0$ を目標にする。その後の方針としては，$p>0$，$q>0$ のとき $pq>0$ や $p<0$，$q<0$ のとき $pq>0$ が成り立つので，因数分解して，より簡単な式の正負を考える。

18 a, b, c を実数とするとき，$a^2+b^2+c^2 \geqq ab+bc+ca$ が成り立つことを証明せ

Lv. ▮▮▮▮ よ。

> navigate
>
> 例えば，実数 a，b について $a^2+2ab+2b^2 \geqq 0$ であることを証明する。
>
> $$(左辺)=(a+b)^2+b^2 \geqq 0$$
>
> となり，2乗の和であるから，0以上であることが示される。
>
> 実数 x に対して，$x^2 \geqq 0$ であるから，(左辺)−(右辺)の式が2乗の和の形
> に変形できれば，0以上であることがいえる。よって，2次式の場合は平
> 方完成することを考えてみるとよい。

解

両辺の差をとって

$$a^2+b^2+c^2-(ab+bc+ca)$$

$$=\frac{1}{2}(2a^2+2b^2+2c^2-2ab-2bc-2ca)$$

$$=\frac{1}{2}\{(a^2-2ab+b^2)+(b^2-2bc+c^2)+(c^2-2ca+a^2)\}$$

$$=\frac{1}{2}\{(a-b)^2+(b-c)^2+(c-a)^2\}$$

$$\geqq 0$$

となるので

$$a^2+b^2+c^2 \geqq ab+bc+ca \quad \text{証明終}$$

参考 別の証明方法

$(a-b)^2 \geqq 0$ から，$a^2+b^2 \geqq 2ab$ が成り立つ。

同様にして，$b^2+c^2 \geqq 2bc$，$c^2+a^2 \geqq 2ca$ も成り立ち，これら3式を加えると

$$2(a^2+b^2+c^2) \geqq 2(ab+bc+ca)$$

$$a^2+b^2+c^2 \geqq ab+bc+ca$$

といった別解もある。

✓ SKILL UP

$A \geqq B$ を示すには，$A-B \geqq 0$ を目標にすればよい。その後の方針として
は，p，q が実数のとき $p^2 \geqq 0$，$p^2+q^2 \geqq 0$ が成り立つので，$A-B$ が
2次式などのときは平方完成して，2乗の和をつくる。

19 $|a|<1$, $|b|<1$, $|c|<1$ のとき，不等式 $abc+2>a+b+c$ が成り立つことを

Lv.∎∎ıll 証明せよ。

> 🚩 navigate
>
> 両辺の差をとると $abc+2-(a+b+c)$ であり，因数分解などのうまい式変形はありそうにない。そこで，困ったときは関数とみてグラフをかいてみるとうまくいくことも多い。今回は，3種類の文字があるので，どれかの文字についての関数とみるとどの文字でみても1次関数となり，グラフは直線になるので傾きの正負に着目してグラフをかく。

解

両辺の差をとって，$c=x$ とおいた式を $f(x)$ とおく。

ただし，$|c|<1$ より $-1<x<1$

$$f(x)=abx+2-(a+b+x)$$
$$=(ab-1)x+(2-a-b)$$

ここで，$y=f(x)$ の $-1<x<1$ における値域

を考える。

$-1<a<1$，$-1<b<1$ から，$-1<ab<1$ な

ので

$$(f(x) の傾き)=(ab-1)<0$$

右のグラフから

$$f(x)>f(1)$$
$$=ab-a-b+1$$
$$=(a-1)(b-1)>0$$

となるので

$$abc+2>a+b+c \;-\;(証明終)$$

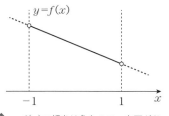

↑ $y=f(x)$ の傾きは負なので，右下がりの直線になり，$f(1)>0$ であれば，$-1<x<1$ の範囲において，$f(x)>0$ が示せる

✅ **SKILL UP**

$A\geqq B$ を示すには，$A-B\geqq 0$ を目標にすればよい。その後の方針としては，$A-B$ の関数のグラフがかけそうなときは $A-B=f(x)$ として，$f(x)$ の最小値 $\geqq 0$ を示す。文字が複数あるときは，どれか1つの文字を主役に考えてみるとよい。

20
Lv.∎∎∥∥

$0<a<b$, $a+b=1$のとき, 5つの数$\dfrac{1}{2}$, a, b, $2ab$, a^2+b^2の大小を比較せよ。

navigate

例えば$a=\dfrac{1}{3}$, $b=\dfrac{2}{3}$としてみると, $2ab=\dfrac{4}{9}$, $a^2+b^2=\dfrac{5}{9}$　なので

$a<2ab<\dfrac{1}{2}<a^2+b^2<b$と予想ができる。

解

$a<2ab<\dfrac{1}{2}<a^2+b^2<b$を示す。

$b=1-a$と$0<a<b$から

$0<a<1-a$なので　$0<a<\dfrac{1}{2}$　…①

(i)　$2ab-a=2a(1-a)-a=a-2a^2=a(1-2a)$

　　①より, $a>0$, $1-2a>0$だから

　　　　$2ab-a>0$　すなわち　$a<2ab$

(ii)　$\dfrac{1}{2}-2ab=\dfrac{1}{2}-2a(1-a)=2a^2-2a+\dfrac{1}{2}=2\left(a-\dfrac{1}{2}\right)^2$

　　①より, $2\left(a-\dfrac{1}{2}\right)^2>0$だから　$\dfrac{1}{2}-2ab>0$　すなわち　$2ab<\dfrac{1}{2}$

(iii)　$a^2+b^2-\dfrac{1}{2}=a^2+(1-a)^2-\dfrac{1}{2}=2a^2-2a+\dfrac{1}{2}=2\left(a-\dfrac{1}{2}\right)^2$

　　①より, $2\left(a-\dfrac{1}{2}\right)^2>0$だから　$a^2+b^2-\dfrac{1}{2}>0$　すなわち　$\dfrac{1}{2}<a^2+b^2$

(iv)　$b-(a^2+b^2)=1-a-\{a^2+(1-a)^2\}=-2a^2+a=a(1-2a)$

　　①より, $a(1-2a)>0$だから　$b-(a^2+b^2)>0$　すなわち　$a^2+b^2<b$

(i)〜(iv)より　$\boldsymbol{a<2ab<\dfrac{1}{2}<a^2+b^2<b}$—(答)

右側注記:

$a+b=1$から,$b=1-a$なので この式を用いてbを消去すれ ばよい。

この式が正であることをいえ ばよい。

✓ SKILL UP

文字式の大小比較を解くには, 次の2段階で考える。

① 具体的数値で予想する。

② 予想した式の不等式を証明する。

Theme 6 | 不等式の証明②

21

Lv. ▮▮▮

4個の相加, 相乗平均の不等式

$$\frac{a+b+c+d}{4} \geq \sqrt[4]{abcd} \quad (a>0,\ b>0,\ c>0,\ d>0)$$

を証明し, 等号の成立条件を調べよ。

22

Lv. ▮▮▮

3個の相加, 相乗平均の不等式

$$\frac{a+b+c}{3} \geq \sqrt[3]{abc} \quad (a>0,\ b>0,\ c>0)$$

を証明し, 等号の成立条件を調べよ。

23

Lv. ▮▮▮

$a,\ b,\ c,\ p,\ q,\ r$ が実数であるとき,

$$(a^2+b^2+c^2)(p^2+q^2+r^2) \geq (ap+bq+cr)^2$$

を証明し, 等号の成立条件を調べよ。

24

Lv. ▮▮▮

次の三角不等式を証明し, 等号の成立条件を調べよ。

(1) $|a|+|b| \geq |a+b|$

(2) $|a|+|b|+|c| \geq |a+b+c|$

Theme分析

今回も，すべて不等式の証明問題である。

ただし，今回はすべて有名な不等式で，ぜひ覚えておいてほしいものである。

相加，相乗平均の不等式

$a_1, a_2, \cdots, a_n$ を正の数とする。

$\dfrac{a_1+a_2+\cdots+a_n}{n}$ を相加平均，$\sqrt[n]{a_1a_2\cdots a_n}$ を相乗平均という。

これらの間には，$\dfrac{a_1+a_2+\cdots+a_n}{n} \geqq \sqrt[n]{a_1a_2\cdots a_n}$ という不等式が成り立つ。

等号成立は，$a_1=a_2=\cdots=a_n$ のときである。

21 は $n=4$ のときの証明で，**22** は $n=3$ のときの証明である。

$a_1, a_2, \cdots, a_n, b_1, b_2, \cdots, b_n$ を実数とするとき
$$(a_1^2+a_2^2+\cdots+a_n^2)(b_1^2+b_2^2+\cdots+b_n^2) \geqq (a_1b_1+a_2b_2+\cdots+a_nb_n)^2$$

をコーシー・シュワルツの不等式という。等号成立は，$\dfrac{b_1}{a_1}=\dfrac{b_2}{a_2}=\cdots=\dfrac{b_n}{a_n}$ のときである。

23 は $n=3$ のときの証明である。

三角不等式

$a_1, a_2, \cdots, a_n$ は実数とするとき
$$|a_1|+|a_2|+\cdots+|a_n| \geqq |a_1+a_2+\cdots+a_n|$$
等号成立は，
$$(a_1\geqq 0 \text{かつ} a_2\geqq 0\cdots\text{かつ} a_n\geqq 0) \text{または} (a_1\leqq 0 \text{かつ} a_2\leqq 0\cdots\text{かつ} a_n\leqq 0)$$
のときである。

24 は $n=2, 3$ のときの証明である。

これらは有名不等式であり，経験に基づいて解けるようになるものである。

一つひとつ，ていねいに理解して覚えていく必要がある。

21 4個の相加，相乗平均の不等式

Lv.

$$\frac{a+b+c+d}{4} \geqq \sqrt[4]{abcd} \quad (a>0, \ b>0, \ c>0, \ d>0)$$

を証明し，等号の成立条件を調べよ。

> navigate
>
> こういった有名不等式の証明問題は経験がものをいう。$n=4$の相加，相乗平均の不等式の証明は，$n=2$の不等式である $\dfrac{a+b}{2} \geqq \sqrt{ab}$ あるいは $a+b \geqq 2\sqrt{ab}$ を用いることで示される。

解

$$\begin{aligned}
\frac{a+b+c+d}{4} &= \frac{1}{2}\left(\frac{a+b}{2} + \frac{c+d}{2}\right) \\
&\geqq \frac{\sqrt{ab} + \sqrt{cd}}{2} \quad \cdots ① \\
&\geqq \sqrt{\sqrt{ab}\cdot\sqrt{cd}} \quad \cdots ② \\
&= \sqrt{\sqrt{abcd}} = \sqrt[4]{abcd}
\end{aligned}$$

$n=2$の相加，相乗平均の不等式より
$$a+b \geqq 2\sqrt{ab}$$
$$c+d \geqq 2\sqrt{cd}$$

$n=2$の相加，相乗平均の不等式より
$$\sqrt{ab}+\sqrt{cd} \geqq 2\sqrt{\sqrt{ab}\cdot\sqrt{cd}}$$

①の等号成立は$a=b$かつ$c=d$のときであり，②は$\sqrt{ab}=\sqrt{cd}$のときである。
①かつ②が必要だから，①を②に代入して，$\sqrt{a^2}=\sqrt{c^2}$で$a>0$，$c>0$から$a=c$である。

これらをまとめると，**$a=b=c=d$のとき**となる。──証明終

参考 $n=2$の相加，相乗平均の不等式：$\dfrac{a+b}{2} \geqq \sqrt{ab}$ $(a>0, \ b>0)$の証明

$$（左辺）-（右辺） = \frac{1}{2}(a-2\sqrt{ab}+b) = \frac{1}{2}\{(\sqrt{a})^2 - 2\sqrt{a}\cdot\sqrt{b} + (\sqrt{b})^2\}$$

$$= \frac{1}{2}(\sqrt{a}-\sqrt{b})^2 \geqq 0 \quad （等号は，\sqrt{a}=\sqrt{b} から a=b のとき成り立つ）$$

✓ SKILL UP

相加，相乗平均の不等式

$n=2$ $\quad \dfrac{a+b}{2} \geqq \sqrt{ab}$ （等号成立は，$a=b$のとき）

$n=4$ $\quad \dfrac{a+b+c+d}{4} \geqq \sqrt[4]{abcd}$ （等号成立は，$a=b=c=d$のとき）

22 3個の相加，相乗平均の不等式

Lv. ▮▮▯

$$\frac{a+b+c}{3} \geqq \sqrt[3]{abc} \quad (a>0,\ b>0,\ c>0)$$

を証明し，等号の成立条件を調べよ。

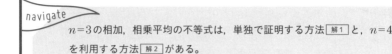

navigate

$n=3$ の相加，相乗平均の不等式は，単独で証明する方法 解1 と，$n=4$ を利用する方法 解2 がある。

解1

$\sqrt[3]{a}=x,\ \sqrt[3]{b}=y,\ \sqrt[3]{c}=z$ とおくと，$x>0,\ y>0,\ z>0$ である。

このとき示すべき不等式は，$x^3+y^3+z^3 \geqq 3xyz$ であり，両辺の差をとって

$$x^3+y^3+z^3-3xyz$$
$$=(x+y+z)(x^2+y^2+z^2-xy-yz-zx)$$
$$=(x+y+z)\cdot\frac{1}{2}\{(x-y)^2+(y-z)^2 \qquad x+y+z>0$$
$$\qquad\qquad\qquad +(z-x)^2\} \geqq 0 \qquad (x-y)^2+(y-z)^2+(z-x)^2 \geqq 0$$

から成り立つ。

$x+y+z>0$ より，等号は，$x=y=z$ のとき成り立つ。

よって　$\dfrac{a+b+c}{3} \geqq \sqrt[3]{abc}$

等号成立は，$a=b=c$ のときである。——(証明終)

解2

$\dfrac{a+b+c+d}{4} \geqq \sqrt[4]{abcd}$ に対して，$d=\dfrac{a+b+c}{3}$ を代入して

$$\frac{a+b+c+\dfrac{a+b+c}{3}}{4} \geqq (abc)^{\frac{1}{4}}\left(\frac{a+b+c}{3}\right)^{\frac{1}{4}} \qquad \frac{a+b+c+d}{4} \geqq (abc)^{\frac{1}{4}}\cdot d^{\frac{1}{4}}$$

と考える。

$$\frac{a+b+c}{3} \geqq (abc)^{\frac{1}{4}}\left(\frac{a+b+c}{3}\right)^{\frac{1}{4}}$$

この両辺を $\left(\dfrac{a+b+c}{3}\right)^{\frac{3}{4}}$ で割ると　$\left(\dfrac{a+b+c}{3}\right)^{\frac{3}{4}} \geqq (abc)^{\frac{1}{4}}$

よって　$\dfrac{a+b+c}{3} \geqq (abc)^{\frac{1}{3}}$

等号成立は，$a=b=c$ のときである。——(証明終)

等号成立は，$a=b=c=\dfrac{a+b+c}{3}$ なので，$a=b=c$ のときである。

23

Lv. ▫▫▮▮

$a,\ b,\ c,\ p,\ q,\ r$ が実数であるとき,

$$(a^2+b^2+c^2)(p^2+q^2+r^2) \geqq (ap+bq+cr)^2$$

を証明し，等号の成立条件を調べよ。

---

navigate

$(a^2+b^2)(p^2+q^2) \geqq (ap+bq)^2$ で,

（左辺）−（右辺）$=a^2q^2-2abpq+b^2p^2=(aq-bp)^2 \geqq 0$

と同様に，地道に（左辺）−（右辺）$\geqq 0$ を示すことになる。

解

両辺の差をとって

$$(a^2+b^2+c^2)(p^2+q^2+r^2) - (ap+bq+cr)^2$$

$$= (a^2q^2+a^2r^2+b^2p^2+b^2r^2+c^2p^2+c^2q^2) - (2abpq+2bcqr+2acpr)$$

$$= (aq-bp)^2+(br-cq)^2+(cp-ar)^2 \geqq 0 \qquad \text{平方完成できる。}$$

等号は

$$\boldsymbol{aq-bp=0}\ \text{かつ}\ \boldsymbol{br-cq=0}\ \text{かつ}\ \boldsymbol{cp-ar=0}\ \text{のとき}\text{成り立つ。}$$

——証明終

参考 （数学C）ベクトルの利用

ベクトルの内積の定義は，$\vec{x}\cdot\vec{y}=|\vec{x}||\vec{y}|\cos\theta$ である。

両辺2乗して $(\vec{x}\cdot\vec{y})^2=|\vec{x}|^2|\vec{y}|^2\cos^2\theta$ であり，$\cos^2\theta \leqq 1$ から

$|\vec{x}|^2|\vec{y}|^2 \geqq (\vec{x}\cdot\vec{y})^2$

がいえる。これに，$\vec{x}=(a,\ b,\ c)$, $\vec{y}=(p,\ q,\ r)$ を代入すると

$$(a^2+b^2+c^2)(p^2+q^2+r^2) \geqq (ap+bq+cr)^2$$

となる。等号成立は，$\vec{x},\ \vec{y}$ が $\vec{0}$ となる場合を除けば，$\cos^2\theta=1$ から $\theta=0,\ \pi$ のときで，$\vec{x}\,/\!/\,\vec{y}$

となる場合であるから，$\vec{y}=k\vec{x}$ とおいて，$(p,\ q,\ r)=k(a,\ b,\ c)$ から，$(k=)\dfrac{p}{a}=\dfrac{q}{b}=\dfrac{r}{c}$

のときとなる。

✅ SKILL UP

コーシー・シュワルツの不等式

$n=2 \quad (a^2+b^2)(p^2+q^2) \geqq (ap+bq)^2$

$n=3 \quad (a^2+b^2+c^2)(p^2+q^2+r^2) \geqq (ap+bq+cr)^2$

24

次の三角不等式を証明し，等号の成立条件を調べよ。

Lv. ∎∎∎∎

(1) $|a|+|b| \geqq |a+b|$

(2) $|a|+|b|+|c| \geqq |a+b+c|$

> navigate
> a と b の正負を考えて場合分けしても証明できなくはないが，処理が複雑になる。絶対値を含む不等式の証明は，2乗の差をとることが多い。

解

(1) 両辺0以上より，2乗の差をとると

$$(|a|+|b|)^2 - |a+b|^2 = (a^2 + 2|a||b| + b^2) - (a^2 + 2ab + b^2)$$
$$= 2(|ab| - ab) \geqq 0$$

一般に，$|x|$ について $|x| \geqq x$ が成り立つ。

等号成立は

$|ab| = ab$ から，**$ab \geqq 0$ のとき** ─(証明終)

等号は $x \geqq 0$ のとき成り立つ。

(2) (1)の不等式を繰り返し用いて

$$|a+b+c| = |a+(b+c)|$$
$$\leqq |a| + |b+c|$$
$$\leqq |a| + |b| + |c|$$

$|b+c| \leqq |b| + |c|$

よって

$$|a+b+c| \leqq |a| + |b| + |c|$$

等号成立は，$a(b+c) \geqq 0$ かつ $bc \geqq 0$ より，

$a \geqq 0$, $b \geqq 0$, $c \geqq 0$ または $a \leqq 0$, $b \leqq 0$, $c \leqq 0$ のとき ─(証明終)

参考 (数学C)ベクトル

三角不等式は，三角形の成立条件
$$|\vec{x}| + |\vec{y}| \geqq |\vec{x}+\vec{y}|$$
に由来するものである。

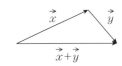

✓ SKILL UP

三角不等式

$n=2$ $|a|+|b| \geqq |a+b|$ （等号は，$ab \geqq 0$ のとき）

$n=3$ $|a|+|b|+|c| \geqq |a+b+c|$

（等号は，$a \geqq 0$, $b \geqq 0$, $c \geqq 0$ または $a \leqq 0$, $b \leqq 0$, $c \leqq 0$ のとき）

Theme 1 | 点の座標

1
Lv. ▪▫▫

2点A(2, 0), B(4, 2)がある。線分ABを2:1に内分する点Cの座標を求めよ。また, 線分ABを4:1に外分する点Dの座標を求めよ。

2
Lv. ▪▫▫

3点O(0, 0), A(1, 4), B(3, 1)がある。線分ABの中点Mの座標を求めよ。また, △OABの重心Gの座標を求めよ。

3
Lv. ▪▪▫

3点A(−2, 3), B(2, −1), C(4, 1)がある。A, B, C, Dを4頂点とする平行四辺形ができるような点Dの座標を求めよ。

4
Lv. ▪▫▫

△ABCに対し, $AP^2+BP^2+CP^2$ が最小になるのは, 動点Pがどこにあるときか。

Theme 分析

このThemeでは，点について扱う。まずは，分点公式について確認しておく。

数直線上の2点$A(a)$，$B(b)$に対して，線分ABを$m:n$に内分する点$P(x)$，外分する点$Q(x')$の座標を求める。ただし，$a<b$とする。

$AP:PB=m:n$

$(x-a):(b-x)=m:n$

$n(x-a)=m(b-x)$

$x=\dfrac{na+mb}{m+n}$

$AQ:QB=m:n \ (m \neq n)$

$(x'-a):(x'-b)=m:n$

$m(x'-b)=n(x'-a)$

$x'=\dfrac{-na+mb}{m-n}$

（内分）

（外分）

よって，平面上の座標においても，以下の公式が成り立つ。

$A(x_1, \ y_1) \quad B(x_2, \ y_2)$について，$AB$を$m:n$に内分する点の座標は

$$\left(\dfrac{nx_1+mx_2}{m+n}, \ \dfrac{ny_1+my_2}{m+n}\right)$$

ABを$m:n \ (m \neq n)$に外分する点の座標は

$$\left(\dfrac{-nx_1+mx_2}{m-n}, \ \dfrac{-ny_1+my_2}{m-n}\right)$$

この分点公式から以下の2つが導ける。

中点は，端点の座標を足して2で割ると覚えればよい。

また，$\triangle ABC$の重心は，中線(ある頂点とその対辺の中点を通る線分)を$2:1$に内分する点であることを利用すれば，線分BCの中点をMとおくと，

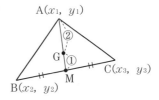

$$M\left(\dfrac{x_2+x_3}{2}, \ \dfrac{y_2+y_3}{2}\right)$$

線分AMを$2:1$に内分する点がGより，

$$G\left(\dfrac{1 \cdot x_1+2 \cdot \dfrac{x_2+x_3}{2}}{2+1}, \ \dfrac{1 \cdot y_1+2 \cdot \dfrac{y_2+y_3}{2}}{2+1}\right) \quad であり$$

$$G\left(\dfrac{x_1+x_2+x_3}{3}, \ \dfrac{y_1+y_2+y_3}{3}\right)$$

1

Lv. ∎∎∎∎

2点A(2, 0), B(4, 2)がある。線分ABを2：1に内分する点Cの座標を求めよ。また，線分ABを4：1に外分する点Dの座標を求めよ。

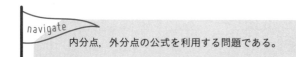

navigate
内分点，外分点の公式を利用する問題である。

解

点Cの座標は

$$\left(\frac{1 \cdot 2 + 2 \cdot 4}{2+1}, \ \frac{1 \cdot 0 + 2 \cdot 2}{2+1}\right)$$ ← 内分点公式

よって $\left(\dfrac{\mathbf{10}}{\mathbf{3}}, \ \dfrac{\mathbf{4}}{\mathbf{3}}\right)$ —答

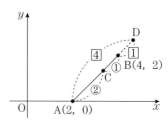

点Dの座標は

$$\left(\frac{-1 \cdot 2 + 4 \cdot 4}{4-1}, \ \frac{-1 \cdot 0 + 4 \cdot 2}{4-1}\right)$$ ← 外分点公式は4：1に外分
4：(−1)に内分として内分点公式を用いる

よって $\left(\dfrac{\mathbf{14}}{\mathbf{3}}, \ \dfrac{\mathbf{8}}{\mathbf{3}}\right)$ —答

参考 内分点・外分点公式の覚え方

内分点の分子は，「比をクロスに掛けて足す」

$$\left(\frac{n\,x_1 + m\,x_2}{m + n}, \ \frac{n\,y_1 + m\,y_2}{m + n}\right)$$

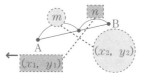

外分点は，「$m：n$ に外分 $\Longrightarrow$ $m：(-n)$ に内分」と覚える。

$$\left(\frac{-n\,x_1 + m\,x_2}{m - n}, \ \frac{-n\,y_1 + m\,y_2}{m - n}\right)$$ ← 結果的に，上の内分点公式において，
$m：(-n)$ として公式を使った形に

✓ SKILL UP

$A(x_1, y_1)$ $B(x_2, y_2)$ について

ABを $m：n$ に内分する点の座標は

$$\left(\frac{nx_1 + mx_2}{m+n}, \ \frac{ny_1 + my_2}{m+n}\right)$$

ABを $m：n$ $(m \neq n)$ に外分する点の座標は

$$\left(\frac{-nx_1 + mx_2}{m-n}, \ \frac{-ny_1 + my_2}{m-n}\right)$$

2 3点O(0, 0), A(1, 4), B(3, 1)がある。線分ABの中点Mの座標を求めよ。
Lv.■■▮▮ また, △OABの重心Gの座標を求めよ。

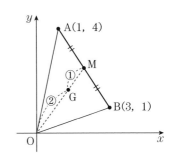

> ⚑ navigate
>
> 線分の中点, 三角形の重心の公式を確認する問題である。これらの公式
> は, 前問の内分点の公式から導ける。

解

線分ABの中点Mの座標は

$$\left(\frac{1+3}{2}, \frac{4+1}{2}\right)$$ ← 中点は, 足して2で割る

すなわち $\left(2, \dfrac{5}{2}\right)$ —(答)

△OABの重心Gの座標は

$$\left(\frac{0+1+3}{3}, \frac{0+4+1}{3}\right)$$ ← 重心は, 足して
3で割る

すなわち $\left(\dfrac{4}{3}, \dfrac{5}{3}\right)$ —(答)

参考 **点対称な点の座標**

点A(x_1, y_1)に関して, 点B(x_2, y_2)を対称移動した点Cを求める。ポイントは,

「点Aに関して, 点Bを対称移動した点C」

⟺ 「線分BCの中点が点A」

と考えることである。点C(X, Y)とおくと,

$$\left(\frac{x_2+X}{2}, \frac{y_2+Y}{2}\right)=(x_1, y_1)$$ であるから $(X, Y)=(2x_1-x_2, 2y_1-y_2)$

これは結果を丸暗記するよりも, 上のポイントを用いて, 導ければよい。

✓ SKILL UP

A(x_1, y_1), B(x_2, y_2), C(x_3, y_3)について,

線分ABの中点Mの座標は

$$\left(\frac{x_1+x_2}{2}, \frac{y_1+y_2}{2}\right)$$

△ABCの重心Gの座標は

$$\left(\frac{x_1+x_2+x_3}{3}, \frac{y_1+y_2+y_3}{3}\right)$$

3 3点A$(-2, 3)$, B$(2, -1)$, C$(4, 1)$がある。A, B, C, Dを4頂点とする

Lv.❚❙❙❙ 平行四辺形ができるような点Dの座標を求めよ。

navigate

平行四辺形になる条件,「対角線の中点が一致する」ことを利用する。対角線をどのペアでつくるかによって場合分けしなければならない。

解

D(p, q)とおく。平行四辺形の対角線の中点は一致するので,

(i) AB, CDが対角線のとき

線分ABの中点は, $\left(\dfrac{-2+2}{2}, \dfrac{3-1}{2}\right)$より $(0, 1)$

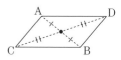

よって, $\dfrac{p+4}{2}=0$, $\dfrac{q+1}{2}=1$ を解いて ←(CDの中点)=(ABの中点)

$\quad (p, q)=(-4, 1)$

(ii) AC, BDが対角線のとき

線分ACの中点は, $\left(\dfrac{-2+4}{2}, \dfrac{3+1}{2}\right)$より $(1, 2)$

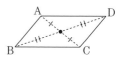

よって, $\dfrac{p+2}{2}=1$, $\dfrac{q-1}{2}=2$ を解いて ←(BDの中点)=(ACの中点)

$\quad (p, q)=(0, 5)$

(iii) AD, BCが対角線のとき

線分BCの中点は, $\left(\dfrac{2+4}{2}, \dfrac{-1+1}{2}\right)$より $(3, 0)$

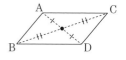

よって, $\dfrac{p-2}{2}=3$, $\dfrac{q+3}{2}=0$ を解いて ←(ADの中点)=(BCの中点)

$\quad (p, q)=(8, -3)$

以上より, **D$(-4, 1)$またはD$(0, 5)$またはD$(8, -3)$** —⍟

☑ SKILL UP

四角形ABCDが平行四辺形となるための条件は,

AC, BDの対角線の中点が一致

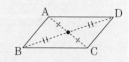

4 △ABCに対し，$AP^2+BP^2+CP^2$ が最小になるのは，動点Pがどこにあるとき

Lv. ▮▮▮▮ か。

> navigate
>
> 三角形についての距離の最小値の問題である。幾何の定理を用いるよりも，座標設定して解く方が楽であることが多い。

解

A$(a,\ b)$，B$(-c,\ 0)$，C$(c,\ 0)$ と座標設定しても一般性を失わない。ただし，$b \neq 0$，$c > 0$ である。ここで，動点P$(x,\ y)$ とおく。

$$AP^2+BP^2+CP^2$$
$$= \{(x-a)^2+(y-b)^2\} + \{(x+c)^2+y^2\}$$
$$\quad + \{(x-c)^2+y^2\}$$
$$= 3x^2-2ax+3y^2-2by+a^2+b^2+2c^2$$
$$= 3\left(x-\frac{a}{3}\right)^2+3\left(y-\frac{b}{3}\right)^2+\frac{2}{3}a^2+\frac{2}{3}b^2+2c^2$$

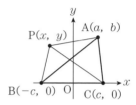

平方完成すると

$$x-\frac{a}{3}=0,\ y-\frac{b}{3}=0$$

のとき最小値

$$\frac{2}{3}a^2+\frac{2}{3}b^2+2c^2 \text{をとる。}$$

よって，$x=\dfrac{a}{3}$，$y=\dfrac{b}{3}$ のとき，最小値をとる。

すなわち，**点Pが△ABCの重心の位置にあるとき**最小となる。——(答)

参考 座標設定について

三角形の座標設定は，図1や図2のようにおくことで，あとの計算を楽にする。図3は計算が面倒になる。図4のように設定してしまうと，a，bをどう変えても二等辺三角形にしかならない。このことを「一般性を失う」といい，こういった設定は避ける。

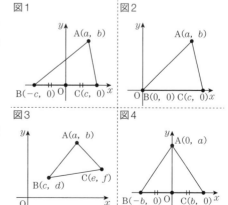

✓ **SKILL UP**

座標を設定するときは，計算が楽になるように工夫する。

Theme 2 | 直線の方程式

5 Lv. ∎∎∎

(1) 3点A(3, 4)，B(−2, 5)，C(6−a, −3)が同じ直線上にあるとき，定数aの値を求めよ。

(2) 直線$(1+2a)x+(3a−2)y+1−a=0$が定数aの値に関わらず通る定点の座標を求めよ。

6 Lv. ∎∎∎

3点O(0, 0)，A(1, 4)，B(3, 1)を頂点とする△OABの外心Pの座標を求めよ。

7 Lv. ∎∎∎

2つの直線$\ell : 2x+y+3=0$と$m : (a+1)x−(a−2)y+1=0$がある。

(1) ℓとmが平行になるような定数aの値を求めよ。

(2) ℓとmが垂直となるような定数aの値を求めよ。

8 Lv. ∎∎∎

座標平面の第1象限にある定点P(a, b)を通り，x軸，y軸と，それらの正の部分で交わる直線ℓを引くとき，ℓとx軸，y軸で囲まれた部分の面積Sの最小値と，そのときのℓの方程式を求めよ。

Theme分析

このThemeでは，直線の方程式について扱う。x，yの方程式を満たす点(x, y)の全体からできる図形のことを「方程式の表す図形」といい，その方程式を「図形の方程式」という。

傾きm，通る点(a, b)の直線の方程式
$$y-b=m(x-a)$$

y軸に平行な直線の方程式は
$$x=c$$

直線の一般形
$$ax+by+c=0$$

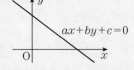

直線の切片形

$(a, 0)$，$(0, b)$が切片の直線の方程式は
$$\frac{x}{a}+\frac{y}{b}=1 \quad (ab \neq 0)$$

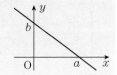

参考

法線ベクトルとは，直線に垂直な向きをもつベクトルのことであり，詳しくは「ベクトル」にて学習する。直線上の任意の点$P(x, y)$について，点$A(x_0, y_0)$を通り，法線ベクトル$\vec{n}=(a, b)$の直線の方程式は，$\vec{n}\cdot\overrightarrow{AP}=0$より，
$a(x-x_0)+b(y-y_0)=0$から，$ax+by-ax_0-by_0=0$となり，
$c=-ax_0-by_0$とおくと$ax+by+c=0$となる。
このとき，x，yの係数(a, b)は，直線の法線ベクトルを表す。

次に，2直線の関係については，傾きに着目すればよい。

2直線$y=m_1x+n_1$，$y=m_2x+n_2$について，
$\quad$2直線が平行 $\iff m_1=m_2$ （$n_1=n_2$のとき一致）
$\quad$2直線が垂直 $\iff m_1m_2=-1$
2直線$a_1x+b_1y+c_1=0$，$a_2x+b_2y+c_2=0$について，
$\quad$2直線が平行 $\iff a_1b_2-b_1a_2=0$
$\quad$2直線が垂直 $\iff a_1a_2+b_1b_2=0$

5
Lv.▮▮▮▮

(1) 3点A(3, 4)，B(-2, 5)，C($6-a$, -3)が同じ直線上にあるとき，定数aの値を求めよ。

(2) 直線$(1+2a)x+(3a-2)y+1-a=0$が定数aの値に関わらず通る定点の座標を求めよ。

---

navigate

(1) 3点が同一直線上ときたら，2点を通る直線の方程式を求め，その直線の方程式にもう1点の座標を代入すればよい。

一般に異なる2点(x_1, y_1)，(x_2, y_2)を通る直線の方程式は
$x_1=x_2$のとき$x=x_1$，$x_1 \neq x_2$のとき

$y-y_1=\dfrac{y_2-y_1}{x_2-x_1}(x-x_1)$と表せる。 ← 傾き$\dfrac{y_2-y_1}{x_2-x_1}$

通る点(x_1, y_1)の直線

(2) 直線がある点を「通る」ということは，その方程式に座標を代入して「成り立つ」ということである。すなわち，aの値に関わらず通る点ときたら，代入してaの恒等式と考えればよい。

解

(1) 直線ABの方程式は，$y-4=\dfrac{4-5}{3-(-2)}(x-3)$より

傾き$\dfrac{4-5}{3-(-2)}$，通る点A(3, 4)の直線である。

$x+5y-23=0$

この直線上に点Cがあればよく，点Cの座標を代入して，
$(6-a)+5\cdot(-3)-23=0$から $a=\boldsymbol{-32}$ —㊐

(2) 求める点を(X, Y)とおく。
$(1+2a)X+(3a-2)Y+(1-a)=0$がaの値に関わらず成り立つとき，
$(2X+3Y-1)a+(X-2Y+1)=0$がaの恒等式になるので
$2X+3Y-1=0$ かつ $X-2Y+1=0$
これを解いて $(X, Y)=\left(-\dfrac{1}{7}, \dfrac{3}{7}\right)$ —㊐

●$a+$▲$=0$が
aについての恒等式
$\Longleftrightarrow$ ●$=0$，▲$=0$

✓ SKILL UP

「aの値に関わらず通る点(X, Y)」ときたら，代入して，aの恒等式と考える。

6 3点O(0, 0)，A(1, 4)，B(3, 1)を頂点とする△OABの外心Pの座標を求

Lv.∎∎▮▮ めよ。

navigate

外接円を$x^2+y^2+ax+by+c=0$とおいて，O，A，Bの座標を代入して
も解けるが，有名問題として以下の解法も習得しておきたい。

解1 各辺の垂直2等分線の交点が外心である。

OAの傾き：4，OAの中点$\left(\dfrac{1}{2}, 2\right)$から，

OAの垂直二等分線は

$$y-2=-\dfrac{1}{4}\left(x-\dfrac{1}{2}\right) \quad\cdots①$$ ←OAの中点を通り，
OAに垂直な直線

OBの傾き：$\dfrac{1}{3}$，OBの中点$\left(\dfrac{3}{2}, \dfrac{1}{2}\right)$から，

OBの垂直二等分線は $y-\dfrac{1}{2}=-3\left(x-\dfrac{3}{2}\right)$ $\cdots②$ ←OBの中点を通り，
OBに垂直な直線

①，②を連立して $\mathbf{P}\left(\dfrac{23}{22}, \dfrac{41}{22}\right)$—答

解2 外心から各頂点までは等距離である。

P(p, q)とおく。

PO^2=PA^2=PB^{2}より，

$$p^2+q^2=(p-1)^2+(q-4)^2=(p-3)^2+(q-1)^2 \quad となり，$$

$2p+8q=17$ かつ $6p+2q=10$を解いて $(p, q)=\left(\dfrac{23}{22}, \dfrac{41}{22}\right)$—答

$p^2+q^2=p^2+q^2-2p-8q+17$
$=p^2+q^2-6p-2q+10$
$0=-2p-8q+17=-6p-2q+10$
となるので，比較的楽に解ける。

✅ SKILL UP

外心の座標 次のどちらかで立式。

各辺の垂直2等分線の交点

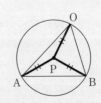

各頂点まで等距離

7

2つの直線 $\ell : 2x+y+3=0$ と $m : (a+1)x-(a-2)y+1=0$ がある。

Lv. ▪▫▫

(1) ℓ と m が平行になるような定数 a の値を求めよ。

(2) ℓ と m が垂直となるような定数 a の値を求めよ。

> navigate
>
> $y=mx+n$ に直しても求められるが，直線 m の方が $a-2=0$，$a-2\neq0$ で場合分けが必要。よって，一般形 $ax+by+c=0$ のまま解答したい。

解

(1) 直線 ℓ と m が平行であるための条件は

$$2\{-(a-2)\}-(a+1)\cdot1=0 \quad \text{よって} \quad a=\boldsymbol{1} \text{—}\textcircled{答}$$

(2) 直線 ℓ と m が垂直であるための条件は

$$2(a+1)+1\cdot\{-(a-2)\}=0 \quad \text{よって} \quad a=\boldsymbol{-4} \text{—}\textcircled{答}$$

別解

y について解く。$\ell : y=-2x-3$ より，傾き -2

m について，$a\neq2$ のとき，$y=\dfrac{a+1}{a-2}x+\dfrac{1}{a-2}$ より，傾き $\dfrac{a+1}{a-2}$

$a=2$ のとき，$x=-\dfrac{1}{3}$ であり，(1), (2) ともに満たさない。

(1) $a\neq2$ のとき，直線 ℓ と m が平行であるための条件は

$$\dfrac{a+1}{a-2}=-2 \text{ より} \quad a=\boldsymbol{1} \quad (a\neq2 \text{ を満たす}) \text{—}\textcircled{答} \quad \text{←2直線の平行条件}$$

(2) $a\neq2$ のとき，直線 ℓ と m が垂直であるための条件は

$$\dfrac{a+1}{a-2}\cdot(-2)=-1 \text{ より} \quad a=\boldsymbol{-4} \quad (a\neq2 \text{ を満たす}) \text{—}\textcircled{答} \quad \text{←2直線の垂直条件}$$

✓ SKILL UP

2直線 $y=m_1x+n_1$，$y=m_2x+n_2$ について，

　　　2直線が平行 $\iff$ $m_1=m_2$ （$n_1=n_2$ のとき一致）

　　　2直線が垂直 $\iff$ $m_1m_2=-1$

2直線 $a_1x+b_1y+c_1=0$，$a_2x+b_2y+c_2=0$ について，

　　　2直線が平行 $\iff$ $a_1b_2-b_1a_2=0$

　　　2直線が垂直 $\iff$ $a_1a_2+b_1b_2=0$

8

Lv. ∎∎∎

座標平面の第1象限にある定点$P(a, b)$を通り，x軸，y軸と，それらの正の部分で交わる直線ℓを引くとき，ℓとx軸，y軸で囲まれた部分の面積Sの最小値と，そのときのℓの方程式を求めよ。

navigate

直線$\dfrac{x}{p}+\dfrac{y}{q}=1$が点$(a, b)$を通るときの$pq$の最小問題として考える。

解

直線ℓのx切片をp，y切片をqとおくと，

直線ℓの方程式は　$\dfrac{x}{p}+\dfrac{y}{q}=1$　$(p>0, q>0)$

直線ℓは点(a, b)を通るので

$$\frac{a}{p}+\frac{b}{q}=1 \quad (a>0, b>0) \quad \cdots ①$$

このとき求める部分は直角三角形であり，その面積は　$S=\dfrac{1}{2}pq$

相加，相乗平均の不等式から　$\dfrac{a}{p}+\dfrac{b}{q}\geqq 2\sqrt{\dfrac{ab}{pq}}$

よって，①から　$1\geqq 2\sqrt{\dfrac{ab}{pq}}$

両辺は正だから2乗して，整理すると　$\dfrac{1}{2}pq\geqq 2ab$

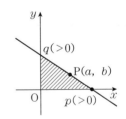

等号成立は，$\dfrac{a}{p}=\dfrac{b}{q}=\dfrac{1}{2}$より，$p=2a$，$q=2b$のときであり，そのときの直線は，$\dfrac{x}{2a}+\dfrac{y}{2b}=1$となる。

よって，直線ℓが$\dfrac{\boldsymbol{x}}{\boldsymbol{2a}}+\dfrac{\boldsymbol{y}}{\boldsymbol{2b}}=\boldsymbol{1}$のとき，面積は最小値$\boldsymbol{2ab}$をとる。—答

✓ SKILL UP

$(a, 0)$，$(0, b)$が切片の直線の方程式は

$$\frac{x}{a}+\frac{y}{b}=1 \quad (ab\neq 0)$$

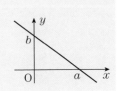

Theme
3

点と直線

9

Lv. ▪▫▫

点$(2, 1)$と直線$kx+y+1=0$の距離が$\sqrt{3}$のとき，kの値を求めよ。

10

Lv. ▪▫▫

3点$A(1, 3)$，$B(7, 5)$，$C(a, 4)$を頂点とする三角形の面積が5であるとき，正の数aの値を求めよ。

11

Lv. ▪▫▫

2点$A(-1, 3)$，$B(5, 11)$がある。直線$\ell : y=2x$について，点Aと対称な点Pの座標を求めよ。また，点Qが直線ℓ上にあるとき，QA+QBを最小にする点Qの座標を求めよ。

12

Lv. ▪▫▫

3点$O(0, 0)$，$A(7, 0)$，$B(3, 4)$を頂点とする$\triangle OAB$の内心Iの座標を求めよ。

Theme分析

このThemeは点と直線についてだが，この点と直線の距離公式を証明しよう。

まず，直線$\ell' : a'x + b'y + c' = 0$ …① と原点Oの距離d'を調べる。

直線OHの方程式は $b'x - a'y = 0$ …②

であるから，①，②を連立して

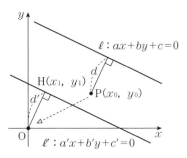

$$H(x_1, \ y_1) = \left(-\frac{a'c'}{a'^2 + b'^2}, \ -\frac{b'c'}{a'^2 + b'^2} \right)$$

したがって，原点Oと直線ℓ'の距離d'は

$$d' = OH = \sqrt{x_1{}^2 + y_1{}^2} = \sqrt{\frac{c'^2(a'^2 + b'^2)}{(a'^2 + b'^2)^2}}$$

$$= \frac{\sqrt{c'^2}}{\sqrt{a'^2 + b'^2}} = \frac{|c'|}{\sqrt{a'^2 + b'^2}}$$

次に，点$P(x_0, \ y_0)$と直線$\ell : ax + by + c = 0$の距離dを求める。点Pと直線ℓをx軸方向に$-x_0$，y軸方向に$-y_0$だけ平行移動すると，PはOに，直線ℓはそれと平行な直線ℓ'に移り，dはd'に等しい。平行移動した直線は

$$a\{x - (-x_0)\} + b\{y - (-y_0)\} + c = 0 \iff ax + by + (ax_0 + by_0 + c) = 0$$

となるので，その距離dは $d = \dfrac{|ax_0 + by_0 + c|}{\sqrt{a^2 + b^2}}$ となる。

参考 ベクトルを用いた証明

点$A(x_1, \ y_1)$から直線$: ax + by + c = 0$に下ろした垂線をAHとすると，求める長さは$|\overrightarrow{AH}|$である。$\overrightarrow{AH}$と直線の法線ベクトル$\vec{n} = (a, \ b)$は平行なので，$\overrightarrow{AH} = t\vec{n}$（$t$は実数）とおける。

$$\overrightarrow{OH} = \overrightarrow{OA} + t\vec{n} = \begin{pmatrix} x_1 \\ y_1 \end{pmatrix} + t\begin{pmatrix} a \\ b \end{pmatrix} = \begin{pmatrix} x_1 + at \\ y_1 + bt \end{pmatrix}$$

$H(x_1 + at, \ y_1 + bt)$を直線$: ax + by + c = 0$に代入して，

$(a^2 + b^2)t + (ax_1 + by_1 + c) = 0$より $t = -\dfrac{ax_1 + by_1 + c}{a^2 + b^2}$

となり，$|\overrightarrow{AH}| = |t\vec{n}| = |t||\vec{n}|$から $|\overrightarrow{AH}| = \left| -\dfrac{ax_1 + by_1 + c}{a^2 + b^2} \right| \cdot \sqrt{a^2 + b^2} = \dfrac{|ax_1 + by_1 + c|}{\sqrt{a^2 + b^2}}$

点$P(x_0, \ y_0)$と直線$\ell : ax + by + c = 0$

との距離dは $d = \dfrac{|ax_0 + by_0 + c|}{\sqrt{a^2 + b^2}}$

9

点(2, 1)と直線$kx+y+1=0$の距離が$\sqrt{3}$のとき，kの値を求めよ。

Lv. ▪▪▫▫

> **navigate**
> 点と直線の距離公式を用いるだけである。

解

点(2, 1)と直線$kx+y+1=0$の距離が$\sqrt{3}$であるから

$$\frac{|2k+1+1|}{\sqrt{k^2+1^2}}=\sqrt{3} \quad \leftarrow \text{点と直線の距離公式}$$

ゆえに

$$|2(k+1)|=\sqrt{3(k^2+1)}$$

両辺0以上より，2乗して

$$4(k+1)^2=3(k^2+1)$$

$$k^2+8k+1=0$$

これを解いて

$$k=\boldsymbol{-4\pm\sqrt{15}} \quad \text{答}$$

参考 点と直線の距離公式の分子の絶対値について

点が直線で分けられる領域のうちどちらに属するかがわかれば，絶対値は外せる。

点$P(x_0,\ y_0)$が直線$y=mx+n$ $(mx-y+n=0)$の
上側にあるときの点Pと直線の距離dは

$$d=\frac{|mx_0-y_0+n|}{\sqrt{m^2+(-1)^2}}$$

ここで，$P(x_0,\ y_0)$は直線$y=mx+n$の上側
$(y>mx+n)$にあるので

$$y_0>mx_0+n \iff mx_0-y_0+n<0$$

よって

$$d=\frac{-(mx_0-y_0+n)}{\sqrt{m^2+1}}$$

P

d

$\ell:y=mx+n$

✅ SKILL UP

点$P(x_0,\ y_0)$と直線$\ell:ax+by+c=0$
との距離dは

$$d=\frac{|ax_0+by_0+c|}{\sqrt{a^2+b^2}}$$

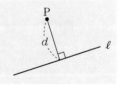

10
Lv. ∎∎∎∎

3点A(1, 3), B(7, 5), C(a, 4)を頂点とする三角形の面積が5であるとき，正の数aの値を求めよ。

🚩 navigate

座標平面における三角形の面積の問題である。ベクトルを利用した公式もあるし，ABを底辺とみて，点と直線の距離公式を利用して高さを求めてもよい。

解1

$\vec{AB} = (6, 2)$, $\vec{AC} = (a-1, 1)$であるから

$$\triangle ABC = \frac{1}{2}|6 \times 1 - 2(a-1)|$$

$$= \frac{1}{2}|8-2a| = |a-4|$$

$\vec{AB} = (6, 2)$
$\vec{AC} = (a-1, 1)$

$|a-4| = 5 \quad a-4 = \pm 5$

したがって $a = 9, -1$ $a > 0$であるから $a = \mathbf{9}$ —(答)

解2

$$AB = \sqrt{(7-1)^2 + (5-3)^2} = \sqrt{40} = 2\sqrt{10}$$

直線ABの方程式は $y - 3 = \dfrac{5-3}{7-1}(x-1)$

より $x - 3y + 8 = 0$

点Cと直線ABの距離をhとすると

$$h = \frac{|1 \cdot a - 3 \cdot 4 + 8|}{\sqrt{1^2 + (-3)^2}} = \frac{|a-4|}{\sqrt{10}}$$

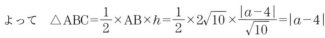

よって $\triangle ABC = \dfrac{1}{2} \times AB \times h = \dfrac{1}{2} \times 2\sqrt{10} \times \dfrac{|a-4|}{\sqrt{10}} = |a-4|$

同様に解いて $a = \mathbf{9}$ —(答)

✓ SKILL UP

$\begin{cases} \vec{AB} = (a, b) \\ \vec{AC} = (c, d) \end{cases}$ のとき，$\triangle ABC$の面積は

$$\triangle ABC = \frac{1}{2}|ad - bc|$$

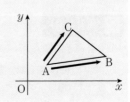

11

Lv. ∎∎∎∎

2点A(−1, 3)，B(5, 11)がある。直線$\ell: y=2x$について，点Aと対称な点Pの座標を求めよ。また，点Qが直線ℓ上にあるとき，QA+QBを最小にする点Qの座標を求めよ。

navigate

対称移動は，等距離と垂直条件で考える。また，折り線の長さの最小値も，対称移動を活用して考える。

解

点P(p, q)とおくと，AP⊥ℓであるから，$p \neq -1$のもとで

$$\frac{q-3}{p+1} \cdot 2 = -1 \quad \cdots ①$$

また，線分APの中点$\left(\dfrac{p-1}{2}, \dfrac{q+3}{2}\right)$が直線$\ell$上にあるから $\dfrac{q+3}{2} = 2 \cdot \dfrac{p-1}{2}$ $\cdots ②$

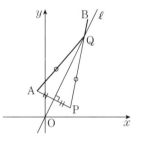

①，②を解いて $p=3$, $q=1$

よって，点Pの座標は **(3, 1)** —答

点Pは直線ℓに関して，点Aを対称移動した点より

$$QA+QB = PQ+QB \geqq PB \quad \leftarrow 折り返して$$
一直線上のとき

直線PBの方程式は

$$y-1 = \frac{11-1}{5-3}(x-3)$$

$$y = 5x-14 \quad \cdots ③$$

直線ℓ

$AQ+BQ=A'Q+BQ$
$\geqq A'B$

③と$y=2x$を連立して解くと $x = \dfrac{14}{3}$, $y = \dfrac{28}{3}$

よって，求める点Qの座標は $\left(\dfrac{\mathbf{14}}{\mathbf{3}}, \dfrac{\mathbf{28}}{\mathbf{3}}\right)$ —答

✓ SKILL UP

直線ℓに関して点Aを対称移動した点をBとすると

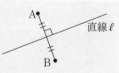

直線ℓ

$\begin{cases} ABの中点が直線\ell上 \\ AB \perp \ell \end{cases}$

12

3点O(0, 0)，A(7, 0)，B(3, 4)を頂点とする△OABの内心Iの座標を求めよ。

navigate

内心は内角の二等分線の交点である。座標は角条件に弱いので，解1 の方が有名だが，解2 のような幾何的解法も習得したい。

解1

内心をI(p, q)とおくと，各辺まで等距離より，

OA：x軸，OB：$4x-3y=0$，AB：$x+y-7=0$から

$$|q|=\frac{|4p-3q|}{\sqrt{4^2+3^2}}=\frac{|p+q-7|}{\sqrt{1^2+1^2}}$$

ここで，I(p, q)はx軸より上側，$y=\dfrac{4}{3}x$の

下側，$y=-x+7$の下側より

$$q>0,\ 4p-3q>0,\ p+q-7<0$$

$$q=\frac{4p-3q}{5}=\frac{-p-q+7}{\sqrt{2}}\ \text{を解いて}\ \mathbf{I(6-2\sqrt{2},\ 3-\sqrt{2})}\text{ーー(答)}$$

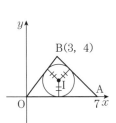

距離の公式の分子の絶対値を外す。

$$q<\frac{4}{3}p,\ q<-p+7$$

解2

OA=7，OB=5，AB=$4\sqrt{2}$であるから，線分ABを7：5，線分OAを5：$4\sqrt{2}$に内分する点C，Dの座標は

$$C\left(\frac{14}{3},\ \frac{7}{3}\right),\ D(20\sqrt{2}-25,\ 0)$$

よって，OC，BDの方程式は

$$y=\frac{1}{2}x\ \cdots ①$$

$$y-4=-\frac{0-4}{20\sqrt{2}-25-3}(x-3)\ \cdots ②$$

①，②を連立して解くと

$$\mathbf{I(6-2\sqrt{2},\ 3-\sqrt{2})}\text{ーー(答)}$$

∠AOBの二等分線上の点をP(X, Y)とおくと，点Pと直線OA，OBまでの距離は等しく

$$|Y|=\frac{|4X-3Y|}{\sqrt{4^2+3^2}}\ \text{より,}$$

$$Y=\frac{1}{2}X\ \text{または}\ Y=-2X$$

となり，図形的に，$y=\dfrac{1}{2}x$としてもよい。

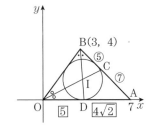

Theme 4 | 円と直線

13
Lv. ▪▪▫▫

(1) 点$(2,\ 1)$を通り，x軸とy軸に接する円の方程式を求めよ。

(2) 3点$(5,\ -1)$，$(4,\ 6)$，$(1,\ 7)$を通る円の方程式を求めよ。

14
Lv. ▪▫▫▫

直線$\ell:y=x-2$に関して，円$x^2+y^2-4y=0$を対称移動させた円の方程式を求めよ。

15
Lv. ▪▪▫▫

直線$y=kx+3$が円$x^2+y^2=2$と異なる2点で交わるような，定数kの値の範囲を求めよ。

16
Lv. ▪▪▫▫

円$x^2+y^2+4x-2y-1=0$が直線$4x+3y-5=0$によって切り取られる弦の長さと，弦の中点の座標を求めよ。

Theme分析

このThemeでは，円，円と直線について扱う。
右図のように，中心$A(a, b)$，半径rの円の方程式は

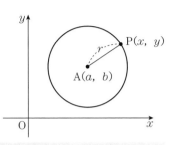

$$AP = r \quad より \quad \sqrt{(x-a)^2 + (y-b)^2} = r$$

の両辺を2乗して

$$(x-a)^2 + (y-b)^2 = r^2$$

中心(a, b)，半径rの円の方程式は　$(x-a)^2 + (y-b)^2 = r^2$

次に，円と直線の関係の数式化についてまとめる。

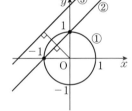

円：$x^2 + y^2 = 1$　…①

直線：$y = x + 1$　…②

直線：$y = x + 2$　…③

について，

（①と②の距離）$= \dfrac{|1|}{\sqrt{1^2 + 1^2}} = \dfrac{1}{\sqrt{2}} <$（半径1）から交わり，

（①と③の距離）$= \dfrac{|2|}{\sqrt{1^2 + 1^2}} = \sqrt{2} >$（半径1）から交わらない。

また，①と②を連立すると$x^2 + (x+1)^2 = 1$から，共有点は$(-1, 0)$，$(0, 1)$の2つ。①と③を連立すると　$2x^2 + 4x + 3 = 0$の判別式$D = -8 < 0$で，実数解をもたない。

このように，中心と直線の距離や半径に着目するか，連立した方程式で考えるかの2つの方法がある。

円と直線の関係の数式化

方法1　d（中心と直線の距離）とr（半径）の大小を比べる。

方法2　yを消去したxの2次方程式の判別式Dの正負を考える。

	2点で交わる	1点で接する	交わらない
方法1	$d < r$	$d = r$	$d > r$
方法2	$D > 0$	$D = 0$	$D < 0$

13
Lv. ▪▫▫

(1) 点$(2, 1)$を通り，x軸とy軸に接する円の方程式を求めよ。

(2) 3点$(5, -1)$，$(4, 6)$，$(1, 7)$を通る円の方程式を求めよ。

navigate

円の方程式を求めるには，中心と半径を調べればよい。ただし，「3点を通る円の方程式」を求めるときは，一般形でおいて求めるとよい。

解

(1) 条件から，円の中心は第1象限にあり

$$(x-r)^2+(y-r)^2=r^2 \quad (r>0)$$

とおける。点$(2, 1)$を通るから

$$(2-r)^2+(1-r)^2=r^2$$

$$r^2-6r+5=0$$

これを解いて $r=1, 5$

したがって

$$\begin{cases} (x-1)^2+(y-1)^2=1 \\ (x-5)^2+(y-5)^2=25 \end{cases}$$ —(答)

半径をrとすると，軸に接する円の中心は$(\pm r, \pm r)$と4通りとなるが，$(2, 1)$を通るので中心は(r, r)の1通りにかける

↓

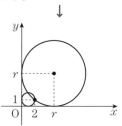

(2) 求める円の方程式を$x^2+y^2+ax+by+c=0$とおく。3点の座標を代入して

$$\begin{cases} 25+1+5a-b+c=0 \\ 16+36+4a+6b+c=0 \\ 1+49+a+7b+c=0 \end{cases}$$

これを解いて $a=-2, b=-4, c=-20$

求める円の方程式は

$$x^2+y^2-2x-4y-20=0 \iff (x-1)^2+(y-2)^2=25$$ —(答)

円を$(x-a)^2+(y-b)^2=r^2$とおくと，

$$\begin{cases} (5-a)^2+(-1-b)^2=r^2 \\ (4-a)^2+(6-b)^2=r^2 \\ (1-a)^2+(7-b)^2=r^2 \end{cases}$$

となり，連立方程式を解くのが大変である。

✓ SKILL UP

円の方程式を求めるには

中心(a, b)，半径rの円の方程式として，標準形：$(x-a)^2+(y-b)^2=r^2$
とおく。

3点を通る円を求める際は，一般形：$x^2+y^2+ax+by+c=0$とおく。

14

Lv. ■■□□

直線 $\ell : y = x - 2$ に関して，円 $x^2 + y^2 - 4y = 0$ を対称移動させた円の方程式を求めよ。

> navigate
>
> 円の対称移動を行う問題である。半径は変わらないので，中心の対称移動を考えればよい。

解

$$x^2 + y^2 - 4y = 0$$
$$x^2 + (y-2)^2 = 4$$

より，中心 A(0, 2)，半径 2 の円である。

点 A の直線 ℓ に関する対称点を B(p, q) とすると，$p \neq 0$ なので

AB⊥ℓ より

$$\frac{q-2}{p} \cdot 1 = -1 \quad \cdots ①$$

また，線分 AB の中点 $\left(\dfrac{p}{2}, \dfrac{q+2}{2} \right)$ が直線 ℓ 上にあるから

$$\frac{q+2}{2} = \frac{p}{2} - 2 \quad \cdots ②$$

①，②を解いて

$$p = 4, \quad q = -2$$

点 B の座標は $(4, -2)$

よって，対称移動させた円は，中心$(4, -2)$，半径 2 である。

ゆえに，求める円の方程式は

$$(x-4)^2 + (y+2)^2 = 4 \iff x^2 + y^2 - 8x + 4y + 16 = 0 \text{ —答}$$

対称移動によって，半径は変わらない。

✓ SKILL UP

中心 A(a, b)，半径 r の円を直線に関して，対称移動した円の方程式は，中心を対称移動した点 A′ を求め，半径は r のままと考える。

15

Lv.■■□□

直線 $y=kx+3$ が円 $x^2+y^2=2$ と異なる2点で交わるような，定数 k の値の範囲を求めよ。

> navigate
>
> 円と直線の関係を立式する問題である。解法は2つとも習得して状況に応じて使い分けたい。

解1

円 $x^2+y^2=2$ の中心 $(0, 0)$ と直線 $y=kx+3$ すなわち $kx-y+3=0$ の距離 d は $d=\dfrac{|3|}{\sqrt{k^2+(-1)^2}}=\dfrac{3}{\sqrt{k^2+1}}$ ← 点と直線の距離の公式

直線 $y=kx+3$ と円 $x^2+y^2=2$ が異なる2点で交わるための条件は，円の半径が $\sqrt{2}$ であるから

$$\frac{3}{\sqrt{k^2+1}}<\sqrt{2} \iff 3<\sqrt{2(k^2+1)}$$ ← $d<r$ で異なる2点で交わる

両辺は正より，2乗して $9<2(k^2+1) \iff 2k^2-7>0$

よって $\boldsymbol{k<-\dfrac{\sqrt{14}}{2}, \dfrac{\sqrt{14}}{2}<k}$ —答

解2

2次方程式の判別式を考える。

$$\begin{cases} x^2+y^2=2 \\ y=kx+3 \end{cases}$$

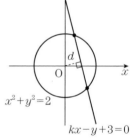

から y を消去すると

$$x^2+(kx+3)^2=2 \iff (k^2+1)x^2+6kx+7=0$$

この判別式を D とすると $\dfrac{D}{4}=9k^2-7(k^2+1)=2k^2-7$

となり，$D>0$ から $\boldsymbol{k<-\dfrac{\sqrt{14}}{2}, \dfrac{\sqrt{14}}{2}<k}$ —答

✓ SKILL UP

円と直線の関係の数式化

方法1 d（中心と直線の距離）と r（半径）の大小を比べる。

方法2 y を消去した x の2次方程式の判別式 D の正負を考える。

16

Lv.▮▮▯▯ 円 $x^2+y^2+4x-2y-1=0$ が直線 $4x+3y-5=0$ によって切り取られる弦の長さと，弦の中点の座標を求めよ。

navigate

円を切り取る弦の長さと弦の中点の座標を求める問題である。垂直二等分線の補助線を引いて考えるのがポイント。

解

$$x^2+y^2+4x-2y-1=0$$
$$(x+2)^2+(y-1)^2=6$$

円の中心 $(-2,\ 1)$ と直線 $4x+3y-5=0(\cdots①)$ の距離を d とすると

$$d=\frac{|4(-2)+3\cdot1-5|}{\sqrt{4^2+3^2}}=2 \quad ←点と直線の距離公式$$

円の半径は $\sqrt{6}$ であるから，弦の長さを $2l$ とすると

$$l^2=(\sqrt{6})^2-d^2 \quad ←直角三角形をつくって$$
$$=6-4=2 \qquad\qquad 三平方の定理$$
$$l=\sqrt{2}$$

よって，弦の長さは $2l=\boldsymbol{2\sqrt{2}}$ —㊉

円の中心を通り，直線①に垂直な直線の方程式は

$$y-1=\frac{3}{4}(x+2)$$
$$3x-4y+10=0 \quad \cdots②$$

①，②を連立して解くと $\left(-\dfrac{\boldsymbol{2}}{\boldsymbol{5}},\ \dfrac{\boldsymbol{11}}{\boldsymbol{5}}\right)$ —㊉

✓ SKILL UP

円を切り取る弦の長さ L

$$L=2\sqrt{r^2-d^2}$$

円を切り取る弦の中点

①と②（垂直二等分線）の交点

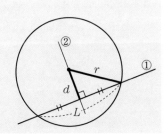

円の接線

17
Lv. ∎∎▮▮

(1) 円 $x^2+y^2=25$ 上の点 $(-4, -3)$ における接線の方程式を求めよ。

(2) 円 $(x-4)^2+(y-3)^2=2$ 上の点 $(3, 2)$ における接線の方程式を求めよ。

18
Lv. ∎∎▮▮

点 $(1, 3)$ から円 $x^2+y^2=2$ に引いた接線の方程式を求めよ。

19
Lv. ∎∎▮▮

点 $P(3, 1)$ から円 $x^2+y^2=5$ に 2 本の接線を引き,その 2 つの接点をそれぞれ Q,R とするとき,2 点 Q,R を通る直線の方程式を求めよ。

20
Lv. ∎∎▮▮

2 つの円 $C_1: x^2+y^2=4$, $C_2: (x-4)^2+y^2=1$ の両方に接する直線は全部で 4 本ある。この 4 本の直線の方程式を求めよ。

Theme分析

このThemeでは，円の接線について扱う。まずは円の接線公式から確認する。

円の接線公式

円 $x^2+y^2=r^2$ 上の点 $(x_0,\ y_0)$
における接線は

$$x_0x+y_0y=r^2$$

円 $(x-a)^2+(y-b)^2=r^2$ 上の
点 $(x_0,\ y_0)$ における接線は

$$(x_0-a)(x-a)+(y_0-b)(y-b)=r^2$$

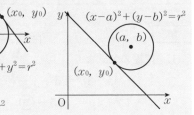

下の図のように，2円の共通接線は，中心を結ぶ線分を半径比に内分する点や外分する点を通ることを利用すると，設定する文字の数を減らすことができる。

共通外接線　中心線の外分点を通る　　　共通内接線　中心線の内分点を通る

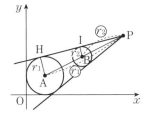 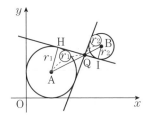

ただし，半径が等しいときの共通外接線は通る点が決まるのでなく，傾きがすぐわかる。

　共通外接線　中心線と同じ傾き　　　　共通内接線　中心線の中点を通る

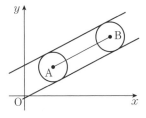 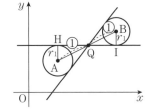

がむしゃらに文字をおかずに，図形的性質を利用し，工夫して立式することが重要である。

17

Lv. ▪▪▫▫

(1) 円 $x^2+y^2=25$ 上の点 $(-4, -3)$ における接線の方程式を求めよ。

(2) 円 $(x-4)^2+(y-3)^2=2$ 上の点 $(3, 2)$ における接線の方程式を求めよ。

 navigate

接線の公式を利用する問題である。

解

(1) 接線の公式より

円 : $x \cdot x + y \cdot y = 25$
　　　↑　　　↑
　　　-4　　-3　 接点の座標

$$-4x-3y=25$$

$$\boldsymbol{4x+3y=-25} \ \text{—(答)}$$

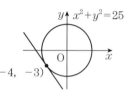

$(x-4)(x-4)+(y-3)(y-3)=2$ $(-4, -3)$
　　↑　　　　　　　↑
　　3　　　　　　2　 接点の座標

(2) 接線の公式より

$$(3-4)(x-4)+(2-3)(y-3)=2$$

$$\boldsymbol{x+y-5=0} \ \text{—(答)}$$

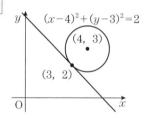

参考 円の接線の公式の証明

円 $x^2+y^2=r^2$ 上の点 $P(x_0, y_0)$ について

(i) 接点 P が x 軸，y 軸上にないとき

OP の傾きは $\dfrac{y_0}{x_0}$ であり，接線の傾きは $-\dfrac{x_0}{y_0}$

よって $y-y_0=-\dfrac{x_0}{y_0}(x-x_0)$

これを整理して $x_0x+y_0y=x_0{}^2+y_0{}^2$

P は円周上の点だから $x_0{}^2+y_0{}^2=r^2$

よって $x_0x+y_0y=r^2$ …①

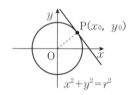

(ii) 接点 P が x 軸上または y 軸上にあるとき

$P(\pm r, 0)$ のとき，接線は $x=\pm r$（複号同順）

$P(0, \pm r)$ のとき，接線は $y=\pm r$（複号同順）

となり，いずれも①を満たす。

☑ **SKILL UP**

円 $x^2+y^2=r^2$ 上の点 (x_0, y_0) における接線は

　　$x_0x+y_0y=r^2$

円 $(x-a)^2+(y-b)^2=r^2$ 上の点 (x_0, y_0) における接線は

　　$(x_0-a)(x-a)+(y_0-b)(y-b)=r^2$

18 点(1, 3)から円 $x^2+y^2=2$ に引いた接線の方程式を求めよ。

Lv. ∎∎∎∎

navigate
接点に文字をおいてもいいし，傾きに文字をおいてもよい。

解1

接点をP(a, b)とおくと，Pは円上にあるから

$$a^2+b^2=2 \quad \cdots ①$$

また，点Pにおける接線の方程式は

$$ax+by=2 \quad ← 円の接線の公式$$

接線は点(1, 3)を通るから

$$a+3b=2 \quad \cdots ②$$

①，②から $(a, b)=\left(\dfrac{7}{5}, \dfrac{1}{5}\right)$，$(-1, 1)$

したがって，求める接線の方程式は

$$\boldsymbol{7x+y=10}, \ \boldsymbol{x-y=-2} \ ─ 答$$

接点は円上にあることを忘れ
ないように。

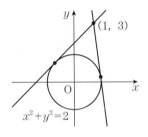

解2

求める接線は y 軸に平行にはならないので，
傾きを m として，$y-3=m(x-1)$ とおく。
円：$x^2+y^2=2$ と直線：$mx-y+(3-m)=0$
が接するので，中心と直線の距離を d，半径
を r すると

$$d=r$$

$$\frac{|3-m|}{\sqrt{m^2+(-1)^2}}=\sqrt{2}$$

両辺は0以上より，2乗して解くと $m=1$，-7
よって $\boldsymbol{y=x+2}$, $\boldsymbol{y=-7x+10}$ ─ 答

すべての直線の方程式は
$y=ax+b$ または $x=k$
（y軸平行）
であるので，y軸平行にならな
いことを先に確認。

円と直線が接するには，$d=r$
である。

✓ SKILL UP

円の接線を求める方法

方法1 接点をおいて，接線公式を利用する。

方法2 傾きをおいて，円と直線が接する条件を考える。

19

Lv. ‥.∎∎∎

点P(3, 1)から円$x^2+y^2=5$に2本の接線を引き，その2つの接点をそれぞれQ，Rとするとき，2点Q，Rを通る直線の方程式を求めよ。

navigate

円外の点から円に対して2本の接線を引いたとき，その2つの接点を通る直線は「極線」と呼ばれる有名な直線である。円の接線の公式と同じ形をしている。証明も含めて使いこなせるようにしたい。

解

接点をQ$(x_1,\ y_1)$とおくと，接線は　$x_1x+y_1y=5$

接線は点P(3, 1)を通るので　$3x_1+y_1=5$　…①

接点をR$(x_2,\ y_2)$とおくと，接線は　$x_2x+y_2y=5$

接線は点P(3, 1)を通るので　$3x_2+y_2=5$　…②

①，②より，直線$3x+y=5$は2接点Q，Rを通ることがわかる。異なる2点を通る直線はただ一本に定まるので，直線QRの方程式は

$$3x+y=5 \text{ ―答}$$

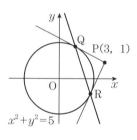

参考 **中心が原点でなくてもよい**

同様に，中心が$(a,\ b)$，半径がrの円

$$(x-a)^2+(y-b)^2=r^2$$

に対して，円外の点P$(s,\ t)$から引いた2接線の接点Q，Rを通る直線QRの方程式は

$$(s-a)(x-a)+(t-b)(y-b)=r^2$$

となる。証明についても上と同様にすることができる。

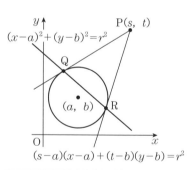

✓ SKILL UP

極線

円外の点P$(s,\ t)$から，円：$x^2+y^2=r^2$に対して引いた接線の接点をQ，Rとしたとき，直線QRの方程式は

$$sx+ty=r^2$$

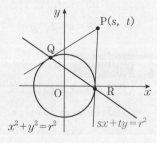

20 2つの円$C_1 : x^2+y^2=4$, $C_2 : (x-4)^2+y^2=1$の両方に接する直線は全部で
Lv.▪▪❚❚ 4本ある。この4本の直線の方程式を求めよ。

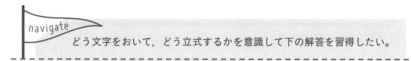
navigate
どう文字をおいて，どう立式するかを意識して下の解答を習得したい。

解

中心線を半径比に内分する点と外分する点を
通るので

$$y=m\left(x-\dfrac{8}{3}\right)\cdots① \quad または \quad y=m(x-8)\cdots②$$

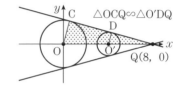

とおく。円C_1と接するので

$$\dfrac{\left|-\dfrac{8}{3}m\right|}{\sqrt{m^2+1}}=2 \quad または \quad \dfrac{|-8m|}{\sqrt{m^2+1}}=2$$

これらを解いて

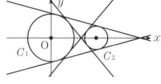

$$\boldsymbol{y=\pm\dfrac{3}{\sqrt{7}}\left(x-\dfrac{8}{3}\right)} \quad \boldsymbol{または} \quad \boldsymbol{y=\pm\dfrac{1}{\sqrt{15}}(x-8)}$$

別解　接点を(a, b)とおくと
$$a^2+b^2=4 \quad \cdots①$$

接線の方程式は　$ax+by=4$　$\cdots②$　←円の接
線公式

②は円C_2と接するので

$$\dfrac{|4a-4|}{\sqrt{a^2+b^2}}=1 \quad ←円が直線と接するのは，d=r$$

①より，$|4a-4|=2$　よって　$a=\dfrac{3}{2}$, $\dfrac{1}{2}$

①から　$(a, b)=\left(\dfrac{3}{2}, \pm\dfrac{\sqrt{7}}{2}\right), \left(\dfrac{1}{2}, \pm\dfrac{\sqrt{15}}{2}\right)$　（複号任意）

このとき接線は，②から　$\boldsymbol{3x\pm\sqrt{7}y=8}$, $\boldsymbol{x\pm\sqrt{15}y=8}$ —答

✓ SKILL UP

共通内接線　中心線の内分点通るので，傾きだけおいて考える。

共通外接線　中心線の外分点通るので，傾きだけおいて考える。

　　　　　　　ただし，半径が等しい場合は，傾きが中心線と等しくなる。

Theme 6 | 円と曲線

21
Lv. ∎∎▮▮

2円 $C_1 : x^2+y^2=1$, $C_2 : (x-2)^2+(y-2)^2=a$ が共有点をもつような，正の数 a の値の範囲を求めよ。

22
Lv. ∎∎▮▮

2円 $C_1 : x^2+y^2-8x-6y+23=0$, $C_2 : x^2+y^2-25=0$ がある。

(1) C_1, C_2 の2つの交点を通る直線の方程式を求めよ。

(2) (1)の2つの交点を通り，点 $(3, 1)$ を通る円の方程式を求めよ。

23
Lv. ∎∎▮▮

放物線 $y=x^2$ と円 $x^2+(y-a)^2=r^2$ $(r>0)$ の異なる共有点が4個となるような，a, r の条件を求めよ。

24
Lv. ∎∎▮▮

放物線 $y=x^2$ と円 $x^2+(y-a)^2=r^2$ $(r>0)$ が接するときの a, r の条件を求めよ。

Theme分析

2円の位置関係は，「中心間の距離」と「半径の和・差」に着目して数式化する。

例えば，「2点で交わる」ときは2円の半径をr_1，r_2とすると，「$|r_1-r_2|<d<r_1+r_2$」となる。

2円 $\begin{cases} C_1 : x^2+y^2+a_1x+b_1y+c_1=0 \\ C_2 : x^2+y^2+a_2x+b_2y+c_2=0 \end{cases}$

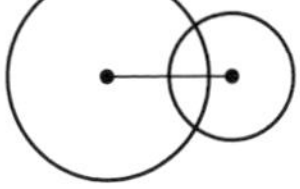

2点で交わる

$|r_1-r_2|<d<r_1+r_2$

$k=-1$

の共通点を通る円または直線は

$$x^2+y^2+a_1x+b_1y+c_1$$
$$+k(x^2+y^2+a_2x+b_2y+c_2)=0$$

とかける。

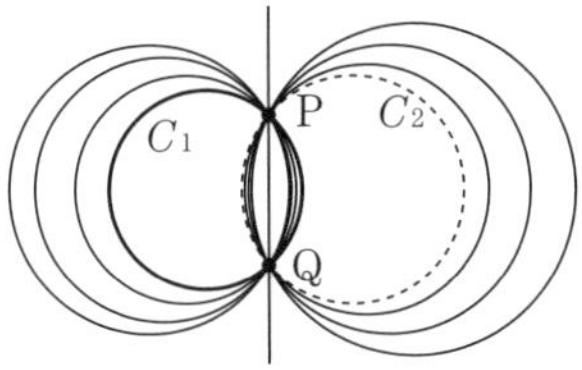

円と放物線の関係については，方程式で判断する。

$\begin{cases} \text{円} : x^2+(y-a)^2=r^2 \\ \text{放物線} : y=x^2 \end{cases}$ の関係

$\Longleftrightarrow y^2-(2a-1)y+(a^2-r^2)=0$ の実数解 …★

異なる4つの共有点	2点で接する	異なる3つの共有点（接する）
★が$y>0$の異なる2解	★が$y>0$の重解	★が$y>0$の解と$y=0$の解
	異なる2つの共有点	1つの共有点（接する）
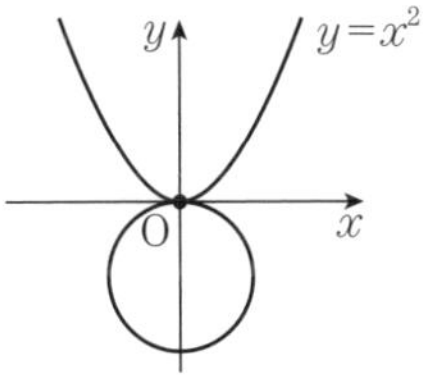	★が$y>0$の解と$y<0$の解	★が$y<0$の解と$y=0$の解

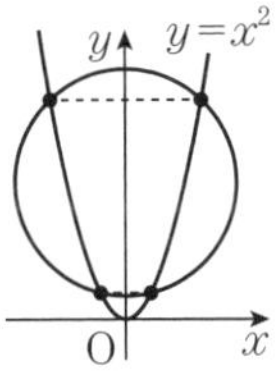

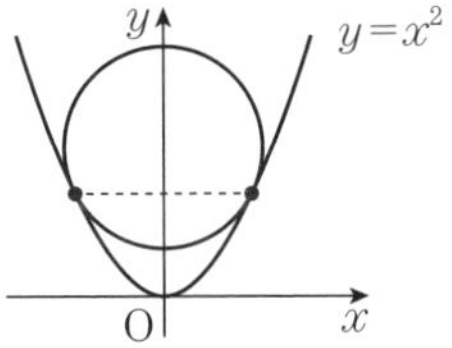

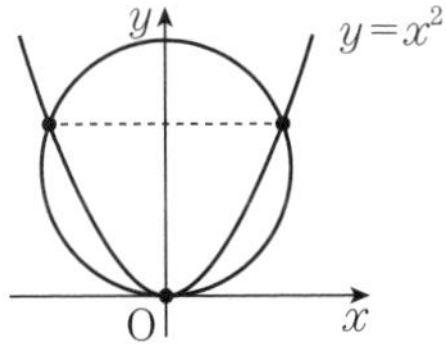

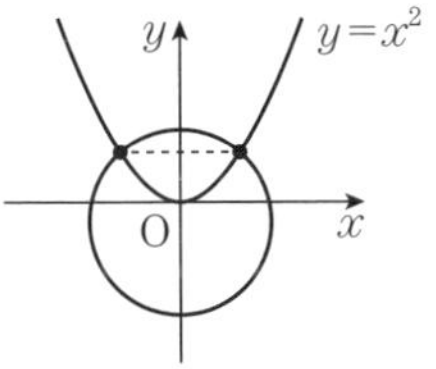

21 2円 $C_1 : x^2 + y^2 = 1$, $C_2 : (x-2)^2 + (y-2)^2 = a$ が共有点をもつような，正の
Lv. 数 a の値の範囲を求めよ。

navigate

2円の位置関係の問題である。中心間の距離と半径の和，差に着目して
立式する。

解

C_1 は中心 $(0,\ 0)$，半径 $r_1 = 1$ の円であり，

C_2 は中心 $(2,\ 2)$，半径 $r_2 = \sqrt{a}$ の円である。

ここで，中心間の距離を d とおくと $d = \sqrt{2^2 + 2^2} = 2\sqrt{2}$

C_1 と C_2 が共有点をもつのは

$$|r_1 - r_2| \leq d \leq r_1 + r_2 \iff |\sqrt{a} - 1| \leq 2\sqrt{2} \leq \sqrt{a} + 1 \quad \text{←下の公式}$$

$$|\sqrt{a} - 1| \leq 2\sqrt{2} \iff -2\sqrt{2} \leq \sqrt{a} - 1 \leq 2\sqrt{2} \qquad \text{による}$$

$$\iff 1 - 2\sqrt{2} \leq \sqrt{a} \leq 1 + 2\sqrt{2}$$

$a > 0$ より $0 < \sqrt{a} \leq 1 + 2\sqrt{2}$

各辺を2乗して $0 < a \leq 9 + 4\sqrt{2}$ …① ←$(1 + 2\sqrt{2})^2 = 9 + 4\sqrt{2}$

$\qquad\quad 2\sqrt{2} \leq \sqrt{a} + 1 \iff 2\sqrt{2} - 1 \leq \sqrt{a}$

各辺を2乗して $9 - 4\sqrt{2} \leq a$ …② ←$(2\sqrt{2} - 1)^2 = 9 - 4\sqrt{2}$

したがって，①かつ②より $\boldsymbol{9 - 4\sqrt{2} \leq a \leq 9 + 4\sqrt{2}}$ —(答)

✓ SKILL UP

2円の位置関係は，中心間距離 d と半径の和 $(r_1 + r_2)$，

半径の差 $(|r_1 - r_2|)$ に着目して立式する。

離れている
$d > r_1 + r_2$

外接する
$d = r_1 + r_2$

2点で交わる
$|r_1 - r_2| < d < r_1 + r_2$

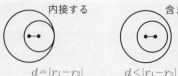
内接する
$d = |r_1 - r_2|$

含まれる
$d < |r_1 - r_2|$

22

Lv.∎∎∎∎

2円 $C_1 : x^2+y^2-8x-6y+23=0$, $C_2 : x^2+y^2-25=0$ がある。

(1) C_1, C_2 の2つの交点を通る直線の方程式を求めよ。

(2) (1)の2つの交点を通り，点$(3, 1)$を通る円の方程式を求めよ。

navigate

2円の交点を通る直線または円を求める問題である。2交点を求めること
もできるが，2交点を求めずにこれらの方程式を求めることもできる。

解

$$C_1 : (x-4)^2+(y-3)^2=(\sqrt{2})^2 \quad \cdots① , \quad C_2 : x^2+y^2=5^2 \quad \cdots②$$

C_1 は中心$(4, 3)$, 半径$r_1=\sqrt{2}$の円, C_2 は中心が原点，半径$r_2=5$の円である。
中心間の距離dは$\sqrt{4^2+3^2}=5$であり， 　異なる2点で交わることを
$|r_1-r_2|<d<r_1+r_2$ を満たすので，異なる2点で 　確認。
交わる。そこで，次の方程式を考える。

$$x^2+y^2-8x-6y+23+k(x^2+y^2-25)=0 \quad \cdots③ \quad ←束の公式$$

③は，①かつ②を満たすので，①，②の交点を通る図形の方程式である。

(1) $k=-1$ とすると，③は直線を表す。異なる2点を通る直線はただ1つに
定まるので求める方程式は

$$-8x-6y+48=0 \iff \boldsymbol{4x+3y-24=0} ─(答)$$

(2) ③に$x=3$, $y=1$ を代入して $k=\dfrac{1}{5}$ 　　kを求めれば方程式が決まる。

①に代入して

$$x^2+y^2-8x-6y+23+\frac{1}{5}(x^2+y^2-25)=0 \quad \cdots④$$

④は円を表す。同一直線上にない異なる3点を通る円はただ1つに定まる
ので，求める方程式は $\boldsymbol{\left(x-\dfrac{10}{3}\right)^2+\left(y-\dfrac{5}{2}\right)^2=\dfrac{85}{36}}$ ─(答)

✓ SKILL UP

異なる2点で交わる2円

$$C_1 : x^2+y^2+a_1x+b_1y+c_1=0, \quad C_2 : x^2+y^2+a_2x+b_2y+c_2=0$$

に対して $x^2+y^2+a_1x+b_1y+c_1+k(x^2+y^2+a_2x+b_2y+c_2)=0$
は，C_1 と C_2 の交点を通る直線または円（ただし，C_2 以外）を表す。

23

Lv.▮▮▯▯

放物線 $y = x^2$ と円 $x^2 + (y-a)^2 = r^2$ $(r>0)$ の異なる共有点が4個となるような，a, r の条件を求めよ。

▶ navigate

円と放物線の共有点の個数についての問題。

$y = x^2$ を $x^2 + (y-a)^2 = r^2$ に代入すると，y の2次方程式が得られる。これをもとに共有点の個数を調べていく。$y = x^2$ を満たす x の個数にも注意する。

解

$y = x^2$ と $x^2 + (y-a)^2 = r^2$ から x を消去して

$$y + (y-a)^2 = r^2$$
$$y^2 - (2a-1)y + a^2 - r^2 = 0 \quad \cdots ①$$

$y = x^2$ において，$y > 0$ のとき y の1つの値に対応する x の値は2つあり，$y = 0$ のとき $x = 0$ だけであり，$y < 0$ のときは解をもたない。

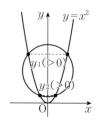

したがって，放物線と円の共有点が4個となる条件は，①が異なる2つの正の解をもつことである。

よって，①の左辺を $f(y)$ とすると

$$\begin{cases} f(0) = a^2 - r^2 > 0 & \cdots ② \\ \text{軸}: y = \dfrac{2a-1}{2} > 0 & \cdots ③ \\ D = (2a-1)^2 - 4(a^2 - r^2) > 0 & \cdots ④ \end{cases}$$

単なる「異なる2解」でなく，「正の異なる2解」と考えるのがポイント。

②，③，④を解いて

$$\boxed{a > \dfrac{1}{2} \quad \text{かつ} \quad a > r > \dfrac{\sqrt{4a-1}}{2}} \quad —(答)$$

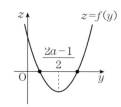

✔ SKILL UP

円と放物線の関係の数式化は，x^2 を消去して，y の2次方程式で考える解法が有名である。

24

Lv.▫▪▪▪

放物線 $y=x^2$ と円 $x^2+(y-a)^2=r^2$ $(r>0)$ が接するときの a, r の条件を求めよ。

navigate

2つが接するときは「共通な接線をもつ」ことから考えることもできる。

解

$y=x^2$ と $x^2+(y-a)^2=r^2$ から x を消去して

$$y+(y-a)^2=r^2 \iff y^2-(2a-1)y+a^2-r^2=0 \quad \cdots ①$$

$y=x^2$ において，$y>0$ のとき y の1つの値に対応する x の値は2つあり，$y=0$ のとき $x=0$ だけである。

したがって，放物線と円が接する条件は，次の(i), (ii)である。

(i) ①が正の重解をもつ

(ii) ①が $y=0$ の解をもつ（$x=0$ が重解）

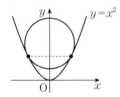
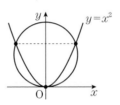

(i) $\begin{cases} 軸：y=\dfrac{2a-1}{2}>0 & \cdots ② \\ D=(2a-1)^2-4(a^2-r^2)=0 & \cdots ③ \end{cases}$

②，③を解いて $a>\dfrac{1}{2}$ かつ $r=\dfrac{\sqrt{4a-1}}{2}$

(ii) $y=0$ の解をもつとき，

$y=0$ を①に代入して $a=\pm r$

以上より

$$a>\frac{1}{2}, \ r=\frac{\sqrt{4a-1}}{2} \quad または \quad a=\pm r \text{─(答)}$$

(i)正の重解をもつには，

$\begin{cases} 軸>0 \\ D=0 \end{cases}$

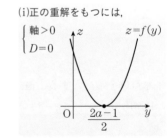

☑ **SKILL UP**

円と放物線が接することの数式化は，x^2 を消去して，y の2次方程式で考える解法が有名である。ただし，2つが接するときの数式化は，2つが共有点において共通接線をもつことを立式することも可能である。

Theme 7 | 軌跡①

25
Lv.▪▫▫

2点 A$(-a, 0)$, B$(a, 0)$ $(a>0)$ がある。$\angle$APB$=90°$ を満たす点Pの軌跡を求めよ。

26
Lv.▪▫▫

2点 A$(1, 0)$, B$(0, 1)$ からの距離が $a:1$ である点Pの軌跡を求めよ。ただし，a は $a>1$ を満たす定数とする。

27
Lv.▪▫▫

2点 A$(4, 0)$, B$(2, 3)$ と円 $x^2+y^2=9$ 上の動点Pとでできる△ABPの重心Gの軌跡を求めよ。

28
Lv.▪▫▫

原点Oを始点とする半直線OP上に，OP・OQ$=1$ となるように点Qをとる。点Pが円 $(x-1)^2+(y-1)^2=4$ 上を動くとき，点Qの軌跡を求めよ。

Theme分析

軌跡とは，点Pがある条件を満たしながら動くとき，そのような点Pの描く図形(あるいは，点全体の集合)のことである。

軌跡の定義

「点Pの軌跡が図形Fである」ということは，次の2つの条件を満たすことである。

(i) 与えられた条件を満たす点Pが図形Fの上にある。←Fは必要条件

(ii) 図形F上の任意の点Pは与えられた条件を満たす。←Fは十分条件

(i)だけでは，Fの上にあるというだけで，F全体が求める軌跡であるかは不明で余分な点が含まれている可能性がある。(ii)だけでは，F以外の点で条件を満たす点が存在している可能性がある。すなわち，これら両方とも確認する必要がある。

例 2点A(1, 1)，B(2, 3)から距離が等しい点Pの軌跡を求める。

図形的に直接求められ，これを**幾何的解法**とよぶ。

2定点A，Bから等距離の点Pの軌跡は，右図のように線分ABの垂直二等分線である。

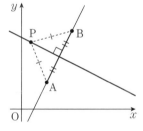

ABの中点は $\left(\dfrac{3}{2},\ 2\right)$

ABの傾きは$\dfrac{3-1}{2-1}=2$より，垂直二等分線の傾きは $-\dfrac{1}{2}$

よって，求める点Pの軌跡は

$$y-2=-\frac{1}{2}\left(x-\frac{3}{2}\right) \iff 直線2x+4y-11=0$$

上の例題を以下のように解いてもよい。この解き方を**代数的解法**と呼ぶ。

求める軌跡上の点をP(X, Y)とおく。AP＝BPより

$$AP^2=BP^2 \iff (X-1)^2+(Y-1)^2=(X-2)^2+(Y-3)^2$$
$$\iff 2X+4Y-11=0$$

したがって，点Pは直線$2x+4y-11=0$上にある。←軌跡の必要条件

逆に，直線$2x+4y-11=0$上の点はAP＝BPを満たす。←軌跡の十分条件

以上より，求める軌跡は 直線$2x+4y-11=0$

25

Lv. 2点A($-a$, 0), B(a, 0) ($a>0$) がある。$\angle$APB$=90°$ を満たす点Pの軌跡を求めよ。

navigate

2定点とつくる角が一定の軌跡で，図形的に考えれば円弧となる。

解

2点A, Bを直径の両端とする円を考える。直線ABに関して点Pと同じ側の円周上に点Qをとると，

$\angle$AQB$=90°$ だから $\angle$APB$=\angle$AQB

円周角の定理の逆より，PはA, Bを直径の両端とする円上にある。 ←軌跡の必要条件

逆にA, Bを除くこれらを直径の両端とする円周上に点Pをとると，$\angle$APB$=90°$である。←軌跡の十分条件

以上より，求める軌跡は

円 $x^2+y^2=a^2$ の2点($\pm a$, 0)を除く部分。—(答)

円周角の定理の逆

4点A, B, P, Qについて，点P, Qが直線ABに関して同じ側にあって

$$\angle APB=\angle AQB$$

ならば，4点A, B, P, Qは1つの円周上にある。

別解

P(X, Y)とおく。$\angle$APBが存在するので，Pは2点A, Bと異なる点であり

$\angle$APB$=90°$ $\implies$ AP^2+BP^2=AB^2 ←三平方の定理

$\iff$ $\{(X+a)^2+Y^2\}+\{(X-a)^2+Y^2\}=4a^2$

$\iff$ $X^2+Y^2=a^2$

よって，P(X, Y)は円：$x^2+y^2=a^2$上にある。 ←軌跡の必要条件

ただし，Pは2点A, Bと異なる点だから，

($-a$, 0), (a, 0)の2点は除く。 ←軌跡の十分条件

以上より，求める軌跡は

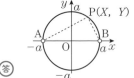

円 $x^2+y^2=a^2$ の2点($\pm a$, 0)を除く部分。—(答)

✓ SKILL UP

点Pがある条件を満たしながら動くとき，点Pの描く図形を点Pの軌跡という。図形を動かして求められるときは，実際に図形を動かせばよい。

26

Lv.

2点A(1, 0)，B(0, 1)からの距離が$a:1$である点Pの軌跡を求めよ。ただし，aは$a>1$を満たす定数とする。

navigate

求める軌跡上の点をP$(X,\ Y)$とおいて，条件を数式化して，XとYについての関係式を求めればよい。

解

求める軌跡上の点をP$(X,\ Y)$とおく。

AP：BP$=a:1$より

$$a\mathrm{BP}=\mathrm{AP}$$
$$a^2\mathrm{BP}^2=\mathrm{AP}^2$$
$$a^2\{X^2+(Y-1)^2\}=(X-1)^2+Y^2$$

よって

$$(a^2-1)X^2+(a^2-1)Y^2+2X-2a^2Y=1-a^2$$

$a>1$であるから $a^2-1\neq0$であり

$$X^2+Y^2+\frac{2}{a^2-1}X-\frac{2a^2}{a^2-1}Y=-1$$

$$\left(X+\frac{1}{a^2-1}\right)^2+\left(Y-\frac{a^2}{a^2-1}\right)^2=\frac{2a^2}{(a^2-1)^2}$$

したがって，点Pは，円$\left(x+\dfrac{1}{a^2-1}\right)^2+\left(y-\dfrac{a^2}{a^2-a}\right)^2=\dfrac{2a^2}{(a^2-1)^2}$上にある。

逆に，この円周上の点はAP：BP$=a:1$を満たす。

以上より，求める軌跡は

中心$\left(-\dfrac{1}{a^2-1},\ \dfrac{a^2}{a^2-1}\right)$，　半径$\dfrac{\sqrt{2}\,a}{a^2-1}$の円　—答

①軌跡上の点を$(X,\ Y)$とおく。

AP>0，BP>0，$a>0$より，2乗しても同値性は崩れない。

②軌跡の方程式を求めた。

③図形上の任意の点が条件を満たす。

✓ SKILL UP

軌跡の代数的解法の流れ

① 求める軌跡上の点を$(X,\ Y)$とおき，条件を数式化して，XとYについての関係式を求める。

② 軌跡の方程式を導き，その方程式の表す図形を求める。

③ その図形上の任意の点が条件を満たすことを確認する。

27 2点A(4, 0), B(2, 3)と円$x^2+y^2=9$上の動点Pとでできる△ABPの重心G
Lv.∎∎∎∎ の軌跡を求めよ。

navigate

これまでと同様に求める軌跡上の点Gを(X, Y)とおいて，XとYについ
ての関係式を求めればよいが，動点Pに自分で文字をおかないと数式化
できない。したがって，円上の点Pを(s, t)かつ$s^2+t^2=9$とおいて，数
式化する。そのあと，s, tを消去すれば，XとYについての関係式は求め
られる。

解

求める軌跡上の点G(X, Y)とおく。

円上の動点をP(s, t)とおくと

$$s^2+t^2=9 \quad \cdots ①$$

また，△ABPの重心がGより

$$\begin{cases} X=\dfrac{4+2+s}{3} \\ Y=\dfrac{0+3+t}{3} \end{cases} \iff \begin{cases} s=3X-6 \\ t=3Y-3 \end{cases}$$

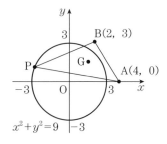

X, Yの関係式を求めるには，
s, tを消去すればよい。消去
するには，

$$s=(X, Yの式)$$
$$t=(X, Yの式)$$

として，$s^2+t^2=9$に代入する。

これらを①に代入して

$$(3X-6)^2+(3Y-3)^2=9$$
$$(X-2)^2+(Y-1)^2=1$$

よって，点Pは円$(x-2)^2+(y-1)^2=1$上にある。

また，円$(x-2)^2+(y-1)^2=1$上の任意の点は条件を満たす。

以上より，求める軌跡は **中心(2, 1)半径1の円** ─(答)

✓ **SKILL UP**

動点Qを伴う点Pの軌跡

動点Qを(s, t)，求める軌跡上の点Pを(X, Y)とおく。求めるべき関係
式はX, Yの関係式であるから，$s=(X, Yの式)$，$t=(X, Yの式)$とし
て，(s, t)の図形の式に代入すれば，XとYの関係式が導かれる。消す
文字を残す文字の式で表すことに注意。

28

Lv.∎∎∥ 原点Oを始点とする半直線OP上に，OP・OQ＝1となるように点Qをとる。点Pが円 $(x-1)^2+(y-1)^2=4$ 上を動くとき，点Qの軌跡を求めよ。

> navigate
>
> 軌跡の有名問題である。ベクトルを用いると簡単になる。

解

軌跡上の点を $Q(X, Y)$ とし，点 $P(s, t)$ とすると
$$s^2+t^2-2s-2t-2=0 \cdots ①$$
$$\overrightarrow{OP}=\frac{|\overrightarrow{OP}|}{|\overrightarrow{OQ}|}\cdot\overrightarrow{OQ}$$
$$=\frac{1}{|\overrightarrow{OQ}|^2}\cdot\overrightarrow{OQ} \quad \leftarrow |\overrightarrow{OP}|=\frac{1}{|\overrightarrow{OQ}|} \text{より}$$

よって $\begin{pmatrix} s \\ t \end{pmatrix}=\frac{1}{X^2+Y^2}\begin{pmatrix} X \\ Y \end{pmatrix}$

これらを①に代入して

$P(s, t)$，$Q(X, Y)$について，逆に
$$\overrightarrow{OQ}=\frac{|\overrightarrow{OQ}|}{|\overrightarrow{OP}|}\cdot\overrightarrow{OP}=\frac{1}{|\overrightarrow{OP}|^2}\cdot\overrightarrow{OP}$$
も成り立つので，
$$\begin{pmatrix} X \\ Y \end{pmatrix}=\frac{1}{s^2+t^2}\begin{pmatrix} s \\ t \end{pmatrix}$$
も成り立つが，後々，
$$s^2+t^2-2s-2t=2$$
を用いて，s, tを消去することを考えると，X, Yをs, tの式で表すよりは，s, tをX, Yの式で表す方がよい。

$$\frac{X^2}{(X^2+Y^2)^2}+\frac{Y^2}{(X^2+Y^2)^2}-\frac{2X}{X^2+Y^2}-\frac{2Y}{X^2+Y^2}=2$$

$\Longleftrightarrow X^2+Y^2-2(X+Y)(X^2+Y^2)=2(X^2+Y^2)^2$ かつ $X^2+Y^2\neq0$

$\Longleftrightarrow (X^2+Y^2)\{2(X^2+Y^2)+2(X+Y)-1\}=0$ かつ $(X, Y)\neq(0, 0)$

$\Longleftrightarrow X^2+Y^2+X+Y-\frac{1}{2}=0$

よって，点Qの軌跡の方程式は $\left(x+\frac{1}{2}\right)^2+\left(y+\frac{1}{2}\right)^2=1$

求める軌跡は **中心 $\left(-\dfrac{1}{2}, -\dfrac{1}{2}\right)$，半径 1 の円** ―㊨

✓ SKILL UP

Oを始点とする半直線OP上の点Qが
OP・OQ＝a（一定）を満たすとき
$$\overrightarrow{OP}=\frac{|\overrightarrow{OP}|}{|\overrightarrow{OQ}|}\overrightarrow{OQ}=\frac{a}{|\overrightarrow{OQ}|^2}\overrightarrow{OQ}$$

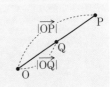

Theme 8 | 軌跡②

29 放物線 $y=x^2$ と直線 $y=t(x+2)$ が異なる2点A, Bで交わっているとき, 線分
Lv. ABの中点Mの軌跡を求めよ。

30 実数 s, t が $s^2+t^2=1$ という関係を満たしながら動くとき, 点 $P(s+t,\ st)$ の軌
Lv. 跡を求めよ。

31 2直線 $\ell:(x-1)+ty=0$, $m:t(x+1)-y=0$ の交点Pの軌跡を求めよ。
Lv.

32 原点Oを中心とする半径1の円に, 円外の点 $P(s,\ t)$ から2本の接線を引く。2
Lv. つの接点の中点をQとし, 点Pが直線 $x+y=2$ 上を動くとき, 点Qの軌跡を
求めよ。

Theme分析

このThemeでは，軌跡の応用問題としてパラメータ関数の軌跡について扱う。

$\begin{cases} x=f(t) \\ y=g(t) \end{cases}$ で表される関数をパラメータ関数という。この軌跡を求めるには，パラメータ t を消去して考える。

例 t が実数全体を動くとき，$\begin{cases} x=t+1 \\ y=t^2 \end{cases}$ で定まる点 P(x, y) の軌跡を求める。

t を消去すると
$$y=(x-1)^2$$
となり，軌跡の方程式が求められる。
また，t が実数全体を動くとき，点 P の x 座標 $t+1$ も実数全体を動く。
以上より，求める軌跡は
$$放物線 y=(x-1)^2$$

例 $\begin{cases} x=t^2 \\ y=t^4 \end{cases}$ で定まる点 P(x, y) の軌跡を求める。

同様に，t を消去すれば
$$y=x^2$$
と軌跡の方程式が求められるが，P$(-1, 1)$ が軌跡上の点かといえば，$t^2=-1$ を満たす実数 t が存在しないので，P$(-1, 1)$ は軌跡上の点とはいえない。
$t^2=x$ を満たす実数 t が存在する条件として，$x \geqq 0$ であるから，求める軌跡は
$$放物線の一部で y=x^2 \ (x \geqq 0)$$

$\begin{cases} x=f(t) \\ y=g(t) \end{cases}$ $(a \leqq t \leqq b)$ で表される点 (x, y) の軌跡 W とは，

$x=f(t),\ y=g(t),\ a \leqq t \leqq b$ を満たす実数 t が存在する x, y の条件を求めること。

29

放物線 $y=x^2$ と直線 $y=t(x+2)$ が異なる2点A, Bで交わっているとき, 線分

Lv. ▮▮▮▮ AB の中点Mの軌跡を求めよ。

navigate

中点 $M(X, Y)$ について数式化しようとすると, 線分の端点A, Bが必要になる。A, Bは放物線と直線の交点なので, 連立すれば求められる。このとき, 解と係数の関係を利用して計算を楽にする。

解

求める軌跡上の点 $M(X, Y)$ とおく。点A, Bは, $y=x^2$ と $y=t(x+2)$ の交点より, 2式を連立して

$$x^2=t(x+2) \iff x^2-tx-2t=0 \quad \cdots ①$$

①の2つの解を α, β とおくと, 解と係数の関係から $\alpha+\beta=t, \alpha\beta=-2t$

ABの中点がMより

$$\begin{cases} X=\dfrac{\alpha+\beta}{2} \\ Y=\dfrac{t(\alpha+2)+t(\beta+2)}{2} \end{cases} \iff \begin{cases} X=\dfrac{t}{2} \\ Y=\dfrac{t^2+4t}{2} \end{cases}$$

$t=2X$ を, $Y=\dfrac{t^2+4t}{2}$ に代入して $Y=2X^2+4X$

よって, 点Mは放物線 $y=2x^2+4x$ 上にある。

また, ①の判別式 D について

$$D>0 \iff t^2+8t>0 \iff t<-8, 0<t$$

ここで, $t=2X$ から

$$2X<-8, 0<2X \iff X<-4, 0<X \quad \text{範囲チェックに注意。}$$

よって, 求める軌跡は

放物線の一部 $y=2x^2+4x$ $(x<-4, 0<x)$ —答

> 中点が放物線上にあることがわかったが, 放物線上すべてを動くとは限らないので, 範囲を調べる。

✓ **SKILL UP**

放物線を切り取る線分の中点の軌跡は, 中点を (X, Y) とおき, 中点をパラメータ関数で表す。このもとで, パラメータの存在条件(消去)を考えればよい。

30

実数 $s,\ t$ が $s^2+t^2=1$ という関係を満たしながら動くとき，点 $P(s+t,\ st)$ の軌跡を求めよ。

Lv.▮▯▯

> navigate
>
> $X=s+t,\ Y=st$ とおいて，
> $$s^2+t^2=1 \iff (s+t)^2-2st=1$$
> から，s と t を消去する。ただし，s と t が実数であることから，実数条件を考えなければならない。

解

$X=s+t,\ Y=st$ とおく。

$s^2+t^2=1$ から $(s+t)^2-2st=1$

よって $X^2-2Y=1$

ゆえに $Y=\dfrac{1}{2}X^2-\dfrac{1}{2}$ …①

一方，$s,\ t$ は2次方程式
$$p^2-Xp+Y=0 \quad \cdots ②$$

の2つの解であり，$s,\ t$ が実数であるから，

方程式②の判別式を D とすると $D \geqq 0$

よって $D=X^2-4Y \geqq 0$ …③

①，③から，放物線 $Y=\dfrac{1}{2}X^2-\dfrac{1}{2}$ の

$-\sqrt{2} \leqq X \leqq \sqrt{2}$ の部分である。

求める軌跡は

$(X,\ Y)$ が軌跡上の点である条件は，

「$s^2+t^2=1$ かつ $s+t=X$ かつ $st=Y$

を満たす実数 $s,\ t$ が存在することである」
$$\begin{cases} s+t=X \\ st=Y \end{cases}$$

を満たす実数 $s,\ t$ の存在条件として，$s,\ t$ を解にもつ2次方程式 $p^2-Xp+Y=0$ の判別式が0以上であることを忘れないようにする。

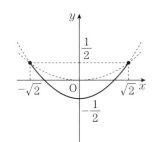

$$\boxed{\text{放物線の一部 } y=\dfrac{1}{2}x^2-\dfrac{1}{2} \quad (-\sqrt{2} \leqq x \leqq \sqrt{2})}\ -\text{(答)}$$

参考 点 $(s+t,\ s-t)$ の存在範囲

$\begin{cases} s+t=X \\ s-t=Y \end{cases}$ と置換したときは，$X,\ Y$ が実数のとき，$s=\dfrac{X+Y}{2},\ t=\dfrac{X-Y}{2}$

と実数 $s,\ t$ は存在するので，$s^2+t^2=1 \iff X^2+Y^2=2$ となり，円上すべてを動く。

✓ SKILL UP

点 $(s+t,\ st)$ の存在範囲で，$s+t=X,\ st=Y$ と置換したときは，解と係数の関係を用いて，範囲を調べることに注意する。

31

Lv. ■■■■

2直線 $\ell : (x-1)+ty=0$, $m : t(x+1)-y=0$ の交点Pの軌跡を求めよ。

navigate

2直線の交点の軌跡は，Pは直線 ℓ 上かつ直線 m 上といいかえて，直接パラメータを消去すればよい。パラメータを消去するときは，パラメータの存在条件の確認が必須である。

解1

P(X, Y) とおくと，点Pは直線 ℓ 上かつ直線 m 上にあり

$$(X-1)+tY=0 \quad \cdots ① \quad かつ \quad t(X+1)-Y=0 \quad \cdots ②$$

①かつ②を満たす実数 t が存在するP(X, Y)の条件を求める。①から

$$t=-\frac{X-1}{Y} \quad （ただし，Y \neq 0）$$

②に代入して， $-\dfrac{X-1}{Y}(X+1)-Y=0$ 整理して

$$X^2+Y^2=1 \quad \cdots ③ \quad （ただし，Y \neq 0）$$

$Y=0$ のとき ①かつ② $\iff$ $X-1=0$ かつ $t(X+1)=0$

となり，$t=0$ のとき交点$(1, 0)$。よって，③から$(-1, 0)$を除けばよい。

求める軌跡は **円 $x^2+y^2=1$ の点 $(-1, 0)$ を除く部分** —㊉

解2

2直線は直交するので，幾何的に求める。直線 ℓ

は，定点A$(1, 0)$を通り，傾きは $-\dfrac{1}{t}$ $(t \neq 0)$

直線 m は，定点B$(-1, 0)$を通り，傾きは t

ここで，$t \neq 0$ のとき，ℓ と m は直交する。

よって，求める軌跡は，A，Bを直径の両端とする円である。ただし，両端A，Bは除く。

また，$t=0$ のとき，$\ell : x=1$，$m : y=0$ より P$(1, 0)$

よって **円 $x^2+y^2=1$ の点 $(-1, 0)$ を除く部分** —㊉

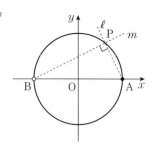

✓ SKILL UP

2直線の交点の軌跡は交点をパラメータ表示するのではなく，パラメータの存在条件。または，幾何的解法。

32

Lv. ▂▃▅

原点Oを中心とする半径1の円に，円外の点P(s, t)から2本の接線を引く。2つの接点の中点をQとし，点Pが直線$x+y=2$上を動くとき，点Qの軌跡を求めよ。

navigate

2接点A，Bを求めて中点を求めるのは面倒である。極線ABと垂直二等分線OPの交点と考えればよい。

解

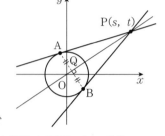

19 の証明を参考にして，直線ABの方程式は

$$sx+ty=1 \quad \cdots ①　\leftarrow 極線の方程式$$

また，直線OPの方程式は

$$tx-sy=0 \quad \cdots ②　\leftarrow 垂直二等分線の方程式$$

点Q(X, Y)は，2直線①，②の交点であるので

$$tX-sY=0 \quad かつ \quad sX+tY=1　\leftarrow 31 でも学習した2直線の交点の軌跡$$

これらから　$s=\dfrac{X}{X^2+Y^2}$, $t=\dfrac{Y}{X^2+Y^2}$　（ただし，$X^2+Y^2 \neq 0$）

点P(s, t)は，直線$x+y=2$上にあるので，$s+t=2$であり

$$\frac{X}{X^2+Y^2}+\frac{Y}{X^2+Y^2}=2$$

$$\iff X^2-\frac{1}{2}X+Y^2-\frac{1}{2}Y=0 \quad かつ \quad X^2+Y^2 \neq 0$$

$$\iff \left(X-\frac{1}{4}\right)^2+\left(Y-\frac{1}{4}\right)^2=\left(\frac{\sqrt{2}}{4}\right)^2 \quad かつ \quad (X, Y) \neq (0, 0)$$

求める軌跡は

点$\left(\dfrac{1}{4}, \dfrac{1}{4}\right)$を中心とする半径$\dfrac{\sqrt{2}}{4}$の円から原点を除く部分　—(答)

✓ SKILL UP

円外の点から引いた2接線の接点の中点の軌跡は，極線と垂直二等分線の交点の軌跡を考えると楽である。

Theme
9 | 領域

33

Lv. ▪▫▫▫

不等式 $xy(x+y-3)(x^2+y^2-9)>0$ の表す領域を図示せよ。

34

Lv. ▪▫▫▫

不等式 $x^2+y^2 \leqq |x|+|y|$ を満たす領域の面積を求めよ。

35

Lv. ▪▫▫▫

直線 $y=ax+b$ が，2点 A$(1，1)$，B$(2，2)$ を結ぶ線分（両端を含む）と共有点をもつような実数 a，b の条件を求めよ。

36

Lv. ▪▫▫▫

放物線 $y=x^2+ax+b$ が，2点 A$(1，1)$，B$(2，2)$ を結ぶ線分（両端を含む）と共有点をもつような実数の組 $(a，b)$ の範囲を ab 平面に図示せよ。

Theme分析

一般に，変数x，yについての不等式を満たす点(x, y)全体の集合を，その不等式の表す領域という。

例えば，座標平面上で，方程式$y=x^2$ …①を満たす点(x, y)全体の集合は放物線を表す。そこで，不等式$y>x^2$ …②が表す領域について確認する。

不等式②を満たす任意の点$P(x_1, y_1)$をとると，

$$y_1>x_1^2 \quad …③$$

が成り立つ。また，Pを通り，x軸に垂直な直線と

放物線①の交点を$Q(x_1, y_2)$とすると，

$$y_2=x_1^2 \quad …④$$

③，④から　$y_1>y_2$

ゆえに，点Pは放物線①より上側にある。

同様に，不等式$y<x^2$が表す領域は，①より下側の部分(斜線部分)である。

他に，不等式$x^2+y^2<1$…⑤の表す領域については

原点Oと点$P(x, y)$の距離OPは　　$OP=\sqrt{x^2+y^2}$

よって，不等式⑤はOP<1を表しているので，その表す領域は，円$x^2+y^2=1$の内部である。同様に，不等式$x^2+y^2>1$の表す領域は，円$x^2+y^2=1$の外部である。

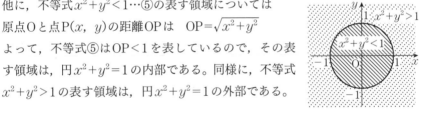

不等式$y>f(x)$，$y<f(x)$の表す領域は，

$$y>f(x) \iff y=f(x)の上側の領域$$
$$y<f(x) \iff y=f(x)の下側の領域$$

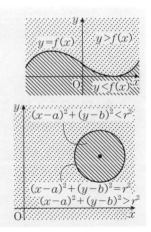

不等式$(x-a)^2+(y-b)^2>r^2$，

$(x-a)^2+(y-b)^2<r^2$の表す領域は，

$$(x-a)^2+(y-b)^2<r^2 \iff 円の内側$$
$$(x-a)^2+(y-b)^2>r^2 \iff 円の外側$$

33

不等式 $xy(x+y-3)(x^2+y^2-9)>0$ の表す領域を図示せよ。

Lv.

navigate

$f(x, y)>0$ を満たす領域を正領域，$f(x, y)<0$ を満たす領域を負領域と呼ぶ。境界線で隣接する領域は，必ず正領域と負領域に分かれる。

解

STEP 1：境界線上にない点 $(3, 3)$ を $xy(x+y-3)(x^2+y^2-9)>0$ に代入すると $3 \cdot 3 \cdot 3 \cdot 9 = 243 > 0$ となり不等式を満たす。

したがって，下の①の領域はすべて不等式を満たす。

STEP 2：境界線：$x=0$，$y=0$，$y=-x+3$，$x^2+y^2=9$ を1つまたぐと $x \times y \times (x+y-3) \times (x^2+y^2-9) > 0$ の不等式のある項の符号が逆転するので，交互に不等式を満たす領域は表れる。

よって，**下図の斜線部分（境界線を含まない）**。——答

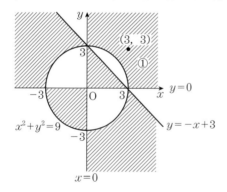

まずは，境界線を図示する。
↓
境界線上にない，ある1点の座標を不等式に代入して，その点が求める領域に含まれるか調べる。
↓
交互に領域を塗っていく。

✓ SKILL UP

●▲■ >0 のような積の不等式の領域図示は

STEP 1：境界線上にない，ある1点が不等式を満たすかどうか調べる。

その1点が不等式を満たす：その領域はすべて不等式を満たす

満たさない：その領域はすべて不等式を満たさない

STEP 2：境界線をはさんで，交互に塗っていく。

1つ境界線をまたぐと，「満たす」「満たさない」が逆転する

34

不等式 $x^2+y^2 \leqq |x|+|y|$ を満たす領域の面積を求めよ。

Lv. ▮▮▮

navigate

絶対値を含む不等式の領域図示は，一般的には場合分けすればよい。
本問は軸，原点に関する対称性を利用する。

解

$$x^2+y^2 \leqq |x|+|y| \quad \cdots①$$

①で，x，y を $-x$，$-y$ とおきかえても，①
と同じ式が得られるので，①を満たす領域は，
x軸，y軸，原点に関して対称である。

$x \geqq 0$，$y \geqq 0$ のとき，不等式は

$$x^2+y^2 \leqq x+y \iff \left(x-\frac{1}{2}\right)^2+\left(y-\frac{1}{2}\right)^2 \leqq \frac{1}{2}$$

このとき，領域は右上の図の斜線部分である。た
だし，境界線を含む。

ゆえに，$x^2+y^2 \leqq |x|+|y|$ を満たす領域は，右図
の斜線部分である。ただし，境界線を含む。

求める面積は，半径 $\dfrac{\sqrt{2}}{2}$ の半円4個と，1辺 $\sqrt{2}$ の
正方形1個の面積の和であるから

$$4 \times \frac{1}{2}\pi\left(\frac{\sqrt{2}}{2}\right)^2 + (\sqrt{2})^2 = \boldsymbol{\pi+2} \quad \text{—答}$$

すべての場合を分けるのは大
変なので，対称性を利用する。

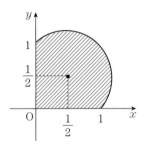

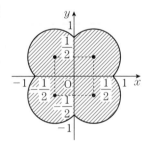

✓ SKILL UP

絶対値付き不等式の領域は，次のように場合分けして図示する。

$$|\bullet| = \begin{cases} \bullet \quad (\bullet \geqq 0 \text{のとき}) \\ -\bullet \quad (\bullet < 0 \text{のとき}) \end{cases}$$

また，対称性のある場合は，対称性を利用すると楽である。
$f(x, y) \geqq 0$ や $f(x, y) \leqq 0$ に対して，

・$f(-x, y) = f(x, y)$ であれば，y軸対称

・$f(x, -y) = f(x, y)$ であれば，x軸対称

・$f(-x, -y) = f(x, y)$ でれば，原点対称

35

Lv.▮▯▯▯

直線 $y = ax + b$ が，2点 A$(1, 1)$，B$(2, 2)$ を結ぶ線分（両端を含む）と共有点をもつような実数 a，b の条件を求めよ。

navigate

$f(x, y) = ax - y + b$ とおくと直線 $y = ax + b$ で分けられる2つの領域は

$$y = ax + b \text{ の上側の領域} \iff y > ax + b$$
$$\iff ax - y + b < 0 \iff f(x, y) < 0 \quad (\text{負領域})$$
$$y = ax + b \text{ の下側の領域} \iff y < ax + b$$
$$\iff ax - y + b > 0 \iff f(x, y) > 0 \quad (\text{正領域})$$

となるので，下図のように，点 A，B が異なる領域に属すれば，直線と線分は共有点をもつ。その条件は，$f(1, 1) \cdot f(2, 2) < 0$ である。

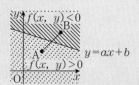 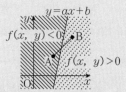

また，点 A，B が直線上にあるときも含むので，$f(1, 1) \cdot f(2, 2) = 0$ も含めて，$f(1, 1) \cdot f(2, 2) \leqq 0$ となる。

解

直線 $y = ax + b$ で分けられる2つの領域それぞれに，2点 A$(1, 1)$，B$(2, 2)$ が分かれるか，2点 A，B が直線 $y = ax + b$ 上にあればよいので，$f(x, y) = ax + b - y$ とおくと，求める条件は

$$f(1, 1) \cdot f(2, 2) \leqq 0$$
$$\iff (a + b - 1)(2a + b - 2) \leqq 0 \text{ ―(答)}$$

掛けた式として考えると，それぞれの点が直線に対して上側か下側かなどの場合分けが不要である。また，線分の両端を含むので等号も含めて考える。

✓ SKILL UP

曲線 $f(x, y) = 0$ によって分けられる2つの領域は，

$f(x, y) > 0$ で表される領域を正領域
$f(x, y) < 0$ で表される領域を負領域

という。直線と線分の共有点の問題では，この考え方を応用できる。

36

放物線 $y=x^2+ax+b$ が，2点 $A(1, 1)$，$B(2, 2)$ を結ぶ線分（両端を含む）と

Lv. ▮▯▮ 共有点をもつような実数の組 (a, b) の範囲を ab 平面に図示せよ。

navigate

曲線と線分が共有点をもつ条件は，領域を利用するのでなく，数式化して，方程式が実数解をもつ条件にいい換えればよい。

解

線分 AB（両端含む）を表す式は，$y=x$ $(1\leqq x\leqq2)$ であり，これと放物線 $y=x^2+ax+b$ が共有点をもつには

$$x^2+ax+b=x \iff x^2+(a-1)x+b=0 \quad \cdots①$$

が $1\leqq x\leqq2$ の範囲に少なくとも1つの実数解をもてばよい。 ← 2次方程式の解の配置

$f(x)=x^2+(a-1)x+b$ とおき，①の判別式を D とすると，

(i) $D\geqq0$ かつ $1\leqq$ 軸 $\leqq2$ かつ $f(1)\geqq0$ かつ $f(2)\geqq0$

よって

$$b\leqq\frac{1}{4}(a-1)^2, \quad -3\leqq a\leqq-1,$$

$$b\geqq-a, \quad b\geqq-2a-2$$

(ii) $f(1)\cdot f(2)\leqq0$

$$(a+b)(2a+b+2)\leqq0$$

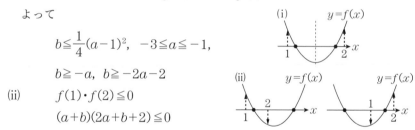

以上を図示すると，**下図の斜線部分。ただし，境界線を含む。**—答

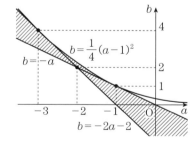

ややこしい図形であるが，放物線 $b=\frac{1}{4}(a-1)^2$ は直線 $b=-a$ とは $a=-1$ で接し，直線 $b=-2a-2$ とは $a=-3$ で接することに注意する。

✓ **SKILL UP**

直線を除く曲線と線分の共有点の問題においては，正領域・負領域の考えを用いず，連立した方程式の実数解の問題に帰着させる。

Theme 10 | 領域と最大値・最小値

37
Lv.∎∎∎∎

$y \geq 0$, $x^2 + y^2 \leq 1$ のとき, $x + y$ の最大値, 最小値を求めよ。

38
Lv.∎∎∎∎

ある工場で2種類の製品A, Bが, 2人の職人M, Wによって生産されている。製品Aについては, 1台当たり組立作業に6時間, 調整作業に2時間が必要である。また, 製品Bについては, 組立作業に3時間, 調整作業に5時間が必要である。いずれの作業も日をまたいで継続することができる。職人Mは組立作業のみに, 職人Wは調整作業のみに従事し, かつこれらの作業にかける時間は職人Mが1週間に18時間以内, 職人Wが1週間に10時間以内と制限されている。4週間での製品A, Bの合計生産台数を最大にしたい。その合計生産台数を求めよ。 (岩手大)

39
Lv.∎∎∎∎

a を定数とする。$x \geq 0$, $y \geq 0$, $x + 3y \leq 15$, $2x + y \leq 10$ のとき, $ax + y$ の最大値を求めよ。ただし, a は実数とする。

40
Lv.∎∎∎∎

$x \leq y \leq z \leq 1$ かつ $4x + 3y + 2z = 1$ のとき, $3x - y + z$ の値の範囲を求めよ。

Theme分析

このThemeでは，領域を利用した最大値，最小値について扱う。

例 $x^2+y^2\leqq1$，$y\geqq x$ …① のとき，$y-\sqrt{5}x$の最大値を求める。

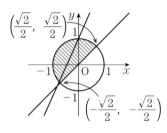

$(x,\ y)=\left(\dfrac{1}{2},\ \dfrac{1}{2}\right)$のとき

$$y-\sqrt{5}x=\dfrac{1-\sqrt{5}}{2}$$

となるが，不等式①を満たす$(x,\ y)$を直接代入して求めるのは困難である。

よって，逆に$y-\sqrt{5}x$の値からアプローチしてみることにする。

$y-\sqrt{5}x$が1という値をとるかどうかを調べるには $\begin{cases} x^2+y^2\leqq1 \\ y\geqq x \end{cases}$

を満たす$(x,\ y)$で $y-\sqrt{5}x=1$になるかどうかを調べればよいので，図示して共有点をもつかどうかを調べればよい。上図から，共有点をもつので，$y-\sqrt{5}x=1$はとり得る値であることがわかる。

$$y-\sqrt{5}x=k \quad \text{…②}$$

とおくと，これは傾きが$\sqrt{5}$，y切片がkの直線を表す。

円$x^2+y^2=1$の中心$(0,\ 0)$と直線②の距離は

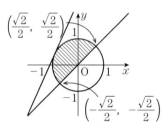

$$\dfrac{|k|}{\sqrt{(\sqrt{5})^2+(-1)^2}}=\dfrac{|k|}{\sqrt{6}}$$

直線②が円$x^2+y^2=1$に接するとき

$$\dfrac{|k|}{\sqrt{6}}=1$$

ゆえに $k=\pm\sqrt{6}$

よって，$y-\sqrt{5}x$の最大値は $\sqrt{6}$

図示可能な2変数関数の最大値・最小値

（求めたい式）$=k$とおき，条件を満たす文字が存在するような，kのとり得る値の範囲を求める。

図示できるときは，図示して共有点をもつkの値の範囲を求める。

37

$y \geqq 0$, $x^2+y^2 \leqq 1$ のとき, $x+y$ の最大値, 最小値を求めよ。

Lv. ▮▮▮

> **navigate**
>
> 図示できる2変数関数の最大値・最小値の問題は, (求める式)$=k$とおいて, 条件を満たす領域と共有点をもつようなkの値の最大値, 最小値を求めればよい。

解

連立不等式$x^2+y^2 \leqq 1$, $y \geqq 0$を満たす領域を図示すると, 右図の斜線部分である。ただし, 境界線を含む。

$$x+y=k \quad \cdots ①$$

とおくと, ①は傾きが-1で, y切片がkの直線を表す。

右図の領域と直線①が共有点をもつようなkの値の範囲を調べる。

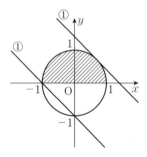

図から, 第1象限で直線①が円$x^2+y^2=1$に接するとき, kの値は最大となる。

接するとき, 原点と直線①の距離が1であるから

$$\frac{|-k|}{\sqrt{1^2+1^2}}=1 \quad \text{すなわち} \quad |k|=\sqrt{2}$$

接点が第1象限にあるから, ①より

$$k>0 \quad \text{よって} \quad k=\sqrt{2}$$

したがって, 最大値は$\sqrt{2}$

また, 図から, 直線①が点$(-1, 0)$を通るとき, kの値は最小となる。

このとき $k=-1+0=-1$

したがって, 最小値は-1

以上より **最大値$\sqrt{2}$, 最小値-1**──(答)

☑ SKILL UP

図示可能な2変数関数の最大値・最小値は (求めたい式)$=k$とおき, 条件を満たす文字が存在するような, kのとり得る値の範囲を求める。図示できるときは, 図示して共有点をもつkの値の範囲を求める。

38

Lv.∎∎∎∎

ある工場で2種類の製品A, Bが, 2人の職人M, Wによって生産されている。
製品Aについては, 1台当たり組立作業に6時間, 調整作業に2時間が必要で
ある。また, 製品Bについては, 組立作業に3時間, 調整作業に5時間が必要
である。いずれの作業も日をまたいで継続することができる。職人Mは組立
作業のみに, 職人Wは調整作業のみに従事し, かつこれらの作業にかける時
間は職人Mが1週間に18時間以内, 職人Wが1週間に10時間以内と制限さ
れている。4週間での製品A, Bの合計生産台数を最大にしたい。その合計生
産台数を求めよ。　　　　　　　　　　　　　　　　　　　　　　（岩手大）

navigate

> 4週間でのAの生産台数をx, Bの生産台数をyとして, 条件を丁寧に数
> 式化すると, 前問と同タイプの問題であり, $x+y=k$とおいて, 条件満
> たす領域と共有点をもつようなkの値の範囲を求めればよい。

解

4週間でのAの生産台数をx, Bの生産台数をyとす
ると, 条件から次の連立不等式が成り立つ。

$$\begin{cases} 6x+3y \le 18 \times 4 \\ 2x+5y \le 10 \times 4 \\ x \ge 0, \ y \ge 0 \end{cases} \iff \begin{cases} 2x+y \le 24 \\ 2x+5y \le 40 \\ x \ge 0, \ y \ge 0 \end{cases}$$

	組立	調整
A	6時間	2時間
B	3時間	5時間

条件を数式化する際, $x \ge 0$, $y \ge 0$
は忘れやすい条件なので注意。

この連立不等式の表す領域は右図の斜線部分であ
る。ただし, 境界線を含む。

合計生産台数をkとすると

$$k = x+y \quad \cdots ①$$

①は傾きが-1, y切片がkの直線を表す。

右図の領域と直線①が共有点をもつようなkの値
の範囲を調べる。

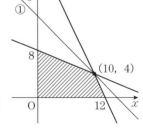

図から, 直線①が点$(10, 4)$を通るとき, kの値は最大になる。

このとき　$k = 10+4 = 14$

したがって, 合計生産台数は最大**14台** —答

39

Lv. ∎∎∎

a を定数とする。$x \geqq 0$, $y \geqq 0$, $x+3y \leqq 15$, $2x+y \leqq 10$ のとき,$ax+y$ の最大値を求めよ。ただし,a は実数とする。

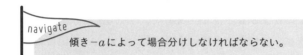

navigate

傾き $-a$ によって場合分けしなければならない。

解

$$ax+y=k \quad \cdots ①$$

とおくと,①は傾きが $-a$ で,y 切片が k の直線を表す。

右図の領域と直線①が共有点をもつような k の最大値を調べる。

(i) $-a \geqq -\dfrac{1}{3}$ すなわち $a \leqq \dfrac{1}{3}$ のとき

　直線①が点 $(0,\ 5)$ を通るとき最大で,

　最大値　$a \cdot 0+5=5$

(ii) $-2 \leqq -a < -\dfrac{1}{3}$ すなわち $\dfrac{1}{3} < a \leqq 2$ のとき

　直線①が点 $(3,\ 4)$ を通るとき最大で,

　最大値　$a \cdot 3+4=3a+4$

(iii) $-a < -2$ すなわち $2 < a$ のとき

　直線①が点 $(5,\ 0)$ を通るとき最大で,

　最大値　$a \cdot 5+0=5a$

以上より

$$\boldsymbol{a \leqq \dfrac{1}{3} \text{ のとき } 5,\ \ \dfrac{1}{3} < a \leqq 2 \text{ のとき } 3a+4,\ \ 2 < a \text{ のとき } 5a} \ \text{—}\ ⊚$$

$-a$ が -2 と $-\dfrac{1}{3}$ の間のときは $(3,\ 4)$ を通るとき最大となり,それ以外のときは場合が変わる。

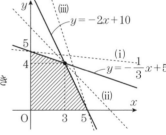

✓ SKILL UP

文字定数 a を含む場合は,文字定数に応じて場合分けする。

文字定数 a に具体的数値を代入してみて,動きのイメージをとらえる。

文字定数 a をゆっくり動かして,場合分けの本質をつかむ。

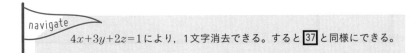

40 $x \leqq y \leqq z \leqq 1$ かつ $4x+3y+2z=1$ のとき，$3x-y+z$ の値の範囲を求めよ。

Lv.⣀⣀⣀

navigate

$4x+3y+2z=1$ により，1文字消去できる。すると $\boxed{37}$ と同様にできる。

解

z を消去すると　$y \geqq x$，$y \leqq -\dfrac{4}{5}x + \dfrac{1}{5}$，$y \geqq -\dfrac{4}{3}x - \dfrac{1}{3}$　…①

よって，①のとき，$x - \dfrac{5}{2}y + \dfrac{1}{2}$ の値の範囲を調

べればよい。

①を満たす領域を図示すると，右図の斜線部分

である。ただし，境界線を含む。

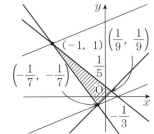

$x - \dfrac{5}{2}y + \dfrac{1}{2} = k$　…②とおくと，

$y = \dfrac{2}{5}x + \dfrac{1-2k}{5}$ より，②は傾きが $\dfrac{2}{5}$ で，y 切片が $\dfrac{1-2k}{5}$ の直線を表す。

右図の領域と直線②が共有点をもつような k の範囲を調べる。

直線②が点 $(-1, 1)$ を通るとき，$\dfrac{1-2k}{5}$ が最大となるから k は最小で

$$k = \dfrac{2 \cdot (-1) - 5 \cdot 1 + 1}{2} = -3$$

直線②が点 $\left(-\dfrac{1}{7}, -\dfrac{1}{7}\right)$ を通るとき，$\dfrac{1-2k}{5}$ が最小となるから k は最大で

$$k = \dfrac{2 \cdot \left(-\dfrac{1}{7}\right) - 5 \cdot \left(-\dfrac{1}{7}\right) + 1}{2} = \dfrac{5}{7}$$

したがって　$\boldsymbol{-3 \leqq 3x - y + z \leqq \dfrac{5}{7}}$ ─答

✓ SKILL UP

等式条件で変数を減らせるときは，変数を減らす。図示可能な2変数の最大・最小の問題に帰着されれば，（求める式）$=k$ とおき，領域と共有点をもつ k の最大・最小を求める。

Theme 11 | 図形の通過領域

41
Lv. ∎∎▮▮

tを実数とするとき，直線$\ell : y = 2tx - t^2$が通りうる範囲を求め，図示せよ。

42
Lv. ∎∎▮▮

tを正の実数とするとき，円$C : x^2 + y^2 - 2tx - 2ty + 4t - 4 = 0$が通りうる範囲を求め，図示せよ。

43
Lv. ∎∎▮▮

tを$0 \leqq t \leqq 1$を満たす実数とするとき，直線$\ell : y = 2tx - t^2$が通りうる範囲を求め，図示せよ。

44
Lv. ∎∎▮▮

tを$0 < t < 2$を満たす実数とするとき，点$\mathrm{A}(0,\ t^2 + 4)$, 点$\mathrm{B}\left(\dfrac{t}{2} + \dfrac{2}{t},\ 0\right)$を結ぶ線分$\mathrm{AB}$が通りうる範囲を求め，図示せよ。

Theme分析

このThemeでは，図形の通過領域について扱う。以下の例題を考えてみる。

例 $0 \leqq t \leqq 2$ のとき，直線 $\ell : y = tx - t + 1$ の通りうる範囲を求める。

t によって直線が動くので，xy 平面上でどこを動くかという問題である。

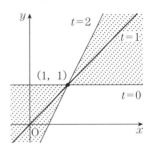

$$t = 0 \text{ のとき} \quad y = 1,$$
$$t = 1 \text{ のとき} \quad y = x,$$
$$t = 2 \text{ のとき} \quad y = 2x - 1$$

と t を与えると直線が決定する。

$y = t(x-1) + 1$ と変形できるので，定点 $(1, 1)$ を通り，傾き t の直線を $0 \leqq t \leqq 2$ で動かせば通過領域は直接求められるが，以下のようにすることもできる。

$(x, y) = \left(2, \dfrac{5}{2}\right)$ は通る？ $\implies$ 直線に代入して，$\dfrac{5}{2} = 2t - t + 1$ から，$t = \dfrac{3}{2}$ と

$0 \leqq t \leqq 2$ の実数 t が存在するので，$t = \dfrac{3}{2}$ の直線

$y = \dfrac{3}{2}x - \dfrac{1}{2}$ が $\left(2, \dfrac{5}{2}\right)$ を通る。

$(x, y) = \left(2, \dfrac{7}{2}\right)$ は通る？ $\implies$ 直線に代入して，$\dfrac{7}{2} = 2t - t + 1$ から，$t = \dfrac{5}{2}$ となり，

$0 \leqq t \leqq 2$ の実数 t は存在しないので，$\left(2, \dfrac{7}{2}\right)$ を通る直

線は存在せず，$\left(2, \dfrac{7}{2}\right)$ は通らない。

これらの具体例から，点 (X, Y) が通過領域以内の点であるためには

$$Y = tX - t + 1 \iff (X-1)t = (Y-1)$$

を満たす $0 \leqq t \leqq 2$ の実数 t が存在するような (X, Y) であればよく，

(i) $X = 1$ のとき $Y - 1 = 0$

(ii) $X \neq 1$ のとき，$0 \leqq \dfrac{Y-1}{X-1} \leqq 2$ を解いて

$X > 1$ のとき $0 \leqq Y - 1 \leqq 2(X-1)$，$X < 1$ のとき $0 \geqq Y - 1 \geqq 2(X-1)$

図形の通過領域はパラメータ t の存在条件で解くのが基本的解法である。「ファクシミリの原理」や「包絡線の利用」と呼ばれる応用的な解法もある。

41

t を実数とするとき，直線 $\ell : y = 2tx - t^2$ が通りうる範囲を求め，図示せよ。

Lv. ∎∎∎∎

navigate

その点が通過領域内の点かそうでないかは，実数 t の存在によって決まる。

解

座標平面上の点を (X, Y) とおく。

$$Y = 2tX - t^2$$

$$t^2 - 2Xt + Y = 0 \quad \cdots ① \quad \leftarrow t\text{の2次方程式の解の存在条件}$$

直線 ℓ が点 (X, Y) を通るための条件は，①を満たす実数 t が存在することである。

よって，t の2次方程式①の判別式を D とすると

$$D \geqq 0$$

$$X^2 - Y \geqq 0$$

$$Y \leqq X^2$$

したがって，ℓ の通りうる範囲は

下図の斜線部分。ただし，境界線を含む。—答

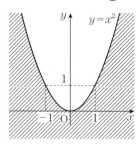

したがって，ℓ の通りうる範囲は

✓ SKILL UP

図形の通過領域を求める基本はパラメータ t の存在条件で解くことである。

42

Lv.▮▮▮▮

tを正の実数とするとき，円$C : x^2+y^2-2tx-2ty+4t-4=0$が通りうる範囲
を求め，図示せよ。

navigate

前問と同様に，通過領域内の点を(X, Y)とおいて，tの方程式①が
$t>0$の範囲に実数解をもつような(X, Y)の範囲を図示すればよい。

解

通過領域内の点を(X, Y)とおく。

$$X^2+Y^2-2tX-2tY+4t-4=0$$
$$2t(X+Y-2)=X^2+Y^2-4 \quad \cdots ①$$

tの1次方程式の解の存在条件。

円Cが点(X, Y)を通るための条件は，①を満たす正の実数tが存在すること。

(i) $X+Y-2=0$のとき

①から $X^2+Y^2-4=0$

$X+Y-2=0$，$X^2+Y^2-4=0$を連立して解くと

$$(X, Y)=(2, 0), (0, 2)$$

このとき，①はすべての実数tについて成り立つ。

(ii) $X+Y-2\neq0$のとき

①から $t=\dfrac{X^2+Y^2-4}{2(X+Y-2)}$

$t>0$のとき $\dfrac{X^2+Y^2-4}{2(X+Y-2)}>0$

よって $\begin{cases} X^2+Y^2-4>0 \\ X+Y-2>0 \end{cases}$ または $\begin{cases} X^2+Y^2-4<0 \\ X+Y-2<0 \end{cases}$

すなわち $\begin{cases} X^2+Y^2>4 \\ Y>-X+2 \end{cases}$ または $\begin{cases} X^2+Y^2<4 \\ Y<-X+2 \end{cases}$

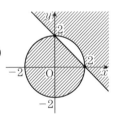

以上から，求める領域は**右図の斜線部分で，点(2, 0)，(0, 2)は含むが，
それ以外の境界線上の点は含まない。**—(答)

✅ SKILL UP

図形の通過領域を求める基本はパラメータtの存在条件で解くことである。

43 t を $0 \leqq t \leqq 1$ を満たす実数とするとき，直線 $\ell : y = 2tx - t^2$ が通りうる範囲を
Lv.∎∎∎∎ 求め，図示せよ。

navigate

t についての2次方程式 $t^2 - 2xt + y = 0$ が $0 \leqq t \leqq 1$ の範囲に少なくとも1
解をもつような (x, y) の範囲を図示することもできるが，今回は x を固
定してパラメータが変化したときの値域で考えてみよう。

解

$\ell : y = 2tx - t^2$

$x = X$ と固定し，t を $0 \leqq t \leqq 1$ で変化さ
せたときの y の値域を調べる。

$f(t) = -t^2 + 2Xt$ とおくと，

$f(t) = -(t-X)^2 + X^2$ なので，

(i) $X \leqq 0$ のとき

$f(1) \leqq y \leqq f(0)$ から

$2X - 1 \leqq y \leqq 0$

(ii) $0 < X \leqq \dfrac{1}{2}$ のとき

$f(1) \leqq y \leqq f(X)$ から $2X - 1 \leqq y \leqq X^2$

(iii) $\dfrac{1}{2} < X \leqq 1$ のとき

$f(0) \leqq y \leqq f(X)$ から $0 \leqq y \leqq X^2$

(iv) $1 < X$ のとき

$f(0) \leqq y \leqq f(1)$ から $0 \leqq y \leqq 2X - 1$

(i)〜(iv)より，ℓ の通りうる範囲は

右図の斜線部分。ただし，境界線を含む。──(答)

(i) $X \leqq 0$ のとき　(ii) $0 < X \leqq \dfrac{1}{2}$ のとき

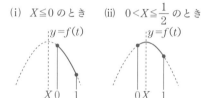

(iii) $\dfrac{1}{2} < X \leqq 1$ のとき (iv) $1 < X$ のとき

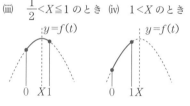

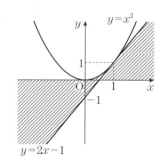

SKILL UP

図形の通過領域は，$x = X$ と固定して，t を変化させたときの y の値域を
調べることもできる。この解法はファクシミリの原理と呼ばれている。

44

Lv.▪▫▫

t を $0<t<2$ を満たす実数とするとき，点A$(0,\ t^2+4)$，点B$\left(\dfrac{t}{2}+\dfrac{2}{t},\ 0\right)$ を結ぶ線分ABが通りうる範囲を求め，図示せよ。

> ⚐ navigate
>
> 直線ABは常にある放物線に接しながら動くことを先に明らかにしておけば，接点の座標を図形的に動かしながら線分の通過領域を求めることができる。線分の通過領域なので，端点A，Bについても考慮する。

解

直線ABの方程式は

$$\frac{x}{\dfrac{t}{2}+\dfrac{2}{t}}+\frac{y}{t^2+4}=1 \qquad \begin{array}{l}(a,\ 0),\ (0,\ b)\\ \text{を通る直線の方程式}\\ \dfrac{x}{a}+\dfrac{y}{b}=1\end{array}$$

$$\Longleftrightarrow \quad y=-2tx+t^2+4$$

$\ell(x)=-2tx+t^2+4$ とおく。

$$\begin{aligned}\ell(x)&=t^2-2xt+4 \qquad &t\text{の式とみて平}\\ &=(t-x)^2-x^2+4 \qquad &\text{方完成する。}\end{aligned}$$

ここで，$f(x)=-x^2+4$ とおくと

$$\ell(x)-f(x)=(x-t)^2 \qquad \begin{array}{l}y=f(x)\text{が}\\ \text{包絡線となる。}\end{array}$$

よって，直線 $y=\ell(x)$ は放物線 $y=f(x)$ に対して，$x=t$ で接しながら動くことがわかる。 ←接線を幾何的に動かすだけ

$0<t<2$ より，接点の x 座標を $x=0$ から $x=2$ まで動かせば，直線 $y=\ell(x)$ の通りうる範囲は求められる。これに端点A，Bが y 軸上，x 軸上を動くことを考慮すれば

右図の斜線部分。ただし，点線部は含まず，実線部は含む。—㊐

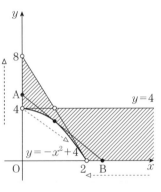

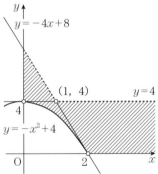

✅ SKILL UP

2次のパラメータを含む直線は，放物線に接するように動く。

この図形を先に明らかにしておく方法も有効な解法。

Theme 1 | **三角関数の定義・グラフ**

1
Lv. ▪▪▪

$\sin\dfrac{4}{3}\pi$, $\cos\left(-\dfrac{\pi}{4}\right)$, $\tan\pi$ の値をそれぞれ求めよ。

2
Lv. ▪▪▪

(1) $f(\theta)=\sin\theta\cos\left(\dfrac{\pi}{2}-\theta\right)-\sin\left(\theta+\dfrac{\pi}{2}\right)\cos(\theta+\pi)$ を簡単にせよ。

(2) $g(\theta)=\tan(\theta+\pi)\tan\left(\theta+\dfrac{\pi}{2}\right)+\tan(\pi-\theta)\tan\left(\dfrac{\pi}{2}-\theta\right)$ を簡単にせよ。

3
Lv. ▪▪▪

$y=2\sin\left(3x+\dfrac{\pi}{2}\right)$ のグラフは $y=2\sin3x$ のグラフを x 軸方向にどれだけ平行移動したものであるか。また，$y=2\sin\left(3x+\dfrac{\pi}{2}\right)$ の正で最小の周期を求めよ。

4
Lv. ▪▪▪

$\sin0$, $\sin1$, $\sin2$, $\sin3$ を小さい方から順に並べよ。

Theme分析

まずは，三角関数の定義から確認する。

今まで，角度は，「度数法$x°$」を用いて表現してきたが，今後は「弧度法x（ラジアン）」を用いて表したい。対応関係としては，**$180° = \pi$（ラジアン）**である。

右図において動径OPとx軸の正方向とのなす角をθとするとき，点Pの座標を

$$(x,\ y) = (\cos\theta,\ \sin\theta)$$

とするのが三角関数の定義である。また，

$$\tan\theta = \frac{y}{x} \quad （直線OPの傾き）$$

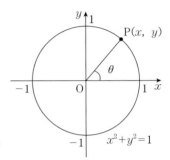

であり，$\theta = \dfrac{\pi}{2} + n\pi$（$n$は整数）のときは，$\tan\theta$

は定義されない。

なお，$\sin\theta$，$\cos\theta$，$\tan\theta$を一般角θの正弦，余弦，正接という。

ラジアンを用いた三角関数のグラフは以下のようになる。

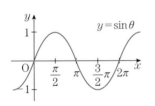
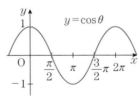
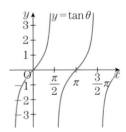

三角関数のグラフの特徴の1つに「周期性」がある。

参考　三角関数のグラフの周期

　一般に，関数$f(x)$において，0でない定数pがあって，等式$f(x+p) = f(x)$がxのどんな値に対しても成り立つとき，$f(x)$は「pを周期とする周期関数である」という。

　このとき

$$f(x+2p) = f((x+p)+p) = f(x+p) = f(x)$$

となるから，$2p$も周期である。同様に，$3p$，$-p$，$-2p$なども$f(x)$の周期で，周期関数の周期は無数にある。普通，周期といえば，そのうちの正で最小のものを意味する。

　例えば，$y = \sin\theta$，$y = \cos\theta$は2πを周期とする周期関数であり，$y = \tan\theta$はπを周期とする周期関数である。

1

Lv. ▂▂▊▊

$\sin\dfrac{4}{3}\pi,\ \cos\left(-\dfrac{\pi}{4}\right),\ \tan\pi$ の値をそれぞれ求めよ。

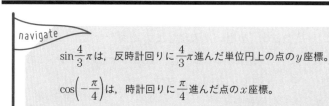

navigate

$\sin\dfrac{4}{3}\pi$ は，反時計回りに $\dfrac{4}{3}\pi$ 進んだ単位円上の点の y 座標。

$\cos\left(-\dfrac{\pi}{4}\right)$ は，時計回りに $\dfrac{\pi}{4}$ 進んだ点の x 座標。

$\tan\pi$ は，反時計回りに π 進んだ動径が作る直線の傾きである。

解

$$\sin\dfrac{4}{3}\pi=-\dfrac{\sqrt{3}}{2},\ \ \cos\left(-\dfrac{\pi}{4}\right)=\dfrac{\sqrt{2}}{2},\ \ \tan\pi=0 \ \text{—(答)}$$

参考 三角関数の値

$0\leqq\theta\leqq2\pi$ の範囲について，以下の三角関数の値は
すぐ求められるようにしておきたい。

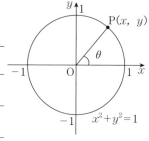

	1	2	3	4	5	6	7	8	9
θ	0	$\dfrac{\pi}{6}$	$\dfrac{\pi}{4}$	$\dfrac{\pi}{3}$	$\dfrac{\pi}{2}$	$\dfrac{2}{3}\pi$	$\dfrac{3}{4}\pi$	$\dfrac{5}{6}\pi$	π
$\sin\theta$	0	$\dfrac{1}{2}$	$\dfrac{\sqrt{2}}{2}$	$\dfrac{\sqrt{3}}{2}$	1	$\dfrac{\sqrt{3}}{2}$	$\dfrac{\sqrt{2}}{2}$	$\dfrac{1}{2}$	0
$\cos\theta$	1	$\dfrac{\sqrt{3}}{2}$	$\dfrac{\sqrt{2}}{2}$	$\dfrac{1}{2}$	0	$-\dfrac{1}{2}$	$-\dfrac{\sqrt{2}}{2}$	$-\dfrac{\sqrt{3}}{2}$	-1
$\tan\theta$	0	$\dfrac{\sqrt{3}}{3}$	1	$\sqrt{3}$	$\times$	$-\sqrt{3}$	-1	$-\dfrac{\sqrt{3}}{3}$	0

	10	11	12	13	14	15	16	17
θ	$\dfrac{7}{6}\pi$	$\dfrac{5}{4}\pi$	$\dfrac{4}{3}\pi$	$\dfrac{3}{2}\pi$	$\dfrac{5}{3}\pi$	$\dfrac{7}{4}\pi$	$\dfrac{11}{6}\pi$	2π
$\sin\theta$	$-\dfrac{1}{2}$	$-\dfrac{\sqrt{2}}{2}$	$-\dfrac{\sqrt{3}}{2}$	-1	$-\dfrac{\sqrt{3}}{2}$	$-\dfrac{\sqrt{2}}{2}$	$-\dfrac{1}{2}$	0
$\cos\theta$	$-\dfrac{\sqrt{3}}{2}$	$-\dfrac{\sqrt{2}}{2}$	$-\dfrac{1}{2}$	0	$\dfrac{1}{2}$	$\dfrac{\sqrt{2}}{2}$	$\dfrac{\sqrt{3}}{2}$	1
$\tan\theta$	$\dfrac{\sqrt{3}}{3}$	1	$\sqrt{3}$	$\times$	$-\sqrt{3}$	-1	$-\dfrac{\sqrt{3}}{3}$	0

↑ ×は定義されないことを表す

✓ SKILL UP

三角関数の基本的な値は，単位円とともに覚える。

(1) $f(\theta) = \sin\theta\cos\left(\dfrac{\pi}{2} - \theta\right) - \sin\left(\theta + \dfrac{\pi}{2}\right)\cos(\theta + \pi)$ を簡単にせよ。

Lv. ▪▪▫▫

(2) $g(\theta) = \tan(\theta + \pi)\tan\left(\theta + \dfrac{\pi}{2}\right) + \tan(\pi - \theta)\tan\left(\dfrac{\pi}{2} - \theta\right)$ を簡単にせよ。

navigate

　下にまとめてある三角関数の性質を用いるが，結果は丸暗記せず，単位円を用いて求められるようにしておきたい。

解

$$f(\theta) = \sin\theta\cdot\sin\theta - \cos\theta\cdot(-\cos\theta)$$
$$= \sin^2\theta + \cos^2\theta$$

$\sin\theta$，$\cos\theta$の相互関係より，
$\sin^2\theta + \cos^2\theta = 1$

$$= \mathbf{1} \text{ —(答)}$$

$$g(\theta) = \tan\theta\cdot\left(-\dfrac{1}{\tan\theta}\right) + (-\tan\theta)\cdot\dfrac{1}{\tan\theta}$$

$$= \mathbf{-2} \text{ —(答)}$$

参考 これらの公式は，単位円で考えると丸暗記しなくてもよい

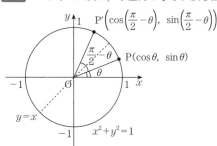

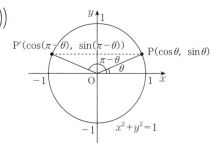

PとP′は$y = x$に関して対称なので
$$\left(\cos\left(\dfrac{\pi}{2} - \theta\right),\ \sin\left(\dfrac{\pi}{2} - \theta\right)\right) = (\sin\theta,\ \cos\theta)$$

PとP′はy軸に関して対称なので
$$(\cos(\pi - \theta),\ \sin(\pi - \theta)) = (-\cos\theta,\ \sin\theta)$$

✓ SKILL UP

① $\sin(\theta + 2n\pi) = \sin\theta$，$\cos(\theta + 2n\pi) = \cos\theta$，$\tan(\theta + 2n\pi) = \tan\theta$

② $\sin(-\theta) = -\sin\theta$，$\cos(-\theta) = \cos\theta$，$\tan(-\theta) = -\tan\theta$

③ $\sin(\theta + \pi) = -\sin\theta$，$\cos(\theta + \pi) = -\cos\theta$，$\tan(\theta + \pi) = \tan\theta$

④ $\sin\left(\theta + \dfrac{\pi}{2}\right) = \cos\theta$，$\cos\left(\theta + \dfrac{\pi}{2}\right) = -\sin\theta$，$\tan\left(\theta + \dfrac{\pi}{2}\right) = -\dfrac{1}{\tan\theta}$

3
Lv. ▮▮▯

$y=2\sin\left(3x+\dfrac{\pi}{2}\right)$ のグラフは $y=2\sin3x$ のグラフを x 軸方向にどれだけ平行移動したものであるか。また，$y=2\sin\left(3x+\dfrac{\pi}{2}\right)$ の正で最小の周期を求めよ。

navigate

平行移動した量を求めるとき，角度 $\left(3x+\dfrac{\pi}{2}\right)$ をみてすぐに $-\dfrac{\pi}{2}$ としてはいけない。係数3を前に出して $3\left(x+\dfrac{\pi}{6}\right)$ から $-\dfrac{\pi}{6}$ が正しい答え。

解

$y=2\sin\left(3x+\dfrac{\pi}{2}\right)$ …① を変形して

$y=2\sin3\left(x+\dfrac{\pi}{6}\right)$ ←3を前に出す

よって，①のグラフは，$y=2\sin3x$ のグラフを x 軸方向に $-\dfrac{\pi}{6}$ だけ平行移動したものであり，正で最小の周期は $\boldsymbol{\dfrac{2}{3}\pi}$ である。—答

参考 $\boldsymbol{y=2\sin\left(3x+\dfrac{\pi}{2}\right)}$ のグラフ

実際にグラフをかくと以下のようになる。

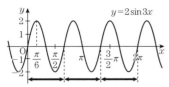

x 軸方向に $-\dfrac{\pi}{6}$
平行移動する

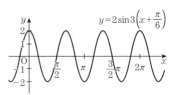

角度が $3x$ で，x のときと比べると角度の進むスピードが3倍となるので，周期は x のときの 2π の $\dfrac{1}{3}$ 倍になるイメージである。

✓ SKILL UP

$y=a\sin b(x-c)+d$ のグラフは $y=a\sin bx$ のグラフを，x 軸方向に $+c$，y 軸方向に $+d$ だけ平行移動したものであり，関数の周期は，$\dfrac{2\pi}{|b|}$ である。

4

sin 0, sin 1, sin 2, sin 3 を小さい方から順に並べよ。

Lv. ▫▪▪▪

<blockquote>
navigate

sinの値の大小比較である。有名角 0, $\dfrac{\pi}{6}$, $\dfrac{\pi}{4}$, $\dfrac{\pi}{3}$, $\dfrac{\pi}{2}$, $\dfrac{2}{3}\pi$, $\dfrac{3}{4}\pi$, $\dfrac{5}{6}\pi$,

πに対して，0, 1, 2, 3がどの範囲にあるかを考えて，グラフまたは単位円で解答する。
</blockquote>

解1

$$0 < \frac{\pi}{4} < 1 < \frac{\pi}{3} < 2 < \frac{2}{3}\pi < \frac{3}{4}\pi < 3 < \pi$$

であるから，グラフをか
くと右のようになる。
y座標の小さい方から順
に並べると

sin 0, sin 3,

sin 1, sin 2 —答

有名角 $\dfrac{\pi}{4}$, $\dfrac{2}{3}\pi$, $\dfrac{3}{4}\pi$, π などの
三角関数の値をベースに考える。

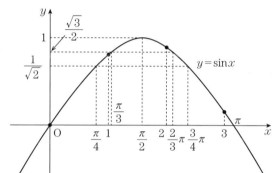

解2

$$0 < \frac{\pi}{4} < 1 < \frac{\pi}{3} < 2 < \frac{2}{3}\pi < \frac{3}{4}\pi < 3 < \pi$$

であるから，単位円をかくと右のようにな
る。y座標の小さい方から順に並べると

sin 0, sin 3, sin 1, sin 2 —答

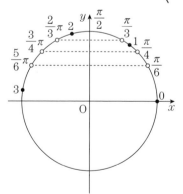

✓ SKILL UP

三角関数の値 $\sin\bullet$, $\cos\bullet$, $\tan\bullet$ の評価は，$\bullet$ が有名角でない場合は，
$\bullet$ と有名角との大小関係を考えて，単位円や三角関数 $y=\sin\theta$, $y=\cos\theta$,
$y=\tan\theta$ のグラフなどを利用する。

三角関数の相互関係,最大最小

5
Lv.

$f(\theta)=\sin^2\theta+\cos\theta-2$ の $0\leqq\theta\leqq2\pi$ における最大値,最小値を求めよ。

6
Lv.

$f(\theta)=\dfrac{1}{\cos^2\theta}+\dfrac{4}{\sin^2\theta}$ の最小値を求めよ。

7
Lv.

$\sin\theta+\cos\theta=\dfrac{1}{2}$ のとき,$\sin^3\theta+\cos^3\theta$,$\sin\theta-\cos\theta$ の値を求めよ。

8
Lv.

$0\leqq\theta\leqq\pi$ とする。$t=\sin\theta+\cos\theta$ とするとき,t の最大値,最小値を求めよ。また,$f(\theta)=2\sin\theta\cos\theta+\sin\theta+\cos\theta$ の最大値,最小値を求めよ。

Theme分析

三角関数の間には以下の相互関係が成立する。

① $\tan\theta=\dfrac{\sin\theta}{\cos\theta}$ ② $\sin^2\theta+\cos^2\theta=1$

③ $1+\tan^2\theta=\dfrac{1}{\cos^2\theta}$ ④ $1+\dfrac{1}{\tan^2\theta}=\dfrac{1}{\sin^2\theta}$

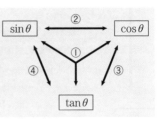

三角関数の最大・最小の解法を整理するために以下の2つの例題を考える。

例1 $y=\sin\left(\theta+\dfrac{\pi}{3}\right)$ の $0\leqq\theta\leqq\pi$ における最大値・最小値を求める。

$0\leqq\theta\leqq\pi$ より $\dfrac{\pi}{3}\leqq\theta+\dfrac{\pi}{3}\leqq\dfrac{4}{3}\pi$

よって，右の単位円より，y 座標のとり得る値の

範囲は，$-\dfrac{\sqrt{3}}{2}\leqq y\leqq 1$ となる。

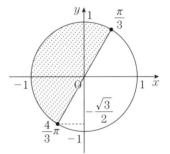

最大値1, 最小値 $-\dfrac{\sqrt{3}}{2}$

例2 $y=\sin^2\theta-\sin\theta+1$ の $0\leqq\theta\leqq2\pi$ における

最大値・最小値を求める。

$\sin\theta=t$ とおけば，$0\leqq\theta\leqq2\pi$ より $-1\leqq t\leqq 1$

$$y=t^2-t+1=\left(t-\dfrac{1}{2}\right)^2+\dfrac{3}{4}$$

右のグラフより，

$t=-1$ のとき最大値3, $t=\dfrac{1}{2}$ のとき最小値 $\dfrac{3}{4}$

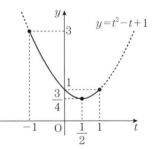

三角関数の最大・最小

角種の統一などで式をきれいにして，以下の基本的な解法を用いる。

【方法1】 ● $\sin\blacktriangle+\blacksquare$ ● $\cos\blacktriangle+\blacksquare$ ● $\tan\blacktriangle+\blacksquare$ ⟶ グラフ・単位円をかく

【方法2】 置換して整関数のグラフをかく

5

Lv. ▫▪▪▪

$f(\theta)=\sin^2\theta+\cos\theta-2$ の $0\leqq\theta\leqq2\pi$ における最大値，最小値を求めよ。

navigate

相互関係を用いると，$\cos\theta$ だけの式に統一できる。$\cos\theta=t$ とおくと，t の2次関数の最大値，最小値の問題に帰着できる。ただし，置換したときは範囲のチェックを忘れないようにする。

解

$$f(\theta)=\sin^2\theta+\cos\theta-2$$
$$=(1-\cos^2\theta)+\cos\theta-2$$
$$=-\cos^2\theta+\cos\theta-1$$

相互関係：$\sin^2\theta+\cos^2\theta=1$ による。

$\cos\theta=t$ とおくと，$0\leqq\theta\leqq2\pi$ から　$-1\leqq t\leqq1$

$g(t)=-t^2+t-1$ とおくと

$$g(t)=-\left(t-\frac{1}{2}\right)^2-\frac{3}{4}$$

よって，右のグラフより $g(t)$ は

$t=\dfrac{1}{2}$ すなわち $\theta=\dfrac{\pi}{3}$, $\dfrac{5}{3}\pi$ のとき**最大値** $-\dfrac{\mathbf{3}}{\mathbf{4}}$,

$t=-1$ すなわち $\theta=\pi$ のとき**最小値** $-\mathbf{3}$ ―答

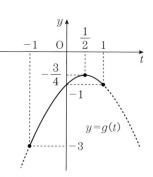

✓ SKILL UP

三角関数の間には，以下の相互関係が成立する。

① $\tan\theta=\dfrac{\sin\theta}{\cos\theta}$

② $\sin^2\theta+\cos^2\theta=1$

③ $1+\tan^2\theta=\dfrac{1}{\cos^2\theta}$

④ $1+\dfrac{1}{\tan^2\theta}=\dfrac{1}{\sin^2\theta}$

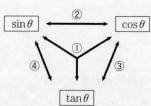

特に，②を次のように用いて $\sin\theta$, $\cos\theta$ などに統一し，置換して2次関数に帰着させる方法は有名である。

$$a\sin^2\theta+b\cos\theta+c=a(1-\cos^2\theta)+b\cos\theta+c$$
$$a\cos^2\theta+b\sin\theta+c=a(1-\sin^2\theta)+b\sin\theta+c$$

6

$f(\theta) = \dfrac{1}{\cos^2\theta} + \dfrac{4}{\sin^2\theta}$ の最小値を求めよ。

Lv. ▪▫▫▫

> **navigate**
>
> 通分すると，$f(\theta) = \dfrac{\sin^2\theta + 4\cos^2\theta}{\sin^2\theta\cos^2\theta}$ となり，きれいにならない。また，
>
> $f(\theta) = \dfrac{1}{1-\sin^2\theta} + \dfrac{4}{\sin^2\theta}$ と種類を統一しても，このあとうまくいきそう
>
> にない。実はこの式は，相互関係から $\tan^2\theta$ に種類が統一できる有名な
>
> 式である。統一したあとは，グラフをかくよりは，相加，相乗平均の不
>
> 等式を利用したい。

解

$$f(\theta) = \dfrac{1}{\cos^2\theta} + \dfrac{4}{\sin^2\theta}$$

$$= (1 + \tan^2\theta) + 4\left(1 + \dfrac{1}{\tan^2\theta}\right)$$

$$= \tan^2\theta + \dfrac{4}{\tan^2\theta} + 5$$

相互関係

$$1 + \tan^2\theta = \dfrac{1}{\cos^2\theta}$$

$$1 + \dfrac{1}{\tan^2\theta} = \dfrac{1}{\sin^2\theta}$$

による。

$\tan^2\theta > 0$ より，相加，相乗平均の不等式を用いて

$$\tan^2\theta + \dfrac{4}{\tan^2\theta} \geqq 2\sqrt{\tan^2\theta \cdot \dfrac{4}{\tan^2\theta}}$$

$$\tan^2\theta + \dfrac{4}{\tan^2\theta} \geqq 4$$

もともとの式から，$\sin\theta$ は分母にあり，$\sin\theta \neq 0$ であるから，$\tan\theta \neq 0$ である。よって，$\tan^2\theta > 0$ といえる。

等号成立は，$\tan^2\theta = \dfrac{4}{\tan^2\theta}$ を解いて，$\tan\theta = \pm\sqrt{2}$ のとき。

よって，$\tan\theta = \pm\sqrt{2}$ のとき，**最小値** $4 + 5 = \mathbf{9}$ —(答)

✓ SKILL UP

$$\dfrac{a}{\cos^2\theta} + \dfrac{b}{\sin^2\theta} = a(1 + \tan^2\theta) + b\left(1 + \dfrac{1}{\tan^2\theta}\right)$$

$$= a\tan^2\theta + \dfrac{b}{\tan^2\theta} + a + b$$

と $\tan\theta$ に種類を統一できるのは覚えておいてもよい。そのあとは，相加，相乗平均の不等式を利用する。

7

Lv.▪▫▫

$\sin\theta+\cos\theta=\dfrac{1}{2}$ のとき，$\sin^3\theta+\cos^3\theta$，$\sin\theta-\cos\theta$ の値を求めよ。

navigate

$\sin\theta+\cos\theta=$ ● ならば，両辺を2乗して，$\sin^2\theta+\cos^2\theta=1$ から

$\sin\theta\cos\theta=\dfrac{●^2-1}{2}$ なので，$\sin\theta$，$\cos\theta$ の対称式の値は求められる。

前半は，$\sin^3\theta+\cos^3\theta=(\sin\theta+\cos\theta)^3-3\sin\theta\cos\theta(\sin\theta+\cos\theta)$ と変形する。後半の $\sin\theta-\cos\theta$ はこのままでは対称式ではないが，2乗すると，$(\sin\theta-\cos\theta)^2=\sin^2\theta-2\sin\theta\cos\theta+\cos^2\theta=1-2\sin\theta\cos\theta$ と対称式になり，このように変形すればよい。

解

$\sin\theta+\cos\theta=\dfrac{1}{2}$ の両辺を2乗して　$\sin^2\theta+2\sin\theta\cos\theta+\cos^2\theta=\dfrac{1}{4}$

$1+2\sin\theta\cos\theta=\dfrac{1}{4}$

ゆえに　$\sin\theta\cos\theta=-\dfrac{3}{8}$

先に基本対称式
$\qquad \sin\theta+\cos\theta$，$\sin\theta\cos\theta$
の値を求めておく。

$\sin^3\theta+\cos^3\theta=(\sin\theta+\cos\theta)^3-3\sin\theta\cos\theta(\sin\theta+\cos\theta)$

$\qquad=\left(\dfrac{1}{2}\right)^3-3\cdot\left(-\dfrac{3}{8}\right)\cdot\dfrac{1}{2}$

$\qquad=\dfrac{\mathbf{11}}{\mathbf{16}}$ —(答)

$\sin^3\theta+\cos^3\theta$
$=(\sin\theta+\cos\theta)(\sin^2\theta-\sin\theta\cos\theta+\cos^2\theta)$
$=\dfrac{1}{2}\left(1+\dfrac{3}{8}\right)=\dfrac{11}{16}$　としてもよい。

$(\sin\theta-\cos\theta)^2=\sin^2\theta-2\sin\theta\cos\theta+\cos^2\theta$

$\qquad=1-2\sin\theta\cos\theta=1-2\cdot\left(-\dfrac{3}{8}\right)=\dfrac{7}{4}$

となるので　$\sin\theta-\cos\theta=\pm\dfrac{\sqrt{\mathbf{7}}}{\mathbf{2}}$ —(答)

✓ SKILL UP

$\sin\theta+\cos\theta=t$ のとき，両辺を2乗すれば，$\sin^2\theta+\cos^2\theta=1$ から，$\sin\theta\cos\theta=\dfrac{t^2-1}{2}$ である。$\sin\theta$，$\cos\theta$ の対称式は，対称式の性質から
基本対称式：$\sin\theta+\cos\theta$，$\sin\theta\cos\theta$ で表される。

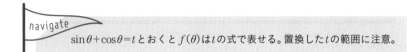

8

Lv.▮▮▮▮

$0 \leqq \theta \leqq \pi$ とする。$t = \sin\theta + \cos\theta$ とするとき, t の最大値, 最小値を求めよ。また, $f(\theta) = 2\sin\theta\cos\theta + \sin\theta + \cos\theta$ の最大値, 最小値を求めよ。

navigate

$\sin\theta + \cos\theta = t$ とおくと $f(\theta)$ は t の式で表せる。置換した t の範囲に注意。

解

合成すると $\quad t = \sin\theta + \cos\theta = \sqrt{2}\sin\left(\theta + \dfrac{\pi}{4}\right)$

t のとり得る値の範囲は, $0 \leqq \theta \leqq \pi$ より

$\dfrac{\pi}{4} \leqq \theta + \dfrac{\pi}{4} \leqq \dfrac{5}{4}\pi$ なので, 右の単位円から

$\quad -\dfrac{\sqrt{2}}{2} \leqq \sin\left(\theta + \dfrac{\pi}{4}\right) \leqq 1$

$\quad -1 \leqq \sqrt{2}\sin\left(\theta + \dfrac{\pi}{4}\right) \leqq \sqrt{2}$

よって, **最大値 $\sqrt{2}$, 最小値 -1** —(答)

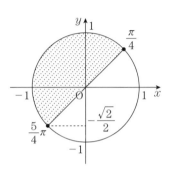

$\sin\theta + \cos\theta = t$ の両辺を2乗して

$\quad \sin^2\theta + 2\sin\theta\cos\theta + \cos^2\theta = t^2$

$\quad \sin\theta\cos\theta = \dfrac{t^2 - 1}{2}$

$\quad f(\theta) = 2\sin\theta\cos\theta + \sin\theta + \cos\theta$

$\qquad = 2 \cdot \dfrac{t^2 - 1}{2} + t = t^2 + t - 1$

$\qquad = \left(t + \dfrac{1}{2}\right)^2 - \dfrac{5}{4} \quad (-1 \leqq t \leqq \sqrt{2})$ ← 前半の結果より

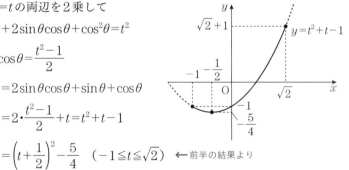

右のグラフより **最大値 $\sqrt{2}+1$, 最小値 $-\dfrac{5}{4}$** —(答)

✓ SKILL UP

$\sin\theta + \cos\theta = t$ のとき, $\sin\theta\cos\theta = \dfrac{t^2 - 1}{2}$。$\sin\theta$, $\cos\theta$ の対称式は基本対称式 : $\sin\theta + \cos\theta$, $\sin\theta\cos\theta$ だけで表されるので, $\sin\theta$, $\cos\theta$ の対称式の最大値, 最小値は変数 t の最大値, 最小値の問題になる。

三角方程式・不等式

9

Lv. ∎∎∎▮

(1) $2\sin\theta - 1 = 0$ を $0 \leqq \theta < 2\pi$ の範囲で解け。

(2) $\sin\left(2\theta - \dfrac{\pi}{4}\right) > 0$ を $0 \leqq \theta \leqq \pi$ の範囲で解け。

10

Lv. ∎∎▮▮

$-2\sin^2\theta + 3\cos\theta + 3 \geqq 0$ を $-\pi \leqq \theta \leqq \pi$ の範囲で解け。

11

Lv. ∎∎▮▮

$2\sin\theta\cos\theta - \sin\theta + 4\cos\theta \leqq 2$ を $0 \leqq \theta \leqq 2\pi$ の範囲で解け。

12

Lv. ∎∎▮▮

$-\pi \leqq \theta \leqq \pi$ の範囲のすべての θ で，不等式 $2\cos^2\theta - 3\cos\theta - 2 \leqq a$ が成り立つような定数 a の値の範囲を求めよ。

Theme分析

三角方程式・不等式の解法について整理しよう。

例1 $\sin\left(\theta+\dfrac{\pi}{3}\right)=\dfrac{1}{2}$ を $0\leqq\theta\leqq\pi$ の範囲で解く。

$0\leqq\theta\leqq\pi$ より $\dfrac{\pi}{3}\leqq\theta+\dfrac{\pi}{3}\leqq\dfrac{4}{3}\pi$

よって，右の単位円より

$$\theta+\frac{\pi}{3}=\frac{5}{6}\pi$$

$$\theta=\frac{\pi}{2}$$

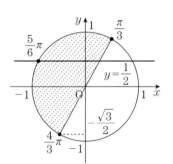

1つにまとまれば，グラフの代わりに単位円を用いる。

例2 $2\sin^2\theta-3\sin\theta+1=0$ を $0\leqq\theta\leqq2\pi$ の範囲で解く。

$\sin\theta=t$ とおけば，$0\leqq\theta\leqq2\pi$ より $-1\leqq t\leqq1$ ← 置換せず，$(\sin\theta-1)(2\sin\theta-1)=0$
といきなり因数分解してもよい

$$2t^2-3t+1=0$$

$$(t-1)(2t-1)=0$$

$-1\leqq t\leqq1$ より $t=1,\ \dfrac{1}{2}$

$t=\sin\theta$ より

$$\sin\theta=1,\ \sin\theta=\frac{1}{2}\ \ ←\ 単位円$$

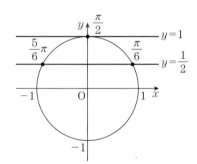

右の単位円より $\theta=\dfrac{\pi}{2},\ \dfrac{\pi}{6},\ \dfrac{5}{6}\pi$

置換して，2次方程式を解く。

三角方程式・不等式を解く流れ

9 (1) $2\sin\theta-1=0$ を $0\leqq\theta<2\pi$ の範囲で解け。

Lv.⋯ (2) $\sin\left(2\theta-\dfrac{\pi}{4}\right)>0$ を $0\leqq\theta\leqq\pi$ の範囲で解け。

navigate

$\sin\theta=\dfrac{1}{2}$, $\sin\left(2\theta-\dfrac{\pi}{4}\right)>0$ のように，1つにまとまった形の方程式，不等式は単位円を利用する。

解

(1) $2\sin\theta-1=0 \iff \sin\theta=\dfrac{1}{2}$

右の単位円より，$0\leqq\theta<2\pi$ の範囲で

$$\theta=\dfrac{\pi}{6}, \ \dfrac{5}{6}\pi \text{ ⸺(答)}$$

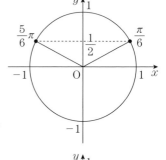

(2) $0\leqq\theta\leqq\pi$ であるから $-\dfrac{\pi}{4}\leqq2\theta-\dfrac{\pi}{4}\leqq\dfrac{7}{4}\pi$

この範囲で $\sin\left(2\theta-\dfrac{\pi}{4}\right)>0$ を満たすのは，

右の単位円から

$$0<2\theta-\dfrac{\pi}{4}<\pi$$

$$\dfrac{\pi}{8}<\theta<\dfrac{5}{8}\pi \text{ ⸺(答)}$$

参考 グラフをかいた場合

(1)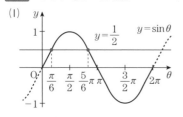

(2)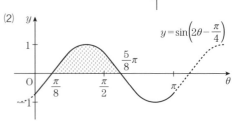

✓ **SKILL UP**

$\sin\theta=a$, $\cos\theta=a$, $\tan\theta=a$, $\sin\theta>a$, $\cos\theta>a$, $\tan\theta>a$ など1つにまとまった形の方程式・不等式は，単位円（またはグラフ）を利用する。

10

$-2\sin^2\theta+3\cos\theta+3\geqq0$ を $-\pi\leqq\theta\leqq\pi$ の範囲で解け。

Lv.∎∎∎∎

navigate

$\sin^2\theta+\cos^2\theta=1$ を用いて種類を $\cos\theta$ に統一する。そのあと，$\cos\theta=t$ と
おけば，2次方程式の問題に帰着できる。

解

$$-2\sin^2\theta+3\cos\theta+3\geqq0$$

$$-2(1-\cos^2\theta)+3\cos\theta+3\geqq0 \quad \leftarrow 相互関係$$
$$\sin^2\theta+\cos^2\theta=1$$

$$2\cos^2\theta+3\cos\theta+1\geqq0$$

$\cos\theta=t$ とおくと，$-1\leqq t\leqq1$ であり $\quad \leftarrow 範囲チェックを$
忘れずに！

$$2t^2+3t+1\geqq0$$

$$(t+1)(2t+1)\geqq0$$

右のグラフより $\quad \leftarrow グラフ利用して2次不等式を解く$

$$t=-1, \quad -\frac{1}{2}\leqq t\leqq1$$

$t=\cos\theta$ より $\quad \leftarrow 最後\theta に戻す$

$$\cos\theta=-1, \quad -\frac{1}{2}\leqq\cos\theta\leqq1$$

右の単位円から，θ は $-\pi\leqq\theta\leqq\pi$ の範囲で

$$\boldsymbol{\theta=\pm\pi, \quad -\frac{2}{3}\pi\leqq\theta\leqq\frac{2}{3}\pi} \text{─(答)}$$

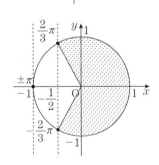

参考 **因数分解による解き方**

$2\cos^2\theta+3\cos\theta+1\geqq0$ から，$(\cos\theta+1)(2\cos\theta+1)\geqq0$ と直接因数分解すると，

$$\left(\cos\theta\geqq-1 \text{ かつ } \cos\theta\geqq-\frac{1}{2}\right) \text{ または } \left(\cos\theta\leqq-1 \text{ かつ } \cos\theta\leqq-\frac{1}{2}\right)$$

これから，$\cos\theta\geqq-\frac{1}{2}$ または $\cos\theta=-1$

となる。これと単位円を利用して求めてもよい。

✅ SKILL UP

$a\sin^2\theta+b\sin\theta+c=0$，$a\sin^2\theta+b\sin\theta+c>0$ などの方程式・不等式は，
$\sin\theta=t$ と置換して，2次方程式・不等式に帰着させる。その際，範囲
チェックに注意する。

11

$2\sin\theta\cos\theta - \sin\theta + 4\cos\theta \leqq 2$ を $0 \leqq \theta \leqq 2\pi$ の範囲で解け。

Lv. ▮▮▮▮

> navigate
>
> 種類を統一することはできないが，因数分解をすることで，うまく解く
> ことができる。

解

$$2\sin\theta\cos\theta - \sin\theta + 4\cos\theta - 2 \leqq 0$$
$$(2\cos\theta - 1)(\sin\theta + 2) \leqq 0$$

$\sin\theta + 2 > 0$ であるから

$$2\cos\theta - 1 \leqq 0$$

$$\cos\theta \leqq \frac{1}{2} \quad \leftarrow 単位円を利用する$$

$0 \leqq \theta \leqq 2\pi$ だから，右の単位円より

$$\frac{\pi}{3} \leqq \theta \leqq \frac{5}{3}\pi \ -\text{答}$$

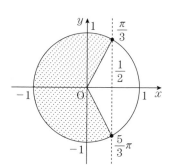

参考 片方の符号が確定しない場合

本問は，$\sin\theta + 2 > 0$ と片方の符号が確定して楽に解けたが，

「$(2\cos\theta - 1)(2\sin\theta + 1) \leqq 0 \ (0 \leqq \theta < 2\pi)$ を解け」の
ような問題の場合は

$$\cos\theta \leqq \frac{1}{2} \quad かつ \quad \sin\theta \geqq -\frac{1}{2}$$

または

$$\cos\theta \geqq \frac{1}{2} \quad かつ \quad \sin\theta \leqq -\frac{1}{2}$$

から $\dfrac{\pi}{3} \leqq \theta \leqq \dfrac{7}{6}\pi,\ \dfrac{5}{3}\pi \leqq \theta \leqq \dfrac{11}{6}\pi$

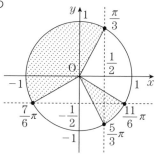

✓ SKILL UP

三角方程式・不等式を解く流れ

式をきれいにする　　　　1つにまとまる

与式 → 角種の統一
因数分解
（共通因数・和積公式等） → sin● ≧ ▲
cos● ≧ ▲
tan● ≧ ▲ → 単位円

12

Lv. ▪▫▫▪▪

$-\pi \leqq \theta \leqq \pi$ の範囲のすべての θ で，不等式 $2\cos^2\theta - 3\cos\theta - 2 \leqq a$ が成り立つ ような定数 a の値の範囲を求めよ。

種類は $\cos\theta$ に統一されている。ここで，$\cos\theta = t$ と置換すると，t の2次 不等式の成立条件の問題になる。ただし，置換したときに範囲のチェッ クを忘れないようにする。

解

$$2\cos^2\theta - 3\cos\theta - 2 \leqq a$$

$\cos\theta = t$ とおくと，$-\pi \leqq \theta \leqq \pi$ から $\quad -1 \leqq t \leqq 1$ ← 範囲チェックを 忘れずに！

$$2t^2 - 3t - 2 \leqq a \quad \cdots①$$

$f(t) = 2t^2 - 3t - 2$ とおく。

$-1 \leqq t \leqq 1$ の範囲のすべての t で $f(t) \leqq a$ が成 り立つためには

$$(f(t) \text{の最大値}) \leqq a$$

であればよい。

$$f(t) = 2\left(t - \frac{3}{4}\right)^2 - \frac{25}{8}$$

から，右のグラフより，$t = -1$ のとき，最大 値3をとる。

よって

$$\boldsymbol{3 \leqq a} \text{—} \textcircled{答}$$

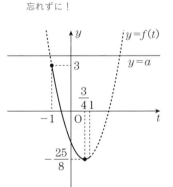

✅ SKILL UP

不等式の成立条件

$$\text{すべての } x \text{ で } f(x) \leqq \bullet$$

$$\iff (f(x) \text{の最大値}) \leqq \bullet$$

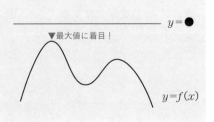

> Theme
> **4** | ## 加法定理

13
Lv. ■■❚❚

αは第3象限，βは第4象限の角であり，$\sin\alpha=-\dfrac{4}{5}$，$\cos\beta=\dfrac{1}{2}$を満たすとき，$\sin(\alpha+\beta)$の値を求めよ。

14
Lv. ■■❚❚

$\sin\alpha-\sin\beta=\dfrac{5}{4}$，$\cos\alpha+\cos\beta=\dfrac{5}{4}$のとき，$\cos(\alpha+\beta)$の値を求めよ。

15
Lv. ■■❚❚

2直線$y=\dfrac{1}{2}x+2$，$y=3x-3$のなす角θを求めよ。ただし，$0\leqq\theta\leqq\dfrac{\pi}{2}$とする。

16
Lv. ■■❚❚

右図において，OA$=a$，AB$=b$，OP$=x$とする。a，bは正の定数で，$x>0$である。xが変化するとき，$\angle$APBを最大にするようなOPの長さを求めよ。

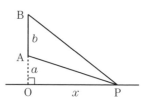

Theme 分析

このThemeでは，加法定理について扱う。

$$\sin(\alpha\pm\beta)=\sin\alpha\cos\beta\pm\cos\alpha\sin\beta \quad \text{（複号同順）}$$
$$\cos(\alpha\pm\beta)=\cos\alpha\cos\beta\mp\sin\alpha\sin\beta \quad \text{（複号同順）}$$
$$\tan(\alpha\pm\beta)=\frac{\tan\alpha\pm\tan\beta}{1\mp\tan\alpha\tan\beta} \quad \text{（複号同順）}$$

$$\sin75°=\sin(45°+30°)=\sin45°\cos30°+\cos45°\sin30°$$
$$=\frac{\sqrt{2}}{2}\cdot\frac{\sqrt{3}}{2}+\frac{\sqrt{2}}{2}\cdot\frac{1}{2}=\frac{\sqrt{6}+\sqrt{2}}{4}$$

といったように，出題される多くの角は既知の角の±で表される角度の三角関数の値で求めることができる。この加法定理からさまざまな公式が導かれる。

$\boxed{\text{加法定理}}$
- ▶Theme5　$\boxed{2倍角公式}$　$\boxed{3倍角公式}$　$\boxed{半角公式}$
- ▶Theme6　$\boxed{合成公式}$
- ▶Theme7　$\boxed{和積公式}$　$\boxed{積和公式}$

$\boxed{2倍角}$　$\sin2\theta=2\sin\theta\cos\theta, \ \cos2\theta=2\cos^2\theta-1=1-2\sin^2\theta$

$\boxed{3倍角}$　$\sin3\theta=3\sin\theta-4\sin^3\theta, \ \cos3\theta=4\cos^3\theta-3\cos\theta$

$\boxed{半角}$　$\sin\dfrac{\theta}{2}\cos\dfrac{\theta}{2}=\dfrac{1}{2}\sin\theta, \ \sin^2\dfrac{\theta}{2}=\dfrac{1-\cos\theta}{2}, \ \cos^2\dfrac{\theta}{2}=\dfrac{1+\cos\theta}{2}$

$\boxed{合成}$　$a\sin\theta+b\cos\theta=r\sin(\theta+\alpha)$

$\boxed{和積}$　$\sin A-\sin B=2\cos\dfrac{A+B}{2}\sin\dfrac{A-B}{2}$　など

$\boxed{積和}$　$\sin\alpha\cos\beta=\dfrac{1}{2}\{\sin(\alpha+\beta)+\sin(\alpha-\beta)\}$　など

これらの公式を習得すると，扱える三角関数の式の数が増える。

① 角の種類を統一し，置換すれば整関数に帰着される。
$$\cos2\theta+\sin\theta=1-2\sin^2\theta+\sin\theta \ \boxed{\sin\theta=t}\ \blacktriangleright -2t^2+t+1$$

② 共通因数を作り，因数分解する。
$$\sin2\theta+2\sin\theta=2\sin\theta\cos\theta+2\sin\theta=2\sin\theta(1+\cos\theta)$$

③ 1つの三角関数にまとめる。
$$\sin\theta+\sqrt{3}\cos\theta=2\sin\left(\theta+\frac{\pi}{3}\right) \ \longleftarrow \text{合成する}$$

13

Lv.∎∎∎∎

αは第3象限，βは第4象限の角であり，$\sin\alpha=-\dfrac{4}{5}$，$\cos\beta=\dfrac{1}{2}$を満たすとき，$\sin(\alpha+\beta)$の値を求めよ。

navigate

加法定理から　$\sin(\alpha+\beta)=\sin\alpha\cos\beta+\cos\alpha\sin\beta$

$\sin\alpha$，$\cos\beta$だけでなく，$\cos\alpha$，$\sin\beta$も先に求めておく必要がある。

解

αは第3象限の角より，$\cos\alpha<0$なので

$$\cos\alpha=-\sqrt{1-\sin^2\alpha}=-\sqrt{1-\left(-\dfrac{4}{5}\right)^2}=-\dfrac{3}{5}$$

βは第4象限の角より，$\sin\beta<0$なので

$$\sin\beta=-\sqrt{1-\cos^2\beta}=-\sqrt{1-\left(\dfrac{1}{2}\right)^2}=-\dfrac{\sqrt{3}}{2}$$

よって　$\sin(\alpha+\beta)=\sin\alpha\cos\beta+\cos\alpha\sin\beta$

$$=\left(-\dfrac{4}{5}\right)\cdot\dfrac{1}{2}+\left(-\dfrac{3}{5}\right)\cdot\left(-\dfrac{\sqrt{3}}{2}\right)$$

$$=\dfrac{3\sqrt{3}-4}{10}　—（答）$$

	y	
第2象限		第1象限
$x<0,\ y>0$		$x>0,\ y>0$
	O	x
第3象限		第4象限
$x<0,\ y<0$		$x>0,\ y<0$

参考 余弦の加法定理の証明

右図1において

$$P_1Q_1{}^2=\{\cos(\alpha+\beta)-1\}^2+\sin^2(\alpha+\beta)=2-2\cos(\alpha+\beta)$$

図1を原点まわりに$-\alpha$回転させると図2になるので

$$P_2Q_2{}^2=(\cos\beta-\cos\alpha)^2+(\sin\beta+\sin\alpha)^2$$

$$=2-2(\cos\alpha\cos\beta-\sin\alpha\sin\beta)$$

$P_1Q_1{}^2=P_2Q_2{}^2$から

$$\cos(\alpha+\beta)=\cos\alpha\cos\beta-\sin\alpha\sin\beta \quad \cdots ①$$

①のβを$-\beta$でおき換えると

$$\cos(\alpha-\beta)=\cos\alpha\cos(-\beta)-\sin\alpha\sin(-\beta)=\cos\alpha\cos\beta+\sin\alpha\sin\beta \quad \cdots ② \quad （加法定理）$$

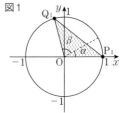

図1

$P_1(1,\ 0)$

$Q_1(\cos(\alpha+\beta),\ \sin(\alpha+\beta))$

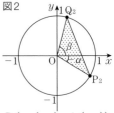

図2

$P_2(\cos(-\alpha),\ \sin(-\alpha))$

$Q_2(\cos\beta,\ \sin\beta)$

☑ **SKILL UP**

$\sin(\alpha\pm\beta)=\sin\alpha\cos\beta\pm\cos\alpha\sin\beta$，　$\cos(\alpha\pm\beta)=\cos\alpha\cos\beta\mp\sin\alpha\sin\beta$

$\tan(\alpha\pm\beta)=\dfrac{\tan\alpha\pm\tan\beta}{1\mp\tan\alpha\tan\beta}$　（すべて，複号同順）

14

Lv.▫▫▪▪

$\sin\alpha-\sin\beta=\dfrac{5}{4}$, $\cos\alpha+\cos\beta=\dfrac{5}{4}$ のとき，$\cos(\alpha+\beta)$ の値を求めよ。

navigate

加法定理より，$\cos(\alpha+\beta)=\cos\alpha\cos\beta-\sin\alpha\sin\beta$ である。この値を求めるには，与えられた2つの条件式を平方して加える。

解

$\sin\alpha-\sin\beta=\dfrac{5}{4}$ の両辺を2乗すると　$\sin^2\alpha-2\sin\alpha\sin\beta+\sin^2\beta=\dfrac{25}{16}$ …①

$\cos\alpha+\cos\beta=\dfrac{5}{4}$ の両辺を2乗すると　$\cos^2\alpha+2\cos\alpha\cos\beta+\cos^2\beta=\dfrac{25}{16}$ …②

①＋②から

$$(\sin^2\alpha+\cos^2\alpha)+2(\cos\alpha\cos\beta-\sin\alpha\sin\beta)+(\sin^2\beta+\cos^2\beta)=\dfrac{25}{8}$$

よって，$1+2\cos(\alpha+\beta)+1=\dfrac{25}{8}$　より　$\cos(\alpha+\beta)=\dfrac{\mathbf{9}}{\mathbf{16}}$ —答

参考　正弦，正接の加法定理の証明

$\sin(\alpha+\beta)=\sin\alpha\cos\beta+\cos\alpha\sin\beta$　…③（加法定理）

③の β を $-\beta$ でおき換えると

$\sin(\alpha-\beta)=\sin\alpha\cos(-\beta)+\cos\alpha\sin(-\beta)=\sin\alpha\cos\beta-\cos\alpha\sin\beta$

$\tan(\alpha+\beta)=\dfrac{\sin(\alpha+\beta)}{\cos(\alpha+\beta)}=\dfrac{\sin\alpha\cos\beta+\cos\alpha\sin\beta}{\cos\alpha\cos\beta-\sin\alpha\sin\beta}=\dfrac{\dfrac{\sin\alpha}{\cos\alpha}+\dfrac{\sin\beta}{\cos\beta}}{1-\dfrac{\sin\alpha}{\cos\alpha}\dfrac{\sin\beta}{\cos\beta}}$

$=\dfrac{\tan\alpha+\tan\beta}{1-\tan\alpha\tan\beta}$　…④

④の β を $-\beta$ でおき換えると　$\tan(\alpha-\beta)=\dfrac{\tan\alpha-\tan\beta}{1+\tan\alpha\tan\beta}$　…⑤

✓ SKILL UP

加法定理

$\sin(\alpha\pm\beta)=\sin\alpha\cos\beta\pm\cos\alpha\sin\beta$　（複号同順）

$\cos(\alpha\pm\beta)=\cos\alpha\cos\beta\mp\sin\alpha\sin\beta$　（複号同順）

$\tan(\alpha\pm\beta)=\dfrac{\tan\alpha\pm\tan\beta}{1\mp\tan\alpha\tan\beta}$　（複号同順）

15

Lv. ◼◼◻◻

2直線 $y=\dfrac{1}{2}x+2$, $y=3x-3$ のなす角 θ を求めよ。ただし，$0\leqq\theta\leqq\dfrac{\pi}{2}$ とする。

> 🚩 navigate
>
> それぞれの直線と x 軸正方向とのなす角を α, β とすると，なす角 θ は
> $$\theta=\beta-\alpha$$
> である。この $\tan$ を考えると，$\tan\theta=\tan(\beta-\alpha)$ となり加法定理を利用すればよい。

解

$y=\dfrac{1}{2}x+2$, $y=3x-3$ と x 軸正方向のなす角

をそれぞれ α, β $\left(0<\alpha<\beta<\dfrac{\pi}{2}\right)$ とおくと

$$\tan\alpha=\dfrac{1}{2}, \quad \tan\beta=3 \quad \leftarrow (傾きの積)\doteqdot-1$$
より直交しない

求めるなす角 θ は

$$\tan\theta=\tan(\beta-\alpha)$$
$$=\dfrac{\tan\beta-\tan\alpha}{1+\tan\beta\tan\alpha}$$
$$=\dfrac{3-\dfrac{1}{2}}{1+3\cdot\dfrac{1}{2}}=1$$

$0\leqq\theta\leqq\dfrac{\pi}{2}$ であるから $\boldsymbol{\theta=\dfrac{\pi}{4}}$ —(答)

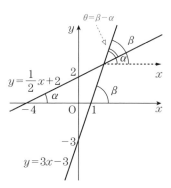

今回は，$0<\alpha<\beta<\dfrac{\pi}{2}$ であるから，$\tan\theta=\tan(\beta-\alpha)$ としたが，一般には，$\tan\theta=|\tan(\beta-\alpha)|$ とすればよい。

✓ SKILL UP

交わる2直線

$$y=m_1x+n_1, \quad y=m_2x+n_2$$

が垂直でないとき，そのなす角を θ とすると

$$\tan\theta=\left|\dfrac{m_1-m_2}{1+m_1m_2}\right|$$

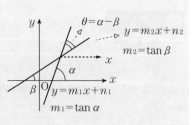

16

Lv. ▮▮▮▮

右図において，OA$=a$，AB$=b$，OP$=x$とする。a, bは正の定数で，$x>0$である。xが変化するとき，$\angle$APBを最大にするようなOPの長さを求めよ。

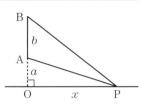

navigate

前問と同様にtanを利用して求める。その際，xの分数関数の最大値の問題に帰着されるが，相加，相乗平均の不等式を利用するのが早い。

解

$\angle$OPA$=\alpha$，$\angle$OPB$=\beta$とすると

$$\tan\alpha=\frac{a}{x}, \ \tan\beta=\frac{a+b}{x}$$

よって

$$\tan\angle\text{APB}=\tan(\beta-\alpha)=\frac{\tan\beta-\tan\alpha}{1+\tan\beta\tan\alpha}$$

$$=\frac{\dfrac{a+b}{x}-\dfrac{a}{x}}{1+\dfrac{a+b}{x}\times\dfrac{a}{x}}=\frac{bx}{x^2+a(a+b)}=\frac{b}{x+\dfrac{a(a+b)}{x}} \quad \cdots①$$

$0<\angle\text{APB}<\dfrac{\pi}{2}$から，$\angle$APBが最大になるのは，$\tan\angle$APBが最大になるときであり，これは①の分母が最小になるときである。

$x>0$，$a>0$，$b>0$であるから，相加，相乗平均の不等式より

$$x+\frac{a(a+b)}{x}\geqq 2\sqrt{a(a+b)}$$

等号成立は，$x^2=a(a+b)$　すなわち　$x=\sqrt{a(a+b)}$のときである。

ゆえに，**OP**$=\sqrt{a(a+b)}$のとき$\angle$APBは最大となる。—（答）

✓ SKILL UP

● $+\dfrac{1}{●}$ の最小値ときたら，相加，相乗平均の不等式を利用する。

$a>0$，$b>0$のとき，$\dfrac{a+b}{2}\geqq\sqrt{ab}$ （等号は，$a=b$のとき成り立つ）

Theme 5 | 倍角・半角公式

17
Lv. ▪▫▫▫

αは第2象限の角で, $\sin\alpha=\dfrac{4}{5}$のとき, $\cos2\alpha$, $\cos3\alpha$, $\cos\dfrac{\alpha}{2}$の値を求めよ。

18
Lv. ▪▫▫▫

$\cos36°$の値を求めよ。

19
Lv. ▪▫▫▫

$\tan\dfrac{\theta}{2}=t$のとき, $\sin\theta$, $\cos\theta$をtで表せ。

20
Lv. ▪▫▫▫

$f(\theta)=\dfrac{1+\sin\theta}{3+\cos\theta}$の$-\pi<\theta<\pi$における最大値, 最小値を求めよ。

倍角・半角公式は，Theme4の加法定理から導くことができる。

加法定理

$\sin(\alpha+\beta)=\sin\alpha\cos\beta+\cos\alpha\sin\beta$ …①

$\cos(\alpha+\beta)=\cos\alpha\cos\beta-\sin\alpha\sin\beta$ …②

①で$\alpha=\beta=\theta$とおくと

$\qquad \sin2\theta=\sin\theta\cos\theta+\cos\theta\sin\theta=2\sin\theta\cos\theta$ …③ （2倍角公式）

②で$\alpha=\beta=\theta$とおくと

$\qquad \cos2\theta=\cos\theta\cos\theta-\sin\theta\sin\theta=\cos^2\theta-\sin^2\theta$

$\qquad\qquad =\cos^2\theta-(1-\cos^2\theta)=2\cos^2\theta-1$ …④ （2倍角公式）

$\qquad\qquad =2(1-\sin^2\theta)-1=1-2\sin^2\theta$ …⑤ （2倍角公式）

①で$\alpha=2\theta,\ \beta=\theta$とおくと

$\qquad \sin3\theta=\sin2\theta\cos\theta+\cos2\theta\sin\theta=2\sin\theta\cos^2\theta+(1-2\sin^2\theta)\sin\theta$

$\qquad\qquad =2\sin\theta(1-\sin^2\theta)+(1-2\sin^2\theta)\sin\theta$

$\qquad\qquad =3\sin\theta-4\sin^3\theta$ （3倍角公式）

②で$\alpha=2\theta,\ \beta=\theta$とおくと

$\qquad \cos3\theta=\cos2\theta\cos\theta-\sin2\theta\sin\theta=(2\cos^2\theta-1)\cos\theta-2\sin^2\theta\cos\theta$

$\qquad\qquad =(2\cos^2\theta-1)\cos\theta-2(1-\cos^2\theta)\cos\theta$

$\qquad\qquad =4\cos^3\theta-3\cos\theta$ （3倍角公式）

③から　$\sin\theta=2\sin\dfrac{\theta}{2}\cos\dfrac{\theta}{2}$ $\iff$ $\sin\dfrac{\theta}{2}\cos\dfrac{\theta}{2}=\dfrac{1}{2}\sin\theta$ （半角公式）

④から　$\cos\theta=2\cos^2\dfrac{\theta}{2}-1$ $\iff$ $\cos^2\dfrac{\theta}{2}=\dfrac{1+\cos\theta}{2}$ （半角公式）

⑤から　$\cos\theta=1-2\sin^2\dfrac{\theta}{2}$ $\iff$ $\sin^2\dfrac{\theta}{2}=\dfrac{1-\cos\theta}{2}$ （半角公式）

2倍角の公式：$\sin2\theta=2\sin\theta\cos\theta,\ \cos2\theta=2\cos^2\theta-1=1-2\sin^2\theta$

3倍角の公式：$\sin3\theta=3\sin\theta-4\sin^3\theta,\ \cos3\theta=4\cos^3\theta-3\cos\theta$

半角の公式　：$\sin\dfrac{\theta}{2}\cos\dfrac{\theta}{2}=\dfrac{1}{2}\sin\theta,\ \sin^2\dfrac{\theta}{2}=\dfrac{1-\cos\theta}{2},\ \cos^2\dfrac{\theta}{2}=\dfrac{1+\cos\theta}{2}$

17

Lv. ▫▪▪▪

αは第2象限の角で，$\sin\alpha=\dfrac{4}{5}$のとき，$\cos 2\alpha$，$\cos 3\alpha$，$\cos\dfrac{\alpha}{2}$の値を求めよ。

navigate

倍角・半角公式を利用する問題。半角のときは，角度の範囲に注意。

解

αは第2象限の角より，$\dfrac{\pi}{2}<\alpha<\pi$である。

$$\cos\alpha=-\sqrt{1-\sin^2\alpha}=-\frac{3}{5}$$

	y	
第2象限		第1象限
$x<0,\ y>0$		$x>0,\ y>0$
	O	x
第3象限		第4象限
$x<0,\ y<0$		$x>0,\ y<0$

このとき，2倍角・3倍角・半角公式から

$$\cos 2\alpha=1-2\sin^2\alpha=1-2\times\left(\frac{4}{5}\right)^2=-\frac{7}{25} \ \text{—答}$$

$$\cos 3\alpha=4\cos^3\alpha-3\cos\alpha=4\left(-\frac{3}{5}\right)^3-3\left(-\frac{3}{5}\right)=\frac{117}{125} \ \text{—答}$$

$$\cos^2\frac{\alpha}{2}=\frac{1+\cos\alpha}{2}=\frac{1}{2}\left(1-\frac{3}{5}\right)=\frac{1}{5}$$

$\dfrac{\pi}{4}<\dfrac{\alpha}{2}<\dfrac{\pi}{2}$から，$\cos\dfrac{\alpha}{2}>0$だから $\cos\dfrac{\alpha}{2}=\dfrac{\sqrt{5}}{5}$ —答

参考 倍角（半角）公式を用いた開平処理

$\sqrt{1+\cos\theta},\sqrt{1-\cos\theta},\sqrt{1\pm\sin\theta}$などは倍角（半角）公式を用いて簡単にできる。はじめは難しいが，余力のある人はこれらの変形も覚えておきたい。

$$\sqrt{1+\cos\theta}=\sqrt{2\cos^2\frac{\theta}{2}}=\sqrt{2}\left|\cos\frac{\theta}{2}\right| \quad \leftarrow\sqrt{\bullet^2}=|\bullet|$$

$$\sqrt{1-\cos\theta}=\sqrt{2\sin^2\frac{\theta}{2}}=\sqrt{2}\left|\sin\frac{\theta}{2}\right|$$

$$\sqrt{1\pm\sin\theta}=\sqrt{\left(\sin^2\frac{\theta}{2}+\cos^2\frac{\theta}{2}\right)\pm 2\sin\frac{\theta}{2}\cos\frac{\theta}{2}}=\sqrt{\left(\sin\frac{\theta}{2}\pm\cos\frac{\theta}{2}\right)^2}=\left|\sin\frac{\theta}{2}\pm\cos\frac{\theta}{2}\right|$$

（複号同順）

✓ SKILL UP

2倍角の公式：$\sin 2\theta=2\sin\theta\cos\theta$，$\cos 2\theta=2\cos^2\theta-1=1-2\sin^2\theta$

3倍角の公式：$\sin 3\theta=3\sin\theta-4\sin^3\theta$，$\cos 3\theta=4\cos^3\theta-3\cos\theta$

半角の公式：$\sin\dfrac{\theta}{2}\cos\dfrac{\theta}{2}=\dfrac{1}{2}\sin\theta$，$\sin^2\dfrac{\theta}{2}=\dfrac{1-\cos\theta}{2}$，$\cos^2\dfrac{\theta}{2}=\dfrac{1+\cos\theta}{2}$

18 cos36°の値を求めよ。

Lv.▮▮▮▮

navigate

cos36°は，θ=36°とおくと5θ=180°を満たすことから，3θ=180°−2θ
として，cos3θ=cos(180°−2θ)の三角方程式を解く。その際，2倍角の
公式や3倍角の公式を利用する。

解

θ=36°とおくと　5θ=180°

よって，3θ=180°−2θであるから

$$\cos3\theta=\cos(180°−2\theta)$$

$$\cos3\theta=−\cos2\theta$$

$$4\cos^3\theta−3\cos\theta=−(2\cos^2\theta−1)$$

$$4\cos^3\theta+2\cos^2\theta−3\cos\theta−1=0$$

$$(\cos\theta+1)(4\cos^2\theta−2\cos\theta−1)=0$$

$\cos\theta=\cos36°\neq−1$ より

$$4\cos^2\theta−2\cos\theta−1=0$$

これを解いて

$$\cos\theta=\frac{1\pm\sqrt{5}}{4}$$

$\cos\theta=\cos36°>0$ であるから

$$\cos36°=\frac{\boldsymbol{1+\sqrt{5}}}{\boldsymbol{4}} \;—\text{答}$$

3倍角
$$\cos3\theta=4\cos^3\theta−3\cos\theta$$
2倍角
$$\cos2\theta=2\cos^2\theta−1$$
を利用する。

$\cos\theta=−1$を代入すると
成り立つので，$(\cos\theta+1)$で
割り切れる。（因数定理）

✓ SKILL UP

cos36°の求め方について，θ=36°とおくと，5θ=180°より，

3θ=180°−2θから，cos3θ=cos(180°−2θ)の三角方程式を導いたあと，

cosθの3次方程式に変形する。

また，正五角形を利用して，図形的に求める方法もある。

19

$\tan\dfrac{\theta}{2}=t$ のとき，$\sin\theta$，$\cos\theta$ を t で表せ。

Lv.■■■

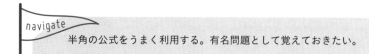

navigate

半角の公式をうまく利用する。有名問題として覚えておきたい。

解

$$\sin\theta = 2\sin\frac{\theta}{2}\cos\frac{\theta}{2}$$

$$= 2\tan\frac{\theta}{2}\cos^2\frac{\theta}{2}$$

$$= 2\tan\frac{\theta}{2}\cdot\frac{1}{1+\tan^2\dfrac{\theta}{2}}$$

$$= \boldsymbol{\frac{2t}{1+t^2}} \ \text{答}$$

$2\sin\dfrac{\theta}{2}\cos\dfrac{\theta}{2}=2\dfrac{\sin\dfrac{\theta}{2}}{\cos\dfrac{\theta}{2}}\cdot\cos^2\dfrac{\theta}{2}=2\tan\dfrac{\theta}{2}\cos^2\dfrac{\theta}{2}$

$1+\tan^2\dfrac{\theta}{2}=\dfrac{1}{\cos^2\dfrac{\theta}{2}}$ から，$\cos^2\dfrac{\theta}{2}=\dfrac{1}{1+\tan^2\dfrac{\theta}{2}}$

$$\cos\theta = 2\cos^2\frac{\theta}{2}-1 = 2\cdot\frac{1}{1+\tan^2\dfrac{\theta}{2}}-1$$

$$= 2\cdot\frac{1}{1+t^2}-1 = \boldsymbol{\frac{1-t^2}{1+t^2}} \ \text{答}$$

$\cos^2\dfrac{\theta}{2}=\dfrac{1}{1+\tan^2\dfrac{\theta}{2}}$

参考 図形的に求める方法

右図において，直線PQの傾きを $t=\tan\dfrac{\theta}{2}$ とおくと

直線PQ：$y=t(x+1)$

これと，円：$x^2+y^2=1$ を連立して

$$(t^2+1)x^2+2t^2x+t^2-1=0$$

$$(x+1)\{(1+t^2)x-(1-t^2)\}=0$$

$$x=-1,\ \frac{1-t^2}{1+t^2}$$

ここで，P$(x,\ y)=(\cos\theta,\ \sin\theta)$ から

$$x=\cos\theta=\frac{1-t^2}{1+t^2},\ \ y=\sin\theta=t(x+1)=\frac{2t}{1+t^2}$$

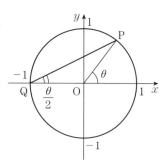

✓ SKILL UP

$\tan\dfrac{\theta}{2}=t$ とおくと，$\sin\theta=\dfrac{2t}{1+t^2}$，$\cos\theta=\dfrac{1-t^2}{1+t^2}$

20

$f(\theta) = \dfrac{1+\sin\theta}{3+\cos\theta}$ の $-\pi < \theta < \pi$ における最大値，最小値を求めよ。

Lv. ▮▮▯▯

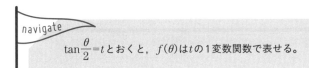

navigate

$\tan\dfrac{\theta}{2} = t$ とおくと，$f(\theta)$ は t の1変数関数で表せる。

解

$\tan\dfrac{\theta}{2} = t$ とおくと，$-\dfrac{\pi}{2} < \dfrac{\theta}{2} < \dfrac{\pi}{2}$ から，t は

置換したら，範囲チェックを忘れずに。

すべての実数を動く。このとき，$\sin\theta = \dfrac{2t}{1+t^2}$，$\cos\theta = \dfrac{1-t^2}{1+t^2}$ から

$$f(\theta) = \frac{1 + \dfrac{2t}{1+t^2}}{3 + \dfrac{1-t^2}{1+t^2}} = \frac{(t+1)^2}{2(t^2+2)}$$

理系の人は微分（数Ⅲ）してグラフがかけるが，$=k$ とおいて，条件を満たすような t が存在するような k の値の範囲を求める。

$\dfrac{(t+1)^2}{2(t^2+2)} = k$ を満たす実数 t が存在する k の値の範囲を考えると

$$2k(t^2+2) = (t+1)^2 \iff (2k-1)t^2 - 2t + 4k - 1 = 0 \quad \cdots ①$$

(i) $k = \dfrac{1}{2}$ とすると $t = \dfrac{1}{2}$ となり，$k = \dfrac{1}{2}$ はとり得る値である。

この t の方程式が実数解をもつような実数 k の値の範囲を求める。

(ii) $k \neq \dfrac{1}{2}$ のとき，①を満たす実数 t が存在するのは，判別式 D について

$D \geq 0$ であり $-8k^2 + 6k \geq 0 \iff 2k(4k-3) \leq 0$

よって $0 \leq k \leq \dfrac{3}{4}$ $\left(\text{ただし，} k \neq \dfrac{1}{2}\right)$

(i)，(ii) より $0 \leq k \leq \dfrac{3}{4}$ となり，**最大値** $\dfrac{3}{4}$，**最小値** 0 —(答)

✓ SKILL UP

三角関数 $f(\theta) = \dfrac{a + b\sin\theta}{c + d\cos\theta}$ の最大値・最小値を求めるには，$\tan\dfrac{\theta}{2} = t$ から，t の関数をつくり，領域の考え方を利用する。

Theme
6 | **合成公式**

21
Lv. ▪▫▫

$f(\theta) = \sin 2\theta + \sqrt{3} \cos 2\theta$ $\left(0 \le \theta \le \dfrac{\pi}{2}\right)$ の最大値, 最小値を求めよ。

22
Lv. ▪▫▫

$f(\theta) = 4\sin\theta + 3\cos\theta$ $\left(0 \le \theta \le \dfrac{\pi}{2}\right)$ の最大値, 最小値を求めよ。

23
Lv. ▪▫▫

$f(\theta) = -\sin^2\theta + 2\sin\theta\cos\theta - 3\cos^2\theta$ $(0 \le \theta \le 2\pi)$ の最大値を求めよ。

24
Lv. ▪▫▫

$f(\theta) = \sin\theta + a\cos\theta$ $\left(0 \le \theta \le \dfrac{\pi}{2}\right)$ の最小値を求めよ。ただし, a は正の定数とする。

Theme分析

このThemeでは，合成公式について扱う。合成公式はTheme4の加法定理から導くことができる。

$$a\sin\theta+b\cos\theta$$
$$=\sqrt{a^2+b^2}\left(\sin\theta\cdot\frac{a}{\sqrt{a^2+b^2}}+\cos\theta\cdot\frac{b}{\sqrt{a^2+b^2}}\right) \quad \leftarrow \sqrt{a^2+b^2} \text{を前に出す}$$
$$=r(\sin\theta\cos\alpha+\cos\theta\sin\alpha) \quad \leftarrow \cos\alpha=\frac{a}{\sqrt{a^2+b^2}}, \ \sin\alpha=\frac{b}{\sqrt{a^2+b^2}} \text{とおく}$$
$$=r\sin(\theta+\alpha)$$

具体的には

$$\sqrt{3}\sin\theta+\cos\theta$$
$$=2\left(\sin\theta\cdot\frac{\sqrt{3}}{2}+\cos\theta\cdot\frac{1}{2}\right) \quad \leftarrow \sqrt{(\sqrt{3})^2+1^2}=2 \text{を前に出す}$$
$$=2\left(\sin\theta\cos\frac{\pi}{6}+\cos\theta\sin\frac{\pi}{6}\right) \quad \leftarrow \cos\alpha=\frac{\sqrt{3}}{2}, \ \sin\alpha=\frac{1}{2} \text{満たす角として} \alpha=\frac{\pi}{6}$$
$$=2\sin\left(\theta+\frac{\pi}{6}\right) \quad \leftarrow \text{加法定理}：\sin\theta\cos\alpha+\cos\theta\sin\alpha=\sin(\theta+\alpha)$$

実戦的には，$a\sin\theta+b\cos\theta$に対して，

　P(a, b)を図示 $\implies$ 原点との距離がr，x軸正方向とOPのなす角がα

とすれば，素早く合成できる。

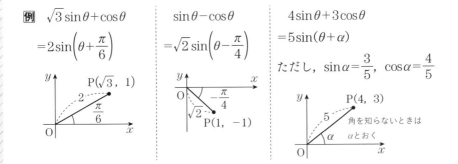

例 　$\sqrt{3}\sin\theta+\cos\theta$　　　$\sin\theta-\cos\theta$　　　$4\sin\theta+3\cos\theta$

　　　$=2\sin\left(\theta+\dfrac{\pi}{6}\right)$　　$=\sqrt{2}\sin\left(\theta-\dfrac{\pi}{4}\right)$　　$=5\sin(\theta+\alpha)$

　　　　　　　　　　　　　　　　　　　　　　　　ただし，$\sin\alpha=\dfrac{3}{5}$, $\cos\alpha=\dfrac{4}{5}$

また，$a\sin\theta+b\cos\theta=\sqrt{a^2+b^2}\cos(\theta-\alpha)$と合成することもできる。

21

Lv. ■■■

$f(\theta)=\sin 2\theta+\sqrt{3}\cos 2\theta$ $\left(0\leqq\theta\leqq\dfrac{\pi}{2}\right)$ の最大値，最小値を求めよ。

navigate

角度は 2θ に統一されているので，そのまま合成すればよい。

解

$$f(\theta)=\sin 2\theta+\sqrt{3}\cos 2\theta=2\sin\left(2\theta+\frac{\pi}{3}\right)$$

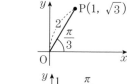

$0\leqq\theta\leqq\dfrac{\pi}{2}$ であるから

$$\frac{\pi}{3}\leqq 2\theta+\frac{\pi}{3}\leqq\frac{4}{3}\pi \quad \leftarrow 角の動く範囲を求める$$

このとき，右の単位円から

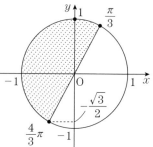

$$-\frac{\sqrt{3}}{2}\leqq\sin\left(2\theta+\frac{\pi}{3}\right)\leqq 1$$

$$-\sqrt{3}\leqq 2\sin\left(2\theta+\frac{\pi}{3}\right)\leqq 2$$

したがって，$f(\theta)$ は**最大値2，最小値**$-\sqrt{3}$ をとる。—答

参考 グラフの利用

右の $y=2\sin\left(2\theta+\dfrac{\pi}{3}\right)$ のグラフを利用

してもよい。ただし，平行移動もあり面
倒だから，このようなときは

$$2\theta+\frac{\pi}{3}=t \qquad 0\leqq\theta\leqq\frac{\pi}{2} より，$$

と置換して $\qquad \downarrow \dfrac{\pi}{3}\leqq 2\theta+\dfrac{\pi}{3}\leqq\dfrac{4}{3}\pi$

$$y=2\sin t \quad\left(\frac{\pi}{3}\leqq t\leqq\frac{4}{3}\pi\right)$$

の範囲で，グラフをかくほうが実戦的。

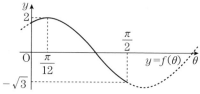

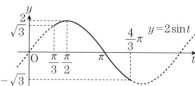

✓ SKILL UP

$$a\sin\theta+b\cos\theta=r\sin(\theta+\alpha)$$

ただし，

$$r=\sqrt{a^2+b^2},\ \sin\alpha=\frac{b}{\sqrt{a^2+b^2}},\ \cos\alpha=\frac{a}{\sqrt{a^2+b^2}}$$

22

Lv. ▪▫▫

$f(\theta) = 4\sin\theta + 3\cos\theta \left(0 \leqq \theta \leqq \dfrac{\pi}{2}\right)$ の最大値，最小値を求めよ。

navigate

前問同様に合成すればよい。ただし，合成における角が求められないのでαとおく。さらに角の範囲が狭いので，最小値を求めるときはαが0°から45°未満の角であることを用いる。そのことは合成の図からわかる。

解

$f(\theta) = 4\sin\theta + 3\cos\theta$

$= 5\sin(\theta + \alpha)$

$\left(\sin\alpha = \dfrac{3}{5}, \cos\alpha = \dfrac{4}{5}\right)$

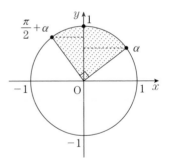

角を知らないときは ← αは求められない
αとおく　　　　　　　が，45°よりも小さい角である

$0 \leqq \theta \leqq \dfrac{\pi}{2}$ であるから

$\alpha \leqq \theta + \alpha \leqq \dfrac{\pi}{2} + \alpha$ ← 角の動く範囲を求める

右の単位円から

$\sin\alpha \leqq \sin(\theta + \alpha) \leqq 1$

$\dfrac{3}{5} \leqq \sin(\theta + \alpha) \leqq 1$

$3 \leqq 5\sin(\theta + \alpha) \leqq 5$

したがって，

$f(\theta)$ は**最大値5，最小値3** をとる。—(答)

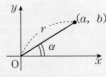

↑αは45°よりも小さい角であるから，単位円の y 座標について，

$$\sin\left(\dfrac{\pi}{2} + \alpha\right) > \sin\alpha$$

である

✓ SKILL UP

$a\sin\theta + b\cos\theta$ の最大値・最小値ときたら，

$a\sin\theta + b\cos\theta = r\sin(\theta + \alpha)$ と合成して，

単位円（またはグラフ）を利用する。

ただし，

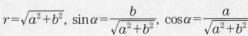

$$r = \sqrt{a^2 + b^2}, \sin\alpha = \dfrac{b}{\sqrt{a^2 + b^2}}, \cos\alpha = \dfrac{a}{\sqrt{a^2 + b^2}}$$

23

$f(\theta)=-\sin^2\theta+2\sin\theta\cos\theta-3\cos^2\theta$ $(0\leqq\theta\leqq2\pi)$ の最大値を求めよ。

Lv. ■■■■

navigate

三角関数の種類を統一しようとしても，

$$f(\theta)=-\sin^2\theta+2\sin\theta(\pm\sqrt{1-\sin^2\theta})-3(1-\sin^2\theta)$$

となり式が汚い。この式は，$\sin^2\theta$，$\sin\theta\cos\theta$，$\cos^2\theta$ からなる 2 次同次式といい，半角(2倍角)公式で次数を下げる。その後，

●$\sin2\theta+$▲$\cos2\theta+$■ となるので，合成すればよい。

解

$$f(\theta)=-\sin^2\theta+2\sin\theta\cos\theta-3\cos^2\theta$$

$$=-\frac{1-\cos2\theta}{2}+2\cdot\frac{\sin2\theta}{2}-3\cdot\frac{1+\cos2\theta}{2} \quad \leftarrow \text{半角(2倍角)}$$
公式による

$$=\sin2\theta-\cos2\theta-2$$

$$=\sqrt{2}\sin\left(2\theta-\frac{\pi}{4}\right)-2$$

P(1, −1)

$0\leqq\theta\leqq2\pi$ であるから

$$-\frac{\pi}{4}\leqq2\theta-\frac{\pi}{4}\leqq\frac{15}{4}\pi \quad \leftarrow \text{角の動く範囲を求めると角が}$$
単位円を 1 周以上するので，
$-1\leqq\sin●\leqq1$ である

このとき

$$-1\leqq\sin\left(2\theta-\frac{\pi}{4}\right)\leqq1$$

$$-\sqrt{2}-2\leqq\sqrt{2}\sin\left(2\theta-\frac{\pi}{4}\right)-2\leqq\sqrt{2}-2$$

したがって，$f(\theta)$ は**最大値**$\sqrt{2}-2$ をとる。—答

✓ SKILL UP

$$a\sin^2\theta+b\sin\theta\cos\theta+c\cos^2\theta$$

$$=a\cdot\frac{1-\cos2\theta}{2}+b\cdot\frac{\sin2\theta}{2}+c\cdot\frac{1+\cos2\theta}{2}$$

$$=\frac{b}{2}\sin2\theta+\frac{c-a}{2}\cos2\theta+\frac{a+c}{2}$$

となるので，この後合成する。

24

Lv. ∎∎▮▮

$f(\theta)=\sin\theta+a\cos\theta\ \left(0\leqq\theta\leqq\dfrac{\pi}{2}\right)$ の最小値を求めよ。ただし，a は正の定数とする。

navigate

合成して単位円で考えようとすると，場合分けが必要になり面倒である。$\sin\theta=y$，$\cos\theta=x$ と置換すれば円と直線の関係に帰着できる。場合分けは生じるが，まだこの方が考えやすい。

解

$f(\theta)=k$ とおいて，k の値の範囲を調べる。

$\sin\theta=y$，$\cos\theta=x$ とおくと，$0\leqq\theta\leqq\dfrac{\pi}{2}$ から，

$x\geqq0$，$y\geqq0$ である。したがって

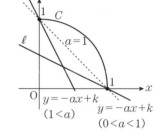

　　直線 $\ell：y+ax=k$
　　円 $C：x^2+y^2=1\ (x\geqq0,\ y\geqq0)$

が共有点をもつ k の値の範囲を求めればよい。

(i) $0<a<1$ のとき，直線 ℓ が点 $(1,\ 0)$ を通るとき最小であり，

　　　最小値は a

(ii) $a=1$ のとき，直線 ℓ が点 $(1,\ 0)$，$(0,\ 1)$ を通るとき最小であり，

　　　最小値は 1

(iii) $1<a$ のとき，直線 ℓ が点 $(0,\ 1)$ を通るとき最小であり，

　　　最小値は 1

(i)～(iii)をまとめて

$0<a\leqq1$ のとき最小値 a，$1<a$ のとき最小値 1 ——(答)

✓ **SKILL UP**

$a\sin\theta+b\cos\theta=k$ のとりうる値の範囲

　　↓ $\sin\theta=y$，$\cos\theta=x$ と置換する

直線：$ay+bx=k$ と 円：$x^2+y^2=1$ が共有点をもつ k の値の範囲

Theme 7 | 和積・積和公式

25
Lv. ▂▃▅
$\sin 10° + \sin 50° - \sin 70°$, $\sin 10° \sin 50° \sin 70°$ をそれぞれ求めよ。

26
Lv. ▂▃▅
$\sin 3\theta + \sin 2\theta + \sin \theta = 0$ を $0 \leqq \theta \leqq \pi$ の範囲で解け。

27
Lv. ▂▃▅
$\sin 4\theta = \cos \theta$ を $0 \leqq \theta \leqq \dfrac{\pi}{2}$ の範囲で解け。

28
Lv. ▂▃▅
$x + y + z = \pi$ のとき，等式 $\sin x + \sin y + \sin z = 4 \cos \dfrac{x}{2} \cos \dfrac{y}{2} \cos \dfrac{z}{2}$ が成り立つことを示せ。

Theme分析

このThemeでは，和積・積和公式について扱う。和積・積和公式は，Theme4の加法定理から導くことができる。

加法定理

$$\begin{cases} \sin(\alpha+\beta)=\sin\alpha\cos\beta+\cos\alpha\sin\beta \cdots ① \\ \sin(\alpha-\beta)=\sin\alpha\cos\beta-\cos\alpha\sin\beta \cdots ② \end{cases} \quad \begin{cases} \cos(\alpha+\beta)=\cos\alpha\cos\beta-\sin\alpha\sin\beta \cdots ③ \\ \cos(\alpha-\beta)=\cos\alpha\cos\beta+\sin\alpha\sin\beta \cdots ④ \end{cases}$$

■ 積和公式の証明

$(①+②)\div2$，$(①-②)\div2$ より

$$\begin{cases} \sin\alpha\cos\beta=\dfrac{1}{2}\{\sin(\alpha+\beta)+\sin(\alpha-\beta)\} \\[2mm] \cos\alpha\sin\beta=\dfrac{1}{2}\{\sin(\alpha+\beta)-\sin(\alpha-\beta)\} \end{cases}$$

$(③+④)\div2$，$(③-④)\div(-2)$ より

$$\begin{cases} \cos\alpha\cos\beta=\dfrac{1}{2}\{\cos(\alpha+\beta)+\cos(\alpha-\beta)\} \\[2mm] \sin\alpha\sin\beta=-\dfrac{1}{2}\{\cos(\alpha+\beta)-\cos(\alpha-\beta)\} \end{cases}$$

■ 和積公式の証明

①+② より　$\sin(\alpha+\beta)+\sin(\alpha-\beta)=2\sin\alpha\cos\beta$

$\alpha+\beta=A$，$\alpha-\beta=B$ とおくと　$\sin A+\sin B=2\sin\dfrac{A+B}{2}\cos\dfrac{A-B}{2}$

同様に，①-② として $\alpha+\beta=A$，$\alpha-\beta=B$ とおくと

$$\sin A-\sin B=2\cos\dfrac{A+B}{2}\sin\dfrac{A-B}{2}$$

③+④ より　$\cos(\alpha+\beta)+\cos(\alpha-\beta)=2\cos\alpha\cos\beta$

$\alpha+\beta=A$，$\alpha-\beta=B$ とおくと　$\cos A+\cos B=2\cos\dfrac{A+B}{2}\cos\dfrac{A-B}{2}$

同様に，③-④ として $\alpha+\beta=A$，$\alpha-\beta=B$ とおくと

$$\cos A-\cos B=-2\sin\dfrac{A+B}{2}\sin\dfrac{A-B}{2}$$

和積の公式では「積」の形を作り，積和の公式では「次数下げ」ができる。

25 $\sin 10° + \sin 50° - \sin 70°$, $\sin 10° \sin 50° \sin 70°$ をそれぞれ求めよ。

Lv.◗▮▮▮

> navigate
>
> 和積・積和公式を用いる問題である。ていねいに式変形していきたい。

解　$\sin 50° + \sin 10° - \sin 70°$　←大きい角の方を先に書くとミスは減る

$= 2\sin\dfrac{60°}{2}\cos\dfrac{40°}{2} - \sin 70°$　←和積公式による

$= 2\sin 30°\cos 20° - \sin 70° = 2\cdot\dfrac{1}{2}\cos 20° - \sin(90° - 20°)$

$= \cos 20° - \cos 20°$　←$\sin(90° - \theta) = \cos\theta$

$= \mathbf{0}$ —(答)

$\sin 50° \sin 10° \sin 70°$　←大きい角の方を先に書くとミスは減る

$= \left\{-\dfrac{1}{2}(\cos 60° - \cos 40°)\right\}\sin 70°$　←積和公式による

$= \dfrac{1}{2}\sin 70°\cos 40° - \dfrac{1}{4}\sin 70°$　←大きい角の方を先に書くとミスは減る

$= \dfrac{1}{2}\cdot\dfrac{1}{2}(\sin 110° + \sin 30°) - \dfrac{1}{4}\sin 70°$　←積和公式による

$= \dfrac{1}{4}\{\sin(180° - 70°) + \sin 30° - \sin 70°\}$

$= \dfrac{1}{4}\left(\sin 70° + \dfrac{1}{2} - \sin 70°\right)$　←$\sin(180° - \theta) = \sin\theta$

$= \dfrac{\mathbf{1}}{\mathbf{8}}$ —(答)

✓ SKILL UP

和積　$\sin A + \sin B = 2\sin\dfrac{A+B}{2}\cos\dfrac{A-B}{2}$　　$\sin A - \sin B = 2\cos\dfrac{A+B}{2}\sin\dfrac{A-B}{2}$

$\cos A + \cos B = 2\cos\dfrac{A+B}{2}\cos\dfrac{A-B}{2}$　　$\cos A - \cos B = -2\sin\dfrac{A+B}{2}\sin\dfrac{A-B}{2}$

積和　$\sin\alpha\cos\beta = \dfrac{1}{2}\{\sin(\alpha+\beta) + \sin(\alpha-\beta)\}$　　$\cos\alpha\sin\beta = \dfrac{1}{2}\{\sin(\alpha+\beta) - \sin(\alpha-\beta)\}$

$\cos\alpha\cos\beta = \dfrac{1}{2}\{\cos(\alpha+\beta) + \cos(\alpha-\beta)\}$　　$\sin\alpha\sin\beta = -\dfrac{1}{2}\{\cos(\alpha+\beta) - \cos(\alpha-\beta)\}$

26

$\sin 3\theta + \sin 2\theta + \sin \theta = 0$ を $0 \leqq \theta \leqq \pi$ の範囲で解け。

Lv.

navigate

三角方程式を解く問題。和積公式または倍角公式を用いて因数分解する。

解1

$$\sin 3\theta + \sin \theta + \sin 2\theta = 0$$
$$2\sin 2\theta \cos \theta + \sin 2\theta = 0$$
$$\sin 2\theta (2\cos \theta + 1) = 0$$

$$\sin 2\theta = 0 \quad \text{または} \quad \cos \theta = -\frac{1}{2}$$

和積公式を用いると，後ろの項の $\sin 2\theta$ との共通因数が現れる。和積により新たに登場する角種を想像しながら組合せを考えたい。

$\sin 2\theta = 0$ となるのは，$0 \leqq 2\theta \leqq 2\pi$ より $2\theta = 0$, π, 2π となり $\theta = 0$, $\dfrac{\pi}{2}$, π

また，$\cos \theta = -\dfrac{1}{2}$ より $\theta = \dfrac{2}{3}\pi$

以上より $\boldsymbol{\theta = 0, \dfrac{\pi}{2}, \dfrac{2}{3}\pi, \pi}$ ——答

解2

$$(与式) \iff (3\sin \theta - 4\sin^3 \theta) + 2\sin \theta \cos \theta + \sin \theta = 0$$
$$\iff 2\sin \theta (-2\sin^2 \theta + \cos \theta + 2) = 0$$
$$\iff 2\sin \theta (2\cos^2 \theta + \cos \theta) = 0$$
$$\iff 2\sin \theta \cos \theta (2\cos \theta + 1) = 0$$
$$\iff \sin \theta = 0 \text{ または, } \cos \theta = 0, \ -\frac{1}{2}$$

相互関係：$\sin^2 \theta = 1 - \cos^2 \theta$ による。

$0 \leqq \theta \leqq \pi$ から $\boldsymbol{\theta = 0, \dfrac{\pi}{2}, \dfrac{2}{3}\pi, \pi}$ ——答

✓ SKILL UP

三角方程式・不等式を解く流れ

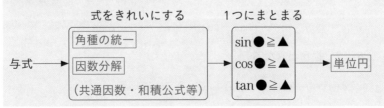

27

$\sin 4\theta = \cos\theta$ を $0 \leq \theta \leq \dfrac{\pi}{2}$ の範囲で解け。

Lv. ▮▯▯

navigate

このままでは，関数の種類が統一されてないので和積公式は使えない。
そこで工夫する必要がある。

解

$\sin 4\theta = \cos\theta$

$\sin 4\theta = \sin\left(\dfrac{\pi}{2} - \theta\right)$ $\cos\theta = \sin\left(\dfrac{\pi}{2} - \theta\right)$

$\sin 4\theta - \sin\left(\dfrac{\pi}{2} - \theta\right) = 0$ とすれば種類が統一される。

$2\cos\left(\dfrac{3}{2}\theta + \dfrac{\pi}{4}\right)\sin\left(\dfrac{5}{2}\theta - \dfrac{\pi}{4}\right) = 0$ 和積公式による。

$\cos\left(\dfrac{3}{2}\theta + \dfrac{\pi}{4}\right) = 0 \cdots①$ または $\sin\left(\dfrac{5}{2}\theta - \dfrac{\pi}{4}\right) = 0 \cdots②$

$\dfrac{\pi}{4} \leq \dfrac{3}{2}\theta + \dfrac{\pi}{4} \leq \pi$ から，①は $\dfrac{3}{2}\theta + \dfrac{\pi}{4} = \dfrac{\pi}{2} \iff \theta = \dfrac{\pi}{6}$

$-\dfrac{\pi}{4} \leq \dfrac{5}{2}\theta - \dfrac{\pi}{4} \leq \pi$ から，②は $\dfrac{5}{2}\theta - \dfrac{\pi}{4} = 0,\ \pi \iff \theta = \dfrac{\pi}{10},\ \dfrac{\pi}{2}$

以上より $\boldsymbol{\theta = \dfrac{\pi}{10},\ \dfrac{\pi}{6},\ \dfrac{\pi}{2}}$ —答

☑ SKILL UP

三角方程式（$\sin● = \sin▲$，$\cos● = \cos▲$，$\sin● = \cos▲$）を解く。

方法1 種類が同じ

$\sin x = \sin y \iff \sin x - \sin y = 0 \iff 2\cos\dfrac{x+y}{2}\sin\dfrac{x-y}{2} = 0$

$\cos x = \cos y \iff \cos x - \cos y = 0 \iff -2\sin\dfrac{x+y}{2}\sin\dfrac{x-y}{2} = 0$

方法2 種類が異なる

$\sin x = \cos y = \sin\left(\dfrac{\pi}{2} - y\right)$ として，方法1に帰着。

28

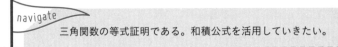

Lv.

$x+y+z=\pi$ のとき，等式 $\sin x+\sin y+\sin z=4\cos\dfrac{x}{2}\cos\dfrac{y}{2}\cos\dfrac{z}{2}$ が成り立つ

ことを示せ。

navigate

三角関数の等式証明である。和積公式を活用していきたい。

解

$$(左辺)=\sin x+\sin y+\sin\{\pi-(x+y)\}$$

$$=\sin x+\sin y+\sin(x+y)$$

$$=2\sin\frac{x+y}{2}\cos\frac{x-y}{2}+2\sin\frac{x+y}{2}\cos\frac{x+y}{2}$$

和積公式　　　　　　　　　　2倍角公式

$$=2\sin\frac{x+y}{2}\left(\cos\frac{x+y}{2}+\cos\frac{x-y}{2}\right)$$

$$=2\sin\frac{x+y}{2}\cdot2\cos\frac{x}{2}\cos\frac{y}{2}$$

$$(右辺)=4\cos\frac{x}{2}\cos\frac{y}{2}\cos\frac{\pi-(x+y)}{2}$$

$$=4\cos\frac{x}{2}\cos\frac{y}{2}\cos\left(\frac{\pi}{2}-\frac{x+y}{2}\right)$$

$$=4\cos\frac{x}{2}\cos\frac{y}{2}\sin\frac{x+y}{2}$$

となり，(左辺)＝(右辺)が成り立つ。―証明終

和積公式と2倍角公式を用いて，

角度を $\dfrac{x+y}{2}$，$\dfrac{x-y}{2}$ の2種類に

統一するのがポイント。

和積公式による。

$\cos\left(\dfrac{\pi}{2}-\theta\right)=\sin\theta$

✓ SKILL UP

三角形の内角 x, y, z $(x+y+z=\pi$, $x>0$, $y>0$, $z>0)$ についての式
処理では，次のような和積公式などを用いる式処理を身につけたい。

$$\sin x+\sin y+\sin z=\sin x+\sin y+\sin\{\pi-(x+y)\}$$

$$=\sin x+\sin y+\sin(x+y)$$

$$=2\sin\frac{x+y}{2}\cos\frac{x-y}{2}+2\sin\frac{x+y}{2}\cos\frac{x+y}{2}$$

Theme 8 | 三角方程式の応用

29
Lv. ∎∎∎∎

方程式$\sin\theta=2\cos3\theta$の$0\leqq\theta\leqq2\pi$における解の個数を求めよ。ただし，答えのみでよい。

30
Lv. ∎∎∎∎

方程式$2\cos2\theta+3a\cos\theta+2-a^2=0$が$0\leqq\theta<2\pi$の範囲にちょうど3つの解をもつような定数$a$の値を求めよ。

31
Lv. ∎∎∎∎

方程式$\sin2\theta-2(\sin\theta+\cos\theta)-a=0$の$0\leqq\theta\leqq\pi$の範囲における解の個数を調べよ。

32
Lv. ∎∎∎∎

$\cos\dfrac{2}{7}\pi$を解にもつxの3次方程式をつくれ。また，$\cos\dfrac{2}{7}\pi+\cos\dfrac{4}{7}\pi+\cos\dfrac{6}{7}\pi$の値を求めよ。

Theme分析

このThemeでは，まず，方程式の解の個数について扱う。このことについて，下の**例**で考えてみる。

例 $\cos 2\theta - 3\cos\theta + 2 = 0$ を $0 \le \theta < 2\pi$ の範囲で解いてみる。

$$(与式) \iff (2\cos^2\theta - 1) - 3\cos\theta + 2 = 0$$
$$\iff 2\cos^2\theta - 3\cos\theta + 1 = 0 \quad \cdots ①$$

$\cos\theta = t$ と置換すると

$$2t^2 - 3t + 1 = 0 \quad \cdots ②$$
$$(2t - 1)(t - 1) = 0$$
$$t = \frac{1}{2}, \ 1$$

$t = 1$ のとき，$\cos\theta = 1$ から $\theta = 0$

$t = \dfrac{1}{2}$ のとき，$\cos\theta = \dfrac{1}{2}$ から $\theta = \dfrac{\pi}{3}, \dfrac{5}{3}\pi$

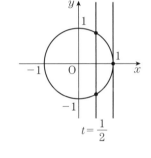

以上より $\theta = 0, \dfrac{\pi}{3}, \dfrac{5}{3}\pi$

ここで，解の個数について考えてみる。①の解の個数と，置換した②の解の個数は一般的には一致しない。実際，②は $t = \dfrac{1}{2}, \ 1$ の2解に対し，①は $\theta = 0, \dfrac{\pi}{3}$, $\dfrac{5}{3}\pi$ の3解になっている。このように，方程式の解の個数問題で置換したときは，解の対応関係を調べなければならない。

方程式 $2\cos^2\theta - 3\cos\theta + 1 = 0 \cdots ①$
　　↓　$\cos\theta = t \ (0 \le \theta < 2\pi)$ と置換
方程式 $2t^2 - 3t + 1 = 0 \cdots ②$
　　について

$$t = 1 \longrightarrow \theta = 0$$
$$t = \frac{1}{2} \longrightarrow \theta = \frac{\pi}{3}$$
$$\longrightarrow \theta = \frac{5}{3}\pi$$

置換した方程式の解の個数では解の対応関係を調べる。

29

Lv.■■▮▮

方程式 $\sin\theta = 2\cos 3\theta$ の $0 \leqq \theta \leqq 2\pi$ における解の個数を求めよ。ただし，答えのみでよい。

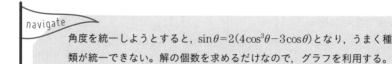

navigate

角度を統一しようとすると，$\sin\theta = 2(4\cos^3\theta - 3\cos\theta)$ となり，うまく種類が統一できない。解の個数を求めるだけなので，グラフを利用する。

解

方程式 $\sin\theta = 2\cos 3\theta$ の解の個数を，グラフ $y = \sin\theta$, $y = 2\cos 3\theta$ の共有点の個数で調べる。

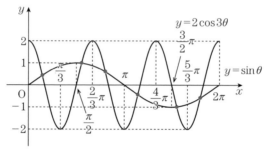

図より，$\sin\theta = 2\cos 3\theta$ の解の個数は **6個** ─(答)

参考　式変形による解の個数の求め方

方程式 $\sin 2\theta = \sin\theta$ （$0 \leqq \theta < 2\pi$）の実数解の個数は

$$\sin 2\theta - \sin\theta = 0 \iff 2\cos\frac{3}{2}\theta\sin\frac{\theta}{2} = 0 \quad \leftarrow \text{和積公式による}$$

$0 \leqq \dfrac{3}{2}\theta < 3\pi$ から，$\cos\dfrac{3}{2}\theta = 0$ を解くと　$\dfrac{3}{2}\theta = \dfrac{\pi}{2}$, $\dfrac{3}{2}\pi$, $\dfrac{5}{2}\pi$

$0 \leqq \dfrac{\theta}{2} < \pi$ から，$\sin\dfrac{\theta}{2} = 0$ を解くと　$\dfrac{\theta}{2} = 0$

以上より，$\theta = 0$, $\dfrac{\pi}{3}$, π, $\dfrac{5}{3}\pi$ の4個である。

グラフの共有点の個数で方程式の実数解の個数を調べることは一般的には重要であるが，三角方程式の場合は，上のように式変形でうまく求められることが多い。

✓ SKILL UP

方程式 $f(x) = g(x)$ の解の個数　$\iff$　$\begin{cases} y = f(x) \\ y = g(x) \end{cases}$ の共有点の個数

なので，グラフの共有点の個数で考えることができる。

30

Lv. ■■■■

方程式 $2\cos 2\theta + 3a\cos\theta + 2 - a^2 = 0$ が $0 \leqq \theta < 2\pi$ の範囲にちょうど3つの解をもつような定数 a の値を求めよ。

> navigate
>
> 方程式の解の個数の問題で置換したときに注意しなければならないのは，解の対応関係をチェックすることである。

解

$$2(2\cos^2\theta - 1) + 3a\cos\theta + 2 - a^2 = 0$$

$$4\cos^2\theta + 3a\cos\theta - a^2 = 0 \quad \cdots ①$$

$\cos\theta = t$ とおくと，右図から

$-1 < t < 1$ のとき，1つの t に対して θ が2個，

$t = \pm 1$ のとき，1つの t に対して θ が1個，

対応するので

$$4t^2 + 3at - a^2 = 0$$

$$(t + a)(4t - a) = 0$$

$$t = -a, \ \frac{a}{4} \quad \cdots ②$$

①がちょうど3つの解をもつには，②の解のうち1つが ± 1 であり，もう1つが $-1 < t < 1$ の範囲にあればよい。

(i) $-a = \pm 1$ のとき，

$$\frac{a}{4} = \mp\frac{1}{4} \ （複号同順）$$

となり $-1 < t < 1$ を満たす。

(ii) $\frac{a}{4} = \pm 1$ のとき，$-a = \mp 4$ （複号同順）

となり $-1 < t < 1$ を満たさないので不適。

(i), (ii)より $\boldsymbol{a = \pm 1}$ —答

解の対応チェック

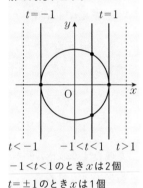

$-1 < t < 1$ のとき x は2個
$t = \pm 1$ のとき x は1個

グラフで調べると以下のようになる。

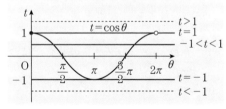

✓ **SKILL UP**

置換した方程式の解の個数では解の対応関係を調べる。

31

Lv.⯅⯅⯅⯅

方程式 $\sin 2\theta - 2(\sin\theta + \cos\theta) - a = 0$ の $0 \leqq \theta \leqq \pi$ の範囲における解の個数を調べよ。

navigate

$\sin\theta$, $\cos\theta$ の対称式なので, $\sin\theta + \cos\theta = t$ とおいて, t の2次方程式で考える。あとは, 解の対応関係に注意する。

解

$$(与式) \iff 2\sin\theta\cos\theta - 2(\sin\theta + \cos\theta) - a = 0 \quad \cdots ①$$

ここで $\sin\theta + \cos\theta = t$ とおくと

$$\sin\theta\cos\theta = \frac{t^2 - 1}{2}$$

だから

$$① \iff t^2 - 2t - 1 = a \quad \cdots ②$$

$t = \sqrt{2}\sin\left(\theta + \dfrac{\pi}{4}\right)$ だから, t の値とそれを満たす θ の値の個数との対応関係は右図のようになる。

①の解の個数を上の t の範囲に注意して, ②の t の2次方程式で調べる。

そこで, $f(t) = t^2 - 2t - 1$ とおいて, $y = f(t)$ と $y = a$ のグラフの共有点について調べる。

グラフで調べると以下のようになる。

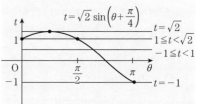

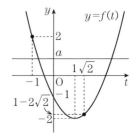

上図より,

a の値	$\cdots$	-2	$\cdots$	$1-2\sqrt{2}$	$\cdots$	2	$\cdots$
①の解の個数	0	2	3	2	1	1	0

⟵答

✓ SKILL UP

置換した方程式の解の個数では解の対応関係を調べる。

32

$\cos\dfrac{2}{7}\pi$ を解にもつ x の 3 次方程式をつくれ。また，$\cos\dfrac{2}{7}\pi+\cos\dfrac{4}{7}\pi+\cos\dfrac{6}{7}\pi$ の値を求めよ。

navigate

$\theta=\dfrac{2}{7}\pi$ とおくと，$7\theta=2\pi$ であるから，これを $4\theta=2\pi-3\theta$ として，

$\cos4\theta=\cos(2\pi-3\theta)$ を整理すればよい。

これは，$\boxed{18}$ の $\cos36°$ を求める方法と同じである。

解

$\theta=\dfrac{2}{7}\pi$ とすると $7\theta=2\pi \iff 4\theta=2\pi-3\theta$

$\qquad \cos4\theta=\cos(2\pi-3\theta)=\cos3\theta$

$\qquad 2(2\cos^2\theta-1)^2-1=4\cos^3\theta-3\cos\theta$

$\qquad 8\cos^4\theta-4\cos^3\theta-8\cos^2\theta+3\cos\theta+1=0$ $\cdots$①

$\qquad (\cos\theta-1)(8\cos^3\theta+4\cos^2\theta-4\cos\theta-1)=0$

$\cos\theta\neq1$ であるから，$\cos\theta=x$ とすると

$\qquad \boldsymbol{8x^3+4x^2-4x-1=0}$ $\cdots$② ─㊐

$\theta=\dfrac{4}{7}\pi$，$\dfrac{6}{7}\pi$ も①を満たし，$\cos\dfrac{4}{7}\pi\neq1$，

$\cos\dfrac{6}{7}\pi\neq1$ であるから，②の実数解である。

また，右図よりこれら 3 つの値は異なるので，②の異なる実数解である。

よって，3 次方程式の解と係数の関係より

$\qquad \cos\dfrac{2}{7}\pi+\cos\dfrac{4}{7}\pi+\cos\dfrac{6}{7}\pi=-\dfrac{1}{2}$ ─㊐

$\cos4\theta$ については，2 倍角公式
$\qquad \cos2\alpha=2\cos^2\alpha-1$
をくり返し利用する。

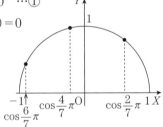

$\cos\theta\neq1$ を満たすことや，異なる値であることも確認しなければならない。

3 次方程式
$ax^3+bx^2+cx+d=0$ の 3 解を
α，β，γ とすると
$\qquad \alpha+\beta+\gamma=-\dfrac{b}{a}$

✓ SKILL UP

$\cos\dfrac{2}{7}\pi$ を解にもつ方程式は，$\theta=\dfrac{2}{7}\pi\iff4\theta=2\pi-3\theta$ から，

$\cos4\theta=\cos(2\pi-3\theta)$ を整理すればよい。

Theme 9 | 三角関数と図形

33
Lv. ▮▮▯▯

地表からの目の高さが1.5mの人が，少し離れた位置に立っている木の上端を見上げる仰角が45°で，木の根元を見下ろす俯角が15°のとき，この木の高さを求めよ。

34
Lv. ▮▮▯▯

半径1の円に内接する正三角形ABCについて，劣弧AB上(A, Bは除く)を点Pが動くとする。$\angle PBA = \theta$とするとき，θの範囲を求めよ。また，PA＋PB＋PCの最大値を求めよ。

35
Lv. ▮▮▯▯

$\triangle ABC$の内接円の半径をr，外接円の半径をRとし，$\angle A = 2\alpha$，$\angle B = 2\beta$，$\angle C = 2\gamma$とおく。$r = 4R\sin\alpha\sin\beta\sin\gamma$であることを示せ。

36
Lv. ▮▮▯▯

$\triangle ABC$の内接円の半径をr，外接円の半径をRとし，$\angle A = 2\alpha$，$\angle B = 2\beta$，$\angle C = 2\gamma$とおくと，$r = 4R\sin\alpha\sin\beta\sin\gamma$が成り立つ。これを用いて，$R \geqq 2r$であることを示せ。また，等号が成り立つのはどのような場合か。

■ **Theme分析**

■ **正弦定理**

$$\frac{a}{\sin A} = \frac{b}{\sin B} = \frac{c}{\sin C} = 2R$$

（Rは外接円の半径）

■ **余弦定理**

$$a^2 = b^2 + c^2 - 2bc\cos A$$
$$b^2 = c^2 + a^2 - 2ca\cos B$$
$$c^2 = a^2 + b^2 - 2ab\cos C$$

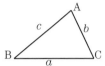

例 半径1の円に内接し，$A = \dfrac{\pi}{3}$である△ABCについて，3辺の長さの和

AB＋BC＋CAの最大値を求める。

正弦定理を用いて，AB＋BC＋CAを数式化する。

△ABCに正弦定理を用いると，$R = 1$より

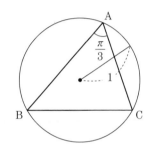

$$\frac{\text{BC}}{\sin A} = \frac{\text{CA}}{\sin B} = \frac{\text{AB}}{\sin C} = 2 \cdot 1$$

$$\text{BC} = 2\sin A, \quad \text{CA} = 2\sin B, \quad \text{AB} = 2\sin C$$

$$\text{AB} + \text{BC} + \text{CA} = 2(\sin A + \sin B + \sin C)$$

三角関数の最大値を求める。　←$C = \pi - (A+B) = \dfrac{2}{3}\pi - B$であり，$C > 0$

$$2(\sin A + \sin B + \sin C) = 2\left\{\sin\frac{\pi}{3} + \sin B + \sin\left(\frac{2}{3}\pi - B\right)\right\}$$

$$= 2\left\{\frac{\sqrt{3}}{2} + 2\sin\frac{\pi}{3}\cos\left(B - \frac{\pi}{3}\right)\right\} = \sqrt{3} + 2\sqrt{3}\cos\left(B - \frac{\pi}{3}\right)$$

$\cos\left(B - \dfrac{\pi}{3}\right)$は$B = \dfrac{\pi}{3}$のとき最大となり，このとき$A = C = \dfrac{\pi}{3}$であり，△ABCは

正三角形である。よって，最大値は　$\sqrt{3} + 2\sqrt{3} \cdot 1 = 3\sqrt{3}$

三角関数と図形

三角比の公式（正弦定理・余弦定理・面積公式等）を用いて図形量を数式化し
て，三角関数の公式（加法定理・合成・和積公式など）を用いて式処理をする。

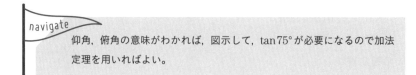

33

Lv. ▮▮▯▯

地表からの目の高さが1.5 mの人が，少し離れた位置に立っている木の上端を見上げる仰角が45°で，木の根元を見下ろす俯角が15°のとき，この木の高さを求めよ。

navigate

仰角，俯角の意味がわかれば，図示して，$\tan 75°$ が必要になるので加法定理を用いればよい。

解

右図のように，木をAB，目線上の点をC，Dとする。

AD$=x$(m)とすると，右図から

$$x = 1.5\tan 75°$$

ここで

$$\tan 75° = \tan(45° + 30°)$$

$$= \frac{\tan 45° + \tan 30°}{1 - \tan 45°\tan 30°} \quad \leftarrow \substack{\text{加法定理}\\\text{による}}$$

$$= \frac{1 + \dfrac{1}{\sqrt{3}}}{1 - 1\cdot\dfrac{1}{\sqrt{3}}} = \frac{\sqrt{3} + 1}{\sqrt{3} - 1}$$

$$= \frac{(\sqrt{3} + 1)^2}{(\sqrt{3} - 1)(\sqrt{3} + 1)}$$

$$= 2 + \sqrt{3}$$

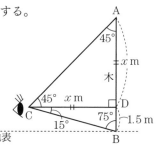

よって，木の高さは

$$1.5 + x = 1.5 + 1.5\tan 75°$$

$$= 1.5\{1 + (2 + \sqrt{3})\}$$

$$= \frac{3\sqrt{3}}{2}(\sqrt{3} + 1)\ \text{(m)} \ \text{—} \text{答}$$

✓ SKILL UP

水平な目線から見上げる角度を仰角(ぎょうかく)，
見下ろす角度を俯角(ふかく)とよぶ。

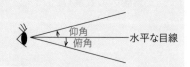

34

Lv. ▮▮▯▯

半径1の円に内接する正三角形ABCについて，劣弧AB上(A，Bは除く)を点Pが動くとする。∠PBA$=\theta$とするとき，θの範囲を求めよ。また，PA$+$PB$+$PCの最大値を求めよ。

▷ navigate

正弦定理を用いて，PA，PB，PCを求める。その後，和積公式(加法定理でもよい)，合成公式を用いて変数を1箇所にまとめる。

解

$\angle$ACB$=\dfrac{\pi}{3}$であるから　$\angle$APB$=\dfrac{2}{3}\pi$

$\angle$PBA$=\theta>0$ かつ $\angle$PAB$=\dfrac{\pi}{3}-\theta>0$ より　$\mathbf{0<\theta<\dfrac{\pi}{3}}$ $\cdots$① —(答)

右図において，$\triangle$PAB，$\triangle$PBCに正弦定理を用いて

$$\dfrac{PA}{\sin\theta}=\dfrac{PB}{\sin\left(\dfrac{\pi}{3}-\theta\right)}=\dfrac{PC}{\sin\left(\dfrac{\pi}{3}+\theta\right)}=2$$

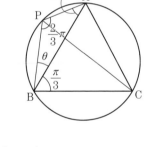

より　PA$=2\sin\theta$，PB$=2\sin\left(\dfrac{\pi}{3}-\theta\right)$，

PC$=2\sin\left(\dfrac{\pi}{3}+\theta\right)$

よって

$$PA+PB+PC=2\sin\theta+\underline{2\sin\left(\dfrac{\pi}{3}-\theta\right)+2\sin\left(\dfrac{\pi}{3}+\theta\right)}\quad\cdots② \quad\leftarrow 和積公式$$

$$=2\sin\theta+\underline{4\sin\dfrac{\pi}{3}\cos\theta}=2\sin\theta+2\sqrt{3}\cos\theta=4\sin\left(\theta+\dfrac{\pi}{3}\right)$$

①より，$\dfrac{\pi}{3}<\theta+\dfrac{\pi}{3}<\dfrac{2}{3}\pi$であるから　$\theta+\dfrac{\pi}{3}=\dfrac{\pi}{2}\iff\theta=\dfrac{\pi}{6}$

のとき**最大値4**をとる。—(答)

✓ SKILL UP

三角比の公式(正弦定理・余弦定理・面積公式等)を用いて図形量を数式化して，三角関数の公式(加法定理・倍角公式・合成・和積公式など)を用いて式処理をする。

35

Lv.▮▮▮▮ $\triangle$ABCの内接円の半径をr，外接円の半径をRとし，$\angle$A$=2\alpha$，$\angle$B$=2\beta$，$\angle$C$=2\gamma$とおく。$r=4R\sin\alpha\sin\beta\sin\gamma$であることを示せ。

navigate
$\triangle$IBC，$\triangle$ABCに正弦定理を用いてもできるし，$\triangle$ABCの面積を2通りで立式してもできる。

解

$2\alpha+2\beta+2\gamma=\pi$より　$\alpha+\beta+\gamma=\dfrac{\pi}{2}$

内心をIとすると

$\qquad r=\text{IC}\sin\gamma$　…①　←$\triangle$IHCに着目

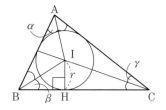

また，$\triangle$IBCに正弦定理を用いて

$$\dfrac{\text{IC}}{\sin\beta}=\dfrac{\text{BC}}{\sin\{\pi-(\beta+\gamma)\}}$$

$$\text{IC}=\dfrac{\sin\beta}{\sin(\beta+\gamma)}\cdot\text{BC}=\dfrac{\sin\beta}{\sin\left(\dfrac{\pi}{2}-\alpha\right)}\cdot\text{BC}$$

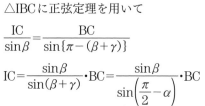

$$=\dfrac{\sin\beta}{\cos\alpha}\cdot\text{BC}\quad\text{…②}\qquad\uparrow{\scriptstyle\alpha+\beta+\gamma=\frac{\pi}{2}}$$

①，②より

$$r=\dfrac{\sin\beta\sin\gamma}{\cos\alpha}\cdot\text{BC}\quad\text{…③}$$

さらに，$\triangle$ABCに正弦定理を用いて

$$\dfrac{\text{BC}}{\sin2\alpha}=2R\iff\text{BC}=2R\sin2\alpha\iff\text{BC}=4R\sin\alpha\cos\alpha\quad\text{…④}$$

③，④より

$$r=4R\sin\alpha\sin\beta\sin\gamma\ \text{—証明終}$$

✓ SKILL UP

三角比の公式（正弦定理・余弦定理・面積公式等）を用いて図形量を数式化して，三角関数の公式（加法定理・倍角公式・合成・和積公式など）を用いて式処理をする。

36

Lv.●●●●

$\triangle$ABCの内接円の半径をr，外接円の半径をRとし，$\angle$A$=2\alpha$，$\angle$B$=2\beta$，$\angle$C$=2\gamma$とおくと，$r=4R\sin\alpha\sin\beta\sin\gamma$が成り立つ。これを用いて，$R\geqq2r$であることを示せ。また，等号が成り立つのはどのような場合か。

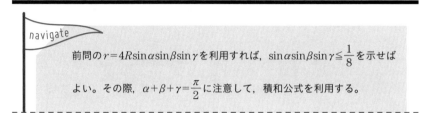

navigate

前問の$r=4R\sin\alpha\sin\beta\sin\gamma$を利用すれば，$\sin\alpha\sin\beta\sin\gamma\leqq\dfrac{1}{8}$を示せばよい。その際，$\alpha+\beta+\gamma=\dfrac{\pi}{2}$に注意して，積和公式を利用する。

解

$$R\geqq2r \iff R\geqq8R\sin\alpha\sin\beta\sin\gamma \iff \sin\alpha\sin\beta\sin\gamma\leqq\frac{1}{8}$$

を示す。$2\alpha+2\beta+2\gamma=\pi \iff \alpha+\beta+\gamma=\dfrac{\pi}{2}$ …① だから

$$\sin\alpha\sin\beta\sin\gamma=\sin\alpha\cdot\left(-\frac{1}{2}\right)\{\cos(\beta+\gamma)-\cos(\beta-\gamma)\} \quad \leftarrow 積和公式による$$

$$=-\frac{1}{2}\sin\alpha\left\{\cos\left(\frac{\pi}{2}-\alpha\right)-\cos(\beta-\gamma)\right\} \quad \leftarrow ①より$$

$$=\frac{1}{2}\sin\alpha\cos(\beta-\gamma)-\frac{1}{2}\sin^2\alpha\leqq\frac{1}{2}\sin\alpha-\frac{1}{2}\sin^2\alpha \quad \cdots②$$

$$=-\frac{1}{2}\left(\sin\alpha-\frac{1}{2}\right)^2+\frac{1}{8}\leqq\frac{1}{8} \quad \cdots③ \;\; 証明終$$

等号が成り立つのは，②と③の等号が同時に成り立つときであり，

$\cos(\beta-\gamma)=1$かつ$\sin\alpha=\dfrac{1}{2}$のときである。

$0<\alpha<\dfrac{\pi}{2}$，$0<\beta<\dfrac{\pi}{2}$，$0<\gamma<\dfrac{\pi}{2}$より $\beta=\gamma$かつ$\alpha=\dfrac{\pi}{6}$

①より，$\alpha=\beta=\gamma=\dfrac{\pi}{6}$ したがって，$2\alpha=2\beta=2\gamma=\dfrac{\pi}{3}$となるから，

等号が成り立つのは，$\triangle$ABCが正三角形のとき —答

✓ SKILL UP

三角形の内角$x+y+z=\pi$ $(x>0,\ y>0,\ z>0)$を用いる証明

$\implies$ 積から出発→「和積公式」，和から出発→「積和公式」

Theme 1 | 指数・対数関数の計算

1 $\sqrt[3]{54} \times \sqrt{7} \times \sqrt[4]{14} \times \dfrac{1}{\sqrt[4]{490}} \times \sqrt[4]{10} \times \dfrac{1}{\sqrt[4]{7}} \times \dfrac{1}{\sqrt[12]{2}}$ を簡単にせよ。

Lv.▪▫▫

2 (1) $\log_2 49 \cdot \log_3 25 \cdot \log_5 27 \cdot \log_7 8$ を簡単にせよ。

Lv.▪▫▫ (2) $\left(\dfrac{1}{27}\right)^{4\log_3 \sqrt{2}}$ を簡単にせよ。

3 $2^x = 3^y = 6^z \ (xyz \neq 0)$ のとき，$\dfrac{1}{x} + \dfrac{1}{y} = \dfrac{1}{z}$ が成り立つことを示せ。

Lv.▪▫▫

4 n を2以上の自然数とする。$\log_2 n$ が整数でない有理数となることがないことを証明せよ。

Lv.▪▫▫

Theme分析

このThemeでは，指数・対数の定義・計算について扱う。

■ 累乗根

まず，n 乗根の定義から確認することにする。

$$x^n = a$$

（a は実数，n は自然数）

となる x を a の n 乗根という。

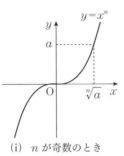
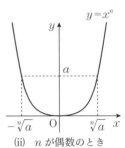

(i) n が奇数のとき (ii) n が偶数のとき

(i) n が奇数のとき

a の n 乗根はただ1つあり，それを $\sqrt[n]{a}$ で表す。

(ii) n が偶数のとき

$a>0$ のとき，a の n 乗根は2つあり，正の方を $\sqrt[n]{a}$，負の方を $-\sqrt[n]{a}$ で表す。

$a=0$ のとき，a の n 乗根は0である。

$a<0$ のとき，a の n 乗根はない。

■ 指数関数

$a>0$，$a \neq 1$ とするとき，$y=a^x$ は x の関数である。
これを a を底とする x の指数関数という。

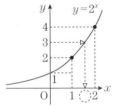

■ 対数関数

また，任意の正の数 M に対して

$$a^p = M$$

となる実数 p がただ1つ定まる。この p を，a を底とする M の対数といい

$$\log_a M$$

と書く。また，M をこの対数の真数という。

$2^p=3$ となる正の数 p を
$$p=\log_2 3$$
と定義する

$a>0$，$a \neq 1$ とするとき，$y=\log_a x$ を a を底とする x の対数関数という。

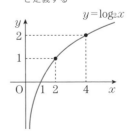

これら，指数関数と対数関数の計算を中心に，このThemeでは考えていく。

1

Lv. ▪️▫️▫️

$\sqrt[3]{54} \times \sqrt{7} \times \sqrt[4]{14} \times \dfrac{1}{\sqrt[4]{490}} \times \sqrt[4]{10} \times \dfrac{1}{\sqrt[4]{7}} \times \dfrac{1}{\sqrt[12]{2}}$ を簡単にせよ。

> navigate
>
> n乗根または指数の計算の基本問題である。確実に計算していきたい。

解

$$(与式) = (2 \cdot 3^3)^{\frac{1}{3}} \cdot 7^{\frac{1}{2}} \cdot (2 \cdot 7)^{\frac{1}{4}} \cdot (2 \cdot 5 \cdot 7^2)^{-\frac{1}{4}} \cdot (2 \cdot 5)^{\frac{1}{4}} \cdot 7^{-\frac{1}{4}} \cdot 2^{-\frac{1}{12}}$$

$$= 2^{\frac{1}{3} + \frac{1}{4} - \frac{1}{4} + \frac{1}{4} - \frac{1}{12}} \cdot 3 \cdot 5^{-\frac{1}{4} + \frac{1}{4}} \cdot 7^{\frac{1}{2} + \frac{1}{4} - \frac{1}{2} - \frac{1}{4}}$$

底を2, 3, 5, 7だけに統一する。

$$= 2^{\frac{1}{2}} \cdot 3 \cdot 5^0 \cdot 7^0$$

$$= \mathbf{3\sqrt{2}} \ \text{—} \ (答)$$

参考 計算を楽にするテクニック

$\sqrt{\ }$ の積・商などは，$\sqrt{\ }$ のままより指数に直して計算する方が楽である。

$$\sqrt[3]{3} \div \sqrt[4]{27} \times \sqrt[12]{3} = 3^{\frac{1}{3}} \div (3^3)^{\frac{1}{4}} \times 3^{\frac{1}{12}}$$

$$= 3^{\frac{1}{3}} \times 3^{-\frac{3}{4}} \times 3^{\frac{1}{12}} \quad \leftarrow \div \text{は} \times \text{に直す}$$

$$= 3^{\frac{1}{3} - \frac{3}{4} + \frac{1}{12}} \quad \leftarrow \text{指数計算をする}$$

$$= 3^{-\frac{1}{3}} = \frac{1}{\sqrt[3]{3}}$$

✓ SKILL UP

n乗根の定義 $\quad x = \sqrt[n]{a} \iff \begin{cases} x^n = a \ (n \text{が奇数のとき}) \\ x^n = a, \ x \geq 0 \ (n \text{が偶数のとき}) \end{cases}$

n乗根の性質 $\quad a > 0, \ b > 0$で，$m, \ n$が自然数のとき，

$$\sqrt[n]{-a} = -\sqrt[n]{a} \quad (n \text{が奇数})$$

$$(\sqrt[n]{a})^n = a \qquad \sqrt[n]{a}\sqrt[n]{b} = \sqrt[n]{ab} \qquad \frac{\sqrt[n]{a}}{\sqrt[n]{b}} = \sqrt[n]{\frac{a}{b}}$$

$$(\sqrt[n]{a})^m = \sqrt[n]{a^m} \qquad \sqrt[m]{\sqrt[n]{a}} = \sqrt[mn]{a} \qquad \sqrt[n]{a^m} = a^{\frac{m}{n}}$$

指数計算 $\quad a > 0, \ b > 0$で，$x, \ y$が実数のとき，

$$a^x \cdot a^y = a^{x+y} \qquad \frac{a^x}{a^y} = a^{x-y} \qquad (a^x)^y = a^{xy}$$

$$(ab)^x = a^x b^x \qquad \left(\frac{a}{b}\right)^x = \frac{a^x}{b^x}$$

2

Lv. ▪▫▫▫

(1) $\log_2 49 \cdot \log_3 25 \cdot \log_5 27 \cdot \log_7 8$ を簡単にせよ。

(2) $\left(\dfrac{1}{27}\right)^{4\log_3\sqrt{2}}$ を簡単にせよ。

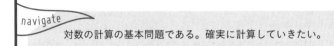

navigate

対数の計算の基本問題である。確実に計算していきたい。

解

(1) （与式）$= 2\log_2 7 \cdot \dfrac{2\log_2 5}{\log_2 3} \cdot \dfrac{3\log_2 3}{\log_2 5} \cdot \dfrac{3}{\log_2 7}$　←底を2に統一する

$= \mathbf{36}$ —答

(2) （与式）$= (3^{-3})^{4\log_3\sqrt{2}}$　←底を3に統一する

$= 3^{-12\log_3\sqrt{2}}$

$= 3^{\log_3(\sqrt{2})^{-12}}$

$= (\sqrt{2})^{-12}$　←$a^{\log_a M} = M$ である

$= (2^{\frac{1}{2}})^{-12}$

$= 2^{-6} = \dfrac{1}{64}$ —答

参考　$\log_a MN = \log_a M + \log_a N$ （$a>0$, $M>0$, $N>0$）の公式の証明

$p = \log_a M$, $q = \log_a N$ とすると　$M = a^p$, $N = a^q$

よって，指数法則より　$MN = a^p a^q = a^{p+q}$

対数の定義より　$\log_a MN = p + q$

すなわち　$\log_a MN = \log_a M + \log_a N$

✓ SKILL UP

$a>0$, $a \neq 1$, $M>0$, $N>0$ で，k が実数のとき，

定義　$a^p = M \iff p = \log_a M$

性質　$\log_a a = 1$　　　$\log_a 1 = 0$　　　$\log_a \dfrac{1}{a} = -1$

$\log_a MN = \log_a M + \log_a N$　　　$\log_a \dfrac{M}{N} = \log_a M - \log_a N$

$\log_a M^k = k\log_a M$　　　　　　　$a^{\log_a M} = M$

$\log_a b = \dfrac{\log_c b}{\log_c a}$　（$b>0$, $c>0$, $c \neq 1$）

3

Lv. ⅰ⓵❙

$2^x = 3^y = 6^z \ (xyz \neq 0)$ のとき，$\dfrac{1}{x} + \dfrac{1}{y} = \dfrac{1}{z}$ が成り立つことを示せ。

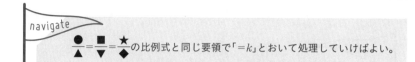

navigate

$\dfrac{\bullet}{\blacktriangle} = \dfrac{\blacksquare}{\blacktriangledown} = \dfrac{\bigstar}{\blacklozenge}$ の比例式と同じ要領で「$=k$」とおいて処理していけばよい。

解1

$2^x = 3^y = 6^z = k$ とおくと，

$k > 0$ であり，また $xyz \neq 0$ から，$k \neq 1$ であるから

$$x = \log_2 k = \frac{1}{\log_k 2}, \quad y = \log_3 k = \frac{1}{\log_k 3},$$

$$z = \log_6 k = \frac{1}{\log_k 6}$$

「$=k$」とおいて，x, y, z を対等に扱う。

$\log_a b = \dfrac{1}{\log_b a}$

したがって

$$\frac{1}{x} + \frac{1}{y} = \log_k 2 + \log_k 3 = \log_k 6 = \frac{1}{z}$$

となり等式は成り立つ。—(証明終)

解2

$2^x = 3^y = 6^z$ について，各辺は正なので，6 を底とする対数をとると

$$\log_6 2^x = \log_6 3^y = \log_6 6^z$$

$$z = x\log_6 2, \quad z = y\log_6 3$$

これより，$xyz \neq 0$ であるから

z を仲間外れに，底が6の対数をとってみる。

$$\frac{1}{x} + \frac{1}{y} = \frac{\log_6 2}{z} + \frac{\log_6 3}{z} = \frac{\log_6 2 + \log_6 3}{z} = \frac{\log_6 2 \cdot 3}{z} = \frac{1}{z}$$

となり等式は成り立つ。—(証明終)

✓ SKILL UP

$a^x = b^y$ などの条件式の扱いは，次のように対数をとって考える。

① 対数をとって，$\log_a a^x = \log_a b^y$ より　$x = y\log_a b$

② $a^x = b^y = k$ として対数をとって，$\log_a a^x = \log_a k$，$\log_b b^y = \log_b k$ より

$$x = \log_a k = \frac{1}{\log_k a}, \quad y = \log_b k = \frac{1}{\log_k b}$$

4

Lv. ■■■■

n を2以上の自然数とする。$\log_2 n$ が整数でない有理数となることがないこと を証明せよ。

> navigate
>
> $\log_2 3$ が無理数であることを示すのは有名問題としておさえておきた い。本問は，これを多少一般化した問題である。有理数とは，1, 2, 3, …などの整数と $\frac{1}{2}$, $\frac{1}{3}$, $\frac{2}{3}$, …などの分数を合わせたものであり，本問で は整数を除くので，分数となることがないことを証明することになる。

解

$\log_2 n$ が整数でない有理数と仮定して

$$\log_2 n = \frac{q}{p} \quad (p, q は互いに素な自然数で，p \geqq 2)$$

$p=1$ のとき整数となる のでこれを除く。

とおく。

$$2^{\frac{q}{p}} = n$$

両辺を p 乗して

$$2^q = n^p \quad \cdots ①$$

整数を素因数分解する 方法はただ1通り。

よって，①が成り立つのは，$n = 2^k$（k は自然数）のとき。$2^q = 2^{kp}$ より

$$q = kp \quad すなわち \quad k = \frac{q}{p}$$

となり，k が自然数であることに反する。

したがって，$\log_2 n$ は整数でない有理数となることはない。──(証明終)

参考 $\log_2 3$ が無理数であることの証明

$$\log_2 3 = \frac{q}{p} \ (p, q は互いに素な自然数) と仮定すると，2^{\frac{q}{p}} = 3 より$$

$$2^q = 3^p$$

ここで，左辺は偶数であるが，右辺は奇数であるので矛盾する。

✅ SKILL UP

無理数の証明は，背理法をよく用いる。背理法とは，ある命題を証明す るために，その命題が成り立たないと仮定すると矛盾が導かれることを 示し，そのことによってもとの命題が成り立つと結論する方法である。

Theme 2 | 指数・対数関数の グラフ,大小比較

5
Lv. ▪▪▫▫

(1) $y=2 \cdot 2^x+1$ は $y=2^x$ をどう平行移動したものか。

(2) $y=\log_2(2x-4)$ は $y=\log_2 x$ をどう平行移動したものか。

6
Lv. ▪▪▫▫

(1) $2^{\frac{2}{3}},\ 3^{\frac{1}{2}},\ 4^{\frac{1}{4}},\ 5^{\frac{1}{3}},\ 6^{\frac{1}{2}}$ の大小比較をせよ。

(2) $\log_{0.5}3,\ \log_{0.5}2,\ \log_3 2,\ \log_5 2$ の大小比較をせよ。

7
Lv. ▪▪▫▫

$1<a<b<a^2$ のとき,$x=\log_a b,\ y=\log_b a,\ z=\log_a ab,\ w=\log_b \dfrac{b}{a}$ の大小比較をせよ。

8
Lv. ▪▪▫▫

$\log_{10} 7$ は $\log_{10} 6$ と $\log_{10} 8$ のどちらに近いか。また,その証明を与えよ。

Theme分析

このThemeでは，指数・対数関数のグラフ・大小比較について扱う。

$y=a^x$のグラフと$y=\log_a x$のグラフは直線 $y=x$について対称である。

例えば，右のように，$y=2^x$のグラフと $y=\log_2 x$のグラフは直線$y=x$について 対称である。

$y=2^x$について，xとyを入れ替えると， $x=2^y$となり，これをyについて解くと， 対数の定義から，$y=\log_2 x$となる。

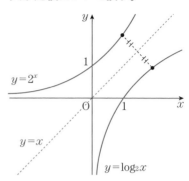

$y=a^x$，$y=\log_a x$について，$a>1$のとき単調増加。$0<a<1$のとき単調減少である。

これをもとに，数の大小比較をすることを考える。有名な方法として次の方法がある。

例 次の各組の3数の大小を比較する。

(1) $2^{\frac{1}{2}}$, $4^{\frac{1}{4}}$, $8^{\frac{1}{8}}$　　　(2) 2^{30}, 3^{20}, 10^{10}　　　(3) $\sqrt{2}$, $\sqrt[3]{3}$, $\sqrt[6]{6}$

(1) 底を統一して，指数を比較する。
$$2^{\frac{1}{2}},\quad 4^{\frac{1}{4}}=(2^2)^{\frac{1}{4}}=2^{\frac{1}{2}},\quad 8^{\frac{1}{8}}=(2^3)^{\frac{1}{8}}=2^{\frac{3}{8}}$$

指数をみると　$\dfrac{1}{2}=\dfrac{1}{2}>\dfrac{3}{8}$

底は2で1より大きいから　$2^{\frac{1}{2}}=4^{\frac{1}{4}}>8^{\frac{1}{8}}$

(2) 指数を統一して，底を比較する。
$$2^{30}=(2^3)^{10}=8^{10},\quad 3^{20}=(3^2)^{10}=9^{10},\quad 10^{10}$$

$8<9<10$であるから　$8^{10}<9^{10}<10^{10}$

したがって　$2^{30}<3^{20}<10^{10}$

(3) 6乗して，整数を比較する。

3数をそれぞれ6乗すると
$$(\sqrt{2})^6=\left(2^{\frac{1}{2}}\right)^6=2^3=8,\quad (\sqrt[3]{3})^6=\left(3^{\frac{1}{3}}\right)^6=3^2=9,\quad (\sqrt[6]{6})^6=6$$

$6<8<9$であるから　　$(\sqrt[6]{6})^6<(\sqrt{2})^6<(\sqrt[3]{3})^6$

$\sqrt[6]{6}>0$, $\sqrt{2}>0$, $\sqrt[3]{3}>0$であるから　　$\sqrt[6]{6}<\sqrt{2}<\sqrt[3]{3}$

5
Lv.━━❚❚❚

(1) $y=2 \cdot 2^x+1$ は $y=2^x$ をどう平行移動したものか。

(2) $y=\log_2(2x-4)$ は $y=\log_2 x$ をどう平行移動したものか。

navigate

曲線 $y-q=f(x-p)$ は曲線 $y=f(x)$ を x 軸方向に p, y 軸方向に q だけ平行移動したものである。

解

(1) $y=2^{x+1}+1$ より $y-1=2^{x-(-1)}$

　$y=2^x$ を $\boldsymbol{x}$ 軸方向に $\boldsymbol{-1}$, $\boldsymbol{y}$ 軸方向に $\boldsymbol{1}$ だけ平行移動したもの —答

(2) $y=\log_2 2+\log_2(x-2)=\log_2(x-2)+1$ より $y-1=\log_2(x-2)$

　$y=\log_2 x$ を $\boldsymbol{x}$ 軸方向に $\boldsymbol{2}$, $\boldsymbol{y}$ 軸方向に $\boldsymbol{1}$ だけ平行移動したもの —答

参考 グラフの平行移動・対称移動について

$y=a^x$ $(a>1)$

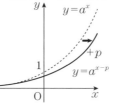
x 軸方向に $+p$ 平行移動

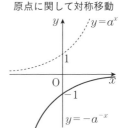
y 軸方向に $+q$ 平行移動

x 軸に関して対称移動

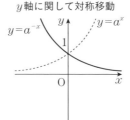
y 軸に関して対称移動

原点に関して対称移動

✓ SKILL UP

$y=a^x$ のグラフ	$y=\log_a x$ のグラフ

$y=a^x$ のグラフ

$a>1$ のとき

$0<a<1$ のとき

$y=\log_a x$ のグラフ

$a>1$ のとき

$0<a<1$ のとき

6

Lv. ▮▮▮▯

(1) $2^{\frac{2}{3}}$, $3^{\frac{1}{2}}$, $4^{\frac{1}{4}}$, $5^{\frac{1}{3}}$, $6^{\frac{1}{2}}$ の大小比較をせよ。

(2) $\log_{0.5}3$, $\log_{0.5}2$, $\log_3 2$, $\log_5 2$ の大小比較をせよ。

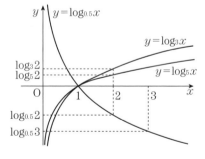

navigate

指数・対数の大小比較は, 底をそろえるか真数をそろえることが基本となる。応用として, 指数をそろえることもある。

解

(1) 各数を6乗すると

分数乗の分母は, 主として2, 3なのでその最小公倍数の6乗をする。

$$\left(2^{\frac{2}{3}}\right)^6 = 2^4 = 16, \quad \left(3^{\frac{1}{2}}\right)^6 = 3^3 = 27,$$

$$\left(4^{\frac{1}{4}}\right)^6 = \left(2^{\frac{1}{2}}\right)^6 = 2^3 = 8, \quad \left(5^{\frac{1}{3}}\right)^6 = 5^2 = 25, \quad \left(6^{\frac{1}{2}}\right)^6 = 6^3 = 216$$

よって $\left(4^{\frac{1}{4}}\right)^6 < \left(2^{\frac{2}{3}}\right)^6 < \left(5^{\frac{1}{3}}\right)^6 < \left(3^{\frac{1}{2}}\right)^6 < \left(6^{\frac{1}{2}}\right)^6$

$4^{\frac{1}{4}}$, $2^{\frac{2}{3}}$, $5^{\frac{1}{3}}$, $3^{\frac{1}{2}}$, $6^{\frac{1}{2}}$ は正だから

$$\mathbf{4^{\frac{1}{4}} < 2^{\frac{2}{3}} < 5^{\frac{1}{3}} < 3^{\frac{1}{2}} < 6^{\frac{1}{2}}} \ \text{─(答)}$$

(2) 底0.5が1より小さく, 3＞2＞1であるから

4つを一度に比較するより, まずは見当をつける。

$$\log_{0.5}3 < \log_{0.5}2 < 0$$

また, 底2が1より大きく, 1＜3＜5であるから

$$0 < \log_2 3 < \log_2 5$$

$$0 < \frac{1}{\log_2 5} < \frac{1}{\log_2 3}$$

ゆえに

$$0 < \log_5 2 < \log_3 2$$

したがって

$$\mathbf{\log_{0.5}3 < \log_{0.5}2 < \log_5 2 < \log_3 2} \ \text{─(答)}$$

✓ SKILL UP

指数・対数の大小比較の基準は, 次の3つが有名。

① 両辺を n 乗して, 整数値で比較する

② 底を統一して, 指数, 真数を比較する

③ 指数, 真数を統一して, 底を比較する

7

Lv. ▮▮▯▯

$1<a<b<a^2$ のとき，$x=\log_a b$，$y=\log_b a$，$z=\log_a ab$，$w=\log_b \dfrac{b}{a}$ の大小比較をせよ。

---

navigate

文字入りの式の大小比較は，まず，具体的な数値で予想することが重要である。

$1<a<b<a^2$ を満たす a，b として，$a=2$，$b=3$ とすると

$$x=\log_2 3,\quad y=\log_3 2,\quad z=\log_2 6,\quad w=\log_3 \frac{3}{2}$$

の4数の大小比較をする。

底と真数の大小により，

$1<\log_2 3<\log_2 6$ であり，$\log_3 \dfrac{3}{2}<\log_3 2<1$ であることがわかる。

$\log_b \dfrac{b}{a}<\log_b a<1<\log_a b<\log_a ab$ と予想が立ち，これを示す。

解

$1<a<b<a^2$ から　$b<ab$，$\dfrac{b}{a}<a$

底 a，b は1より大きいから

$$\log_a b<\log_a ab,\quad \log_b \frac{b}{a}<\log_b a$$

$$\log_a b-\log_b a=\log_a b-\frac{1}{\log_a b}=\frac{(\log_a b)^2-1}{\log_a b}$$

$1<a<b$ より $\log_a b>1$ であるから　$\dfrac{(\log_a b)^2-1}{\log_a b}>0$

ゆえに　$\log_a b>\log_b a$

よって　$\log_b \dfrac{b}{a}<\log_b a<\log_a b<\log_a ab$

すなわち　**$w<y<x<z$** ─(答)

> $\log_a b<\log_a ab$ を示すために，$b<ab$ を示す。
> $\log_b \dfrac{b}{a}<\log_b a$ を示すために，$\dfrac{b}{a}<a$ を示す。
>
> $\log_b a<\log_a b$ を示すために底を a に統一して考える。

☑ **SKILL UP**

文字定数入りの指数・対数の大小比較について，まずは，具体的数値で見当をつける。

8

$\log_{10}7$ は $\log_{10}6$ と $\log_{10}8$ のどちらに近いか。また，その証明を与えよ。

Lv. ∎∎∎∎

> **navigate**
>
> 下図より $y=\log_{10}x$ は上に凸であるから，$\dfrac{\log_{10}6+\log_{10}8}{2}$ よりも $\log_{10}7$ の
>
> 方が y 座標が大きくなるので，$\log_{10}7$ は $\log_{10}8$ に近いことがわかる。こ
>
> れを示すには，$|\log_{10}8-\log_{10}7|$ の差の方が $|\log_{10}7-\log_{10}6|$ の差よりも
>
> 小さいことをいえばよい。

解1

$$|\log_{10}8-\log_{10}7|-|\log_{10}7-\log_{10}6|$$
$$=\log_{10}8-\log_{10}7-(\log_{10}7-\log_{10}6)$$
$$=\log_{10}8-\log_{10}7-\log_{10}7+\log_{10}6$$
$$=\log_{10}(8\times6)-\log_{10}7^2=\log_{10}\frac{48}{49}<0$$

$|\log_{10}8-\log_{10}7|\geqq|\log_{10}7-\log_{10}6|$
を示すために，
$|\log_{10}8-\log_{10}7|$
$\qquad\qquad-|\log_{10}7-\log_{10}6|\geqq0$
を示す。

ゆえに　$|\log_{10}8-\log_{10}7|<|\log_{10}7-\log_{10}6|$

よって，**$\log_{10}7$ は $\log_{10}8$ の方に近い。**—(答)

解2

右のグラフより

$$\log_{10}7>\frac{1}{2}(\log_{10}6+\log_{10}8)$$

をいえば，$\log_{10}8$ に近いことがわかる。

$$\log_{10}7-\frac{1}{2}(\log_{10}6+\log_{10}8)$$
$$=\frac{1}{2}(2\log_{10}7-\log_{10}6-\log_{10}8)$$
$$=\frac{1}{2}\log_{10}\frac{49}{48}>0$$

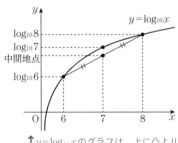

↑ $y=\log_{10}x$ のグラフは，上に凸より，$\log_{10}8$ に近いこともわかるが，ここではていねいに示すことにする

よって，**$\log_{10}7$ は $\log_{10}8$ の方に近い。**—(答)

✓ SKILL UP

●は▲と■のどちらに近いかは，$|●-▲|$ と $|●-■|$ の大小関係を調べる。その後，対数の評価としては，底を統一して真数を比較する。

$\log_a x>\log_a y$ は，$a>1$ のとき $x>y$，$0<a<1$ のとき $x<y$ と大小逆転する。

Theme 3 | 指数・対数関数の最大値・最小値

9 Lv.

(1) $f(x) = \log_{\frac{1}{2}}(x^2 + 2x + 5)$ の最大値を求めよ。

(2) $f(x) = \log_3 x^2 + (\log_3 x)^2$ の最小値を求めよ。

10 Lv.

$f(x) = 4(4^x + 4^{-x}) - 34(2^x + 2^{-x}) + 81$ の最小値と最小となる x の値を求めよ。

11 Lv.

(1) $x > 0$, $y > 0$ かつ $x + 3y = 6$ のとき，関数 $z = \log_3 x + \log_3 y$ の最大値を求めよ。

(2) $x > 0$, $y > 0$, $xy^2 = 10$ のとき，関数 $z = \log_{10} x \log_{10} y$ の最大値を求めよ。

12 Lv.

$a > 0$, $a^2 x^2 + \dfrac{1}{a^2} y^2 = 1$ のとき，関数 $z = \log_2 x + \log_2 y$ の最大値を求めよ。

Theme分析

解法について整理するために以下の3つの例題を考えてみる。

■ まとめて中身の最大値を考える

例1 $f(x)=\log_2(x-2)+\log_2(10-x)$ の最大値を求める。

真数は正なので，$x-2>0$ かつ $10-x>0$　よって　$2<x<10$　← まずは，真数条件を調べる

$$f(x)=\log_2(x-2)(10-x)=\log_2(-x^2+12x-20)$$
$$=\log_2\{-(x-6)^2+16\}$$

したがって，$x=6$ のとき，最大値 $\log_2 16=4$ をとる。

■ バラして置換する

例2　$f(x)=4^x-2^{x+2}+1$ の最小値を求める。

$2^x=t$ とおくと　$f(x)=(2^x)^2-4\cdot2^x+1=t^2-4t+1=(t-2)^2-3$

$t=2$ すなわち $x=1$ で最小値 -3 をとる。

■ 相加，相乗平均の不等式を利用する

例3　$f(x)=2^x+2^{-x}$ の最小値を求める。

$2^x>0$，$2^{-x}>0$ であるから，相加，相乗平均の不等式より

$$f(x)=2^x+2^{-x}\geqq2\sqrt{2^x\cdot2^{-x}}=2$$

等号は，$2^x=2^{-x}$ から，$x=0$ のとき成り立ち，$x=0$ のとき最小値 2 をとる。

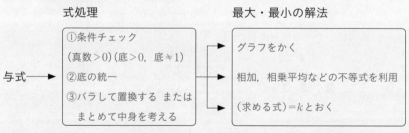

指数・対数関数の最大値・最小値

式処理　　　　　　　　　　　　　　最大・最小の解法

与式 ⟶
①条件チェック
（真数>0）（底>0，底$\neq1$）
②底の統一
③バラして置換する　または
　まとめて中身を考える

⟶ グラフをかく

相加，相乗平均などの不等式を利用

（求める式）$=k$ とおく

2変数関数であれば，変数消去して1変数化することも頻出！

「バラして置換する」のか「まとめて中身を考える」のかはある程度目安がある。

指数の和・差を含む式や対数の積・商を含む式は置換する。

指数の積・商だけの式や対数の和・差だけの式はまとめて中身を考える。

9

Lv. ❚❚❚❚

(1) $f(x)=\log_{\frac{1}{2}}(x^2+2x+5)$ の最大値を求めよ。

(2) $f(x)=\log_3 x^2+(\log_3 x)^2$ の最小値を求めよ。

---

navigate

(1)は，中身の最大・最小を考えればよい。ただし，底が1より小さいので，$f(x)$ が最大となるのは中身が最小になるときである。

(2)は，$(\log_3 x)^2$ があるので，バラして置換する。

解

(1) $x^2+2x+5=(x+1)^2+4>0$

真数 x^2+2x+5 が最小となるとき，

$\log_{\frac{1}{2}}(x^2+2x+5)$ は最大となる。

ここで $x^2+2x+5=(x+1)^2+4$

よって，真数は $x=-1$ のとき最小値4をとる。

このとき $\log_{\frac{1}{2}}4=\dfrac{\log_2 4}{\log_2 \frac{1}{2}}=\dfrac{2}{-1}=-2$

よって，$f(x)$ は $x=-1$ のとき，**最大値 -2** ——(答)

まずは，真数条件を調べる。

底が1より小さいので，大小関係が逆転する。

(2) 真数は正であるから $x>0$

$$f(x)=\log_3 x^2+(\log_3 x)^2=2\log_3 x+(\log_3 x)^2$$

ここで，$\log_3 x=t$ と置換すると

$$g(t)=t^2+2t=(t+1)^2-1$$

よって，$t=-1$ すなわち

$x=\dfrac{1}{3}$ で，**最小値 -1** ——(答)

$x>0$ より，$t>0$ とはしない。

$x>0$ より，t はすべての実数である。

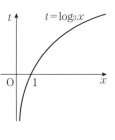

✓ SKILL UP

対数の1変数関数の最大・最小では，$\log_a(px^2+qx+r)$ とまとまれば，中身の2次関数 px^2+qx+r のグラフを考える。ただし，底 a が1より大きいか小さいかに注意する。

$p(\log_a x)^2+q\log_a x+r$ となれば，$\log_a x=t$ と置換して，2次関数 pt^2+qt+r のグラフをかいて調べる。ただし，範囲のチェックに注意。

10

$f(x)=4(4^x+4^{-x})-34(2^x+2^{-x})+81$ の最小値と最小となる x の値を求めよ。

Lv.

navigate

$f(x)$ の式の底を統一すると，

$f(x)=4(2^x)^2-34\cdot 2^x+81+-34\cdot\frac{1}{2^x}+4\cdot\frac{1}{(2^x)^2}$ となり，相反式となる。

このような場合は，逆数の和 $2^x+\frac{1}{2^x}=t$ と置換すると式はきれいになる。

解

$$f(x)=4(4^x+4^{-x})-34(2^x+2^{-x})+81$$

$2^x+2^{-x}=t$ と置くと，相加，相乗平均の不等式より

$t=2^x+2^{-x}\geqq 2\sqrt{2^x\cdot 2^{-x}}=2$ より　$t\geqq 2$

相加，相乗平均の不等式を利用するタイプである。

また，$(2^x+2^{-x})^2=t^2$ から　$4^x+4^{-x}=t^2-2$

$$f(x)=4(t^2-2)-34t+81=4t^2-34t+73$$

2乗すれば，4^x+4^{-x} を t で表すことができる。

したがって，右のグラフから，$t=\frac{17}{4}$ のとき

最小値 $\frac{3}{4}$ をとる。

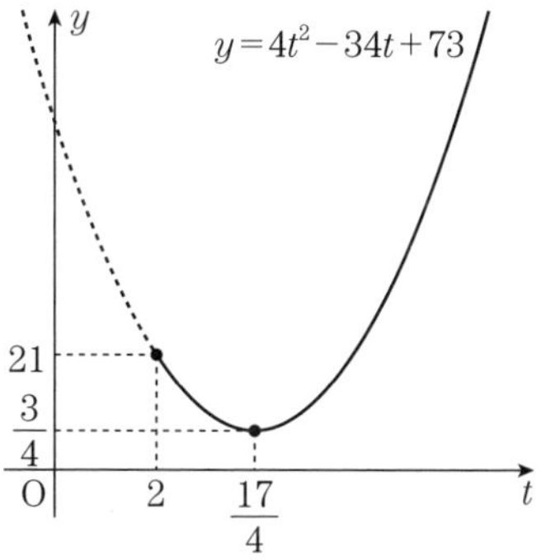

$2^x+2^{-x}=\frac{17}{4}$ とすると

$$4(2^x)^2-17\cdot 2^x+4=0$$

$$(4\cdot 2^x-1)(2^x-4)=0$$

よって　$2^x=\frac{1}{4}$，4　ゆえに　$x=-2$，2

以上より，

$x=\pm 2$ のとき，最小値 $\frac{3}{4}$ をとる。―答

SKILL UP

①$f(x)=a(4^x+4^{-x})+b(2^x+2^{-x})+c$ や

②$f(x)=a(9^x+9^{-x})+b(3^x+3^{-x})+c$ などの指数の相反式は，

①は $2^x+2^{-x}=t$，②は $3^x+3^{-x}=t$ と置換すれば，式はきれいになる。

11

Lv.

(1) $x>0$, $y>0$ かつ $x+3y=6$ のとき，関数 $z=\log_3 x+\log_3 y$ の最大値を求めよ。

(2) $x>0$, $y>0$, $xy^2=10$ のとき，関数 $z=\log_{10}x\log_{10}y$ の最大値を求めよ。

navigate

等式条件のついた2変数関数の最大・最小は，まずは，変数を消去することを考える。その際，範囲をチェックすることを忘れないようにする。

解

(1) $x>0$, $y>0$, $x+3y=6$ より $0<y<2$

$$z=\log_3 x+\log_3 y=\log_3 xy$$

$x=6-3y$ を代入して

$$z=\log_3(6-3y)y$$

底3は1より大きいので，$(6-3y)y$ が最大のとき z も最大である。

$$(6-3y)y=-3(y-1)^2+3 \quad (0<y<2)$$

だから，$y=1$ のとき，最大値は3 $x=3$，$y=1$ のとき，**最大値1**—(答)

x を消去して，y の1変数にするので，$x>0$ を y の範囲に移す。

(2) $xy^2=10$ の両辺の底を10とする対数をとると

$$\log_{10}x+2\log_{10}y=1$$

$\log_{10}x=X$, $\log_{10}y=Y$ とおくと，

$X+2Y=1$ から $X=1-2Y$

よって

$$z=\log_{10}x\log_{10}y$$
$$=XY=(1-2Y)Y$$
$$=-2\left(Y-\frac{1}{4}\right)^2+\frac{1}{8}$$

$Y=\dfrac{1}{4}$, $X=\dfrac{1}{2}$ すなわち $x=\sqrt{10}$, $y=\sqrt[4]{10}$ のとき，**最大値$\dfrac{1}{8}$**—(答)

対数をとると，置換できて1変数化しやすくなる。

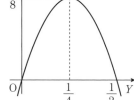

☑ SKILL UP

2変数関数の最大値・最小値でまず最優先するのは，消去または置換によってより簡単な式にすること。ただし，範囲のチェックに注意する。

$a>0$, $a^2x^2+\dfrac{1}{a^2}y^2=1$ のとき，関数 $z=\log_2 x+\log_2 y$ の最大値を求めよ。

Lv. ▪▪▫▫

> **navigate**
>
> 強引な文字消去による解答も可能であるが，この問題については，相加，相乗平均の不等式による解法を習得したい。

解1

$z=\log_2 x+\log_2 y=\log_2 xy$ から，xy の最大値を求める。

相加，相乗平均の不等式より $a^2x^2+\dfrac{1}{a^2}y^2 \geqq 2\sqrt{a^2x^2 \cdot \dfrac{y^2}{a^2}}$ よって $1 \geqq 2xy$

等号成立は，$a^2x^2=\dfrac{y^2}{a^2}$ かつ $a>0$，$x>0$，$y>0$ から，$x=\dfrac{1}{\sqrt{2}a}$，$y=\dfrac{a}{\sqrt{2}}$

であり，$x=\dfrac{1}{\sqrt{2}a}$，$y=\dfrac{a}{\sqrt{2}}$ のとき，**最大値 -1** ―(答)

解2

$a^2x^2+\dfrac{1}{a^2}y^2=1$ より，$y>0$，$a>0$ から $y=a\sqrt{1-a^2x^2}$

$1-a^2x^2>0$ と $x>0$ をあわせて $0<x<\dfrac{1}{a}$　　　　　$y>0$ を x の範囲に移す。

$$xy=ax\sqrt{1-a^2x^2}=a\sqrt{-a^2x^4+x^2}$$
$$=a\sqrt{-a^2\left(x^2-\dfrac{1}{2a^2}\right)^2+\dfrac{1}{4a^2}} \quad \left(0<x^2<\dfrac{1}{a^2}\right)$$

x^2 の2次関数であり，$x^2=t$ と置換してもよい。

$x^2=\dfrac{1}{2a^2}$ のとき最大値 $a\sqrt{\dfrac{1}{4a^2}}=\dfrac{1}{2}$ となり，$\log_2\dfrac{1}{2}=-1$ が**最大値** ―(答)

解3

$(ax)^2+\left(\dfrac{y}{a}\right)^2=1$ から，$ax=\cos\theta$，$\dfrac{y}{a}=\sin\theta$ とおくと，

●^{2}＋▲^{2}＝1 は，
●$=\cos\theta$，▲$=\sin\theta$
と置換できる。

$x>0$，$y>0$，$a>0$ より $0<\theta<\dfrac{\pi}{2}$

$ax>0$ より $\cos\theta>0$
$\dfrac{y}{a}>0$ より $\sin\theta>0$

$z=\log_2 xy=\log_2 \sin\theta\cos\theta=\log_2\dfrac{1}{2}\sin 2\theta$ より，

であるから，$0<\theta<\dfrac{\pi}{2}$

$2\theta=\dfrac{\pi}{2} \iff \theta=\dfrac{\pi}{4}$ のとき，**最大値** $\log_2\dfrac{1}{2}=\log_2 2^{-1}=-1$ ―(答)

Theme 4 | 指数・対数の 方程式・不等式①

13
Lv. ▫▫▰▰

(1) 方程式 $2\log_{10}(x+3)=\log_{10}(x+6)+2\log_{10}2$ を解け。

(2) 方程式 $x^{\log_5 x}=25x$ を解け。

14
Lv. ▫▫▰▰

(1) 不等式 $\log_2(x-1)>\log_2(5-3x)$ を解け。

(2) 不等式 $\log_{\frac{1}{2}}(x-1)>\log_{\frac{1}{2}}(5-3x)$ を解け。

15
Lv. ▫▫▰▰

$a>0$, $a \neq 1$ のとき，不等式 $\log_a(2a^2-x^2) \geqq \log_a(2ax-a^2)$ を解け。

16
Lv. ▫▫▰▰

不等式 $\log_x y+2\log_y x<3$ を満たす点 (x, y) の存在する範囲を図示せよ。

Theme分析

解法について整理するために，以下の2つの例題を考えてみる。

■ 置換して2次方程式を解く

例1 方程式 $3 \cdot 4^x - 2^{x+2} - 4 = 0$ を解く。

$$（与式） \iff 3(2^x)^2 - 4 \cdot 2^x - 4 = 0$$

$2^x = t$ と置換すると，$t > 0$ であり

$$3t^2 - 4t - 4 = 0 \iff (3t+2)(t-2) = 0$$

$t > 0$ より，$t = 2$ となり，$2^x = 2$ から $x = 1$

次に対数不等式について確認する。グラフで直接求めることもできるが，

$$\log_2(x+1) < 3 \iff \log_2(x+1) < \log_2 8$$

として，中身を比較して，1次不等式の問題に帰着させればよい。

ただし，中身の真数を比較する場合は，底が1より小さいときは大小関係が逆転することに注意する。

■ まとめて真数を比較する

例2 不等式 $\log_2(x+1) < 3$ を解く。

真数は正であるから

$$x+1 > 0 \iff x > -1 \quad \cdots ①$$

$3 = \log_2 8$ であるから

$$\log_2(x+1) < \log_2 8$$

底2は1より大きいから

$$x+1 < 8 \iff x < 7 \quad \cdots ②$$

①，②より $-1 < x < 7$

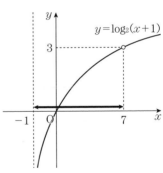

$y = \log_2(x+1)$ が $y = 3$ より下になる x の値の範囲は真数条件を含めると，$-1 < x < 7$ となる

指数・対数の方程式・不等式を解く

式処理

与式 ⟶
①条件チェック
（真数 > 0）（底 > 0，底 $\neq 1$）
②底の統一
③バラして置換する または
　まとめて中身を考える

⟶ 方程式・不等式の解法
因数分解または
解の公式などで解く。

(1) 方程式 $2\log_{10}(x+3)=\log_{10}(x+6)+2\log_{10}2$ を解け。

Lv. (2) 方程式 $x^{\log_5 x}=25x$ を解け。

> ⚑ navigate
>
> 前半はまとめて中身の比較をすればよい。後半は対数をとれば $(\log x)^2$
> が出てくるので，バラして置換する。

解

(1) （真数）>0 より，$x+3>0$ かつ $x+6>0$　　　まずは，真数条件を調べる。

であるから $x>-3$

与式は $\log_{10}(x+3)^2=\log_{10}\{(x+6)\cdot2^2\}$

$$(x+3)^2=4(x+6) \iff x^2+2x-15=0$$
$$\iff (x+5)(x-3)=0$$

$x>-3$ であるから $\boldsymbol{x=3}$ —㊥

(2) （真数）>0 より $x>0$

$x>0$ から，$x^{\log_5 x}>0$，$25x>0$ であり，両辺5を底とする対数をとって

$$\log_5(x^{\log_5 x})=\log_5 25x$$
$$(\log_5 x)^2=2+\log_5 x$$

$\log_5 x=t$ と置換すると

$$t^2-t-2=0 \iff (t-2)(t+1)=0$$

これを解くと $t=2,\ -1$

したがって，$\log_5 x=-1,\ 2$ であり $\boldsymbol{x=\dfrac{1}{5},\ 25}$ —㊥

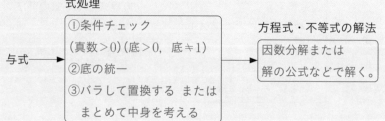

✓ SKILL UP

指数・対数の方程式・不等式を解く

与式 → 式処理
①条件チェック
（真数>0）（底>0，底$\neq1$）
②底の統一
③バラして置換する または
まとめて中身を考える

→ 方程式・不等式の解法
因数分解または
解の公式などで解く。

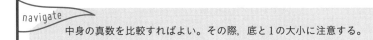

14
Lv. ▮▮▯▯

(1) 不等式 $\log_2(x-1) > \log_2(5-3x)$ を解け。

(2) 不等式 $\log_{\frac{1}{2}}(x-1) > \log_{\frac{1}{2}}(5-3x)$ を解け。

> navigate
> 中身の真数を比較すればよい。その際，底と1の大小に注意する。

解

(1) （真数）>0 から，　　　　　　　　　　まずは，真数条件を調べる。

　　$x-1>0$ かつ $5-3x>0$ であるから

　　　　$1 < x < \dfrac{5}{3}$ …①

　　底2は1より大きいから　$x-1 > 5-3x$

　　よって　$x > \dfrac{3}{2}$　これと①から　$\boldsymbol{\dfrac{3}{2} < x < \dfrac{5}{3}}$ —答

(2) 同様に①のもとで考える。

　　底 $\dfrac{1}{2}$ は1より小さいから　$x-1 < 5-3x$　　　　大小逆転する。

　　よって　$x < \dfrac{3}{2}$　これと①から　$\boldsymbol{1 < x < \dfrac{3}{2}}$ —答

参考 底が文字のときは，場合分けが必要

　例　$\log_a(x-1) > \log_a(5-3x)$ を解く。

　（真数）>0 から，$x-1>0$ かつ $5-3x>0$ であるから　$1 < x < \dfrac{5}{3}$ …(*)

　(i) $a>1$ のとき　$x-1 > 5-3x$

　　よって　$x > \dfrac{3}{2}$　これと(*)から　$\dfrac{3}{2} < x < \dfrac{5}{3}$

　(ii) $0<a<1$ のとき　$x-1 < 5-3x$

　　よって　$x < \dfrac{3}{2}$　これと(*)から　$1 < x < \dfrac{3}{2}$

　$a>1$ のとき $\dfrac{3}{2} < x < \dfrac{5}{3}$，$0<a<1$ のとき $1 < x < \dfrac{3}{2}$

✓ **SKILL UP**

まとまりの中身の比較をするときは，底と1の大小に注意する。

$a>1$ のとき　　　　$a^{\bullet} > a^{\blacktriangle}$，$\log_a \bullet > \log_a \blacktriangle$　$\Longleftrightarrow$　$\bullet > \blacktriangle$　大小一致

$0<a<1$ のとき　　$a^{\bullet} > a^{\blacktriangle}$，$\log_a \bullet > \log_a \blacktriangle$　$\Longleftrightarrow$　$\bullet < \blacktriangle$　大小逆転

15

$a>0$, $a\neq 1$ のとき，不等式 $\log_a(2a^2-x^2)\geqq\log_a(2ax-a^2)$ を解け。

Lv.❚❚❙❙

navigate

中身の比較をすればよいが，底が文字なので，$0<a<1$ と $a>1$ で場合分けしなければならない。

解

（真数）>0 から

$$2a^2-x^2>0 \quad\cdots① \quad かつ \quad 2ax-a^2>0 \quad\cdots②$$

①から $x^2<2a^2$ ゆえに $-\sqrt{2}a<x<\sqrt{2}a$

②から $2x>a$ ゆえに $x>\dfrac{a}{2}$

よって，①かつ②から $\dfrac{a}{2}<x<\sqrt{2}a$ $\cdots③$

まずは，真数条件を調べる。

$a>0$ より

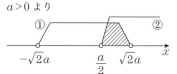

(i) $0<a<1$ のとき

$2a^2-x^2\leqq 2ax-a^2$ であるから

$$x^2+2ax-3a^2\geqq 0$$

よって，

$(x+3a)(x-a)\geqq 0$ から

$x\leqq -3a$, $a\leqq x$

③から $a\leqq x<\sqrt{2}a$

大小逆転する。

$y=(x+3a)(x-a)$

(ii) $a>1$ のとき

$2a^2-x^2\geqq 2ax-a^2$ であるから $x^2+2ax-3a^2\leqq 0$

よって，

$(x+3a)(x-a)\leqq 0$ から

$-3a\leqq x\leqq a$

③から $\dfrac{a}{2}<x\leqq a$

$y=(x+3a)(x-a)$

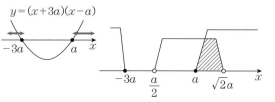

(i), (ii) から **$0<a<1$ のとき $a\leqq x<\sqrt{2}a$, $a>1$ のとき $\dfrac{a}{2}<x\leqq a$** —答

✅ SKILL UP

まとまりの中身の比較をするときは，底と1の大小に注意する。

16

不等式 $\log_x y + 2\log_y x < 3$ を満たす点 (x, y) の存在する範囲を図示せよ。

Lv.

navigate

x, y の2文字の不等式を解く。すると図示できる不等式が現れるので、それを図示すればよい。

 解

（真数）>0, （底）>0, （底）$\neq 1$ から

$$0<x<1,\ 1<x,\ 0<y<1,\ 1<y$$

$\log_y x = \dfrac{1}{\log_x y}$ であるから、与式は

$$\log_x y + 2\cdot\dfrac{1}{\log_x y} < 3$$

$\log_x y = t$ とすると $\quad t+\dfrac{2}{t}<3 \quad \cdots ①$

$t>0$ のとき

$$t^2+2<3t \iff (t-1)(t-2)<0$$

よって $\quad 1<t<2 \quad (t>0$ を満たす$)$

$t<0$ のとき $\quad t^2+2>3t \iff (t-1)(t-2)>0$

よって $\quad t<1,\ 2<t$

$t<0$ より $\quad t<0$

したがって $\quad t<0,\ 1<t<2$

よって $\quad \log_x y<0 \quad$ または $\quad 1<\log_x y<2$

$$\log_x y<\log_x 1 \quad \text{または} \quad \log_x x<\log_x y<\log_x x^2$$

以上より

$0<x<1$ のとき $\quad y>1 \quad$ または $\quad x>y>x^2$

$x>1$ のとき $\quad 0<y<1 \quad$ または $\quad x<y<x^2$

これを図示すると、**右図の斜線部分。ただし、境界線を含まない。**—答

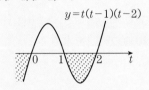

①の両辺に t^2 を掛けて $\quad t^3+2t<3t^2$

$$t(t-1)(t-2)<0$$

$$y=t(t-1)(t-2)$$

上のグラフより、$t<0$, $1<t<2$ と解いてもよい。

✓ SKILL UP

対数不等式を満たす領域図示

$a>1$ のとき $\qquad \log_a ● > \log_a ▲ \iff ●>▲ \quad$ 大小一致

$0<a<1$ のとき $\qquad \log_a ● > \log_a ▲ \iff ●<▲ \quad$ 大小逆転

Theme 5 | 指数・対数の方程式・不等式②

17
Lv.▪▫▮▮

すべてのxに対して，不等式$\log_a(x^2+x+2) \geqq 2$が成り立つような定数aの値の範囲を求めよ。

18
Lv.▪▫▮▮

方程式$\log_2(x-3) = \log_4(2x-a)$が異なる2つの実数解をもつような定数$a$の値の範囲を求めよ。

19
Lv.▪▫▮▮

方程式$9^x + 2a \cdot 3^x + 2a^2 + a - 6 = 0$が正の解と負の解を1つずつもつような定数$a$の値の範囲を求めよ。

20
Lv.▪▫▮▮

方程式$\{\log_2(x^2+\sqrt{2})\}^2 - 2\log_2(x^2+\sqrt{2}) + a = 0$の解の個数について調べよ。

Theme分析

このThemeでは，指数・対数関数の方程式・不等式の応用問題として，方程式の実数解の個数と不等式の成立条件について扱う。

【例題】 $f(x)=4^x-3\cdot2^{x+1}-4a$ とおく。

(1) 方程式 $f(x)=0$ が異なる2つの実数解をもつような定数 a の値の範囲を求めよ。

(2) すべての実数 x で不等式 $f(x)\geqq0$ が成り立つような定数 a の値の範囲を求めよ。

■ 置換して，t の2次式で考える

$2^x=t$ と置換すると　$f(x)=(2^x)^2-6\cdot2^x-4a=t^2-6t-4a$　（$=g(t)$ とおく）

(1) 方程式 $f(x)=0$ が異なる2つの実数解をもつ

$\iff$　方程式 $g(t)=0$ が正の異なる2つの実数解をもつ

と考える。

$g(t)=0$ の判別式を D とおく。

$D>0$ より　$4a+9>0$

軸 >0 は常に成り立つ。

$f(0)>0$ より　$a<0$

以上より　$-\dfrac{9}{4}<a<0$

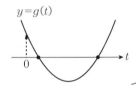

解の対応チェック

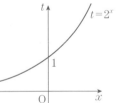

正の t 1つにつき，実数 x 1つが対応する

(2) $t>0$ における $g(t)$ の最小値 $\geqq0$ と考える。

$g(t)=(t-3)^2-4a-9$　$(t>0)$

$g(t)$ の最小値は $-4a-9$ であるから，

$-4a-9\geqq0$ を解いて

$$a\leqq-\frac{9}{4}$$

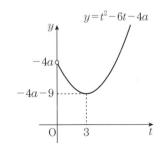

$y=t^2-6t-4a$

17

Lv.●●○○

すべての x に対して，不等式 $\log_a(x^2+x+2) \geqq 2$ が成り立つような定数 a の値の範囲を求めよ。

navigate

不等式成立条件の問題である。$\log_a(x^2+x+2) \geqq \log_a a^2$ として，中身の比較をするときは，$a>1$，$0<a<1$ で場合分けをしなければならない。

解

$x^2+x+2 = \left(x+\dfrac{1}{2}\right)^2 + \dfrac{7}{4} > 0$ より，（真数）>0 は　　まずは，真数条件を調べる。

常に成り立つ。

$\log_a(x^2+x+2) \geqq 2$ から　$\log_a(x^2+x+2) \geqq \log_a a^2$

(i) $a>1$ のとき

$$x^2+x+2 \geqq a^2$$

$$\left(x+\dfrac{1}{2}\right)^2 + \dfrac{7}{4} - a^2 \geqq 0$$

この左辺の2次関数の最小値は $\dfrac{7}{4} - a^2$ であり，不等式が成り立つには

$$\dfrac{7}{4} - a^2 \geqq 0$$

$a>1$ から　$1 < a \leqq \dfrac{\sqrt{7}}{2}$

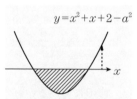

$y = x^2+x+2-a^2$

(ii) $0<a<1$ のとき

$x^2+x+2 \leqq a^2$　すなわち　$x^2+x+2-a^2 \leqq 0$

これは，任意の x に対しては成り立たない。

x が限りなく大きいときは
$x^2+x+2-a^2 > 0$ となる。

(i), (ii) から　$1 < a \leqq \dfrac{\sqrt{7}}{2}$ —答

✓ SKILL UP

不等式の成立条件

すべての x で $f(x) \geqq$ ●

$\Longleftrightarrow$ $f(x)$ の最小値 $\geqq$ ●

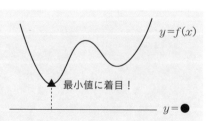

$y = f(x)$

最小値に着目！

$y = $ ●

18 方程式 $\log_2(x-3)=\log_4(2x-a)$ が異なる 2 つの実数解をもつような定数 a
Lv.∎∎∥∥ の値の範囲を求めよ。

navigate

真数条件の扱いがポイントである。$x>3$ と $x>\dfrac{a}{2}$ について 3 と $\dfrac{a}{2}$ の大小

で場合分けすることもできるが，本問では工夫している。こういったこ
とは経験が必要なことであり，この経験を次にいかしたい。

解

(真数)>0 より $\quad x-3>0$ かつ $\quad 2x-a>0 \quad \cdots$① まずは，真数条件を調べる。
このとき，与式は

$$\log_2(x-3)=\log_4(2x-a) \quad \text{より} \quad \log_2(x-3)=\frac{\log_2(2x-a)}{\log_2 4}$$

$\iff \log_2(x-3)^2=\log_2(2x-a) \quad \text{より} \quad (x-3)^2=2x-a$

ここで

$$(x-3)^2=2x-a \text{ かつ } x-3>0 \text{ かつ } 2x-a>0$$

$\iff (x-3)^2=2x-a \text{ かつ } x-3>0$

であるから，2 次方程式 $-x^2+8x-9=a$ が
$x>3$ の範囲に異なる 2 つの実数解をもつよ
うな定数 a の値の範囲を調べる。これを

$$\begin{cases} y=-x^2+8x-9 \\ y=a \end{cases}$$ ← 定数を分離して
調べる

が $x>3$ の範囲に異なる 2 つの共有点をもつ
ような定数 a の値の範囲として調べる。
右図から $\quad \boldsymbol{6<a<7}$ —(答)

この変形がポイントである。

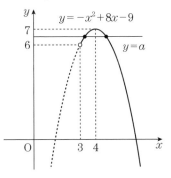

✓ SKILL UP

方程式 $f(x)=0$ の解の個数 $\iff \begin{cases} y=f(x) \\ y=0 \end{cases}$ の共有点の個数

なので，グラフの共有点の個数を考えることができる。
その際，比べやすいグラフで比べることを意識する。

19

方程式$9^x+2a\cdot3^x+2a^2+a-6=0$が正の解と負の解を1つずつもつような定数$a$の値の範囲を求めよ。

Lv.∎∎∥∥

navigate

$3^x=t$と置換すると，tの2次方程式の問題になる。方程式の解の個数の問題で置換したときに注意しなければならないのは，解の対応関係をチェックすることである。

「$9^x+2a\cdot3^x+2a^2+a-6=0$が正の解と負の解を1つずつもつ」

$\Longleftrightarrow$ 「$t^2+2at+2a^2+a-6=0$が正の解と負の解を1つずつもつ」

とはくれぐれもしないように注意。

解

$$9^x+2a\cdot3^x+2a^2+a-6=0$$
$$(3^x)^2+2a\cdot3^x+2a^2+a-6=0 \quad \cdots①$$

$3^x=t$とおくと，右図から

・$t>1$のとき1つのtに対して正のxが1個

・$0<t<1$のとき1つのtに対して負のxが1個

対応するので

$$t^2+2at+2a^2+a-6=0 \quad \cdots②$$

①が正の解と負の解を1つずつもつには，②が$t>1$と$0<t<1$の範囲に1つずつ解をもてばよい。

$f(t)=t^2+2at+2a^2+a-6$とおくと

$$f(0)=2a^2+a-6=(a+2)(2a-3)>0$$
$$f(1)=2a^2+3a-5=(2a+5)(a-1)<0$$

から

「$a<-2$または$\dfrac{3}{2}<a$」かつ「$-\dfrac{5}{2}<a<1$」

を解いて $-\dfrac{5}{2}<a<-2$ —答

解の対応チェック

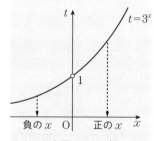

$t>1$のとき正のxは1個
$0<t<1$のとき負のxは1個

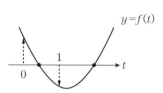

✓ SKILL UP

置換した方程式の解の個数問題では，解の対応関係を調べる。

20

Lv. ∎∎∎∎

方程式 $\{\log_2(x^2+\sqrt{2})\}^2 - 2\log_2(x^2+\sqrt{2})+a=0$ の解の個数について調べよ。

> **navigate**
>
> $\log_2(x^2+\sqrt{2})=t$ と置換すると，t の2次方程式の問題になる。方程式の解の個数の問題で置換したときに注意しなければならないのは，解の対応関係をチェックすることである。

解

$\log_2(x^2+\sqrt{2})=t$ とおく。$x^2+\sqrt{2}=2^t$ として

$$\begin{cases} y=x^2+\sqrt{2} \\ y=2^t \end{cases}$$

の共有点について調べると

・$t>\dfrac{1}{2}$ のとき，1つの t に対して x が2個

・$t=\dfrac{1}{2}$ のとき，1つの t に対して x が1個

対応する。

$$t^2-2t+a=0 \quad \cdots ①$$

与式の解の個数を上の t の範囲に注意して，①の t の2次方程式で調べる。そこで，$f(t)=-t^2+2t$ とおいて，$y=f(t)$ と $y=a$ の共有点について調べる。

右図より，

解の対応チェック

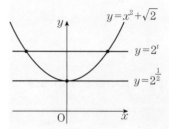

$2^t>\sqrt{2}$ すなわち $t>\dfrac{1}{2}$ のとき x は2個

$2^t=\sqrt{2}$ すなわち $t=\dfrac{1}{2}$ のとき x は1個

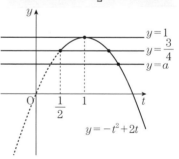

a の値	…	$\dfrac{3}{4}$	…	1	…
方程式の実数解の個数	2	3	4	2	0

—（答）

✓ **SKILL UP**

置換した方程式の解の個数問題では，解の対応関係を調べる。

Theme
6

常用対数

21
Lv.▮▮▯

3^{37} の桁数と最高位の数字を求めよ。ただし，$\log_{10}2=0.3010$，$\log_{10}3=0.4771$ とする。

22
Lv.▮▮▯

$\left(\dfrac{1}{5}\right)^{32}$ は小数第何位に初めて 0 でない数字が現れるか。またその数字は何か。ただし，$\log_{10}2=0.3010$，$\log_{10}3=0.4771$ とする。

23
Lv.▮▮▮

地球と太陽のおよその距離は 1 億 5000 万 km である。厚さ 1 mm の紙を折り曲げ続けて，この距離を初めて超えるのは，何回折り曲げたときであるか。必要ならば，$\log_{10}2=0.3010$，$\log_{10}3=0.4771$ を使ってよい。

24
Lv.▮▮▯

$\log_{10}7$ の小数第 2 位の数を求めよ。ただし，$\log_{10}2=0.3010$，$\log_{10}3=0.4771$ とする。

Theme分析

このThemeでは，常用対数について扱う。常用対数とは以下のことをいう。

底が10の対数を常用対数という。常用対数をとることで，$10^{\bullet}$がわかる。
例えば，aの常用対数がbであるとき
$$\log_{10}a=b \iff a=10^b$$

常用対数をとって調べるものの代表例として，「桁数の問題」がある。

例 2^{30}の桁数を調べる。$\log_{10}2=0.3010$とする。

10の何乗かがわかれば，桁数がわかるので，底が10の対数（常用対数）をとってみる。
$$\log_{10}2^{30}=30\times\log_{10}2=30\times(0.3010)=9.030$$
よって
$$2^{30}=10^{9.030}$$
である。2^{30}は10^9と10^{10}の間の数字であることがわかり，$10^9=10$億，$10^{10}=100$億であるから，$2^{30}(=10^{9.030})$は数十億であることが予想される。
このように，常用対数をとると10の何乗であるかがわかる。

また，この類題として，小数第何位かを求める問題がある。

例 $\left(\dfrac{1}{2}\right)^{30}$は小数第何位に初めて0でない数が現れるか。

10の何乗かがわかればよいので，底が10の対数（常用対数）をとってみる。
$$\log_{10}\left(\dfrac{1}{2}\right)^{30}=\log_{10}2^{-30}=-30\times\log_{10}2=-30\times(0.3010)=-9.030$$
よって
$$\left(\dfrac{1}{2}\right)^{30}=10^{-9.030}$$

である。2^{30}は10^{-10}と10^{-9}の間の数字であることがわかり，$10^{-10}=\dfrac{1}{100億}$，$10^{-9}=\dfrac{1}{10億}$であるから，$2^{-30}(=10^{-9.030})$は$\dfrac{\bullet}{100億}$（●は1から9ほどの数）であることが予想される。

21

3^{37} の桁数と最高位の数字を求めよ。ただし，$\log_{10}2=0.3010$，

Lv. ▮▮▮▮ $\log_{10}3=0.4771$ とする。

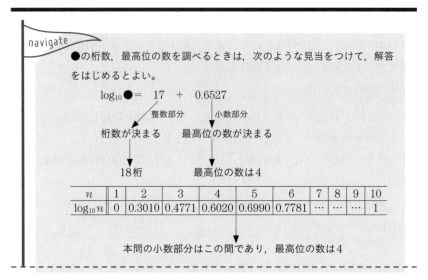

navigate

●の桁数，最高位の数を調べるときは，次のような見当をつけて，解答をはじめるとよい。

$$\log_{10}● = \underbrace{17}_{\text{整数部分}} + \underbrace{0.6527}_{\text{小数部分}}$$

桁数が決まる　　　最高位の数が決まる

18桁　　　　最高位の数は4

n	1	2	3	4	5	6	7	8	9	10
$\log_{10}n$	0	0.3010	0.4771	0.6020	0.6990	0.7781	…	…	…	1

本問の小数部分はこの間であり，最高位の数は4

解

$$\log_{10}3^{37}=37\log_{10}3=37\times0.4771=17.6527$$

よって　$3^{37}=10^{17.6527}$

である。ここで

$$10^{17}\leqq3^{37}<10^{18}$$

17.6527の整数部分を見て
$$10^{17}\leqq10^{17.6527}<10^{18}$$
であることがわかる。

から，3^{37} は **18桁** の数 —（答）

また

$$\log_{10}4\cdot10^{17}=2\log_{10}2+17=17.6020$$

$$\log_{10}5\cdot10^{17}=\log_{10}\frac{10}{2}+17=17.6990$$

であるから　$4\cdot10^{17}\leqq3^{37}<5\cdot10^{17}$

となり，3^{37} の最高位の数は **4** —（答）

✓ SKILL UP

桁数，最高位の数は，底が10の対数をとって，不等式で評価する。

●が n 桁：$10^{n-1}\leqq● <10^n$

●が n 桁で，最高位の数が m：$m\cdot10^{n-1}\leqq● <(m+1)\cdot10^{n-1}$

22
Lv.⦁❚❚❚

$\left(\dfrac{1}{5}\right)^{32}$ は小数第何位に初めて0でない数字が現れるか。またその数字は何か。

ただし，$\log_{10}2=0.3010$，$\log_{10}3=0.4771$ とする。

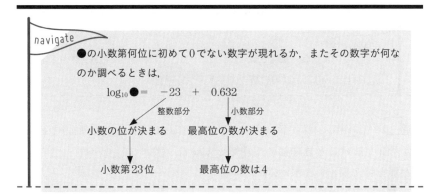

navigate

●の小数第何位に初めて0でない数字が現れるか，またその数字が何なのか調べるときは，

$$\log_{10}\bullet = \underset{\substack{\text{整数部分}}}{-23} + \underset{\substack{\text{小数部分}}}{0.632}$$

小数の位が決まる　　最高位の数が決まる

小数第23位　　　　最高位の数は4

解

$$\log_{10}\left(\frac{1}{5}\right)^{32}=32\log_{10}\frac{1}{5}=-32\log_{10}5=-32\times0.6990=-22.368$$

よって　$\left(\dfrac{1}{5}\right)^{32}=10^{-22.368}$

ここで　$10^{-23}\leqq\left(\dfrac{1}{5}\right)^{32}<10^{-22}$

$10^{-23}\leqq\bullet<10^{-22}$ならば，●は小数第23位に初めて0でない数字が現れる。

から，$\left(\dfrac{1}{5}\right)^{32}$ は**小数第23位**に初めて0でない数字が現れる。—⟮答⟯

また　$\log_{10}4\cdot10^{-23}=2\log_{10}2-23=-22.398$

$$\log_{10}5\cdot10^{-23}=\log_{10}\frac{10}{2}-23=-22.301$$

であるから　$4\cdot10^{-23}\leqq\left(\dfrac{1}{5}\right)^{32}<5\cdot10^{-23}$

となり，$\left(\dfrac{1}{5}\right)^{32}$ の初めて現れる0でない数字は**4**—⟮答⟯

✓ SKILL UP

小数の桁数などは底が10の対数をとって，不等式で評価する。

●が小数第n位に初めて0でない数字が現れる：$10^{-n}\leqq\bullet<10^{-(n-1)}$

●が上のもとで，最高位の数がm：$m\cdot10^{-n}\leqq\bullet<(m+1)\cdot10^{-n}$

23

Lv. ▮▮▯▮

地球と太陽のおよその距離は1億5000万kmである。厚さ1mmの紙を折り曲げ続けて，この距離を初めて超えるのは，何回折り曲げたときであるか。必要ならば，$\log_{10}2=0.3010$，$\log_{10}3=0.4771$ を使ってよい。

---

navigate

このような文章題では，まず文章を正しく読み取って数式化する。本問はその後，底が10の常用対数をとって解けばよい。

解

n回折り曲げたときに初めて地球と太陽の距離を超えるとすると　$2^n>1.5\times10^{14}$

両辺の常用対数をとると

$$\log_{10}2^n>\log_{10}(1.5\times10^{14})$$

よって　$n\log_{10}2>14+\log_{10}\dfrac{3}{2}$

ゆえに

$$n>\frac{14+\log_{10}3-\log_{10}2}{\log_{10}2}=\frac{14+0.4771-0.3010}{0.3010}=\frac{14.1761}{0.3010}=47.09\cdots$$

nは$n>47.09\cdots$を満たす最小の自然数であるから

$$n=48$$

したがって，**48回**折り曲げたときである。—（答）

厚さ1mmの紙を1回折ると2mm，2回折ると2^2mm，$\cdots$

　　　n回折ると2^nmmとなる。

また，

1億5000万km＝150000000km

　　　　　　　＝1.5×10^8km

　　　　　　　＝1.5×10^{11}m

　　　　　　　＝1.5×10^{14}mm

である。

参考 常用対数の値

$\log_{10}2=0.3010$，$\log_{10}3=0.4771$，$\log_{10}7=0.8451$ が与えられると，$a=1,\ 2,\ \cdots,\ 10$に対する常用対数の値$\log_{10}a$を求めることができる。

a	1	2	3	4	5	6	7	8	9	10
$\log_{10}a$	0	0.3010	0.4771	0.6020	0.6990	0.7781	0.8451	0.9030	0.9542	1

なお

$$\log_{10}4=\log_{10}2^2=2\log_{10}2=2\cdot0.3010=0.6020$$

$$\log_{10}5=\log_{10}\frac{10}{2}=\log_{10}10-\log_{10}2=1-0.3010=0.6990$$

$$\log_{10}6=\log_{10}2\cdot3=\log_{10}2+\log_{10}3=0.3010+0.4771=0.7781$$

$$\log_{10}8=\log_{10}2^3=3\cdot\log_{10}2=3\cdot0.3010=0.9030$$

$$\log_{10}9=\log_{10}3^2=2\cdot\log_{10}3=2\cdot0.4771=0.9542$$

として求めている。

24

$\log_{10}7$ の小数第2位の数を求めよ。ただし，$\log_{10}2=0.3010$，$\log_{10}3=0.4771$ とする。

Lv. ▮▯▯▯

navigate

$6<7<8$ としてこれらの常用対数をとると $\log_{10}6<\log_{10}7<\log_{10}8$ となり

$$\log_{10}6=\log_{10}2+\log_{10}3=0.7781, \quad \log_{10}8=3\log_{10}2=0.9030$$

となり，小数第1位でさえも定かでない。そこで，$48<7^2<50$ と評価すればうまくいく。なお常用対数表から近似値は $\log_{10}7\fallingdotseq0.845$ とわかる。

解

$7=\sqrt{49}$ より，$\sqrt{48}<7<\sqrt{50}$ であり，各辺の常用対数をとると

$$\log_{10}\sqrt{48}<\log_{10}7<\log_{10}\sqrt{50}$$

$$\log_{10}\sqrt{48}=\log_{10}4\sqrt{3}=2\log_{10}2+\frac{1}{2}\log_{10}3$$

$$=2\times0.3010+\frac{1}{2}\times0.4771$$

$$=0.84055$$

$$\log_{10}\sqrt{50}=\log_{10}5\sqrt{2}=\log_{10}5+\frac{1}{2}\log_{10}2$$

$$=(1-\log_{10}2)+\frac{1}{2}\log_{10}2=1-\frac{1}{2}\log_{10}2$$

$$=1-\frac{1}{2}\times0.3010$$

$$=0.8495$$

よって　$0.84055<\log_{10}7<0.8495$

したがって，$\log_{10}7$ の小数第2位の数は **4** ―㊇

> 48，50を素因数分解すると $2^4\cdot3$，$2\cdot5^2$ であるから，常用対数の値を求めることができる。

> $7^4>2400$ を利用すると $\log_{10}7>0.8450$ がいえ，より評価の精度が上がる。

✓ SKILL UP

$\log_{10}2=0.3010$，$\log_{10}3=0.4771$ と与えられたもとでの $\log_{10}$● の評価は，$\log_{10}5=\log_{10}\dfrac{10}{2}=\log_{10}10-\log_{10}2=0.6990$ もわかるので，●を $2^a\cdot3^b\cdot5^c$ で表される整数で評価することを考える。

評価が甘いときは，●^{2} などを評価してもよい。

Theme 1 | # 微分係数・導関数

1
Lv. ∎∎∎∎

2次関数 $f(x)=ax^2+bx+c\ (a\neq0)$ について，$x=p$ から $x=q$ までの $(p<q)$ までの平均変化率を求めよ。また，これが $x=r$ における微分係数に等しいとき，r を $p,\ q$ を用いて表せ。

2
Lv. ∎∎∎∎

$f'(a)$ が存在するとき，$\displaystyle\lim_{h\to0}\dfrac{f(a+5h)-f(a-3h)}{h}$，

$\displaystyle\lim_{x\to a}\dfrac{x^2f(a)-a^2f(x)}{x^2-a^2}\ (a\neq0)$ を $f'(a)$ を用いて表せ。

3
Lv. ∎∎∎∎

(1) $f(x)=x^n$ を導関数の定義にしたがって微分せよ。（n は自然数）

(2) $f(x)=c$ を導関数の定義にしたがって微分せよ。（c は定数）

4
Lv. ∎∎∎∎

半径 $10\,\mathrm{cm}$ の球がある。毎秒 $1\,\mathrm{cm}$ の割合で球の半径が大きくなっていくとき，球の体積の5秒後における変化率を求めよ。

Ｔｈｅｍｅ分析

このThemeでは，微分係数・導関数の定義について扱う。

平均変化率，微分係数の定義について確認しておく。平均変化率とは，関数 $y=f(x)$ で，x の値が a から b まで変化するとき，y の変化量 $f(b)-f(a)$ の，x の変化量 $b-a$ に対する割合 $\dfrac{f(b)-f(a)}{b-a}$ …① である。

関数 $f(x)$ の平均変化率①において，a の値を定め，b を a に限りなく近づけるとき，①がある一定の値に近づく場合，この値 $\lim\limits_{b \to a}\dfrac{f(b)-f(a)}{b-a}$ を，関数 $f(x)$ の $x=a$ における微分係数といい，$f'(a)$ で表す。 $f'(a)=\lim\limits_{b \to a}\dfrac{f(b)-f(a)}{b-a}$

次に，導関数の定義について確認する。一般に，関数 $y=f(x)$ において，x の各値 a に対し微分係数 $f'(a)$ を対応させると１つの新しい関数が得られる。この新しい関数をもとの関数 $f(x)$ の導関数といい，記号 $f'(x)$ で表す。

$f'(x)$ は，結果的には $f'(a)$ の a を x にかきかえた定義式になっている。

$f(x)$ の導関数 $f'(x)$ は $\quad f'(x)=\lim\limits_{h \to 0}\dfrac{f(x+h)-f(x)}{h}$

この定義に従って，導関数を求めてみる。

$f(x)=x$ のとき，$\lim\limits_{h \to 0}\dfrac{(x+h)-x}{h}=\lim\limits_{h \to 0}\dfrac{h}{h}=\lim\limits_{h \to 0}1=1$ より $\quad f'(x)=1$

$f(x)=x^2$ のとき，$\lim\limits_{h \to 0}\dfrac{(x+h)^2-x^2}{h}=\lim\limits_{h \to 0}(2x+h)=2x$ より $\quad f'(x)=2x$

■ **導関数の基本公式**

・**$f(x)=x^3$ のとき $\quad f'(x)=3x^2$** ・**$f(x)=x^2$ のとき $\quad f'(x)=2x$**

・**$f(x)=x$ のとき $\quad f'(x)=1$** ・**$f(x)=c$ のとき $\quad f'(x)=0$ （c は定数）**

■ **導関数の性質**

$k,\ l$ は定数とする。

・**$y=kf(x)$ のとき $\quad y'=kf'(x)$**

・**$y=f(x)+g(x)$ のとき $\quad y'=f'(x)+g'(x)$**

・**$y=kf(x)+lg(x)$ のとき $\quad y'=kf'(x)+lg'(x)$**

1 2次関数 $f(x)=ax^2+bx+c$ $(a\neq0)$ について，$x=p$ から $x=q$ までの $(p<q)$ までの平均変化率を求めよ。また，これが $x=r$ における微分係数に等しいとき，r を p，q を用いて表せ。

Lv.▪▫▫

navigate

> 下の定義に従って求めるだけの問題である。微分係数は平均変化率の極限で求められるので，後半は前半の結果が利用できる。

解

$$\frac{f(q)-f(p)}{q-p}=\frac{(aq^2+bq+c)-(ap^2+bp+c)}{q-p}$$

$$=\frac{a(q^2-p^2)+b(q-p)}{q-p}$$

$$=\boldsymbol{a(p+q)+b} \quad \cdots① \ ⎯⎯(答)$$

$$f'(r)=\lim_{x\to r}\frac{f(x)-f(r)}{x-r}$$

$$=\lim_{x\to r}\{a(x+r)+b\} \quad \leftarrow \text{前半の結果}$$
を利用

$$=2ar+b$$

これが①に等しくなるには

$$a(p+q)+b=2ar+b$$

$a\neq0$ より $\boldsymbol{r=\dfrac{p+q}{2}}$ ⎯⎯(答)

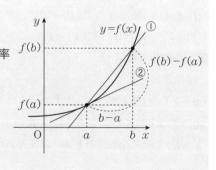

✓ **SKILL UP**

関数 $f(x)$ について，

① $x=a$ から $x=b$ までの平均変化率

$$\frac{f(b)-f(a)}{b-a}$$

② $x=a$ における微分係数 $f'(a)$

$$\lim_{b\to a}\frac{f(b)-f(a)}{b-a}$$

または $\lim_{h\to0}\frac{f(a+h)-f(a)}{h}$

2

Lv. ▪▫▫

$f'(a)$が存在するとき，$\displaystyle\lim_{h\to 0}\frac{f(a+5h)-f(a-3h)}{h}$，

$\displaystyle\lim_{x\to a}\frac{x^2f(a)-a^2f(x)}{x^2-a^2}$ $(a\neq 0)$を$f'(a)$を用いて表せ。

navigate

微分係数の定義を利用した極限値の計算である。計算上のポイントは

$$\blacktriangle\to 0のとき，\blacksquare\to 0であれば \lim_{\blacktriangle\to 0}\frac{f(a+\blacksquare)-f(a)}{\blacksquare}=f'(a)$$

であり，■が同じ形になるように強引に変形することである。

解

$$\lim_{h\to 0}\frac{f(a+5h)-f(a-3h)}{h}$$

$$=\lim_{h\to 0}\frac{f(a+5h)-f(a)-\{f(a-3h)-f(a)\}}{h} \qquad f(a)を引いて足して微分$$
係数の形に近づける。

$$=\lim_{h\to 0}\left\{5\times\frac{f(a+5h)-f(a)}{5h}+3\times\frac{f(a-3h)-f(a)}{-3h}\right\}$$

$$=5f'(a)+3f'(a)=\boldsymbol{8f'(a)} \text{—（答）}$$

$$\lim_{x\to a}\frac{x^2f(a)-a^2f(x)}{x^2-a^2}$$

$$=\lim_{x\to a}\frac{-a^2\{f(x)-f(a)\}+(x^2-a^2)f(a)}{x^2-a^2} \qquad a^2f(a)を引いて足して微$$
分係数の形に近づける。

$$=\lim_{x\to a}\left\{-\frac{a^2}{x+a}\cdot\frac{f(x)-f(a)}{x-a}+f(a)\right\}=\boldsymbol{-\frac{a}{2}f'(a)+f(a)} \text{—（答）}$$

参考 関数の極限値の性質

$\displaystyle\lim_{x\to a}f(x)=\alpha$, $\displaystyle\lim_{x\to a}g(x)=\beta$であるとき，

$$\lim_{x\to a}\boldsymbol{kf(x)=k\alpha} \quad (\boldsymbol{k}\text{は定数}) \qquad \lim_{x\to a}(\boldsymbol{kf(x)+lg(x))=k\alpha+l\beta} \quad (\boldsymbol{k},\ \boldsymbol{l}\text{は定数})$$

$$\lim_{x\to a}\boldsymbol{f(x)g(x)=\alpha\beta} \qquad \lim_{x\to a}\frac{\boldsymbol{f(x)}}{\boldsymbol{g(x)}}=\frac{\boldsymbol{\alpha}}{\boldsymbol{\beta}} \quad (\boldsymbol{\beta\neq 0})$$

✓ SKILL UP

微分係数の定義利用した極限値の計算として，微分係数の定義より

$$\lim_{h\to 0}\frac{f(a+h)-f(a)}{h}=f'(a) \quad \text{または} \quad \lim_{b\to a}\frac{f(b)-f(a)}{b-a}=f'(a)$$

3 (1) $f(x)=x^n$ を導関数の定義にしたがって微分せよ。(nは自然数)

Lv.▪▫▫▫ (2) $f(x)=c$ を導関数の定義にしたがって微分せよ。(cは定数)

navigate

導関数の定義を用いて整関数の微分公式をつくる問題である。導関数の定義も覚えておきたいし、結果の公式も覚えておきたい。

解

(1) 導関数の定義から

$$f'(x)=\lim_{h\to 0}\frac{f(x+h)-f(x)}{h}$$

二項定理の利用

$$(a+b)^n$$

$$=\lim_{h\to 0}\frac{(x+h)^n-x^n}{h}$$

$$={}_nC_0a^n+{}_nC_1a^{n-1}b+{}_nC_2a^{n-2}b^2+\cdots$$
$$+{}_nC_{n-1}ab^{n-1}+{}_nC_nb^n$$

$$=\lim_{h\to 0}\frac{{}_nC_0x^n+{}_nC_1x^{n-1}h+{}_nC_2x^{n-2}h^2+{}_nC_3x^{n-3}h^3+\cdots+{}_nC_nh^n-x^n}{h}$$

$$=\lim_{h\to 0}({}_nC_1x^{n-1}+{}_nC_2x^{n-2}h+{}_nC_3x^{n-3}h^2+\cdots+{}_nC_nh^{n-1})$$

$$={}_nC_1x^{n-1}$$

$$=\boldsymbol{nx^{n-1}} \ —\text{答}$$

(2) $$f'(x)=\lim_{h\to 0}\frac{f(x+h)-f(x)}{h}$$

$$=\lim_{h\to 0}\frac{c-c}{h}$$

$$=\boldsymbol{0} \ —\text{答}$$

✅ SKILL UP

導関数の定義について、$f(x)$の導関数$f'(x)$は

$$f'(x)=\lim_{h\to 0}\frac{f(x+h)-f(x)}{h}$$

導関数の基本公式について、nを自然数、cを定数とするとき

$$(x^n)'=nx^{n-1} \qquad (c)'=0$$

4

Lv. ∎∎∎∎

半径 $10\,\mathrm{cm}$ の球がある。毎秒 $1\,\mathrm{cm}$ の割合で球の半径が大きくなっていくとき，球の体積の 5 秒後における変化率を求めよ。

navigate

t 秒後の球の体積を $V(t)$ とおくとき，5 秒後における変化率とは $t=5$ における $V'(5)$ を求めることである。

解

t 秒後の球の半径は $(10+t)\,\mathrm{cm}$ である。t 秒後の球の体積を $V\,\mathrm{cm}^3$ とすると

$$V=\frac{4}{3}\pi(10+t)^3$$

V を t で微分して

$$\frac{dV}{dt}=\frac{4}{3}\pi\cdot3(10+t)^2\cdot1$$
$$=4\pi(10+t)^2$$

本来は，$(10+t)^3$ を展開すべきだが，
$$\{(ax+b)^n\}'=n(ax+b)^{n-1}\times(ax+b)'$$
という数学Ⅲで学習する合成関数の微分公式を利用している。

求める変化率は，$t=5$ として

$$4\pi(10+5)^2=\boldsymbol{900\pi}\ (\mathbf{cm^3/秒})\ —\textcircled{\small 答}$$

参考 球の半径と体積の変化率

半径 r の球の体積は $V=\dfrac{4}{3}\pi r^3$ である。

球の半径 r が変化するとき，球の体積の半径についての変化率は

$$\frac{dV}{dr}=4\pi r^2$$

である。したがって，例えば $r=2$ における体積の変化率は

$$4\pi\cdot2^2=16\pi$$

✓ SKILL UP

変数が x，y 以外の場合も同様に扱う。例えば，関数 $s=f(t)$ の導関数を $f'(t)$，s'，$\dfrac{ds}{dt}$，$\dfrac{d}{dt}f(t)$ などと表し，「s を t で微分する」ということもある。

半径 r の球の表面積 S と体積 V をそれぞれ r の関数と考えると

$$S=4\pi r^2,\quad V=\frac{4}{3}\pi r^3$$

これを r で微分すると $\dfrac{dS}{dr}=8\pi r,\quad \dfrac{dV}{dr}=4\pi r^2$

Theme 2 | 接線の方程式

5 曲線 $y=9x^3-3x^2$ 上の $x=\dfrac{2}{3}$ における接線の方程式を求めよ。また，この接線と曲線 $y=9x^3-3x^2$ とのもう1つの共有点の x 座標 α を求めよ。

Lv.

6 2つの放物線 $y=x^2$，$y=-x^2+6x-5$ の共通接線の方程式を求めよ。

Lv.

7 2曲線 $y=x^3+x^2+ax$，$y=x^2-2$ が共有点Pにおいて，共通の接線をもつとき，定数 a の値を求めよ。

Lv.

8 曲線 $y=x^4-4x^3+2x^2$ に異なる2点で接する直線の方程式と，その接点の x 座標 α，β $(\alpha<\beta)$ を求めよ。

Lv.

Theme分析

このThemeでは，接線の方程式について扱う。微分係数 $f'(a)$ は，曲線 $y=f(x)$ 上の点 $A(a,\ f(a))$ における曲線の接線の傾きを表している。

傾き m，通る点 $(a,\ b)$ の直線の方程式は $\quad y-b=m(x-a)$

今回は接点の座標が $(t,\ f(t))$ であり，傾きが $f'(t)$ であるから，接線の方程式は $\quad y-f(t)=f'(t)(x-t)$

接線の方程式

・接点の座標がわかっているとき

上の接線公式を用いて，簡単に求めることができる。

・接点の座標がわかっていないとき

接点の座標を $(t,\ f(t))$ とおいて，接線の方程式を数式化して考える。

【例題】 関数 $y=x^2+4$ のグラフについて以下の問いに答えよ。

(1) グラフ上の点 $(-2,\ 8)$ における接線の方程式を求めよ。

(2) 点 $(1,\ 1)$ から引いた接線の方程式を求めよ。

$f(x)=x^2+4$ とおくと $\quad f'(x)=2x$

(1) 点 $(-2,\ 8)$ は接点であるから，接線の傾きは $\quad f'(-2)=-4$

よって，接線の方程式は
$$y-8=-4\{x-(-2)\} \iff y=-4x$$

(2) 接点を $(t,\ t^2+4)$ とおくと， ←接点がわからない ときはおく！

接線の傾きは
$$f'(t)=2t$$

このとき，接線の方程式は
$$y-(t^2+4)=2t(x-t) \iff y=2tx-t^2+4$$

点 $(1,\ 1)$ を通るので，$x=y=1$ を代入して
$$t^2-2t-3=0$$
$$t=-1,\ 3$$

$t=-1$ のとき $\quad y=-2x+3$，$t=3$ のとき
$$y=6x-5$$

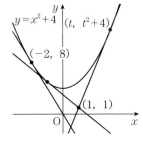

5

Lv.

曲線 $y=9x^3-3x^2$ 上の $x=\dfrac{2}{3}$ における接線の方程式を求めよ。また，この接線と曲線 $y=9x^3-3x^2$ とのもう1つの共有点の x 座標 α を求めよ。

> navigate
>
> 接線の方程式を求め，もとの曲線と連立すれば求められる。もともとの接点の x 座標である $\left(x-\dfrac{2}{3}\right)^2$ で因数分解できることを利用する。

解

$y=9x^3-3x^2$ から　$y'=27x^2-6x$

$y=9x^3-3x^2$ 上の $x=\dfrac{2}{3}$ における接線の方程式は

$$y-\dfrac{4}{3}=8\left(x-\dfrac{2}{3}\right)$$

接線の傾きは，接点の x 座標が $\dfrac{2}{3}$ より

$$27\left(\dfrac{2}{3}\right)^2-6\cdot\dfrac{2}{3}=8$$

$\boldsymbol{y=8x-4}$ ―（答）

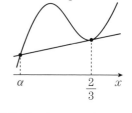

$$\begin{cases} y=9x^3-3x^2 \\ y=8x-4 \end{cases} \text{から}$$

$$9x^3-3x^2-8x+4=0$$

$$(3x-2)^2(x+1)=0$$

について，$x\neq\dfrac{2}{3}$ から　$\boldsymbol{\alpha=-1}$ ―（答）

$y=9x^3-3x^2$ と $y=8x-4$ は $x=\dfrac{2}{3}$ で接するので，$9x^3-3x^2-(8x-4)=0$ は $\left(x-\dfrac{2}{3}\right)^2$ で因数分解できる。

別解

$y=9x^3-3x^2$ と $y=mx+n$ から　$9x^3-3x^2-mx-n=0$

この3次方程式が，$x=\dfrac{2}{3}$（重解），α を解にもつので，解と係数の関係から

$$\dfrac{2}{3}+\dfrac{2}{3}+\alpha=\dfrac{1}{3},\quad \dfrac{2}{3}\cdot\dfrac{2}{3}+\dfrac{2}{3}\alpha+\dfrac{2}{3}\alpha=-\dfrac{m}{9},\quad \dfrac{2}{3}\cdot\dfrac{2}{3}\cdot\alpha=\dfrac{n}{9}$$

$\alpha=-1$，$m=8$，$n=-4$ であるから　$\boldsymbol{\alpha=-1}$，$\boldsymbol{y=8x-4}$ ―（答）

✓ SKILL UP

曲線 $y=f(x)$ 上の点 $(t,\ f(t))$ における接線の方程式は

$$y-f(t)=f'(t)(x-t)$$

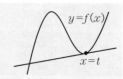

6

2つの放物線$y=x^2$，$y=-x^2+6x-5$の共通接線の方程式を求めよ。

Lv. ∎∎∎

navigate

接点が異なる共通接線は，2接点をおいて，2接線の方程式が一致する条件を考えればよい。

解

$y=x^2$から　$y'=2x$　　　$y=-x^2+6x-5$から　$y'=-2x+6$

$y=x^2$上の点$(s,\ s^2)$における接線の方程式は

$$y-s^2=2s(x-s)\ \Longleftrightarrow\ y=2sx-s^2\ \cdots\text{①}$$

$y=-x^2+6x-5$上の点$(t,\ -t^2+6t-5)$における接線の方程式は

$$y-(-t^2+6t-5)=(-2t+6)(x-t)$$

$$y=(-2t+6)x+t^2-5\ \cdots\text{②}$$

①，②が一致するとき共通接線となり

$$\begin{cases} 2s=-2t+6 \\ -s^2=t^2-5 \end{cases}$$

これを解いて　$(s,\ t)=(2,\ 1),\ (1,\ 2)$

よって　$\boldsymbol{y=2x-1},\ \boldsymbol{y=4x-4}$ ─答

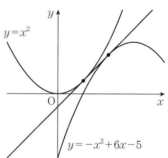

別解

$y=2sx-s^2\ \cdots\text{①}$　が放物線$y=-x^2+6x-5$にも接するとき，方程式

$$2sx-s^2=-x^2+6x-5$$

$$x^2+2(s-3)x-s^2+5=0$$

の判別式Dについて，$D=0$が成り立つ。

放物線の共通接線は，判別式の利用も意識しておきたい。

すなわち　$\dfrac{D}{4}=(s-3)^2-(-s^2+5)=0$　これを解いて　$s=1,\ 2$

よって　$\boldsymbol{y=2x-1},\ \boldsymbol{y=4x-4}$ ─答

✓ SKILL UP

共通接線　接点が異なるタイプ

$x=s$における$y=f(x)$の接線

‖　　一致する

$x=t$における$y=g(x)$の接線

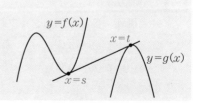

7
Lv.▮▮▯

2曲線 $y=x^3+x^2+ax$, $y=x^2-2$ が共有点Pにおいて，共通の接線をもつとき，定数 a の値を求めよ。

> navigate
>
> 共有点における共通接線は，
> $$f(t)=g(t) \text{ かつ } f'(t)=g'(t)$$
> を解けばよい。

解

$f(x)=x^3+x^2+ax$, $g(x)=x^2-2$ とおくと
$$f'(x)=3x^2+2x+a$$
$$g'(x)=2x$$

また，点Pの x 座標を $x=t$ とおく。共通接線になるには

$$\begin{cases} t^3+t^2+at=t^2-2 \\ 3t^2+2t+a=2t \end{cases} \qquad \begin{cases} f(t)=g(t) \\ f'(t)=g'(t) \end{cases}$$

$$\iff \begin{cases} t^3+at+2=0 & \cdots① \\ a=-3t^2 & \cdots② \end{cases}$$

②を①に代入して
$$t^3-3t^3+2=0$$
$$t^3-1=0$$
$$(t-1)(t^2+t+1)=0$$

$t^2+t+1=\left(t+\dfrac{1}{2}\right)^2+\dfrac{3}{4}>0$ であるから

$$t-1=0 \quad \text{ゆえに} \quad t=1$$

これを②に代入すると

$$\boldsymbol{a=-3} \text{—答}$$

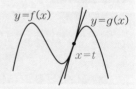

✓ SKILL UP

共通接線 接点が同じタイプ（2曲線が接する）

$$\begin{cases} f(t)=g(t) & \cdots \text{通る点が同じ} \\ f'(t)=g'(t) & \cdots \text{傾きが同じ} \end{cases}$$

8

Lv.∎∎▎▎ 曲線 $y=x^4-4x^3+2x^2$ に異なる2点で接する直線の方程式と，その接点の x 座標 α, β（$\alpha<\beta$）を求めよ。

> **navigate**
>
> 4次曲線には2点で接する接線（複接線）が存在し，これを求めるには，解答のように重解条件から係数比較する方が楽な場合が多い。

解

求める接線の方程式を $y=mx+n$ とおく。

$y=x^4-4x^3+2x^2$ と $y=mx+n$ が

$x=\alpha$, β で接する

$\iff$ $x^4-4x^3+2x^2-(mx+n)=0$ の左辺が

$(x-\alpha)^2(x-\beta)^2$ を因数にもつ

であるから

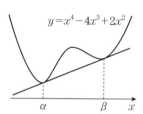
$y=x^4-4x^3+2x^2$

$$x^4-4x^3+2x^2-(mx+n)$$
$$=(x-\alpha)^2(x-\beta)^2$$
$$=x^4-2(\alpha+\beta)x^3+(\alpha^2+4\alpha\beta+\beta^2)x^2-2\alpha\beta(\alpha+\beta)x+\alpha^2\beta^2$$

よって，係数比較により

$-4=-2(\alpha+\beta)$ …① $2=\alpha^2+4\alpha\beta+\beta^2$…②

$-m=-2\alpha\beta(\alpha+\beta)$…③ $-n=\alpha^2\beta^2$ …④

①，②から $\alpha+\beta=2$, $\alpha\beta=-1$ …⑤

> ①，②の α, β の対称式の連立方程式を解いて，③，④に代入すれば，m, n は求められる。

解と係数の関係より，α, β は2次方程式 $t^2-2t-1=0$ の解である。

よって $\alpha=1\pm\sqrt{2}$ このとき $\beta=1\mp\sqrt{2}$ （複号同順）

$\alpha<\beta$ から $\alpha=1-\sqrt{2}$, $\beta=1+\sqrt{2}$

⑤を③，④に代入すると $m=-4$, $n=-1$

よって，求める直線の方程式は $y=-4x-1$

以上より $\boldsymbol{\alpha=1-\sqrt{2}}$, $\boldsymbol{\beta=1+\sqrt{2}}$, $\boldsymbol{y=-4x-1}$ —㊐

☑ SKILL UP

2曲線が接する条件として，多項式 $f(x)$, $g(x)$ について，

グラフ：$y=f(x)$ と $y=g(x)$ が $x=\bullet$ で接する

$\iff$ 方程式：$f(x)-g(x)=0$ が $x=\bullet$ の重解をもつ

Theme 3 | 極値

9
Lv.∎∎∎∎

(1) $f(x)=|x^3-x^2|$ の極値を求めよ。

(2) $f(x)=x^3-3x^2-3x+2$ の極大値を求めよ。

10
Lv.∎∎∎∎

3次関数 $f(x)=2x^3-3(a+1)x^2+6ax+2$ が極値をもつような a の値の範囲を求め，$f(x)$ の極大値を求めよ。

11
Lv.∎∎∎∎

3次関数 $f(x)=ax^3+3bx^2+3cx-1$ が $x=1$ において極大値，$x=2$ において極小値をとり，その極大値は極小値よりも 1 だけ大きいとき，a, b, c の値を求めよ。

12
Lv.∎∎∎∎

$f(x)=x^3-3x^2+3ax+b$ について，$f(x)$ の極大値と極小値の差が 32 となるとき，a の値を求めよ。

Theme分析

このThemeでは，極値について扱う。

ある区間の任意の値u, vについて

$$u<v \quad ならば \quad f(u)<f(v)$$

のとき，$f(x)$はその区間で**単調に増加する**という。

また $u<v$ ならば $f(u)>f(v)$

のとき，$f(x)$はその区間で**単調に減少する**という。

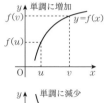

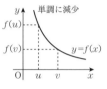

次に，関数の増減と導関数の符号について確認する。

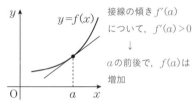

接線の傾き$f'(a)$について，$f'(a)>0$

↓

aの前後で，$f(a)$は増加

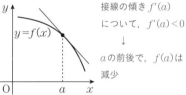

接線の傾き$f'(a)$について，$f'(a)<0$

↓

aの前後で，$f(a)$は減少

また，極値について確認する。

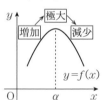

関数$f(x)$が増加から減少に移る点を極大という

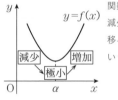

関数$f(x)$が減少から増加に移る点を極小という

x	$\cdots$	α	$\cdots$
$f'(x)$	$+$	0	$-$
$f(x)$	↗	極大	↘

x	$\cdots$	α	$\cdots$
$f'(x)$	$-$	0	$+$
$f(x)$	↘	極小	↗

関数の増減

ある区間で $\begin{cases} 常にf'(x)>0ならば，f(x)は，その区間で単調に増加する。 \\ 常にf'(x)<0ならば，f(x)は，その区間で単調に減少する。 \\ 常にf'(x)=0ならば，f(x)は，その区間で一定である。 \end{cases}$

関数の極値

極大：$f(x)$が増加から減少に移る点。$f'(x)$は正から負へ。

極小：$f(x)$が減少から増加に移る点。$f'(x)$は負から正へ。

9 (1) $f(x)=|x^3-x^2|$ の極値を求めよ。

Lv.∎∎∎ (2) $f(x)=x^3-3x^2-3x+2$ の極大値を求めよ。

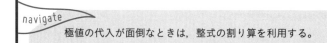

navigate

極値の代入が面倒なときは，整式の割り算を利用する。

解

(1) $x^3-x^2>0$ を解くと，$x^2(x-1)>0$ から $x>1$ だから以下のようになる。

$$f(x)=\begin{cases} x^3-x^2 & (x\geqq 1 \text{のとき}) \\ -x^3+x^2 & (x<1 \text{のとき}) \end{cases}$$

このとき $f'(x)=\begin{cases} x(3x-2) & (x>1 \text{のとき}) \\ -x(3x-2) & (x<1 \text{のとき}) \end{cases}$

$x=1$ においては，微分可能でないため等号を外しておく。

よって，増減表は以下のようになる。

x	$\cdots$	0	$\cdots$	$\dfrac{2}{3}$	$\cdots$	1	$\cdots$
$f'(x)$	$-$	0	$+$	0	$-$		$+$
$f(x)$	$\searrow$	0	$\nearrow$	$\dfrac{4}{27}$	$\searrow$	0	$\nearrow$

以上より，

$x=0$ のとき極小値 0，$x=\dfrac{2}{3}$ のとき極大値 $\dfrac{4}{27}$，

$x=1$ のとき極小値 0 —(答)

(2) $f'(x)=3(x^2-2x-1)$ より，
$f'(x)=0$ を解くと $x=1\pm\sqrt{2}$
増減表は右のようになる。
$f(x)$ を $f'(x)$ で割ると

x	$\cdots$	$1-\sqrt{2}$	$\cdots$	$1+\sqrt{2}$	$\cdots$
$f'(x)$	$+$	0	$-$	0	$+$
$f(x)$	$\nearrow$	極大	$\searrow$	極小	$\nearrow$

$$f(x)=\left(\frac{1}{3}x-\frac{1}{3}\right)f'(x)-4x+1$$

だから，求める極大値は $f(1-\sqrt{2})=0-4(1-\sqrt{2})+1=\mathbf{4\sqrt{2}-3}$ —(答)

✓ SKILL UP

極値を求める問題では，微分して，増減表をかけばよい。

面倒な極値の計算は，$f(x)$ を $f'(x)$ で割った式に代入する。

10

Lv.ıı∎∎

3次関数 $f(x) = 2x^3 - 3(a+1)x^2 + 6ax + 2$ が極値をもつような a の値の範囲を求め，$f(x)$ の極大値を求めよ。

---

navigate

3次関数 $f(x)$ が極値をもつ条件を問われたら，2次方程式 $f'(x) = 0$ が異なる2解をもつ条件を調べればよい。

本問は $f'(x)$ が因数分解できるので，判別式を用いるまでもない。また，極値は a と1の大小で場合分けする必要がある。

解

$$f(x) = 2x^3 - 3(a+1)x^2 + 6ax + 2$$
$$f'(x) = 6x^2 - 6(a+1)x + 6a$$
$$= 6(x-1)(x-a)$$

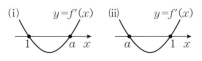

であり，$f(x)$ が極値をもつ条件は

$$\boldsymbol{a \neq 1} \text{—㊤} \qquad \leftarrow 1 < a, \ a < 1 \text{で場合分け}$$

(i) $1 < a$ のとき

x	$\cdots$	1	$\cdots$	a	$\cdots$
$f'(x)$	+	0	−	0	+
$f(x)$	↗	極大	↘	極小	↗

より，極大値
$$f(1) = 3a + 1$$

(ii) $a < 1$ のとき

x	$\cdots$	a	$\cdots$	1	$\cdots$
$f'(x)$	+	0	−	0	+
$f(x)$	↗	極大	↘	極小	↗

より，極大値
$$f(a) = -a^3 + 3a^2 + 2$$

以上より，

$$\boldsymbol{1 < a \text{ のとき } x = 1 \text{ で極大値 } 3a + 1,}$$
$$\boldsymbol{a < 1 \text{ のとき } x = a \text{ で極大値 } -a^3 + 3a^2 + 2} \text{—㊤}$$

✓ SKILL UP

3次関数 $f(x)$ が極値をもつ

$\iff$ 2次方程式 $f'(x) = 0$ が異なる2解をもつ

$\iff$ $f'(x) = 0$ の判別式が正（$D > 0$）

注 重解をもつときは除く。（$D \geqq 0$ としないように）

11

Lv.▪▪▪▪

3次関数 $f(x)=ax^3+3bx^2+3cx-1$ が $x=1$ において極大値, $x=2$ において極小値をとり, その極大値は極小値よりも1だけ大きいとき, a, b, c の値を求めよ。

navigate

3次関数が $x=1$, 2で極値をとるといわれたら, $f'(1)=0$, $f'(2)=0$ として考える。十分性の確認に注意する。

解

$$f(x)=ax^3+3bx^2+3cx-1$$
$$f'(x)=3ax^2+6bx+3c$$

$f(x)$ が $x=1$, 2において極値をもつので $f'(1)=0$, $f'(2)=0$ であり

$$a+2b+c=0 \quad \cdots① \quad 4a+4b+c=0 \quad \cdots②$$

さらに, $f(1)-f(2)=1$ から $-7a-9b-3c=1 \quad \cdots③$

①, ②, ③を解いて $a=2$, $b=-3$, $c=4$

逆にこのとき

$$f(x)=2x^3-9x^2+12x-1$$
$$f'(x)=6x^2-18x+12$$
$$=6(x-1)(x-2)$$

となり, 題意に適する。

十分性の確認。

x	$\cdots$	1	$\cdots$	2	$\cdots$
$f'(x)$	+	0	−	0	+
$f(x)$	↗	極大	↘	極小	↗

以上より $\boldsymbol{a=2}$, $\boldsymbol{b=-3}$, $\boldsymbol{c=4}$ ——(答)

注 $f'(x)=0$ であっても, $f(x)$ は $x=a$ で極値をとるとは限らない。$f(x)=x^3$ のとき, $f'(x)=3x^2$ であり, $f'(0)=0$ となるが, 右図のように, $x=0$ において極値とはならない。

$x=●$ で極値をとるならば, $f'(●)=0$

というのは必要条件であり, 最後に増減表で十分性の確認をする必要がある。

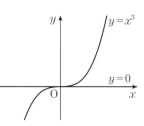

✓ SKILL UP

$f(x)$ は, $x=●$ で微分可能な関数とする。

$f(x)$ が $x=●$ で極値をとる $\implies f'(●)=0$ （必要条件）

注 $f'(x)=0$ であっても, $f(x)$ は $x=a$ で極値をとるとは限らない。

12

Lv. ▪▪▫▫

$f(x)=x^3-3x^2+3ax+b$ について，$f(x)$ の極大値と極小値の差が 32 となるとき，a の値を求めよ。

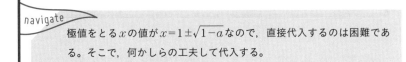

navigate

極値をとる x の値が $x=1\pm\sqrt{1-a}$ なので，直接代入するのは困難である。そこで，何かしらの工夫して代入する。

解

$f'(x)=3x^2-6x+3a=3(x^2-2x+a)$ より

$$f'(x)=0 \iff x^2-2x+a=0 \quad \cdots①$$

極値をもつ条件は，①の判別式を D として

$$D>0 \text{ から } a<1 \quad \cdots②$$

まず極値をもつ条件を調べる。

x	$\cdots$	α	$\cdots$	β	$\cdots$
$f'(x)$	+	0	−	0	+
$f(x)$	↗	極大	↘	極小	↗

このとき，①の異なる実数解を $x=\alpha,\ \beta\ (\alpha<\beta)$ とおくと

$$\alpha=1-\sqrt{1-a},\ \beta=1+\sqrt{1-a}$$

$f(x)$ を $\dfrac{1}{3}f'(x)=x^2-2x+a$ で割り算すると

$$f(x)=\frac{1}{3}f'(x)(x-1)+2(a-1)x+(a+b)$$

$$\begin{array}{r}x-1\\x^2-2x+a\overline{)x^3-3x^2+3ax+b}\\\underline{x^3-2x^2+ax}\\-x^2+2ax+b\\\underline{-x^2+2x-a}\\2(a-1)x+(a+b)\end{array}$$

から $f(\alpha)-f(\beta)=2(a-1)(\alpha-\beta)=4(\sqrt{1-a})^3$

$$f(\alpha)-f(\beta)=32 \iff 4(\sqrt{1-a})^3=32 \iff \sqrt{1-a}=2$$

両辺を2乗して，$1-a=4$ から $\boldsymbol{a=-3}$ （②を満たす）─答

別解

①において，解と係数の関係により $\alpha+\beta=2,\ \alpha\beta=a$

$$\begin{aligned}f(\alpha)-f(\beta)&=(\alpha^3-3\alpha^2+3a\alpha+b)-(\beta^3-3\beta^2+3a\beta+b)\\&=(\alpha-\beta)\{(\alpha^2+\alpha\beta+\beta^2)-3(\alpha+\beta)+3a\}\\&=(\alpha-\beta)\{(\alpha+\beta)^2-\alpha\beta-3(\alpha+\beta)+3a\}\\&=-2\sqrt{1-a}(2^2-a-3\cdot2+3a)\\&=-4\sqrt{1-a}(a-1)=4(\sqrt{1-a})^3\end{aligned}$$

$(\alpha-\beta)$ でくくると，{ } 内は $\alpha,\ \beta$ の対称式なので，基本対称式 $\alpha+\beta,\ \alpha\beta$ で表せる。

✓ SKILL UP

面倒な極値の差を求めるとき

・$f(x)$ を $f'(x)$ で割り算した式に代入する。

・解と係数の関係を利用する。

Theme 4 | グラフと最大値・最小値

13
Lv. ▪▪▫▫

$2x+y=12$, $x \geqq 0$, $y \geqq 0$ のとき, $x^2 y$ の最大値と最小値を求めよ。

14
Lv. ▪▪▫▫

$f(x)=ax^3+3ax^2+b$ の $-1 \leqq x \leqq 2$ における最大値が 10, 最小値が -10 であるとき, a, b の値を求めよ。

15
Lv. ▪▪▫▫

$f(x)=x^3-3a^2x+1$ $(a \geqq 0)$ の $-1 \leqq x \leqq 1$ における最大値を求めよ。

16
Lv. ▪▪▫▫

$f(x)=ax^3+bx^2+cx+d$ $(a \neq 0)$ とおく。3次関数 $y=f(x)$ のグラフは, 点 $\left(-\dfrac{b}{3a}, f\left(-\dfrac{b}{3a}\right)\right)$ に関して点対称であることを証明せよ。

Theme分析

3次関数のグラフは，微分して増減表をかけばよい。また，特徴としてある点に関して点対称であるという性質があり，$y=x^3-3x$のグラフでは$(0,0)$に関して対称である。グラフがかければ，関数の最大値・最小値を求められる。

例 $f(x)=x^3-3x$の$-2\leqq x\leqq 2$における最大値，最小値を求める。

$$y'=3x^2-3=3(x+1)(x-1)$$

よって，増減表は以下の通りになる。

x	$\cdots$	-1	$\cdots$	1	$\cdots$
$f'(x)$	$+$	0	$-$	0	$+$
$f(x)$	↗	2	↘	-2	↗

また，$f(-2)=-2$，$f(2)=2$　である。

右のグラフより

$\quad x=-1$，2のとき最大値2

$\quad x=-2$，1のとき最小値-2

この例で，定義域が「$-2\leqq x\leqq 2$」から「$-a\leqq x\leqq a(a>0)$」となると，2次関数のときと同様に場合分けが起こる。ちなみに，その結果は下のようになる。

(i)　$0<a\leqq 1$のとき，最大値$f(-a)=-a^3+3a$，最小値$f(a)=a^3-3a$

(ii)　$1<a<2$のとき，最大値$f(-1)=2$，最小値$f(1)=-2$

(iii)　$a=2$のときは上の結果。

(iv)　$2<a$のとき，最大値$f(a)=a^3-3a$，最小値$f(-a)=-a^3+3a$

場合分けのポイントは下のようになる。

3次関数の最大値・最小値

1変数関数の最大・最小は，基本はグラフをかいて調べる。

文字定数があれば場合分けを意識するが，場合分けのポイントは，

①　グラフの概形が変わるときは分ける。（極値をもつ・もたない）

②　グラフが動くときも，グラフ固定して，区間を動かす。

③　グラフをかいた後，$\begin{cases}\text{区間と極大・極小の位置}\\ \text{端点と極大値・極小値の大小}\end{cases}$ に着目して分ける。

13 $2x+y=12$, $x \geqq 0$, $y \geqq 0$ のとき, x^2y の最大値と最小値を求めよ。

Lv.

> **navigate**
>
> $y=12-2x$ として y を消去すれば3次関数の最大・最小の問題になる。よって, グラフをかいて調べればよい。ただし, その際は範囲のチェックに注意する。

解

$2x+y=12$ から $y=-2x+12$

$y \geqq 0$ であるから $-2x+12 \geqq 0$

よって $0 \leqq x \leqq 6$

$x^2y = x^2(-2x+12)$

$\qquad = -2x^3+12x^2$ （$=f(x)$ とおく）

$f(x) = -2x^3+12x^2$ の $0 \leqq x \leqq 6$ における最大値, 最小値を求める。

> 文字を消去したときは, 範囲のチェックを忘れないこと。

$y=f(x)$ のグラフをかくと

$f'(x) = -6x^2+24x$

$\qquad = -6x(x-4)$

> 1変数関数の最大値, 最小値を考えればよい。

x	$\cdots$	0	$\cdots$	4	$\cdots$
$f'(x)$	$-$	0	$+$	0	$-$
$f(x)$	$\searrow$	極小	$\nearrow$	極大	$\searrow$

ここで, $x=4$ のとき $y=4$, $x=0$ のとき $y=12$, $x=6$ のとき $y=0$

したがって, $y=f(x)$ $(0 \leqq x \leqq 6)$ のグラフは右図のようになる。

よって

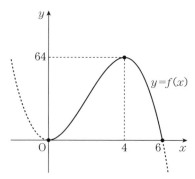

$x=4$, $y=4$ のとき **最大値64**

$x=0$, $y=12$ または $x=6$, $y=0$ のとき **最小値0** ⏤ 答

✓ SKILL UP

2変数関数の最大値・最小値は, 文字を消去して1変数化する。

ただし, 消去した文字の範囲チェックを忘れないようにする。

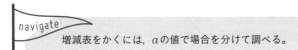

14

Lv. ■■ıll

$f(x)=ax^3+3ax^2+b$ の $-1\leqq x\leqq2$ における最大値が 10, 最小値が -10 であるとき, a, b の値を求めよ。

navigate

増減表をかくには, a の値で場合を分けて調べる。

解

$$f'(x)=3ax^2+6ax=3ax(x+2)$$

$a=0$, $a>0$, $a<0$ で場合分けする。

(i) $a=0$ のとき $f(x)=b$

よって, 最大値が 10, 最小値が -10 になることはない。 $f(x)$ は定数関数。

(ii) $a>0$ のとき

x	-1	$\cdots$	0	$\cdots$	2
$f'(x)$		$-$	0	$+$	
$f(x)$	$b+2a$	$\searrow$	b	$\nearrow$	$b+20a$

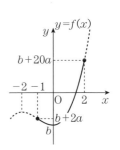

よって, 最小値は $f(0)=b$

また, $a>0$ より, $b+20a>b+2a$ であるから

最大値は $f(2)=b+20a$

したがって $b=-10$, $b+20a=10$

これを解いて $a=1$, $b=-10$ ($a>0$ を満たす)

(iii) $a<0$ のとき

x	-1	$\cdots$	0	$\cdots$	2
$f'(x)$		$+$	0	$-$	
$f(x)$	$b+2a$	$\nearrow$	b	$\searrow$	$b+20a$

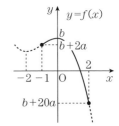

よって, 最大値は $f(0)=b$

また, $a<0$ より, $b+20a<b+2a$ であるから

最小値は $f(2)=b+20a$ したがって $b=10$, $b+20a=-10$

これを解いて $a=-1$, $b=10$ ($a<0$ を満たす)

以上から $(a, b)=(1, -10), (-1, 10)$ —㊂

✓ SKILL UP

文字定数入りの3次関数のとき, 極値をもつ場合やもたない場合など, グラフの概形が変わるときは文字定数の値で場合を分ける。

15

$f(x)=x^3-3a^2x+1$ $(a\geqq0)$ の $-1\leqq x\leqq1$ における最大値を求めよ。

Lv.

navigate

場合分けの問題である。本来はグラフが動くが，グラフを固定して，区間を相対的に動かして考える方が楽である。

解

(i) $a=0$ のとき

$f(x)=x^3+1$ は単調増加なので，最大値 $f(1)=2$ $a=0$ のときは，極値をもたないグラフとなる。

(ii) $a>0$ のとき

$f(x)=x^3-3a^2x+1$ から

$$f'(x)=3x^2-3a^2$$
$$=3(x+a)(x-a)$$

x	$\cdots$	$-a$	$\cdots$	a	$\cdots$
$f'(x)$	$+$	0	$-$	0	$+$
$f(x)$	↗	極大	↘	極小	↗

(ア) $1\leqq a$ のとき

最大値 $f(-1)=3a^2$

(イ) $a\leqq1\leqq2a$ から $\dfrac{1}{2}\leqq a\leqq1$

のとき

最大値 $f(-a)=2a^3+1$

(ウ) $2a\leqq1$ から $0<a\leqq\dfrac{1}{2}$ の

とき

最大値 $f(1)=-3a^2+2$

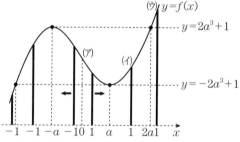

$\uparrow f(x)=2a^3+1$ から　$x^3-3a^2x+1=2a^3+1$
$(x+a)^2(x-2a)=0$ なので，$x=-a$, $2a$
$x=-a$ で接するのはグラフからわかる

以上より

$$0\leqq a\leqq\frac{1}{2}\text{ のとき }-3a^2+2,\ \frac{1}{2}\leqq a\leqq1\text{ のとき }2a^3+1,\ 1\leqq a\text{ のとき }3a^2\ —\text{答}$$

✓ SKILL UP

3次関数の最大・最小の場合分けのポイントは，

グラフをもとに，$\begin{cases}\text{区間と極大・極小の位置}\\\text{端点と極大値・極小値の大小}\end{cases}$ に着目して分ける。

16

Lv. ▮▮▮▮

$f(x)=ax^3+bx^2+cx+d$ $(a\neq0)$ とおく。3次関数 $y=f(x)$ のグラフは，点 $\left(-\dfrac{b}{3a},\ f\left(-\dfrac{b}{3a}\right)\right)$ に関して点対称であることを証明せよ。

navigate

3次関数のグラフは，すべて点 $\left(-\dfrac{b}{3a},\ f\left(-\dfrac{b}{3a}\right)\right)$ に関して対称である。

この点は変曲点と呼ばれる。点対称の図形の中心を原点に移して考える。

解

$y=f(x)$ のグラフを x 方向に $\dfrac{b}{3a}$，y 方向に $-f\left(-\dfrac{b}{3a}\right)$ 平行移動すると

$$y=a\left(x-\frac{b}{3a}\right)^3+b\left(x-\frac{b}{3a}\right)^2+c\left(x-\frac{b}{3a}\right)+d-f\left(-\frac{b}{3a}\right)=g(x)$$

ここで

$$(x^2\text{の係数})=a\cdot3\left(-\frac{b}{3a}\right)+b=0$$

$$(\text{定数項})=a\left(-\frac{b}{3a}\right)^3+b\left(-\frac{b}{3a}\right)^2+c\left(-\frac{b}{3a}\right)+d-f\left(-\frac{b}{3a}\right)=0$$

となり，$g(x)$ は，$g(-x)=-g(x)$ を満たすから，そのグラフは原点に関して対称である。

よって，もとのグラフは，点 P に関して対称である。━━(証明終)

参考 曲線の凹凸と変曲点（数学Ⅲ）

ある区間で，$\begin{cases}\text{常に}f''(x)>0\text{ならば，}y=f(x)\text{は，下に凸である。}\\\text{常に}f''(x)<0\text{ならば，}y=f(x)\text{は，上に凸である。}\end{cases}$

曲線 $y=f(x)$ 上の点 $P(p,\ f(p))$ を境目として，曲線の凹凸が変化するとき，点 P を曲線 $y=f(x)$ の変曲点という。本問の点 P は，

$f(x)=ax^3+bx^2+cx+d$ から，$f'(x)=3ax^2+2bx+c$，$f''(x)=6ax+2b$ となり，

$f''(x)=0$ を解くと，$x=-\dfrac{b}{3a}$ となるので，$P\left(-\dfrac{b}{3a},\ f\left(-\dfrac{b}{3a}\right)\right)$ である。

✓ SKILL UP

3次関数のグラフは，**変曲点に関して点対称である**。変曲点とは凹凸が変化する点であり，2回微分可能であれば y'' の符号を変える点である。

Theme 5 | 3次方程式

17
Lv. ▪▫▫▫

x の方程式 $ax^3-(a+1)x^2-2x+3=0$ が異なる2つの実数解をもつような定数 a の値を求めよ。

18
Lv. ▪▫▫▫

3次方程式 $x^3-2x^2-4x+a=0$ が2つの異なる負の解と1つの正の解をもつような定数 a の値の範囲を求めよ。

19
Lv. ▪▫▫▫

3次方程式 $2x^3-3(a+1)x^2+6ax-2a=0$ が異なる3個の実数解をもつ定数 a の値の範囲を求めよ。

20
Lv. ▪▫▫▫

縦,横,高さの3辺の和が9で,表面積が48である直方体の体積の最大値を求めよ。

Theme分析

このThemeでは，3次方程式の実数解の個数について扱う。

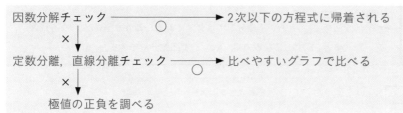

まず，因数分解して方程式の次数が下げられないかを調べる。

$$\boxed{3次方程式}\longrightarrow\boxed{因数分解}\longrightarrow\boxed{2次方程式の実数解の個数について考える}$$

となれば，実数解の個数について，判別式などが利用できる。

次に，定数分離など比べやすいグラフの組み合わせがつくれないかを調べる。

$$\boxed{f(x)=0}\longrightarrow\boxed{移項}\longrightarrow\boxed{g(x)=a}\longrightarrow\boxed{グラフ}\longrightarrow\boxed{y=g(x)とy=aの共有点の個数}$$

最後に，因数分解や定数分離が無理そうな3次方程式の実数解の個数について考える。

グラフを利用して，$y=f(x)$とx軸との共有点の個数を調べることになる。

$y=f(x)$が極値をもたないグラフであれば，x軸との共有点の個数は1個である。

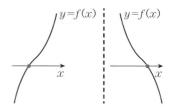

次に，$y=f(x)$が極値をもつグラフの場合を考える。下の図は，x^3の係数が正の場合である。例えば，$x=\alpha,\ \beta$で極値をとるとする。

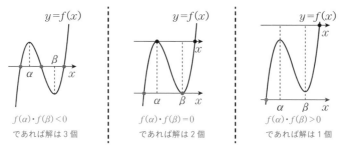

このように，極値の正負でx軸との共有点の個数を判別することができる。

17

Lv.●❚❚❚

xの方程式$ax^3-(a+1)x^2-2x+3=0$が異なる2つの実数解をもつような定数aの値を求めよ。

navigate

左辺を$f(x)$とおいて微分してはダメである。この方程式は$x=1$を代入すると左辺は0になるので，$(x-1)$で因数分解できる。

解

$$ax^3-(a+1)x^2-2x+3=0$$

$$\Longleftrightarrow \quad (x-1)(ax^2-x-3)=0 \quad \cdots ①$$　　　　因数分解できる。

方程式①の実数解が2個となるのは，次の3つの場合が考えられる。

(i) 2次方程式$ax^2-x-3=0$が$x=1$以外の重解をもつ場合

(ii) 2次方程式$ax^2-x-3=0$が$x=1$と他の実数解をもつ場合

(iii) 方程式$ax^2-x-3=0$が1次方程式になり，$x=1$以外の解をもつ場合

(i)のとき　$a\neq0$のもとで，$ax^2-x-3=0$の判別式をDとして，

$$D=1+12a=0 \text{から} \quad a=-\frac{1}{12}$$

このとき　$-\dfrac{1}{12}x^2-x-3=0 \iff -\dfrac{1}{12}(x+6)^2=0$

となり，$x=1$以外の重解をもつので適する。

(ii)のとき　$a\cdot1^2-1-3=0$から　$a=4$

このとき　$4x^2-x-3=0 \iff (x-1)(4x+3)=0$

となり，$x=1$以外の解をもつので適する。

(iii)のとき　$a=0$

このとき　① $\iff (x-1)(-x-3)=0$

となり適する。

以上より　$a=-\dfrac{1}{12},\ 4,\ 0$ —答

✓ SKILL UP

3次方程式の解の個数問題①

因数分解をチェック ────────○────────▶ 2次以下の方程式に帰着される

18 3次方程式 $x^3-2x^2-4x+a=0$ が2つの異なる負の解と1つの正の解をもつ
Lv.⬤⬤⬤⬤ ような定数 a の値の範囲を求めよ。

navigate
定数分離して比べるとよい。

解

$$x^3-2x^2-4x+a=0 \iff -x^3+2x^2+4x=a \qquad \text{定数分離できる。}$$

より, 曲線 $y=-x^3+2x^2+4x$ と直線 $y=a$ の共有点の x 座標について調べる。

$f(x)=-x^3+2x^2+4x$ とおく。

$$f'(x)=-3x^2+4x+4$$
$$=-(3x+2)(x-2)$$

x	$\cdots$	$-\dfrac{2}{3}$	$\cdots$	2	$\cdots$
$f'(x)$	$-$	0	$+$	0	$-$
$f(x)$	$\searrow$	$-\dfrac{40}{27}$	$\nearrow$	8	$\searrow$

曲線 $y=f(x)$ と直線 $y=a$ が $x<0$ の異なる2個の
共有点と $x>0$ の1つの共有点をもつ定数 a の値の
範囲を調べる。

右のグラフより, 定数 a の値の範囲は

$$-\frac{40}{27}<a<0 \text{ 答}$$

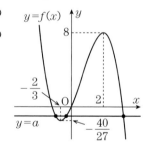

✅ SKILL UP

3次方程式の解の個数問題②

因数分解をチェック ――――――――→ 2次以下の方程式に帰着される
　　　　　　　　　　　　　　○
　×↓

定数分離，直線分離をチェック ――――→ 比べやすいグラフで比べる
　　　　　　　　　　　　○

定数分離

方程式 $f(x)=a$ の実数解 $\iff$ $y=f(x)$ と $y=a$ の共有点の x 座標

19

Lv.⦁⦁❚❚

3次方程式 $2x^3-3(a+1)x^2+6ax-2a=0$ が異なる3個の実数解をもつ定数 a の値の範囲を求めよ。

navigate

因数分解もできないし，定数分離も大変（与式 $\iff \dfrac{2x^3-3x^2}{3x^2-6x+2}=a$ で数学Ⅲの知識が必要になる）なので，極値の正負を調べる。

解

$f(x)=2x^3-3(a+1)x^2+6ax-2a$ とおく。

$$f'(x)=6x^2-6(a+1)x+6a$$
$$=6(x-1)(x-a)$$

より，$f(x)$ が極値もつには $a \neq 1$ …①

$f(x)=0$ が異なる3個の実数解をもつための条件は

（極大値）×（極小値）<0

$$f(1)\cdot f(a)<0 \quad \cdots ②$$
$$(a-1)(-a^3+3a^2-2a)<0$$
$$a(a-1)^2(a-2)>0$$

①より $(a-1)^2>0$ であるから

$$a(a-2)>0$$
$$a<0,\ 2<a \quad （これは①を満たす）$$

したがって，求める a の値の範囲は **$a<0,\ 2<a$** ─⦿

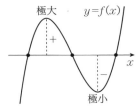

極大値>0かつ極小値<0であればよいのだが，この場合，$a>1$，$a<1$ で場合分けをしなければならない。よって，「極値の積<0」で覚えておく方がよい。

✓ SKILL UP

3次方程式の解の個数問題③

因数分解をチェック ─────○──────▶2次以下の方程式に帰着される

　×
　↓

定数分離，直線分離をチェック ───○───▶比べやすいグラフで比べる

　×
　↓

極値の正負を調べる

| 極大値×極小値<0 ┄┄┄┄┄┄┄▶解3個 |
| 極大値×極小値=0 ┄┄┄┄┄┄┄▶解2個 |
| 極大値×極小値>0 or 極値無し ┄┄┄▶解1個 |

20

Lv. 縦，横，高さの3辺の和が9で，表面積が48である直方体の体積の最大値を
求めよ。

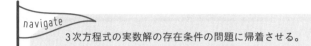

navigate

3次方程式の実数解の存在条件の問題に帰着させる。

解

直方体の3辺をα, β, γとおく。条件から　$\alpha+\beta+\gamma=9$

$2(\alpha\beta+\beta\gamma+\gamma\alpha)=48$より　$\alpha\beta+\beta\gamma+\gamma\alpha=24$

このとき，体積$\alpha\beta\gamma$の取りうる値の範囲は，$\alpha\beta\gamma=k$とおいたときに

$$\alpha+\beta+\gamma=9, \quad \alpha\beta+\beta\gamma+\gamma\alpha=24, \quad \alpha\beta\gamma=k$$

を満たす正の実数α, β, γが存在するkの値の範囲に等しい。

解と係数の関係より，α, β, γは，$x^3-9x^2+24x-k=0$の3解だから，

$x^3-9x^2+24x=k$より，曲線$y=x^3-9x^2+24x$と直線$y=k$が$x>0$の3交点

をもつようなkの値の範囲を調べる。

$f(x)=x^3-9x^2+24x$とおくと　$f'(x)=3x^2-18x+24=3(x-2)(x-4)$

$f(x)$の増減表は次のようになる。

x	$\cdots$	2	$\cdots$	4	$\cdots$
$f'(x)$	$+$	0	$-$	0	$+$
$f(x)$	↗	20	↘	16	↗

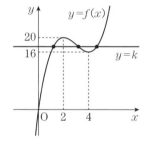

ゆえに，$y=f(x)$のグラフは右図のようになる。

図から，3次方程式が3個の正の解（重解は2個と

数える）をもつようなkの最大値は　**20**─(答)

✓ SKILL UP

$x+y+z=a$, $xy+yz+zx=b$のとき，xyzの最大値，最小値を求める

$xyz=k$とおいて，$\begin{cases} x+y+z=a \\ xy+yz+zx=b \\ xyz=k \end{cases}$を満たす実数$x$, y, zの存在条件

$\iff$　x, y, zは$t^3-at^2+bt-k=0$の実数解

$\iff$　$\begin{cases} y=t^3-at^2+bt \\ y=k \end{cases}$の3個の共有点の存在条件

Theme 6 | 接線の本数

21 点 $A(2, a)$ から曲線 $y = x^3$ に3本の接線が引けるような定数 a の値の範囲を求めよ。

Lv. ∎∎▮▮

22 点 $A(a, b)$ から曲線 $y = x^3 - 3x$ に3本の接線が引けるような点 (a, b) の範囲を図示せよ。

Lv. ∎∎▮▮

23 曲線 $y = x^3 - x$ と $y = x^2 + a$ の共通接線の本数を調べよ。

Lv. ∎∎▮▮

24 点 $A(a, 0)$ から曲線 $y = x^4 - 2x^2 + 1$ に2本の接線が引けるような定数 a の値を求めよ。

Lv. ∎∎▮▮

Theme分析

このThemeでは，接線の本数問題について扱う。

まず，Theme2でも見た例題についてもう一度考えてみよう。

例 関数 $y=x^2+4$ のグラフに点 $(1，1)$ から引いた接線の本数を求める。

$f(x)=x^2+4$ とおくと　$f'(x)=2x$

接点を $(t，t^2+4)$ とおくと，接線の傾きは

$\quad f'(t)=2t$

このとき，接線の方程式は

$\quad y-(t^2+4)=2t(x-t) \iff y=2tx-t^2+4$

点 $(1，1)$ を通るので，$x=y=1$ を代入して

$\quad t^2-2t-3=0$　…①

$\quad t=-1，3$　…②

$t=-1$ のとき $y=-2x+3$，$t=3$ のとき $y=6x-5$

となるので，2本である。

この問題について，接線を具体的に求める必要はなく本数だけが必要なので，それは②の解の個数が決まった時点で問題は解決している。すなわち，接点 t についての方程式①の実数解の個数が接線の本数となる。

ただし，もとの関数が4次関数のときは注意が必要である。

接線の本数問題は数学Ⅲでも登場する入試頻出問題であるから，理系の人はこれを機にしっかりマスターしてほしい。

接線の本数問題

接点を $(t，f(t))$ とおいて，接線を数式化。たいていは，「接点 t の個数＝接線の本数」であるので，接点 t についての方程式の解の個数を調べる。

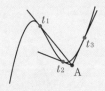

接点と接線は1対1に対応

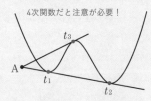

4次関数だと注意が必要！

接点2個で，接線1本

21 点$A(2, a)$から曲線$y=x^3$に3本の接線が引けるような定数aの値の範囲を
Lv.▮▮▯▯ 求めよ。

---

navigate

接点を(t, t^3)とおいて，接線を数式化する。通る点Aの座標を代入したtの方程式の解の個数を調べればよい。

解

$y=x^3$から　$y'=3x^2$

接点を(t, t^3)とおくと，接線の方程式は　$y-t^3=3t^2(x-t)$

接線は点$A(2, a)$を通るので

$$a-t^3=3t^2(2-t) \iff a=-2t^3+6t^2 \quad \cdots①$$

定数分離できる。

曲線$y=x^3$の接線の本数と条件を満たす接点の個数は一致するので，方程式①が異なる3個の実数解をもつような定数aの値の範囲を調べればよい。

ここで，曲線$y=-2t^3+6t^2$と直線$y=a$の共有点が3個あるような定数aの値の範囲を調べる。

$f(t)=-2t^3+6t^2$とおく。

$$f'(t)=-6t^2+12t=-6t(t-2)$$

t	$\cdots$	0	$\cdots$	2	$\cdots$
$f'(t)$	$-$	0	$+$	0	$-$
$f(t)$	$\searrow$	0	$\nearrow$	8	$\searrow$

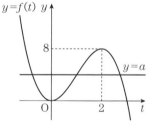

右のグラフより，求める定数aの値の範囲は　**$0<a<8$**ー㊜

☑ SKILL UP

接線の本数問題は，接点を$(t, f(t))$とおいて，接線を数式化。たいていは，「接点tの個数＝接線の本数」であるので，接点tについての方程式の解の個数を調べる。

接点の個数と接線の本数は1対1に対応する

点 $A(a, b)$ から曲線 $y=x^3-3x$ に3本の接線が引けるような点 (a, b) の範囲
Lv.▪◦◦ を図示せよ。

navigate

境界線としてもとの3次関数 $b=a^3-3a$ と変曲点における接線 $b=-3a$
が現れることを知っておくと，図示が楽である。

解

$y=x^3-3x$ から $y'=3x^2-3$

接点 (t, t^3-3t) とおくと，接線の方程式は $y-(t^3-3t)=(3t^2-3)(x-t)$

点 $A(a, b)$ を通るので $b-(t^3-3t)=(3t^2-3)(a-t)$

$2t^3-3at^2+(3a+b)=0$ …①

因数分解，
定数分離，
共に不可。

接線の本数と条件を満たす接点の個数は一致するので，方程式①
が異なる3個の実数解をもつような定数 a, b の満たす関係を調べればよい。

$f(t)=2t^3-3at^2+(3a+b)$ とおく。

$$f'(t)=6t^2-6at=6t(t-a)$$

より，$f(t)$ が極値をもつには $a \neq 0$ …①

$f(t)=0$ が異なる3個の実数解をもつための条件は

(極大値)×(極小値)<0

$f(0) \cdot f(a)<0$ …②

$(3a+b)(-a^3+3a+b)<0$

$$\begin{cases} b>-3a \\ b<a^3-3a \end{cases} \text{または} \begin{cases} b<-3a \\ b>a^3-3a \end{cases} \cdots ②$$

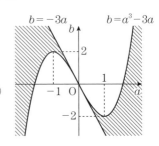

①，②より，求める (a, b) の動く範囲は，

右図の斜線部分。境界線は含まない —答

✓ SKILL UP

接線の本数が変化する境界線は，

1 もとの曲線

2 もとの曲線の変曲点における接線

3 もとの曲線の漸近線

であるので，これらに着目して答えを予想することができる。

23

曲線 $y=x^3-x$ と $y=x^2+a$ の共通接線の本数を調べよ。

Lv.

navigate

3次曲線の接線が放物線と接すると考えて，判別式を利用する。

解

$y=x^3-x$ から $y'=3x^2-1$

曲線 $y=x^3-x$ 上の接点 $(t,\ t^3-t)$ とおくと，接線の方程式は

$$y-(t^3-t)=(3t^2-1)(x-t) \iff y=(3t^2-1)x-2t^3$$

この直線が曲線 $y=x^2+a$ にも接するので

$$x^2+a=(3t^2-1)x-2t^3 \iff x^2-(3t^2-1)x+2t^3+a=0$$

が重解をもつ。この判別式 D とすると $D=0$

$$(3t^2-1)^2-4(2t^3+a)=0, \quad a=\frac{9}{4}t^4-2t^3-\frac{3}{2}t^2+\frac{1}{4} \quad \cdots①$$

方程式①の実数解の個数が，求める共通接線の本数になるので，

曲線 $y=\dfrac{9}{4}t^4-2t^3-\dfrac{3}{2}t^2+\dfrac{1}{4}$ と直線 $y=a$ の共有点の個数について調べる。

$f(t)=\dfrac{9}{4}t^4-2t^3-\dfrac{3}{2}t^2+\dfrac{1}{4}$ とおくと

$$f'(t)=9t^3-6t^2-3t=9t\left(t+\frac{1}{3}\right)(t-1)$$

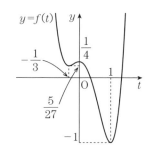

t		$-\dfrac{1}{3}$		0		1	
$f'(t)$	$-$	0	$+$	0	$-$	0	$+$
$f(t)$	↘	$\dfrac{5}{27}$	↗	$\dfrac{1}{4}$	↘	-1	↗

よって，右のグラフより，

a	$\cdots$	-1	$\cdots$	$\dfrac{5}{27}$	$\cdots$	$\dfrac{1}{4}$	$\cdots$
共通接線の本数	0	1	2	3	4	3	2

—答

✓ SKILL UP

3次曲線と放物線の共通接線の本数

3次関数の接点に文字をおいて，判別式を利用する。

24

Lv. ▮▮▮▮

点A$(a, 0)$から曲線$y=x^4-2x^2+1$に2本の接線が引けるような定数aの値を求めよ。

🚩 navigate

x軸上の点Aから引いた接線の本数を調べればよいが、4次曲線の場合は2つの接点をもつ接線が存在することに注意して解答する必要がある。

解

$y=x^4-2x^2+1$から　$y'=4x^3-4x$

接点(t, t^4-2t^2+1)とおくと、接線の方程式は

$$y-(t^4-2t^2+1)=(4t^3-4t)(x-t)$$

点A$(a, 0)$を通るので、$x=a, y=0$を代入して

$$(t+1)(t-1)(3t^2-4at+1)=0 \quad \cdots ①$$

ここで、右図のように、この曲線において、2点で接する接線はx軸のみであり、そのときの接点のx座標は± 1である。よって、方程式①が$t=\pm 1$以外に実数解を1つだけもつような定数aの値を求める。

$$3t^2-4at+1=0 \quad \cdots ②$$

2次方程式②が$t \neq \pm 1$に1解もつ条件は

(i)　$t=-1$を解にもつとき、②より　$a=-1$

このとき②を解くと$t=-1, -\dfrac{1}{3}$で題意を満たす。

(ii)　$t=1$を解にもつとき、②より　$a=1$

このとき②を解くと$t=1, \dfrac{1}{3}$で題意を満たす。

(iii)　$t \neq \pm 1$の重解をもつとき、

判別式$D=0$から、$a=\pm\dfrac{\sqrt{3}}{2}$であり、重解は$t=\pm\dfrac{\sqrt{3}}{3}$で$t \neq \pm 1$を満たす。

以上から　$a=\pm\mathbf{1}, \ \pm\dfrac{\sqrt{3}}{2}$ —答

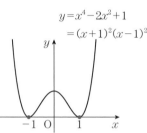

$y=x^4-2x^2+1$
$=(x+1)^2(x-1)^2$

①の実数解　→　接線

$\begin{cases} t=-1 \\ t=1 \end{cases} \to y=0(x軸)$

$t=-\dfrac{1}{3} \to y=\dfrac{32}{27}(x+1)$

①の実数解　→　接線

$\begin{cases} t=-1 \\ t=1 \end{cases} \to y=0(x軸)$

$t=\dfrac{1}{3} \to y=-\dfrac{32}{27}(x-1)$

✅ SKILL UP

接線の本数問題(4次関数の場合)

曲線上の異なる点での接線が同じ直線を表すことがあり、確認が必要。

Theme 7 | 3次不等式

25
Lv. ∎❙❙❙
(1) 不等式 $x^3+x^2-2<0$ を解け。
(2) 不等式 $x^3-6x^2+11x-6 \geqq 0$ を解け。

26
Lv. ∎❙❙❙
a, b は正の定数，$x>0$ として，次の不等式が成り立つことを証明せよ。
$$x^3+8a^3+8b^3 \geqq 12abx$$

27
Lv. ∎❙❙❙
$x \geqq 0$ のすべての x で，不等式 $x^3-ax+1 \geqq 0$ が成り立つような定数 a の値の範囲を求めよ。

28
Lv. ∎❙❙❙
$x \geqq 0$ の範囲で，関数 $f(x)=x^3-3x^2-9x$, $g(x)=-9x^2+27x+a$ について，x_1, x_2 のすべての組に対して，不等式 $f(x_1) \geqq g(x_2)$ が成り立つような a の値の範囲を求めよ。

Theme分析

このThemeでは，3次不等式について扱う。

不等式を扱う際には，「因数分解」と「グラフの利用」を意識したい。「グラフの利用」については，普段は「微分して増減表をかく」ことを主としてきたが，「因数分解」による「グラフの利用」を考えたい。

実数の範囲で2解以上が確定すれば，極値をもつタイプとなる。

(1) $x^3-4x>0$ を解く。

$$x(x+2)(x-2)>0$$

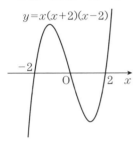

グラフより

$$-2<x<0,\ 2<x$$

(2) $x^3-3x-2\geqq0$ を解く。

$$(x+1)^2(x-2)\geqq0$$

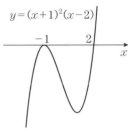

グラフより

$$x=-1,\ 2\leqq x$$

また，不等式の証明もグラフをかいて考えればよい。

例 $x>0$ のとき，$x^3-9x\geqq3x-16$ が成立することを証明する。

$f(x)=(x^3-9x)-(3x-16)=x^3-12x+16$ とおく。　←$A\geqq B\Longleftrightarrow A-B\geqq0$を示す

$$f'(x)=3x^2-12=3(x+2)(x-2)$$

$f'(x)=0$ を解くと　$x=\pm2$

$x>0$ における $f(x)$ の増減表は，下のようになる。

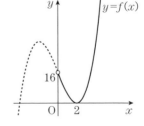

x	0	$\cdots$	2	$\cdots$
$f'(x)$		$-$	0	$+$
$f(x)$		$\searrow$	0	$\nearrow$

よって，$x>0$ において，$f(x)$ は $x=2$ のとき最小値0をとる。

ゆえに，$x>0$ のとき

$$f(x)\geqq0\ \Longleftrightarrow\ x^3-9x\geqq3x-16$$

25
Lv. ▮▮▮

(1) 不等式 $x^3 + x^2 - 2 < 0$ を解け。

(2) 不等式 $x^3 - 6x^2 + 11x - 6 \geqq 0$ を解け。

navigate

まずは，因数分解する。その後は，平方完成して符号が決定する場合と，
さらに因数分解できるときがある。

解

(1)
$$x^3 + x^2 - 2 < 0$$
$$(x-1)(x^2 + 2x + 2) < 0$$
ここで
$$x^2 + 2x + 2 = (x+1)^2 + 1 > 0$$
であるから
$$\boldsymbol{x < 1} \text{—答}$$

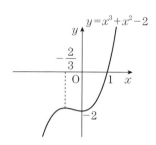

(2)
$$x^3 - 6x^2 + 11x - 6 \geqq 0$$
$$(x-1)(x^2 - 5x + 6) \geqq 0$$
$$(x-1)(x-2)(x-3) \geqq 0$$
ここで，$y = (x-1)(x-2)(x-3)$ のグラフは，x^3 の
係数が正で，x 軸と $x = 1$，2，3 で交わるので，右
のようになり，求める x の値の範囲は
$$\boldsymbol{1 \leqq x \leqq 2, \ 3 \leqq x} \text{—答}$$

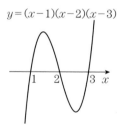

$y = (x-1)(x-2)(x-3)$

☑ SKILL UP

3次不等式を解くには

$\Longrightarrow$ 因数分解する $(x-\alpha)(ax^2 + bx + c) \geqq 0$

・$b^2 - 4ac \geqq 0$ であれば，因数分解できるので，グラフを利用して解く。

・$b^2 - 4ac < 0$ であれば，平方完成する。

26

a, bは正の定数，$x>0$として，次の不等式が成り立つことを証明せよ。

Lv. ∎∎∎▮

$$x^3+8a^3+8b^3 \geqq 12abx$$

---

navigate

大－小＝$f(x)$として，$f(x)$の最小値$\geqq 0$を示せばよい。微分して増減表をおけば最小値は求められる。

解1

$$x^3+8a^3+8b^3 \geqq 12abx$$

$f(x)=x^3-12abx+(8a^3+8b^3)$とおく。

$$\begin{aligned} f'(x) &= 3x^2-12ab \\ &= 3(x-2\sqrt{ab})(x+2\sqrt{ab}) \end{aligned}$$

$A \geqq B \iff A-B \geqq 0$を示す。

x	0	$\cdots$	$2\sqrt{ab}$	$\cdots$
$f'(x)$		$-$	0	$+$
$f(x)$		$\searrow$	極小	$\nearrow$

最小値 $f(2\sqrt{ab})=8a^3-16ab\sqrt{ab}+8b^3$

$$\begin{aligned} &= 8\left(a^{\frac{3}{2}}\right)^2-8\cdot2a^{\frac{3}{2}}b^{\frac{3}{2}}+8\left(b^{\frac{3}{2}}\right)^2 \\ &= 8\left(a^{\frac{3}{2}}-b^{\frac{3}{2}}\right)^2 \geqq 0 \end{aligned}$$

$a^{\frac{3}{2}}=s$, $b^{\frac{3}{2}}=t$とおくと

$8s^2-16st+8t^2=8(s-t)^2$

よって，不等式は成り立つ。 ── 証明終

解2

不等式を変形すると $x^3+(2a)^3+(2b)^3 \geqq 3(2a)(2b)x$

$2a=y$, $2b=z$とおくと，$x>0$, $y>0$, $z>0$で

$x^3+y^3+z^3 \geqq 3xyz$ を示せばよい。 有名な不等式の証明の問題。

$$x^3+y^3+z^3-3xyz=(x+y+z)(x^2+y^2+z^2-xy-yz-zx)$$

ここで $x^2+y^2+z^2-xy-yz-zx$

$$= \frac{1}{2}\{(x^2-2xy+y^2)+(y^2-2yz+z^2)+(z^2-2zx+x^2)\}$$

$$= \frac{1}{2}\{(x-y)^2+(y-z)^2+(z-x)^2\} \geqq 0$$ 有名な式変形である。

$x+y+z>0$であるから

$x^3+y^3+z^3-3xyz \geqq 0$ すなわち $x^3+8a^3+8b^3 \geqq 12abx$ ── 証明終

✓ SKILL UP

$A \geqq B$を示すには，$A-B \geqq 0$を目標にすればよい。方針としては，

$A-B=f(x)$として$f(x)$の最小値$\geqq 0$を示す。

27
Lv. ▪▫▫

$x \geq 0$のすべてのxで，不等式$x^3 - ax + 1 \geq 0$が成り立つような定数aの値の範囲を求めよ。

> navigate
>
> そのまま比べる：(与式) $\iff x^3 - ax + 1 \geq 0$,
>
> 直線分離：(与式) $\iff x^3 + 1 \geq ax$の方法が有用である。

解1

$f(x) = x^3 - ax + 1$とおくと　$f'(x) = 3x^2 - a$

(i) $a \leq 0$のとき，$f'(x) \geq 0$から，$f(x)$は$x \geq 0$の範囲で常に増加する。

　よって，$f(0) \geq 0$であればよく，$1 \geq 0$が常に成り立つ。

(ii) $a > 0$のとき

$$f'(x) = 3\left(x - \sqrt{\frac{a}{3}}\right)\left(x + \sqrt{\frac{a}{3}}\right)$$

右の増減表より

$$f\left(\sqrt{\frac{a}{3}}\right) \geq 0 を解いて　0 < a \leq \frac{3}{\sqrt[3]{4}}$$

x	0	$\cdots$	$\sqrt{\dfrac{a}{3}}$	$\cdots$
$f'(x)$		$-$	0	$+$
$f(x)$	1	$\searrow$	最小	$\nearrow$

(i), (ii)より　$\boldsymbol{a \leq \dfrac{3}{\sqrt[3]{4}}}$ —㊜

解2

(与式)$\iff x^3 + 1 \geq ax$より，$y = x^3 + 1$が$y = ax$より，$x \geq 0$の範囲で常に上側にあるような定数aの値の範囲を求める。

$y = x^3 + 1$と$y = ax$が接するのは，接点$(t, t^3 + 1)$の接線$y - (t^3 + 1) = 3t^2(x - t)$が原点を通るとき

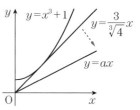

だから，$x = y = 0$を代入して，$t = \dfrac{1}{\sqrt[3]{2}}$から　傾き$a = 3\left(\dfrac{1}{\sqrt[3]{2}}\right)^2 = \dfrac{3}{\sqrt[3]{4}}$

よって　$\boldsymbol{a \leq \dfrac{3}{\sqrt[3]{4}}}$ —㊜

✓ SKILL UP

不等式の成立条件

すべてのxで$f(x) \geq \bullet$ $\iff$ $f(x)$の最小値$\geq \bullet$

28

Lv. ▮▮▮▮

$x \geqq 0$ の範囲で，関数 $f(x)=x^3-3x^2-9x$，$g(x)=-9x^2+27x+a$ について，x_1, x_2 のすべての組に対して，不等式 $f(x_1) \geqq g(x_2)$ が成り立つような a の値の範囲を求めよ。

navigate

> すべての x_1, x_2 に対して不等式 $f(x_1) \geqq g(x_2)$ が成り立つとは，$f(x)$ の最小値が $g(x)$ の最大値より大きいということである。

解

不等式 $f(x_1) \geqq g(x_2)$ が成り立つには

$$(f(x)\text{の最小値}) \geqq (g(x)\text{の最大値})$$

が成り立てばよい。ここで

$$f'(x)=3x^2-6x-9$$
$$=3(x+1)(x-3)$$

$x \geqq 0$ における $f(x)$ の増減表は，右のようになる。

よって，$f(x)$ は $x \geqq 0$ において，
最小値 -27 をとる。

また $g(x)=-9x^2+27x+a$

$$=-9\left(x-\frac{3}{2}\right)^2+a+\frac{81}{4}$$

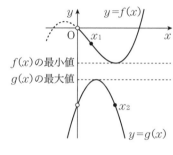

x	0	$\cdots$	3	$\cdots$
$f'(x)$		$-$	0	$+$
$f(x)$	0	$\searrow$	-27	$\nearrow$

よって，$g(x)$ は $x \geqq 0$ において，最大値 $a+\dfrac{81}{4}$ をとる。

したがって，求める a の値の範囲は $-27 \geqq a+\dfrac{81}{4}$ から $\boldsymbol{a \leqq -\dfrac{189}{4}}$ ──(答)

✓ SKILL UP

不等式の成立条件

x_1, x_2 のすべての組で $f(x_1) \geqq g(x_2)$

$\iff$ $(f(x)\text{の最小値}) \geqq (g(x)\text{の最大値})$

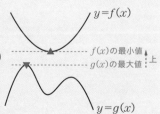

積分計算

1 定積分$\int_{-1}^{1}(x^3+x^2+x+1)^2dx$を求めよ。

Lv. ∎∎∎∎

2 (1) 不定積分$\int\{(x+4)^2-(x-2)\}dx$を求めよ。

(2) 定積分$\int_{3-2\sqrt{2}}^{3+2\sqrt{2}}(x^2-6x+1)dx$を求めよ。

Lv. ∎∎∎∎

3 (1) 定積分$\int_{\alpha}^{\beta}(x-\alpha)^2(x-\beta)dx$を求めよ。

(2) 定積分$\int_{\alpha}^{\beta}(x-\alpha)^2(x-\beta)^2dx$を求めよ。

Lv. ∎∎∎∎

4 $F(t)=\int_0^1|x^2-2tx|dx$とするとき，$F(t)$をtの式で表せ。

Lv. ∎∎∎∎

Theme分析

このThemeでは，積分計算について扱う。まずは，基本から確認する。

不定積分 nが0以上の整数のとき，

$$\left(\frac{1}{n+1}x^{n+1}\right)'=\frac{1}{n+1}\cdot(n+1)x^n=x^n$$

微分すると$f(x)$になる関数を$f(x)$の**不定積分**または
原始関数といい，

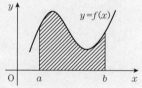

$$\int x^n dx=\frac{1}{n+1}x^{n+1}+C \quad (C\text{は積分定数})$$

とかく。定数項はまとめてCで表す。

また，導関数と同じように，k，lを定数として，以下の性質が成り立つ。

不定積分の性質 $\int\{kf(x)+lg(x)\}dx=k\int f(x)dx+l\int g(x)dx$

具体的には，Cを積分定数として

$$\int(x+1)(x+2)dx=\int(x^2+3x+2)dx$$
$$=\frac{1}{3}x^3+\frac{3}{2}x^2+2x+C \quad \leftarrow \begin{array}{l}\{\int(x+1)dx\}\times\{\int(x+2)dx\}\\ \text{としてはいけない}\end{array}$$

となる。

定積分 関数$f(x)$の不定積分の1つを$F(x)$とするとき

$$\int_a^b f(x)dx=\left[F(x)\right]_a^b=F(b)-F(a)$$

$a\leqq x\leqq b$で常に$f(x)\geqq 0$のとき，定積分$\int_a^b f(x)dx$は

右図のように，$y=f(x)$のグラフとx軸，2直線$x=a$，$x=b$
で囲まれた部分の面積を表す。

定積分の性質

① $\int_a^b\{kf(x)+lg(x)\}dx=k\int_a^b f(x)dx+l\int_a^b g(x)dx$ （k，lは定数）

② $\int_a^a f(x)dx=0$

③ $\int_b^a f(x)dx=-\int_a^b f(x)dx$

④ $\int_a^c f(x)dx+\int_c^b f(x)dx=\int_a^b f(x)dx$

1

Lv. ▮▮▮▮

定積分 $\int_{-1}^{1}(x^3+x^2+x+1)^2 dx$ を求めよ。

navigate

展開して，そのまま計算するのは面倒である。偶関数，奇関数の性質を用いて，工夫して計算したい。

解

$$(与式)=\int_{-1}^{1}(x^6+2x^5+3x^4+4x^3+3x^2+2x+1)dx$$

$$=2\int_{0}^{1}(x^6+3x^4+3x^2+1)dx \qquad \text{偶関数，奇関数の性質より。}$$

$$=2\left[\frac{1}{7}x^7+\frac{3}{5}x^5+x^3+x\right]_{0}^{1}=\frac{\mathbf{192}}{\mathbf{35}} \text{—(答)}$$

参考 $\int_{-a}^{a}x^{2n}dx=2\int_{0}^{a}x^{2n}dx$, $\int_{-a}^{a}x^{2n-1}dx=0$ の証明 （**n** は自然数）

$$\int_{-a}^{a}x^{2n}dx=\left[\frac{1}{2n+1}x^{2n+1}\right]_{-a}^{a}=\frac{a^{2n+1}-(-a)^{2n+1}}{2n+1}=\frac{2a^{2n+1}}{2n+1}$$

$$2\int_{0}^{a}x^{2n}dx=2\left[\frac{1}{2n+1}x^{2n+1}\right]_{0}^{a}=\frac{2a^{2n+1}}{2n+1} \quad \text{となり成り立つ。}$$

$$\int_{-a}^{a}x^{2n-1}dx=\left[\frac{1}{2n}x^{2n}\right]_{-a}^{a}=\frac{a^{2n}-(-a)^{2n}}{2n}=0 \quad \text{となり成り立つ。}$$

面積でイメージする

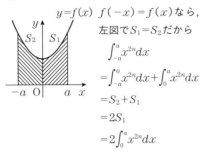
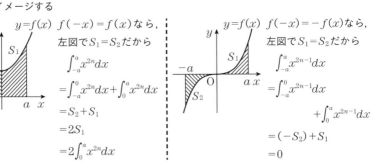

$y=f(x)$ $f(-x)=f(x)$ なら，左図で $S_1=S_2$ だから

$$\int_{-a}^{a}x^{2n}dx$$
$$=\int_{-a}^{0}x^{2n}dx+\int_{0}^{a}x^{2n}dx$$
$$=S_2+S_1$$
$$=2S_1$$
$$=2\int_{0}^{a}x^{2n}dx$$

$y=f(x)$ $f(-x)=-f(x)$ なら，左図で $S_1=S_2$ だから

$$\int_{-a}^{a}x^{2n-1}dx$$
$$=\int_{-a}^{0}x^{2n-1}dx$$
$$\quad+\int_{0}^{a}x^{2n-1}dx$$
$$=(-S_2)+S_1$$
$$=0$$

☑ SKILL UP

$$\int_{-\bullet}^{\bullet}(偶関数)dx=2\int_{0}^{\bullet}(偶関数)dx$$

$$(f(-x)=f(x) を満たす関数を偶関数という)$$

$$\int_{-\bullet}^{\bullet}(奇関数)dx=0 \quad (f(-x)=-f(x) を満たす関数を奇関数という)$$

2 (1) 不定積分$\int \{(x+4)^2 - (x-2)\}dx$を求めよ。

Lv.∎∎∎ (2) 定積分$\int_{3-2\sqrt{2}}^{3+2\sqrt{2}} (x^2 - 6x + 1)dx$を求めよ。

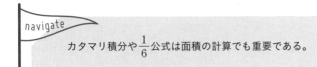

navigate

カタマリ積分や$\frac{1}{6}$公式は面積の計算でも重要である。

解

(1) （与式）$= \dfrac{1}{3}(x+4)^3 - \dfrac{1}{2}(x-2)^2 + C$ —答 カタマリ積分。

(2) $x^2 - 6x + 1 = 0$の解が$3 \pm 2\sqrt{2}$であるから，与式は

$$（与式）= \int_{3-2\sqrt{2}}^{3+2\sqrt{2}} \{x - (3 - 2\sqrt{2})\}\{x - (3 + 2\sqrt{2})\}dx$$

$$= -\frac{1}{6}\{(3 + 2\sqrt{2}) - (3 - 2\sqrt{2})\}^3 \qquad \int_\alpha^\beta (x-\alpha)(x-\beta)dx$$

$$= -\frac{(4\sqrt{2})^3}{6} = -\frac{64\sqrt{2}}{3} \text{ —答} \qquad\qquad = -\frac{1}{6}(\beta-\alpha)^3$$

参考 $\frac{1}{6}$公式の証明

$$\int_\alpha^\beta (x-\alpha)(x-\beta)dx = \int_\alpha^\beta (x-\alpha)\{(x-\alpha) - (\beta-\alpha)\}dx$$

$$= \int_\alpha^\beta \{(x-\alpha)^2 - (\beta-\alpha)(x-\alpha)\}dx \quad \leftarrow 強引に「カタマリ積分」する$$

$$= \left[\frac{1}{3}(x-\alpha)^3 - (\beta-\alpha)\cdot\frac{1}{2}(x-\alpha)^2\right]_\alpha^\beta \quad のがポイント$$

$$= \left(\frac{1}{3} - \frac{1}{2}\right)(\beta-\alpha)^3 = -\frac{1}{6}(\beta-\alpha)^3$$

✓ SKILL UP

カタマリ積分 $\int (x + ●)^n dx = \dfrac{1}{n+1}(x + ●)^{n+1} + C$ （Cは積分定数）

$$\int (ax + b)^n dx = \frac{1}{n+1}(ax + b)^{n+1} \times \frac{1}{a} + C$$

（ ）内が1次式で，1次の係数が1のときは，$(x + ●)$をカタマリとみて積分してよい。

詳しくは数学Ⅲで学習する。

$\dfrac{1}{6}$**公式** $\displaystyle\int_\alpha^\beta (x-\alpha)(x-\beta)dx = -\frac{1}{6}(\beta-\alpha)^3$

3

Lv. ■■■

(1) 定積分 $\displaystyle\int_{\alpha}^{\beta}(x-\alpha)^2(x-\beta)dx$ を求めよ。

(2) 定積分 $\displaystyle\int_{\alpha}^{\beta}(x-\alpha)^2(x-\beta)^2dx$ を求めよ。

navigate

ともに，強引に $(x-\alpha)$ のカタマリ積分に帰着させるのがポイントである。これら公式は，それぞれ $\dfrac{1}{12}$ 公式，$\dfrac{1}{30}$ 公式とも呼ばれる有名公式で，面積計算で利用されることもある。

解

(1) （与式）$\displaystyle= \int_{\alpha}^{\beta}(x-\alpha)^2\{(x-\alpha)-(\beta-\alpha)\}dx$

$\displaystyle= \int_{\alpha}^{\beta}\{(x-\alpha)^3-(\beta-\alpha)(x-\alpha)^2\}dx$ 強引に「カタマリ積分」するのがポイントである。

$\displaystyle= \left[\frac{1}{4}(x-\alpha)^4-(\beta-\alpha)\cdot\frac{1}{3}(x-\alpha)^3\right]_{\alpha}^{\beta}$

$\displaystyle= \left(\frac{1}{4}-\frac{1}{3}\right)(\beta-\alpha)^4$

$\displaystyle= -\frac{1}{12}(\beta-\alpha)^4$ —㊉

(2) （与式）$\displaystyle= \int_{\alpha}^{\beta}(x-\alpha)^2\{(x-\alpha)-(\beta-\alpha)\}^2dx$ 強引に「カタマリ積分」するのがポイントである。

$\displaystyle= \int_{\alpha}^{\beta}(x-\alpha)^2\{(x-\alpha)^2-2(\beta-\alpha)(x-\alpha)+(\beta-\alpha)^2\}dx$

$\displaystyle= \int_{\alpha}^{\beta}\{(x-\alpha)^4-2(\beta-\alpha)(x-\alpha)^3+(\beta-\alpha)^2(x-\alpha)^2\}dx$

$\displaystyle= \left[\frac{1}{5}(x-\alpha)^5-2(\beta-\alpha)\cdot\frac{1}{4}(x-\alpha)^4+(\beta-\alpha)^2\cdot\frac{1}{3}(x-\alpha)^3\right]_{\alpha}^{\beta}$

$\displaystyle= \left(\frac{1}{5}-\frac{1}{2}+\frac{1}{3}\right)(\beta-\alpha)^5$

$\displaystyle= \frac{1}{30}(\beta-\alpha)^5$ —㊉

✅ SKILL UP

被積分関数と $\displaystyle\int_{\alpha}^{\beta}$ から，公式が使えないか判断する。

4

Lv. ▮▮▮▮

$F(t) = \int_0^1 |x^2 - 2tx| \, dx$ とするとき，$F(t)$ を t の式で表せ。

navigate

x 軸との共有点の座標 $x = 2t$，0 のどちらが大きいかで場合分けをする。

解

$g(x) = x^2 - 2tx$ とおくと，$y = |x^2 - 2tx|$ のグラフは次の3つの場合がある。

(i) 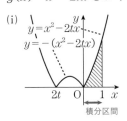 (ii) 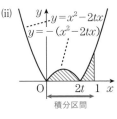 (iii)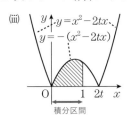

(i)　$2t \leqq 0$ すなわち $t \leqq 0$ のとき

$$F(t) = \int_0^1 (x^2 - 2tx) \, dx = \left[\frac{x^3}{3} - tx^2 \right]_0^1 = -t + \frac{1}{3}$$

(ii)　$0 < 2t < 1$ すなわち $0 < t < \dfrac{1}{2}$ のとき

$$F(t) = -\int_0^{2t} (x^2 - 2tx) \, dx + \int_{2t}^1 (x^2 - 2tx) \, dx$$

$$= -\left[\frac{x^3}{3} - tx^2 \right]_0^{2t} + \left[\frac{x^3}{3} - tx^2 \right]_{2t}^1 = \frac{8}{3} t^3 - t + \frac{1}{3}$$

(iii)　$2t \geqq 1$ すなわち $t \geqq \dfrac{1}{2}$ のとき

$$F(t) = -\int_0^1 (x^2 - 2tx) \, dx = t - \frac{1}{3} \quad \leftarrow \int_0^1 |\overset{\ominus}{g(x)}| \, dx = \int_0^1 (-g(x)) \, dx$$

よって　$F(t) = \begin{cases} -t + \dfrac{1}{3} & (t \leqq 0 \text{ のとき}) \\[2mm] \dfrac{8}{3} t^3 - t + \dfrac{1}{3} & \left(0 < t < \dfrac{1}{2} \text{ のとき}\right) \\[2mm] t - \dfrac{1}{3} & \left(t \geqq \dfrac{1}{2} \text{ のとき}\right) \end{cases}$ ─答

✓ SKILL UP

絶対値の定積分は，中身の正負で絶対値を外して積分計算する。

5
Lv. ∎∎∎∎

$\displaystyle\int_1^x f(t)dt = 3x^2 - x + a$ のとき，$f(x)$ と定数 a の値を求めよ。

6
Lv. ∎∎∎∎

$f(x) = 3x + \displaystyle\int_0^1 (x+t)f(t)dt$ のとき，$f(x)$ を求めよ。

7
Lv. ∎∎∎∎

$\displaystyle\int_0^x f(t)dt + \int_0^1 (x+t)^2 f'(t)dt = x^2 + k$ のとき，$f(x)$ と定数 k の値を求めよ。

8
Lv. ∎∎∎∎

$f_1(x) = x + 1$, $x^2 f_{n+1}(x) = x^3 + x^2 + \displaystyle\int_0^x t f_n(t)dt$ のとき，1次式 $f_n(x)$ を求めよ。ただし，n は自然数とする。

Theme分析

このThemeでは，積分方程式について扱う。

積分方程式とは，条件を満たす関数 $f(x)$ を求めさせる関数方程式の問題の一種である。解法パターンがある程度決まっており，積分区間が定数パターンか変数パターンがある。積分区間を見て，どちらのパターンかを判別すればよい。

【例題】 次の等式を満たす連続関数 $f(x)$ を求めよ。(1)は定数 a の値も求めよ。

(1) $\displaystyle\int_a^x f(t)dt = x^3 - 2x^2 + 2x - 1$　　　(2) $\displaystyle f(x) = 3x^2 - x\int_0^2 f(t)dt + 2$

---

(1) $\displaystyle\int_a^x f(t)dt$ は x の関数であり，x で微分すると $\dfrac{d}{dx}\displaystyle\int_a^x f(t)dt = f(x)$ となる。

この結果，$f(x)$ は2次関数であることがわかる。

両辺 x で微分して　$f(x) = 3x^2 - 4x + 2$　←x で微分すると関数 $f(x)$ は決定する

$x = a$ を代入すると　$0 = a^3 - 2a^2 + 2a - 1$　←$x=a$ を代入すると，定積分は0となり

$\qquad\qquad (a-1)(a^2 - a + 1) = 0$　　定数 a の値は求められる

$\left(a - \dfrac{1}{2}\right)^2 + \dfrac{3}{4} > 0$ から　$a = 1$

(2) $\displaystyle\int_0^2 f(t)dt$ は定数であるから，$f(x)$ は最高次の項が $3x^2$ の2次関数である。

そこで，$\displaystyle\int_0^2 f(t)dt = a$ とおくと　←定積分を a とおく

$\qquad f(x) = 3x^2 - ax + 2$　←a を求めれば，関数 $f(x)$ は決定する

$\qquad a = \displaystyle\int_0^2 f(t)dt = \int_0^2 (3t^2 - at + 2)dt = \left[t^3 - \dfrac{a}{2}t^2 + 2t\right]_0^2 = 12 - 2a$

ゆえに　$a = 4$　したがって　$f(x) = 3x^2 - 4x + 2$

積分方程式（積分区間が定数パターン）

$\displaystyle\int_{定数}^{定数} f(t)dt = a$ とおき換えて，おき換えた定数を求めればよい。

積分方程式（積分区間が変数パターン）

① 両辺を x で微分する。$\left(\dfrac{d}{dx}\displaystyle\int_a^x f(t)dt = f(x)$ を利用する$\right)$

② 定積分の値を0にするような x の値を代入する。$\left(\displaystyle\int_a^a f(t)dt = 0\right)$

5

$\displaystyle\int_1^x f(t)dt = 3x^2 - x + a$ のとき，$f(x)$ と定数 a の値を求めよ。

Lv.

> navigate
>
> 微分と積分は逆演算という関係を用いて，両辺を x で微分すると $f(x)$ が求められる。パターン問題として解法をおさえておきたい。

解

与式の両辺を x で微分すると

$$f(x) = 6x - 1$$

与式に $x=1$ を代入すると，

$$0 = 3 - 1 + a \quad より \quad a = -2$$

よって　$f(x) = \boldsymbol{6x-1}, \ \boldsymbol{a=-2}$ ―(答)

左辺の微分は，$\dfrac{d}{dx}\displaystyle\int_1^x f(t)dt = f(x)$ を利用。

$x=1$ を代入すると，左辺は，$\displaystyle\int_1^1 f(t)dt = 0$

参考 $\dfrac{d}{dx}\displaystyle\int_a^x f(t)dt = f(x)$ (a は定数)の公式について

$f(x) = x^2$ とすると　$\displaystyle\int_a^x f(t)dt = \int_a^x t^2 dt = \left[\dfrac{1}{3}t^3\right]_a^x = \dfrac{1}{3}x^3 - \dfrac{1}{3}a^3$ (a は定数)

両辺を x で微分すると，$\dfrac{d}{dx}\displaystyle\int_a^x f(t)dt = x^2$ となり，もとの $f(x)$ に戻る。

a が定数のとき，$\displaystyle\int_a^x f(t)dt$ は x の値を定めるとその値が決まるから，x の関数である。

この関数の導関数を求める。関数 $f(t)$ の不定積分の1つを $F(t)$ とすると

$$F'(t) = f(t)$$

$$\int_a^x f(t)dt = F(x) - F(a)$$

よって，$\displaystyle\int_a^x f(t)dt$ を x で微分すると，$F(a)$ は定数であるから

$$\dfrac{d}{dx}\int_a^x f(t)dt = \dfrac{d}{dx}\{F(x) - F(a)\} = F'(x) = f(x)$$

ゆえに，$\displaystyle\int_a^x f(t)dt$ は $f(x)$ の不定積分の1つで，次の公式が成り立つ。

$$\dfrac{d}{dx}\int_a^x f(t)dt = f(x)$$

✓ SKILL UP

積分方程式（積分区間が変数パターン）

① 両辺 x で微分する。$\left(\dfrac{d}{dx}\displaystyle\int_a^x f(t)dt = f(x) を利用する。\right)$

② 定積分の値を 0 にするような x の値を代入する。$\left(\displaystyle\int_a^a f(t)dt = 0\right)$

6

Lv. ▪▫▫▫

$f(x) = 3x + \int_0^1 (x+t) f(t) dt$ のとき，$f(x)$ を求めよ。

> **navigate**
>
> 積分区間が定数の積分方程式である。今回は積分の中に積分とは無関係
> の文字 x が入ってるので，それを前に出してからおき換える。

解

$$f(x) = 3x + \int_0^1 (x+t) f(t) dt$$

$$= 3x + x \int_0^1 f(t) dt + \int_0^1 t f(t) dt$$

積分変数 t に無関係な x は積分の前に出す。

ここで，$\int_0^1 f(t) dt = a$，$\int_0^1 t f(t) dt = b$ とおくと，

定積分ををそれぞれ a，b とおく。

$f(x) = (a+3)x + b$ であり

a，b を求めれば，関数 $f(x)$ は決定する。

$$a = \int_0^1 f(t) dt = \int_0^1 \{(a+3)t + b\} dt$$

$$= \left[\frac{1}{2}(a+3)t^2 + bt \right]_0^1$$

$$= \frac{1}{2}(a+3) + b$$

$$b = \int_0^1 t f(t) dt = \int_0^1 \{(a+3)t^2 + bt\} dt$$

$$= \left[\frac{1}{3}(a+3)t^3 + \frac{1}{2}bt^2 \right]_0^1$$

$$= \frac{1}{3}(a+3) + \frac{1}{2}b$$

よって $\frac{1}{2}(a+3) + b = a$，$\frac{1}{3}(a+3) + \frac{1}{2}b = b$

これを解くと $a = -21$，$b = -12$

以上より $f(x) = \boldsymbol{-18x - 12}$ ─ 答

✓ SKILL UP

積分方程式（積分区間が定数パターン）

$\int_{定数}^{定数} f(t) dt = a$ とおき換えて，おき換えた定数を求めればよい。

ただし，積分に関係ない文字があれば積分の前に出してからおき換える。

7 $\displaystyle\int_0^x f(t)dt + \int_0^1 (x+t)^2 f'(t)dt = x^2+k$ のとき，$f(x)$ と定数 k の値を求めよ。

Lv. ▮▮▯▯

navigate

定数と変数を区別して，行いやすい処理から順に行えばよい。

解

$$\int_0^1 (x+t)^2 f'(t)dt = \int_0^1 (x^2+2xt+t^2)f'(t)dt$$

$$= x^2\int_0^1 f'(t)dt + 2x\int_0^1 tf'(t)dt + \int_0^1 t^2 f'(t)dt$$

$\displaystyle\int_0^1 f'(t)dt = a,\ \int_0^1 tf'(t)dt = b,\ \int_0^1 t^2 f'(t)dt = c$ とおく。

　　定積分ををそれぞれ $a,\ b,\ c$ とおく。

このとき　$\displaystyle\int_0^x f(t)dt + ax^2 + 2bx + c = x^2 + k$　…①

①の両辺を x で微分すると　$f(x) + 2ax + 2b = 2x$

　　$\dfrac{d}{dx}\displaystyle\int_0^x f(t)dt = f(x)$ を利用。

すなわち　$f(x) = 2(1-a)x - 2b$　…②

よって　$f'(x) = 2(1-a)$

　　a,b を求めれば，関数 $f(x)$ は決定する。

$$a = \int_0^1 f'(t)dt = \int_0^1 2(1-a)dt = \Big[2(1-a)t\Big]_0^1 = 2(1-a)$$

$$b = \int_0^1 tf'(t)dt = \int_0^1 2(1-a)tdt = \Big[(1-a)t^2\Big]_0^1 = 1-a$$

$$c = \int_0^1 t^2 f'(t)dt = \int_0^1 2(1-a)t^2 dt = \Big[\frac{2}{3}(1-a)t^3\Big]_0^1 = \frac{2}{3}(1-a)$$

ゆえに　$2(1-a) = a,\ 1-a = b,\ \dfrac{2}{3}(1-a) = c$

これを解くと　$a = \dfrac{2}{3},\ b = \dfrac{1}{3},\ c = \dfrac{2}{9}$

したがって，②から　$f(x) = \dfrac{2}{3}x - \dfrac{2}{3}$　—㊐

また，①に $x=0$ を代入すると　$c = k$

$c = \dfrac{2}{9}$ であるから　$k = \dfrac{2}{9}$　—㊐

　　$x=0$ を代入すると，左辺は，$\displaystyle\int_0^0 f(t)dt + c = c$ となる。

✓ **SKILL UP**

積分方程式（融合パターン）は，それぞれのパターンの処理を順に行っていけばよい。

8
Lv.∎∎❙❙

$f_1(x)=x+1$, $x^2 f_{n+1}(x)=x^3+x^2+\int_0^x tf_n(t)dt$ のとき，1次式 $f_n(x)$ を求めよ。ただし，n は自然数とする。

navigate

$f_1(x)=x+1$, $f_2(x)=\dfrac{4}{3}x+\dfrac{3}{2}$ と，関数 $f_n(x)$ が規則的に変化する問題である。$f_n(x)$ は1次式とわかっているので，数列として $f_n(x)=a_n x+b_n$ とおいて，a_n，b_n の漸化式を立てて解けばよい。

解

$f_n(x)=a_n x+b_n$ とおく。$f_1(x)=x+1$ から $a_1=1$, $b_1=1$

ここで $x^2 f_{n+1}(x)=x^3+x^2+\displaystyle\int_0^x tf_n(t)dt$

$$x^2(a_{n+1}x+b_{n+1})=x^3+x^2+\int_0^x (a_n t^2+b_n t)dt$$

$$=x^3+x^2+\frac{a_n}{3}x^3+\frac{b_n}{2}x^2$$

$$=\left(1+\frac{a_n}{3}\right)x^3+\left(1+\frac{b_n}{2}\right)x^2$$

これは任意の x で成り立つから $a_{n+1}=1+\dfrac{a_n}{3}$, $b_{n+1}=1+\dfrac{b_n}{2}$

$a_{n+1}-\dfrac{3}{2}=\dfrac{1}{3}\left(a_n-\dfrac{3}{2}\right)$ から，$\left\{a_n-\dfrac{3}{2}\right\}$ は，初項 $1-\dfrac{3}{2}=-\dfrac{1}{2}$，公比 $\dfrac{1}{3}$ の等比数列だから $a_n=\dfrac{3}{2}-\dfrac{1}{2}\left(\dfrac{1}{3}\right)^{n-1}=\dfrac{3}{2}\left\{1-\left(\dfrac{1}{3}\right)^n\right\}$

$b_{n+1}-2=\dfrac{1}{2}(b_n-2)$ から，$\{b_n-2\}$ は，初項 $1-2=-1$，公比 $\dfrac{1}{2}$ の等比数列だから $b_n=2-\left(\dfrac{1}{2}\right)^{n-1}=2\left\{1-\left(\dfrac{1}{2}\right)^n\right\}$

したがって $f_n(x)=\dfrac{\mathbf{3}}{\mathbf{2}}\left\{\mathbf{1}-\left(\dfrac{\mathbf{1}}{\mathbf{3}}\right)^{\mathbf{n}}\right\}\mathbf{x}+\mathbf{2}\left\{\mathbf{1}-\left(\dfrac{\mathbf{1}}{\mathbf{2}}\right)^{\mathbf{n}}\right\}$ —答

✓ SKILL UP

関数が規則的に変化する問題で，変化する係数があれば，変化する係数に数列として文字をおいて，係数に関する漸化式を立てて解けばよい。

Theme 3 | 面積①

---

9 右図の斜線部分の面積 S を求めよ。

Lv. ▪▫▫▫

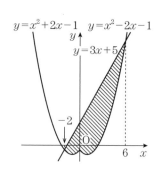

$y=x^2+2x-1$　$y=x^2-2x-1$
$y=3x+5$
-2
6

---

10 右図の斜線部分の面積 S を求めよ。

Lv. ▪▫▫▫

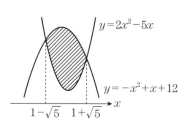

$y=2x^2-5x$
$y=-x^2+x+12$
$1-\sqrt{5}$　$1+\sqrt{5}$

---

11 右図の斜線部分の面積 S を
求めよ。

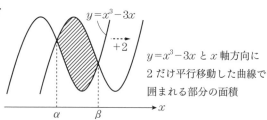

$y=x^3-3x$
$+2$
$y=x^3-3x$ と x 軸方向に
2 だけ平行移動した曲線で
囲まれる部分の面積
α　β

---

12 右図の斜線部分の面積 S を求めよ。

Lv. ▪▫▫▫

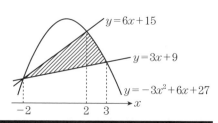

$y=6x+15$
$y=3x+9$
$y=-3x^2+6x+27$
-2　2　3

Theme分析

このThemeでは，面積について扱う。面積を求める手順は以下の通りである。

面積を求める手順

① きれいに図をかく。

② 囲まれた部分の上下左右を調べて （求める面積）$=\displaystyle\int_{左}^{右}(上-下)dx$

例 右図の斜線部分の面積Sを求める2つの方法を比較しよう。

【方法1】 普通に計算する。

$$S=\int_0^3\{2x-(2x^2-4x)\}dx$$

$$=\int_0^3(-2x^2+6x)dx=\left[-\frac{2}{3}x^3+3x^2\right]_0^3$$

$$=-\frac{2}{3}\times3^3+3\times3^2-0=9$$

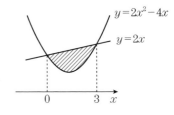

$y=2x^2-4x$

$y=2x$

【方法2】 $\dfrac{1}{6}$公式$\displaystyle\int_\alpha^\beta(x-\alpha)(x-\beta)dx=-\dfrac{1}{6}(\beta-\alpha)^3$ を利用する。

$$S=\int_0^3\{2x-(2x^2-4x)\}dx$$

$$=-2\int_0^3x(x-3)dx$$

$$=(-2)\times\left(-\frac{1}{6}\right)(3-0)^3=9$$

$\dfrac{1}{6}$公式は次のような場合に用いられる

放物線と直線，放物線どうし，x^3の係数が同じ3次関数どうし。

使い方 $S=\displaystyle\int_{左}^{右}(上-下)dx=\bigstar\int_\alpha^\beta(x-\alpha)(x-\beta)dx=\bigstar\cdot\left\{-\dfrac{1}{6}(\beta-\alpha)^3\right\}$

[注意] x^2の係数★を前に出すことを忘れない。

9 右図の斜線部分の面積 S を求めよ。

Lv. ▮▮▮▮

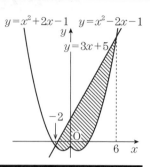

---

navigate

$x=0$ を境界として，曲線の方程式が変わることに注意する。

$$\int_{-2}^{0}\{3x+5-(x^2+2x-1)\}dx+\int_{0}^{6}\{3x+5-(x^2-2x-1)\}dx$$

一方，$-x^2+x+6=-(x-3)(x+2)$，$-x^2+5x+6=-(x-6)(x+1)$

であり，その形からも $\dfrac{1}{6}$ 公式が使えないことがわかる。

解

$$S=\int_{-2}^{0}\{3x+5-(x^2+2x-1)\}dx+\int_{0}^{6}\{3x+5-(x^2-2x-1)\}dx$$

$$=\int_{-2}^{0}(-x^2+x+6)dx+\int_{0}^{6}(-x^2+5x+6)dx$$

$$=\left[-\frac{1}{3}x^3+\frac{1}{2}x^2+6x\right]_{-2}^{0}+\left[-\frac{1}{3}x^3+\frac{5}{2}x^2+6x\right]_{0}^{6}$$

$$=0-\left\{-\frac{1}{3}(-2)^3+\frac{1}{2}(-2)^2+6(-2)\right\}+\left(-\frac{1}{3}\cdot6^3+\frac{5}{2}\cdot6^2+6\cdot6\right)-0$$

$$=\frac{184}{3}-\text{答}$$

✓ SKILL UP

面積公式

① きれいに図をかく。

② 囲まれた部分の上下左右を調べて　（求める面積）$=\displaystyle\int_{左}^{右}(上-下)dx$

ただし，上下の方程式が変わるときは，積分区間を分けて2つの定積分を計算する。

10 右図の斜線部分の面積 S を求めよ。

Lv.

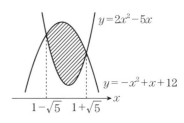

$y = 2x^2 - 5x$

$y = -x^2 + x + 12$

$1 - \sqrt{5}$ $\quad$ $1 + \sqrt{5}$

---

navigate

共有点の x 座標は $x = 1 \pm \sqrt{5}$，こういったときこそ $\dfrac{1}{6}$ 公式が役に立つ。

解

$$S = \int_{1-\sqrt{5}}^{1+\sqrt{5}} \{(-x^2 + x + 12) - (2x^2 - 5x)\} dx$$

面積公式。

$$= -3\int_{1-\sqrt{5}}^{1+\sqrt{5}} (x^2 - 2x - 4) dx$$

$$= -3\int_{1-\sqrt{5}}^{1+\sqrt{5}} \{x - (1 - \sqrt{5})\}\{x - (1 + \sqrt{5})\} dx$$

x^2 の係数を前に出して因数分解。

$$= (-3) \times \left(-\frac{1}{6}\right)\{(1 + \sqrt{5}) - (1 - \sqrt{5})\}^3$$

$\dfrac{1}{6}$ 公式。

$$= \boldsymbol{20\sqrt{5}} \ \text{—(答)}$$

参考 計算の工夫

$\alpha = 1 - \sqrt{5}$, $\beta = 1 + \sqrt{5}$ とおくと，α, β は $x^2 - 2x - 4 = 0$ の解であるから，$\alpha^2 - 2\alpha - 4 = 0$ を満たす。これを利用して，$\alpha^2 = 2\alpha + 4$,
$\alpha^3 = 2\alpha^2 + 4\alpha = 2(2\alpha + 4) + 4\alpha = 8\alpha + 8$ が成り立つ。（β も同様に成り立つ）

$$S = \int_{\alpha}^{\beta} (-3x^2 + 6x + 12) dx = \left[-x^3 + 3x^2 + 12x\right]_{\alpha}^{\beta}$$

$$= -(\beta^3 - \alpha^3) + 3(\beta^2 - \alpha^2) + 12(\beta - \alpha)$$

$$= -\{(8\beta + 8) - (8\alpha + 8)\} + 3\{(2\beta + 4) - (2\alpha + 4)\} + 12(\beta - \alpha)$$

$$= 10(\beta - \alpha) = 20\sqrt{5}$$

と工夫することもできるが，計算は複雑である。

✓ **SKILL UP**

放物線どうしできれいに囲まれた面積

$\Longrightarrow \dfrac{1}{6}$ 公式が使える

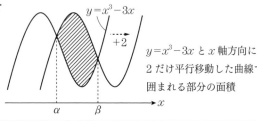

11

Lv.▮▮▯▯

右図の斜線部分の面積 S を求めよ。

$y = x^3 - 3x$ と x 軸方向に 2 だけ平行移動した曲線で囲まれる部分の面積

---

navigate

3次曲線と平行移動した3次曲線とで囲まれた部分の面積は，x^3 の係数が同じになるので x^3 の項が消えて $\dfrac{1}{6}$ 公式が使える。

解

$y = x^3 - 3x$ を x 軸方向に 2 だけ平行移動した曲線は

$$y = (x-2)^3 - 3(x-2) \iff y = x^3 - 6x^2 + 9x - 2$$

また，2つの曲線の共有点の x 座標 α, β は

$$x^3 - 6x^2 + 9x - 2 = x^3 - 3x \iff -6x^2 + 12x - 2 = 0$$

これを解いて，$x = \dfrac{3 \pm \sqrt{6}}{3}$ より $\alpha = \dfrac{3 - \sqrt{6}}{3}$, $\beta = \dfrac{3 + \sqrt{6}}{3}$

$$S = \int_{\alpha}^{\beta} \{(x^3 - 6x^2 + 9x - 2) - (x^3 - 3x)\} dx \qquad \text{面積公式。}$$

$$= -6 \int_{\alpha}^{\beta} \left(x^2 - 2x + \dfrac{1}{3}\right) dx$$

$$= -6 \int_{\alpha}^{\beta} (x - \alpha)(x - \beta) dx \qquad \text{x^2 の係数を前に出して因数分解。}$$

$$= (-6) \times \left(-\dfrac{1}{6}\right)(\beta - \alpha)^3 \qquad \dfrac{1}{6} \text{公式。}$$

$$= \left(\dfrac{3 + \sqrt{6}}{3} - \dfrac{3 - \sqrt{6}}{3}\right)^3 = \boldsymbol{\dfrac{16\sqrt{6}}{9}} \ \text{─(答)}$$

✓ SKILL UP

平行移動など，x^3 の係数が同じ2つの3次関数で囲まれた面積

$\implies \dfrac{1}{6}$ 公式

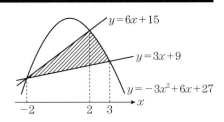

12 右図の斜線部分の面積 S を求めよ。

Lv. ▮▮▮

navigate

三角形と曲線を含む図形に分割しても求められるが，計算が面倒である。

$\dfrac{1}{6}$ 公式が使える面積どうしの引き算で求める方が楽である。

解

計算しやすい面積を利用できるように，図形の足し算・引き算をする。

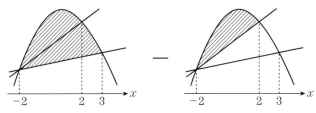

$$S=\int_{-2}^{3}\{(-3x^2+6x+27)-(3x+9)\}dx$$

$$-\int_{-2}^{2}\{(-3x^2+6x+27)-(6x+15)\}dx \qquad \text{面積公式。}$$

$$=-3\int_{-2}^{3}(x+2)(x-3)dx+3\int_{-2}^{2}(x+2)(x-2)dx \qquad \begin{array}{l}x^2\text{の係数を前に出}\\ \text{して因数分解。}\end{array}$$

$$=(-3)\times\left(-\frac{1}{6}\right)\{3-(-2)\}^3+3\cdot\left(-\frac{1}{6}\right)\{2-(-2)\}^3 \qquad \frac{1}{6}\text{公式。}$$

$$=\frac{\mathbf{61}}{\mathbf{2}} \text{—(答)}$$

✓ SKILL UP

放物線と直線で囲まれた面積

$\implies \dfrac{1}{6}$ 公式

Theme 4 | 面積②

13 右図の斜線部分の面積Sを求めよ。

Lv.

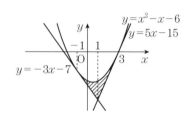

14 右図の斜線部分の面積Sを求めよ。

Lv.

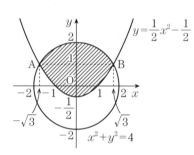

15 右図の斜線部分の面積Sを求めよ。

Lv.

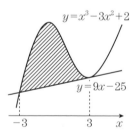

16 右図の斜線部分の面積Sを求めよ。

Lv.

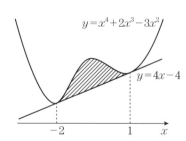

Theme分析

このThemeでは，引き続き面積について扱う。今回は特に，接線がらみの面積，円がらみの面積について扱う。

例 右図の斜線部分の面積Sを求める。

$\int_0^1 \{x^2-(2x-1)\}dx$ を計算すれば面積は求められるが，接線がらみの面積は，$\bigstar\int(x-接点)^2dx$（$\bigstar$は，x^2の係数）とくくれるので，くくってカタマリ積分をしていきたい。

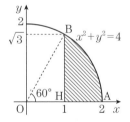

$$S=\int_0^1(x-1)^2dx=\left[\frac{1}{3}(x-1)^3\right]_0^1=\frac{1}{3}$$

接線がらみの面積

カタマリ積分 $\int(x+\bullet)^ndx=\dfrac{1}{n+1}(x+\bullet)^{n+1}+C$ （Cは積分定数）

（ ）内が1次式で，1次の係数が1のときは，$(x+\bullet)$をカタマリとみて積分してよい。詳しくは数学Ⅲで学習する。

次に，円がらみの面積についてみていく。

例 右図の斜線部分の面積Sを求める。

$\int_1^2\sqrt{4-x^2}dx$ を計算すれば，面積は求められるが，この計算を実行しようとすると，数学Ⅲの知識が必要になる。そもそも，円（または扇形）の面積を求めるには，$\pi r^2\left(\times\dfrac{中心角}{360°}\right)$という公式があるので，これを利用する方が早い。図形を分割して考えるため，「（求める面積）＝（扇形OAB）－（三角形OHB）」で求めることにする。

$$S=\pi\cdot2^2\times\frac{60°}{360°}-\frac{1}{2}\cdot1\cdot\sqrt{3}=\frac{2}{3}\pi-\frac{\sqrt{3}}{2}$$

円がらみの面積

（扇形の面積公式）$=\pi r^2\times\dfrac{中心角}{360°}$ を利用して，図形の足し算・引き算をする。

13

右図の斜線部分の面積 S を求めよ。

Lv.

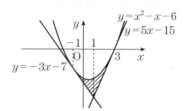

navigate

放物線と接線で囲まれる部分の面積の計算においては,

$$\int (x+\bullet)^2 dx = \frac{1}{3}(x+\bullet)^3 + C を利用する。$$

解

$$S = \int_{-1}^{1} \{(x^2-x-6)-(-3x-7)\}dx + \int_{1}^{3}\{(x^2-x-6)-(5x-15)\}dx$$

$$= \int_{-1}^{1}(x^2+2x+1)dx + \int_{1}^{3}(x^2-6x+9)dx \qquad \text{面積公式。}$$

$$= \int_{-1}^{1}(x+1)^2 dx + \int_{1}^{3}(x-3)^2 dx$$

$$= \left[\frac{1}{3}(x+1)^3\right]_{-1}^{1} + \left[\frac{1}{3}(x-3)^3\right]_{1}^{3} \qquad \text{カタマリ積分。}$$

$$= \frac{16}{3} \text{—(答)}$$

参考　**放物線と2接線に関する面積の有名性質**

放物線 $y = ax^2+bx+c$ （ここでは $a>0$ とする）
上の点 $A(\alpha,\ a\alpha^2+b\alpha+c)$, $B(\beta,\ a\beta^2+b\beta+c)$
における接線を ℓ, m とする。
また，点 A, B を結ぶ直線を n とする。
このとき，右図の面積 S と T の大きさは

$$S : T = 2 : 1$$

となる性質がある。（計算は省略）

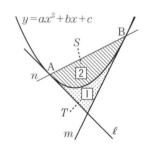

✓ SKILL UP

放物線と接線で囲まれた面積をカタマリで積分して求める。

$$\int (x+\bullet)^2 dx = \frac{1}{3}(x+\bullet)^3 + C \quad （C は積分定数）$$

14

右図の斜線部分の面積Sを求めよ。

Lv. ▮▮▯▯

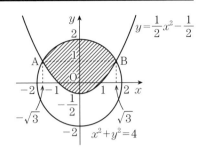

navigate

円がらみの面積は，πr^2の公式を利用できるように図形の足し算・引き算をするとうまくいくことが多い。

解

計算しやすい面積を利用できるように図形の足し算・引き算をする。

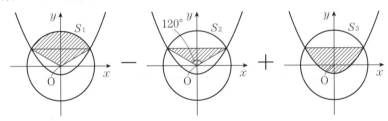

$\triangle AOB$は$\angle AOB=120°$の二等辺三角形だから

$$S_1=\pi\cdot2^2\cdot\frac{120°}{360°}=\frac{4}{3}\pi,\quad S_2=\frac{1}{2}\cdot2^2\cdot\sin120°=\sqrt{3}$$

$$S_3=\int_{-\sqrt{3}}^{\sqrt{3}}\left\{1-\left(\frac{1}{2}x^2-\frac{1}{2}\right)\right\}dx=-\frac{1}{2}\int_{-\sqrt{3}}^{\sqrt{3}}(x^2-3)dx$$

面積公式。

$$=-\frac{1}{2}\int_{-\sqrt{3}}^{\sqrt{3}}(x+\sqrt{3})(x-\sqrt{3})dx$$

x^2の係数を前に出して因数分解。

$$=\left(-\frac{1}{2}\right)\times\left(-\frac{1}{6}\right)\{\sqrt{3}-(-\sqrt{3})\}^3=2\sqrt{3}$$

$\frac{1}{6}$公式。

よって　$S=S_1-S_2+S_3=\frac{4}{3}\pi-\sqrt{3}+2\sqrt{3}=\boldsymbol{\frac{4}{3}\pi+\sqrt{3}}$　—(答)

✓ SKILL UP

円がらみの面積は，図形の足し算・引き算をする。

15 右図の斜線部分の面積Sを求めよ。

Lv. ▂▃▅

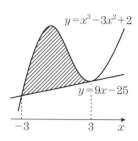

$y=x^3-3x^2+2$

$y=9x-25$

-3　　3　　x

> **navigate**
>
> 3次関数と接線で囲まれた部分の面積である。積分の中の式を因数分解して，カタマリ積分を利用する。

解

$$S=\int_{-3}^{3}\{(x^3-3x^2+2)-(9x-25)\}dx$$ 　　　面積公式。

$$=\int_{-3}^{3}(x^3-3x^2-9x+27)dx$$

$$=\int_{-3}^{3}(x-3)^2(x+3)dx$$

$$=\int_{-3}^{3}(x-3)^2\{(x-3)+6\}dx$$

$$=\int_{-3}^{3}\{(x-3)^3+6(x-3)^2\}dx$$

$$=\left[\frac{1}{4}(x-3)^4+6\cdot\frac{1}{3}(x-3)^3\right]_{-3}^{3}$$ 　　カタマリ積分。

$$=-\frac{1}{4}(-6)^4-2(-6)^3$$

$$=\mathbf{108}-\text{答}$$

✓ SKILL UP

3次関数と接線で囲まれた面積をカタマリで積分して求める。

$$\int(x+\bullet)^n dx=\frac{1}{n+1}(x+\bullet)^{n+1}+C \quad (C\text{は積分定数})$$

を利用すると（**3**参照）

$$\int_{\alpha}^{\beta}(x-\alpha)^2(x-\beta)dx=-\frac{1}{12}(\beta-\alpha)^4$$

16

右図の斜線部分の面積Sを求めよ。

Lv. ∎∎∎∎

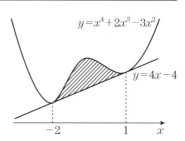

$y=x^4+2x^3-3x^2$

$y=4x-4$

-2　　1　　x

navigate

4次関数と接線で囲まれた部分の面積である。積分の中の式を因数分解
して，カタマリ積分を利用する。

解

$$S=\int_{-2}^1\{(x^4+2x^3-3x^2)-(4x-4)\}dx$$ 　　面積公式。

$$=\int_{-2}^1(x^4+2x^3-3x^2-4x+4)dx$$

$$=\int_{-2}^1(x+2)^2(x-1)^2dx$$

$$=\int_{-2}^1(x+2)^2\{(x+2)-3\}^2dx$$

$$=\int_{-2}^1(x+2)^2\{(x+2)^2-6(x+2)+9\}dx$$

$$=\int_{-2}^1\{(x+2)^4-6(x+2)^3+9(x+2)^2\}dx$$

$$=\left[\frac{1}{5}(x+2)^5-6\cdot\frac{1}{4}(x+2)^4+9\cdot\frac{1}{3}(x+2)^3\right]_{-2}^1$$ 　　カタマリ積分。

$$=\frac{1}{5}\cdot3^5-\frac{3}{2}\cdot3^4+3\cdot3^3=\frac{81}{10}$$ —(答)

✓ SKILL UP

4次関数と複接線で囲まれた面積をカタマリで積分して求める。

$$\int(x+\bullet)^ndx=\frac{1}{n+1}(x+\bullet)^{n+1}+C$$ 　　（Cは積分定数）

を利用すると（計算は 3 参照）

$$\int_\alpha^\beta(x-\alpha)^2(x-\beta)^2dx=\frac{1}{30}(\beta-\alpha)^5$$

Theme 5 | 面積の応用

17 右図の S_1 と S_2 の面積が等しくなるような定数 a の
値を求めよ。

Lv.∎∎◤◤

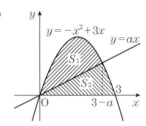

18 m が変化するとき，右図の斜線部分の面積 S の
最小値を求めよ。

Lv.∎∎◤◤

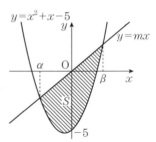

19 接点 a が $0<a<3$ を満たして変
化するとき，右図の斜線部分の
面積 S のとり得る値の範囲を求
めよ。

Lv.∎∎◤◤

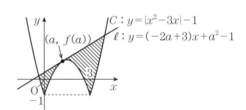

20 右図の S_1 と S_2 の面積が等しく
なるような定数 m の値を求め
よ。ただし，$-9<m<0$ とす
る。

Lv.∎∎◤◤

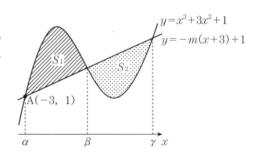

Theme分析

このThemeでは，面積の応用問題について扱う。

特に，「面積を二等分する直線」，「面積の最小値」の問題について考えていく。

それぞれの問題で解法のポイントをおさえていきたい。

17 は面積を二等分する直線を求める問題であり，$S_1=S_2$を考えるのに直接S_1，S_2を求めると大変である。計算が楽になるような図形を選択して考える。

面積を二等分する直線①

図をみて，楽に求められる面積を利用する。

特に，$\dfrac{1}{6}$公式が利用できる面積は楽に求められることが多い。

20 も面積を二等分する直線を求める問題であり，この問題では示すべき式

$S_1=S_2$をうまく同値変形すれば$\displaystyle\int_\alpha^\gamma \{f(x)-g(x)\}dx=0$となり，$S_1$，$S_2$を求めるより多少は楽になっている。

面積を二等分する直線②

条件式を変形して，計算しやすい条件で求める。

$$\int_\alpha^\beta \{f(x)-g(x)\}dx=\int_\beta^\gamma \{g(x)-f(x)\}dx \iff \int_\alpha^\gamma \{f(x)-g(x)\}dx=0$$

18 は面積の最小値を求める問題である。$\dfrac{1}{6}$公式を用いてSを数式化し，その関数の最小値を求めればよい。

19 も面積のとり得る値の範囲を求める問題であるが，19 はSが直接求めにくいのでうまく$\dfrac{1}{6}$公式が使えるように工夫して求めた。

面積の最小値

面積を求めて，その式の最小値を調べればよい。今回は放物線と直線で囲まれた部分の面積なので，$\dfrac{1}{6}$公式を利用して面積を求める。

17 右図の S_1 と S_2 の面積が等しくなるような定数 a の
Lv.▮▮▯▯ 値を求めよ。

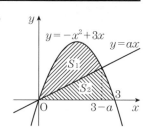

navigate

$S_1 = S_2$ となればよいが，$S_2 = \int_0^{3-a} ax\,dx + \int_{3-a}^3 (-x^2+3x)\,dx$ となり S_2 を

求めるのは面倒である。これをそのまま計算するのではなく，計算しや

すい面積を利用することがポイントである。S_1 は $\dfrac{1}{6}$ 公式が利用できる

し，$S_1 + S_2$ も利用できるので，求める条件を

$$S_1 = S_2 \iff 2S_1 = S_1 + S_2$$

とした方が楽である。

解

$$S_1 + S_2 = \int_0^3 (-x^2+3x)\,dx = -\int_0^3 x(x-3)\,dx \qquad \text{面積公式。}$$

$$= -\left(-\frac{1}{6}\right)(3-0)^3 = \frac{9}{2} \qquad \frac{1}{6}\text{公式。}$$

$$S_1 = \int_0^{3-a} \{(-x^2+3x)-ax\}\,dx = -\int_0^{3-a} x\{x-(3-a)\}\,dx \qquad \text{面積公式。}$$

$$= -\left(-\frac{1}{6}\right)\{(3-a)-0\}^3 = \frac{1}{6}(3-a)^3 \qquad \frac{1}{6}\text{公式。}$$

求める条件は，$2S_1 = S_1 + S_2$ なので

$$2\cdot\frac{1}{6}(3-a)^3 = \frac{9}{2} \iff (3-a)^3 = \frac{27}{2}$$

よって $3-a = \dfrac{3}{\sqrt[3]{2}} \iff a = \mathbf{3\left(1-\dfrac{\sqrt[3]{4}}{2}\right)}$ —㊜

☑ SKILL UP

図をみて，楽に求められる面積を利用する。

特に，$\dfrac{1}{6}$ 公式が利用できる面積は楽に求められることが多い。

18 m が変化するとき，右図の斜線部分の面積 S の
Lv. ▮▮▮▮ 最小値を求めよ。

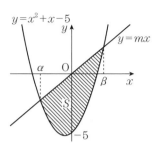

navigate

面積 S を m で表す。その際は $\dfrac{1}{6}$ 公式を利用するとよい。その後は $(\sqrt{\ })^3$

の中が m の2次関数となるので，2次関数の最小値を求めればよい。

解

共有点の x 座標を α, β とする。

$$x^2+x-5=mx \iff x^2-(m-1)x-5=0 \quad \cdots ①$$

より，α, β は①の2つの解であり

$$\alpha+\beta=m-1, \quad \alpha\beta=-5 \quad \cdots ②$$

求める面積 S は，①，②より

$$S=\int_\alpha^\beta \{mx-(x^2+x-5)\}dx=-\int_\alpha^\beta \{x^2-(m-1)x-5\}dx \quad \text{面積公式。}$$

$$=-\int_\alpha^\beta (x-\alpha)(x-\beta)dx=\frac{1}{6}(\beta-\alpha)^3 \qquad \begin{array}{l} x^2 \text{の係数を前に} \\ \text{出して因数分解。} \end{array}$$

$$=\frac{1}{6}(\sqrt{(\alpha+\beta)^2-4\alpha\beta})^3 \qquad\qquad \text{解と係数の関係。}$$

$$=\frac{1}{6}(\sqrt{m^2-2m+21})^3=\frac{1}{6}(\sqrt{(m-1)^2+20})^3$$

$(m-1)^2+20$ が最小のとき，S も最小だから，

S は $m=1$ のとき　最小値 $\dfrac{1}{6}(\sqrt{20})^3=\dfrac{\boldsymbol{20\sqrt{5}}}{\boldsymbol{3}}$ —(答)

✓ SKILL UP

面積を求めて，その式の最小値を調べればよい。今回は放物線と直線で

囲まれた部分の面積なので，$\dfrac{1}{6}$ 公式を利用して面積を求める。

19

Lv.∎∎∎∎

接点aが$0<a<3$を満たして変化するとき，右図の斜線部分の面積Sのとり得る値の範囲を求めよ。

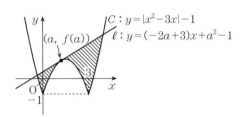

$C : y = |x^2 - 3x| - 1$
$\ell : y = (-2a+3)x + a^2 - 1$

$(a, f(a))$

navigate

前問同様，Sをaの式で表して，aの関数の最小値を求めればよい。

解

Cとℓのa以外の共有点のx座標を$x = p,\ q\ (p < q)$とおくと$p,\ q$は

$$x^2 + 2(a-3)x - a^2 = 0$$

の解である。解と係数の関係から

$$p + q = -2(a-3),\quad pq = -a^2 \quad \cdots ①$$

$$S = \int_p^q \{(-2a+3)x + a^2 - 1 - (x^2 - 3x - 1)\}dx$$

$$\qquad - \int_0^3 \{(-x^2 + 3x - 1) - (x^2 - 3x - 1)\}dx$$

$$= -\int_p^q (x-p)(x-q)dx + 2\int_0^3 x(x-3)dx$$

$$= \frac{1}{6}(q-p)^3 - \frac{2}{6}(3-0)^3$$

$(q-p)^3 = \{(q-p)^2\}^{\frac{3}{2}}$
$= \{(p+q)^2 - 4pq\}^{\frac{3}{2}}$
とすれば①が使える。

$$S = \frac{1}{6}\{(p+q)^2 - 4pq\}^{\frac{3}{2}} - 9 = \frac{1}{6}\{4(a-3)^2 + 4a^2\}^{\frac{3}{2}} - 9$$

$$= \frac{4}{3}(2a^2 - 6a + 9)^{\frac{3}{2}} - 9 = \frac{4}{3}\left\{2\left(a - \frac{3}{2}\right)^2 + \frac{9}{2}\right\}^{\frac{3}{2}} - 9$$

$f(a) = 2\left(a - \dfrac{3}{2}\right)^2 + \dfrac{9}{2}$とおくと，$0 < a < 3$から $\dfrac{9}{2} \le f(a) < 9$

よって $\boldsymbol{9(\sqrt{2} - 1) \le S < 27}$ —答

✓ SKILL UP

文字定数を含む面積の最小値は，解と係数の関係を活用する。

20

Lv. ▪▫▫▫

右図の S_1 と S_2 の面積が等しくなるような定数 m の値を求めよ。ただし，$-9 < m < 0$ とする。

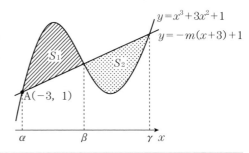

navigate

条件式 $S_1 = S_2$ を変形した $\int_{\alpha}^{\gamma} \{f(x) - g(x)\} dx = 0$ を計算していく。

解

$f(x) = x^3 + 3x^2 + 1$，$g(x) = -m(x+3) + 1$ とおく。

$$S_1 = S_2 \iff \int_{\alpha}^{\beta} \{f(x) - g(x)\} dx = \int_{\beta}^{\gamma} \{g(x) - f(x)\} dx$$

$$\iff \int_{\alpha}^{\beta} \{f(x) - g(x)\} dx + \int_{\beta}^{\gamma} \{f(x) - g(x)\} dx = 0$$

$$\iff \int_{\alpha}^{\gamma} \{f(x) - g(x)\} dx = 0$$

となる m を求める。$y = f(x)$，$y = g(x)$ の共有点の x 座標 $\alpha,\ \beta,\ \gamma\ (\alpha < \beta < \gamma)$ は

$$x^3 + 3x^2 + 1 = -m(x+3) + 1 \iff (x+3)(x^2 + m) = 0$$

の解で，$m < 0$ だから　$\alpha = -3$，$\beta = -\sqrt{-m}$，$\gamma = \sqrt{-m}$

$$\int_{\alpha}^{\gamma} \{f(x) - g(x)\} dx = \int_{\alpha}^{\gamma} (x - \alpha)(x - \beta)(x - \gamma) dx$$

$$= \int_{\alpha}^{\gamma} \{(x-\alpha)^3 - (\beta + \gamma - 2\alpha)(x-\alpha)^2 + (\beta - \alpha)(\gamma - \alpha)(x-\alpha)\} dx$$

$$= \left[\frac{1}{4}(x-\alpha)^4 - \frac{1}{3}(\beta + \gamma - 2\alpha)(x-\alpha)^3 + \frac{1}{2}(\beta - \alpha)(\gamma - \alpha)(x-\alpha)^2 \right]_{\alpha}^{\gamma}$$

$$= \frac{1}{12}(\gamma - \alpha)^3 (2\beta - \alpha - \gamma) = 0$$

$\alpha \neq \gamma$ から　$2\beta - \alpha - \gamma = 0 \iff 2(-\sqrt{-m}) - (-3) - (\sqrt{-m}) = 0$

よって　$m = -1$　（$-9 < m < 0$ を満たす）—答

✓ **SKILL UP**

条件式を変形して，計算しやすい条件で求める。

Theme 1 | 等差・等比数列

1
Lv. ▪▫▫▫

等比数列$\{a_n\}$と等差数列$\{b_n\}$があり，$c_n=a_n+b_n$とする。$c_1=1$，$c_2=1$，$c_3=3$，$c_4=9$のとき，c_nを求めよ。

2
Lv. ▪▫▫▫

3つの実数α，β，$\alpha\beta$（ただし，$\alpha<0<\beta$）がある。これらの数は適当に並べると等差数列になり，また適当に並べると等比数列にもなるという。このとき，α，βを求めよ。

3
Lv. ▪▫▫▫

A円をある年の初めに借り，その年の終わりから同額ずつn回で返済する。年利率をr（>0）とし1年ごとの複利法とすると，毎回の返済金額はいくらになるか。

4
Lv. ▪▫▫▫

pは素数，m，nは自然数で$m<n$とする。mとnの間にあって，pを分母とする既約分数の総和を求めよ。

Theme分析

このThemeでは，等差数列・等比数列について扱う。

例 $S=1+2+3+\cdots+99+100$ …① を求める。

逆から並べると $S=100+99+98+\cdots+3+2+1$ …②

①＋②より，$2S=(1+100)\times100$ となり

$$S=\frac{(1+100)\times100}{2}=5050$$

等差数列の和

初項 a_1，末項 a_n の等差数列の初項から第 n 項までの和 S_n は

$$S_n=\frac{(a_1+a_n)\cdot n}{2} \quad \leftarrow \frac{(初項＋末項)\times項数}{2}$$

【証明】$S_n=\quad a \quad + \quad (a+d) \quad +\cdots\cdots+\{a+(n-2)d\}+\{a+(n-1)d\}$

$\underline{+)\quad S_n=\{a+(n-1)d\}+(a+(n-2)d)+\cdots\cdots+\quad(a+d)\quad+\quad a}$

$2S_n=\{a+a+(n-1)d\}\times n$(個) $\leftarrow$ それぞれの縦の項の和は同じ値であり，

$\qquad\qquad\qquad\qquad\qquad\qquad a+\{a+(n-1)d\}=a_1+a_n$ となる

$$S_n=\frac{(a_1+a_n)\cdot n}{2}$$

例 $S=1+2+4+\cdots+512+1024$ …① を求める。

公比2を掛けた和を考えて $2S=2+4+8+\cdots+1024+2048$ …②

①－②より，$-S=1-2048$ となり $S=2047$

等比数列の和

初項 a，公比 r の等比数列の初項から第 n 項までの和 S_n は

$$S_n=\begin{cases}\dfrac{a(1-r^n)}{1-r} & (r\neq1のとき) \quad \leftarrow \dfrac{初項(1-公比^{項数})}{1-公比}\\[2mm] na & (r=1のとき)\end{cases}$$

【証明】$\qquad S_n=a+ar+ar^2+\cdots\cdots+ar^{n-2}+ar^{n-1}$

$\underline{-)\quad rS_n=\quad ar+ar^2+\cdots\cdots+ar^{n-2}+ar^{n-1}+ar^n}$

$(1-r)S_n=a(1-r^n)$

ここで，$r=1$ のとき $S_n=a+a+\cdots\cdots+a=na$

$\qquad\quad r\neq1$ のとき $S_n=\dfrac{a(1-r^n)}{1-r}$

1

Lv. ▮▮▮▯

等比数列 $\{a_n\}$ と等差数列 $\{b_n\}$ があり，$c_n = a_n + b_n$ とする。$c_1 = 1$，$c_2 = 1$，$c_3 = 3$，$c_4 = 9$ のとき，c_n を求めよ。

> **navigate**
>
> 等差数列，等比数列の問題なので，初項，公差，公比で数式化して考えればよい。与えられていないときは，自分で文字をおいて考えればよい。

解

等比数列 $\{a_n\}$ の初項を a，公比を r とし，等差数列 $\{b_n\}$ の初項を b，公差を d とする。

$$a_n = ar^{n-1}, \quad b_n = b + (n-1)d$$

初項，公差，公比で数式化。

よって $c_n = ar^{n-1} + b + (n-1)d$

$c_1 = 1$，$c_2 = 1$，$c_3 = 3$，$c_4 = 9$ から

$$a + b = 1 \qquad \cdots ①$$
$$ar + b + d = 1 \qquad \cdots ②$$
$$ar^2 + b + 2d = 3 \quad \cdots ③$$
$$ar^3 + b + 3d = 9 \quad \cdots ④$$

あとは，これらの連立方程式を解けばよい。
辺々引くとまず，b が消去できる。

②$-$① から $a(r-1) + d = 0 \qquad \cdots ⑤$

③$-$② から $a(r^2 - r) + d = 2 \qquad \cdots ⑥$

④$-$③ から $a(r^3 - r^2) + d = 6 \qquad \cdots ⑦$

さらに，辺々引くと d が消去できる。

⑥$-$⑤ から $a(r^2 - 2r + 1) = 2 \qquad \cdots ⑧$

⑦$-$⑥ から $ar(r^2 - 2r + 1) = 4 \qquad \cdots ⑨$

⑧，⑨ から $2r = 4$ ゆえに $r = 2$

$r = 2$ を⑧に代入して $a = 2$ $a = 2$ と①から $b = -1$

$a = 2$，$r = 2$ と⑤から $d = -2$

以上から $a_n = 2 \cdot 2^{n-1} = 2^n$，$b_n = -1 + (n-1) \cdot (-2) = -2n + 1$

$$c_n = \mathbf{2^n - 2n + 1} \ —\text{答}$$

✓ **SKILL UP**

初項 a，公差 d の等差数列の一般項 $a_n = a + (n-1)d$

初項 a，公比 r の等比数列の一般項 $a_n = ar^{n-1}$

2

Lv. ▮▮▯▯

3つの実数 α, β, $\alpha\beta$（ただし，$\alpha<0<\beta$）がある。これらの数は適当に並べると等差数列になり，また適当に並べると等比数列にもなるという。このとき，α，β を求めよ。

navigate

どの順で等差または等比になるかを基準として場合分けすると，量が膨大になる。数式化するのに重要なポイントは，「等差中項」または「等比中項」が何かである。3数の符号に着目して，「中項」が何かを意識したい。

解

$\alpha<0<\beta$ から　$\alpha<0$, $\alpha\beta<0$, $\beta>0$

よって，β が等比中項であり　$\beta^2=\alpha\cdot\alpha\beta$

ゆえに　$\beta=\alpha^2$ …①

よって，3数は，α, α^2, α^3 となる。

ここで，$\alpha<0$, $\alpha^2>0$, $\alpha^3<0$ であり，α^2 が等差中項になることはないので，以下の2つに場合分けする。

初項を a とする。

公比 r が正であれば，a, ar, ar^2 はすべて同符号。

公比 r が負であれば，a, ar, ar^2 は交互に符号を変えることになる。本問は符号が変化しているので等比中項は，唯一の正の数の β であることがわかる。

(i)　α^3 が等差中項となるとき

$$2\alpha^3=\alpha+\alpha^2 \iff \alpha(2\alpha+1)(\alpha-1)=0$$

$\alpha<0$ であるから　$\alpha=-\dfrac{1}{2}$　　①に代入して　$\beta=\dfrac{1}{4}$

(ii)　α が等差中項となるとき

$$2\alpha=\alpha^3+\alpha^2 \iff \alpha(\alpha+2)(\alpha-1)=0$$

$\alpha<0$ であるから　$\alpha=-2$　　①に代入して　$\beta=4$

以上より

$$(\alpha,\ \beta)=\left(-\frac{1}{2},\ \frac{1}{4}\right),\ (-2,\ 4) \ \text{—答}$$

☑ SKILL UP

a, b, c の順に等差数列　$b-a=c-b \iff 2b=a+c$　（b が等差中項）

a, b, c の順に等比数列　$\dfrac{b}{a}=\dfrac{c}{b} \iff b^2=ac$　（b が等比中項）

3 A円をある年の初めに借り，その年の終わりから同額ずつn回で返済する。

Lv.∎∎∎∎ 年利率をr（>0）とし1年ごとの複利法とすると，毎回の返済金額はいくらになるか。

---

navigate

預金など，1年が経過するごとに利率rで利息を元金に繰り入れることを複利法という。借金の問題では，（n年後の元利合計）＝（返済金額をn年積み立てた総額）と考える。最終的には等比数列の和の問題になる。

解

借りたA円のn年後の元利合計は

$$A(1+r)^n 円 \quad \cdots ①$$

はじめ	1年後	2年後	⋯	n年後
A	$A(1+r)$	$A(1+r)^2$	⋯	$A(1+r)^n$

毎回の返済金額をx円とすると，

n回分の元利合計は，$1+r>1$から

$$x+x(1+r)+\cdots+x(1+r)^{n-1}$$

$$=\frac{x\{(1+r)^n-1\}}{(1+r)-1}$$

$$=\frac{x\{(1+r)^n-1\}}{r} \quad \cdots ②$$

はじめ	1年後	2年後	⋯	n年後
	x	$x(1+r)$	⋯	$x(1+r)^{n-1}$
		x	⋯	$x(1+r)^{n-2}$
			⋯	
				x （＋
				$x+x(1+r)+\cdots+x(1+r)^{n-1}$

よって，①と②が等しいので $\dfrac{x\{(1+r)^n-1\}}{r}=A(1+r)^n$

これを解いて $x=\dfrac{Ar(1+r)^n}{(1+r)^n-1}$（円）—答

参考 複利法による残債で考える

複利法により，その年の残債(残りの金額)は次の年の元金として計算される。

  1年後の残債：$A(1+r)-x$

  2年後の残債：$\{A(1+r)-x\}(1+r)-x=A(1+r)^2-x-x(1+r)$

これを繰り返して，n年後の残債：$A(1+r)^n-x-x(1+r)-\cdots-x(1+r)^{n-1}$

これが0になればよいので，$A(1+r)^n=x+x(1+r)+\cdots+x(1+r)^{n-1}$ となる。

☑ SKILL UP

元金A，年利r%のn年後の元利合計は $A\left(1+\dfrac{r}{100}\right)^n$

借金の場合は （n年後の元利合計）＝（返済金額をn年積み立てた総額）

4

Lv. ■■▮▮

p は素数, m, n は自然数で $m < n$ とする。m と n の間にあって, p を分母とする既約分数の総和を求めよ。

navigate

とりあえず分数をすべて足して, 整数となるものをあとから引けばよい。

解

$$m = \frac{pm}{p} < \frac{pm+1}{p} < \frac{pm+2}{p} < \cdots < \frac{pn-2}{p} < \frac{pn-1}{p} < \frac{pn}{p} = n$$

より, すべての分数の和を S_1 とすると

$$S_1 = \frac{pm+1}{p} + \frac{pm+2}{p} + \cdots + \frac{pn-2}{p} + \frac{pn-1}{p}$$

$$= \frac{1}{p}\{(pm+1) + (pm+2) + $$

$$\cdots + (pn-2) + (pn-1)\}$$

初項 $pm+1$, 末項 $pn-1$
項数 $(pn-1)-(pm+1)+1$
の等差数列の和。

$$= \frac{1}{p} \cdot \frac{\{(pm+1)+(pn-1)\} \cdot \{(pn-1)-(pm+1)+1\}}{2}$$

$$= \frac{1}{p} \cdot \frac{p(m+n)(pn-pm-1)}{2} = \frac{(m+n)(pn-pm-1)}{2}$$

このうち, 整数となるものの和を S_2 とすると

$$S_2 = (m+1) + (m+2) + \cdots + (n-2) + (n-1)$$

$$= \frac{\{(m+1)+(n-1)\}\{(n-1)-(m+1)+1\}}{2}$$

初項 $m+1$, 末項 $n-1$
項数 $(n-1)-(m+1)+1$
の等差数列の和。

$$= \frac{(m+n)(n-m-1)}{2}$$

ゆえに, 求める総和を S とすると, $S = S_1 - S_2$ であるから

$$S = \frac{(m+n)(pn-pm-1)}{2} - \frac{(m+n)(n-m-1)}{2}$$

$$= \frac{(p-1)(m+n)(n-m)}{2} \quad \text{—答}$$

✓ SKILL UP

初項 a_1, 末項 a_n の等差数列の初項から第 n 項までの和 S_n は

$$S_n = \frac{(a_1 + a_n) \cdot n}{2}$$

数列の和①

5
Lv. ▪▪▫▫

$\displaystyle\sum_{k=7}^{24}(2k^2-5)$ を計算せよ。

6
Lv. ▪▪▫▫

数列 $1\cdot n,\ 2\cdot(n-1),\ 3\cdot(n-2),\ \cdots\cdots,\ $ の初項から第 n 項までの和を求めよ。

7
Lv. ▪▪▫▫

$\displaystyle\sum_{k=1}^{n}\dfrac{1}{k(k+1)(k+2)}$ を計算せよ。

8
Lv. ▪▪▫▫

$\displaystyle\sum_{k=1}^{n}k^4$ を計算せよ。

Theme分析

このThemeでは，和の計算について扱う。$\sum$ について以下の公式が成り立つ。

$$\sum_{k=1}^{\bullet} c = c\bullet \quad (c\text{は定数}) \qquad \sum_{k=1}^{\bullet} k = \frac{1}{2}\bullet(\bullet+1)$$

$$\sum_{k=1}^{\bullet} k^2 = \frac{1}{6}\bullet(\bullet+1)(2\bullet+1) \qquad \sum_{k=1}^{\bullet} k^3 = \left\{\frac{1}{2}\bullet(\bullet+1)\right\}^2$$

参考 $\sum_{k=1}^{n} c = cn$, $\sum_{k=1}^{n} k = \frac{1}{2}n(n+1)$ から，$\sum_{k=1}^{n} k^2 = \frac{1}{6}n(n+1)(2n+1)$ を証明

恒等式：$(k+1)^3 - k^3 = 3k^2 + 3k + 1$ で $k=1,\ 2,\ 3,\cdots,\ n$ として，

$$k=1 : 2^3 - 1^3 = 3\cdot 1^2 + 3\cdot 1 + 1$$
$$k=2 : 3^3 - 2^3 = 3\cdot 2^2 + 3\cdot 2 + 1$$
$$k=3 : 4^3 - 3^3 = 3\cdot 3^2 + 3\cdot 3 + 1 \quad \cdots$$
$$k=n-1 : n^3 - (n-1)^3 = 3\cdot(n-1)^2 + 3(n-1) + 1$$
$$k=n : (n+1)^3 - n^3 = 3\cdot n^2 + 3\cdot n + 1$$

これらの式を辺々加えると

$$(n+1)^3 - 1^3 = 3\sum_{k=1}^{n} k^2 + 3\sum_{k=1}^{n} k + \sum_{k=1}^{n} 1 = 3\sum_{k=1}^{n} k^2 + 3\cdot\frac{1}{2}n(n+1) + n$$

$$\sum_{k=1}^{n} k^2 = \frac{1}{3}\left\{(n+1)^3 - 1^3 - \frac{3}{2}n(n+1) - n\right\} = \frac{1}{6}n(n+1)(2n+1)$$

この証明で重要なのは，$(k+1)^3 - k^3$ の恒等式を利用していることである。

k がズレた差の形になっているものは，かき出せば途中の項は消える。

$$\sum_{k=1}^{n}(f(k+1) - f(k))$$
$$= \{f(2) - f(1)\} + \{f(3) - f(2)\} + \cdots + \{f(n+1) - f(n)\}$$
$$= f(n+1) - f(1)$$

例 $\sum_{k=1}^{n} \dfrac{1}{k(k+1)}$ を計算する。

$$\sum_{k=1}^{n} \frac{1}{k(k+1)} = \sum_{k=1}^{n}\left(\frac{1}{k} - \frac{1}{k+1}\right) \quad \leftarrow \text{ズレた差の形}$$

$$= \left(\frac{1}{1} - \frac{1}{2}\right) + \left(\frac{1}{2} - \frac{1}{3}\right) + \cdots + \left(\frac{1}{n-1} - \frac{1}{n}\right) + \left(\frac{1}{n} - \frac{1}{n+1}\right)$$

$$= 1 - \frac{1}{n+1} = \frac{n}{n+1}$$

5

$\displaystyle\sum_{k=7}^{24}(2k^2-5)$ を計算せよ。

Lv.■■□□

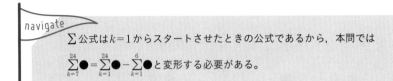

navigate

∑ 公式は $k=1$ からスタートさせたときの公式であるから，本問では

$$\sum_{k=7}^{24}\bullet=\sum_{k=1}^{24}\bullet-\sum_{k=1}^{6}\bullet$$ と変形する必要がある。

解

$$\sum_{k=1}^{n}(2k^2-5)=2\sum_{k=1}^{n}k^2-5\sum_{k=1}^{n}1 \qquad \text{∑の性質による。}$$

$$=2\cdot\frac{1}{6}n(n+1)(2n+1)-5n$$

$$=\frac{1}{3}n\{(n+1)(2n+1)-15\}$$

$$=\frac{1}{3}n(n-2)(2n+7)$$

よって

$$\sum_{k=7}^{24}(2k^2-5)=\sum_{k=1}^{24}(2k^2-5)-\sum_{k=1}^{6}(2k^2-5) \qquad k=1\text{からスタート。}$$

$$=\frac{1}{3}\cdot24\cdot22\cdot55-\frac{1}{3}\cdot6\cdot4\cdot19=\mathbf{9528}\text{——(答)}$$

参考 ∑ の性質

2つの数列 $\{a_n\}$, $\{b_n\}$ と定数 p に対して

$$(a_1+b_1)+(a_2+b_2)+\cdots+(a_n+b_n)=(a_1+a_2+\cdots+a_n)+(b_1+b_2+\cdots+b_n)$$

$$pa_1+pa_2+\cdots+pa_n=p(a_1+a_2+\cdots+a_n)$$

∑ には線形性と呼ばれる以下の性質があり，和・差・実数倍は分解できる。

$$\sum_{k=1}^{n}(pa_k\pm qb_k)=p\sum_{k=1}^{n}a_k\pm q\sum_{k=1}^{n}b_k \quad \text{(複号同順)} \quad (p,\ q\text{は定数})$$

この性質により，より簡単な数列の和に帰着することができる。

✓ SKILL UP

$$\sum_{k=1}^{\bullet}c=c\bullet \quad (c\text{は定数}) \qquad\qquad \sum_{k=1}^{\bullet}k=\frac{1}{2}\bullet(\bullet+1)$$

$$\sum_{k=1}^{\bullet}k^2=\frac{1}{6}\bullet(\bullet+1)(2\bullet+1) \qquad \sum_{k=1}^{\bullet}k^3=\left\{\frac{1}{2}\bullet(\bullet+1)\right\}^2$$

6

数列 $1 \cdot n$, $2 \cdot (n-1)$, $3 \cdot (n-2)$, ……, の初項から第 n 項までの和を求めよ。

Lv.●●○○

navigate

本問のポイントは，一般項を n と k で表せるかどうかである。このとき，n は定数で，変化するものを k としよう。

解

$$S_n = 1 \cdot n + 2 \cdot (n-1) + 3 \cdot (n-2) + \cdots + a_n$$

$$= \sum_{k=1}^{n} k \cdot \{(n+1) - k\}$$

$a_1 = 1 \cdot n$, $a_2 = 2 \cdot (n-1)$, $a_3 = 3(n-2)$ より，変化してる部分に着目すると，

$a_k = k \cdot (n + (k-1) \cdot (-1)) = -k^2 + (n+1)k$

$$= \sum_{k=1}^{n} \{-k^2 + (n+1)k\}$$

$$= -\sum_{k=1}^{n} k^2 + (n+1) \sum_{k=1}^{n} k$$

$\sum$ 内の変数は k であり，k に無関係な $n+1$ は定数とみなせて $\sum$ の外に出せる。

$$= -\frac{1}{6} n(n+1)(2n+1) + (n+1) \cdot \frac{1}{2} n(n+1)$$

$$= \frac{1}{6} n(n+1) \{-(2n+1) + 3(n+1)\}$$

$$= \frac{1}{6} n(n+1)(n+2) \text{ —⊛}$$

参考 以下のように考えることもできる

$n \geq 2$ のとき，$\displaystyle\sum_{k=1}^{n} (n-k)^2$ を計算する。

$$\sum_{k=1}^{n} (n-k)^2 = (n-1)^2 + (n-2)^2 + \cdots + 1^2 + 0^2$$

$$= 1^2 + 2^2 + \cdots + (n-2)^2 + (n-1)^2 \quad \leftarrow 逆からかき出す$$

$$= \sum_{k=1}^{n-1} k^2 = \frac{1}{6} n(n-1)(2n-1)$$

✓ SKILL UP

$\sum$ の中が，k の 3 次以下の式であれば，以下の公式で和は計算できる。

$$\sum_{k=1}^{\bullet} c = c \bullet \quad (c \text{ は定数}) \qquad \sum_{k=1}^{\bullet} k = \frac{1}{2} \bullet (\bullet + 1)$$

$$\sum_{k=1}^{\bullet} k^2 = \frac{1}{6} \bullet (\bullet + 1)(2\bullet + 1) \qquad \sum_{k=1}^{\bullet} k^3 = \left\{ \frac{1}{2} \bullet (\bullet + 1) \right\}^2$$

7 $\displaystyle\sum_{k=1}^{n}\frac{1}{k(k+1)(k+2)}$ を計算せよ。

Lv.▫▪▪▪

> **navigate**
>
> $\dfrac{1}{k(k+1)(k+2)}=\dfrac{1}{2}\left(\dfrac{1}{k(k+1)}-\dfrac{1}{(k+1)(k+2)}\right)$と部分分数分解して，
>
> $\underbrace{\qquad\qquad\qquad\qquad}_{f(k)-f(k+1)\text{の形}}$
>
> $f(k)-f(k+1)$ の形をつくりだす。

解

$$\sum_{k=1}^{n}\frac{1}{k(k+1)(k+2)}=\sum_{k=1}^{n}\frac{1}{2}\left(\frac{1}{k(k+1)}-\frac{1}{(k+1)(k+2)}\right)\qquad \text{ズレた差の形。}$$

$$=\frac{1}{2}\left(\frac{1}{1\cdot2}-\frac{1}{2\cdot3}\right)+\frac{1}{2}\left(\frac{1}{2\cdot3}-\frac{1}{3\cdot4}\right)+\cdots+\frac{1}{2}\left(\frac{1}{n(n+1)}-\frac{1}{(n+1)(n+2)}\right)$$

$$=\frac{1}{4}-\frac{1}{2(n+1)(n+2)}=\boldsymbol{\frac{n(n+3)}{4(n+1)(n+2)}}\ \text{──(答)}$$

参考 ズレた差の形の計算

例1 $\displaystyle\sum_{k=1}^{n}\frac{1}{\sqrt{k+1}+\sqrt{k}}$を計算する。

$$\frac{1}{\sqrt{k+1}+\sqrt{k}}=\frac{1}{\sqrt{k+1}+\sqrt{k}}\cdot\frac{\sqrt{k+1}-\sqrt{k}}{\sqrt{k+1}-\sqrt{k}}=\sqrt{k+1}-\sqrt{k}\text{より}\quad\leftarrow\text{ズレた差の形}$$

$$\text{(求める和)}=\sum_{k=1}^{n}(\sqrt{k+1}-\sqrt{k})=(\sqrt{2}-\sqrt{1})+\cdots+(\sqrt{n+1}-\sqrt{n})=\sqrt{n+1}-1$$

例2 $\displaystyle\sum_{k=1}^{n}k(k+1)(k+2)$を計算する。

$$k(k+1)(k+2)=\frac{1}{4}\{k(k+1)(k+2)(k+3)-(k-1)k(k+1)(k+2)\}\text{であり，}$$

$$f(k)=\frac{1}{4}(k-1)k(k+1)(k+2)\text{とおくと}\quad k(k+1)(k+2)=f(k+1)-f(k)$$

$$\text{(求める和)}=\sum_{k=1}^{n}\{f(k+1)-f(k)\}\quad\leftarrow\text{ズレた差の形}$$

$$=\{f(2)-f(1)\}+\{f(3)-f(2)\}+\cdots+\{f(n+1)-f(n)\}$$

$$=f(n+1)-f(1)=\frac{1}{4}n(n+1)(n+2)(n+3)$$

✓ SKILL UP

kがズレた差の形になっているものは，かき出せば途中の項は消える。

$\displaystyle\sum_{k=1}^{n}\{f(k)-f(k+1)\}$や$\displaystyle\sum_{k=1}^{n}\{f(k+2)-f(k)\}$も同様にかき出してみる。

8

$\displaystyle\sum_{k=1}^{n}k^4$ を計算せよ。

Lv.■■▯▯

navigate

教科書では，$\displaystyle\sum_{k=1}^{n}k$，$\displaystyle\sum_{k=1}^{n}k^2$ までしか紹介されていないが，$\displaystyle\sum_{k=1}^{n}k^3$ や $\displaystyle\sum_{k=1}^{n}k^4$ も

つくることができる。それには，$(k+1)^5-k^5$ を利用する。

解

$(k+1)^5-k^5=5k^4+10k^3+10k^2+5k+1$ から

$$\sum_{k=1}^{n}\{(k+1)^5-k^5\}=\sum_{k=1}^{n}(5k^4+10k^3+10k^2+5k+1)$$

$k=1,\ 2,\cdots,\ n$ として辺々加える。

$$(n+1)^5-1^5=5\sum_{k=1}^{n}k^4+10\left\{\frac{1}{2}n(n+1)\right\}^2+10\cdot\frac{1}{6}n(n+1)(2n+1)$$
$$+5\cdot\frac{n(n+1)}{2}+n$$

$$\sum_{k=1}^{n}k^4=\frac{1}{5}\left\{(n+1)^5-1-\frac{5}{2}n^2(n+1)^2-\frac{5}{3}n(n+1)(2n+1)\right.$$
$$\left.-\frac{5}{2}n(n+1)-n\right\}$$

$$=\frac{1}{30}(n+1)\{6(n+1)^4-15n^2(n+1)-10n(2n+1)-15n-6\}$$

$$=\frac{1}{30}n(n+1)(6n^3+9n^2+n-1)$$

$$=\boldsymbol{\frac{1}{30}n(n+1)(2n+1)(3n^2+3n-1)}\ \text{—(答)}$$

参考 $\displaystyle\sum_{k=1}^{n}k^4$ の求め方（別解）

$$k(k+1)(k+2)(k+3)=\frac{1}{5}\{k(k+1)(k+2)(k+3)(k+4)-(k-1)k(k+1)(k+2)(k+3)\}$$

$k=1,\ 2,\cdots,\ n$ として辺々加えて

$$\sum_{k=1}^{n}k(k+1)(k+2)(k+3)=\frac{1}{5}n(n+1)(n+2)(n+3)(n+4)$$

を計算していけば，$\displaystyle\sum_{k=1}^{n}k^4$ を求めることができる。

✓ SKILL UP

$\sum$ 公式の証明は，ズレた差の形である $(k+1)^n-k^n$ の恒等式を利用。

$\displaystyle\sum_{k=1}^{n}k^4$ は，$(k+1)^5-k^5=5k^4+10k^3+10k^2+5k+1$ の恒等式を利用。

Theme 3 | 数列の和②

9
Lv. ▪▫▫▫

数列 $\{a_n\}$ の初項から第 n 項までの和 S_n が $S_n = n^2 + 5n + 1$ で表されるとき，一般項 a_n を n で表せ。

10
Lv. ▪▫▫▫

$\displaystyle\sum_{k=1}^{n} kx^{k-1}$ を計算せよ。

11
Lv. ▪▫▫▫

$\displaystyle\sum_{k=1}^{n} k^2 \cdot 2^k$ を計算せよ。

12
Lv. ▪▫▫▫

$\displaystyle\sum_{k=1}^{n} \left[\dfrac{k}{2}\right]$ を計算して n で表せ。ただし，$[x]$ は x を超えない最大の整数とする。

Theme分析

このThemeでは，和の応用について扱う。

例 $S_n = 1 \cdot 2 + 2 \cdot 2^2 + 3 \cdot 2^3 + \cdots + (n-1) \cdot 2^{n-1} + n \cdot 2^n$ を計算する。

【方法1】 $S_n - rS_n$ を計算する ←等比数列の和の公式の証明で扱った考え

$$S_n = 1 \cdot 2^1 + 2 \cdot 2^2 + 3 \cdot 2^3 + \cdots\cdots\cdots + (n-1) \cdot 2^{n-1} + n \cdot 2^n$$

$$-)\quad 2S_n = \qquad 1 \cdot 2^2 + 2 \cdot 2^3 + 3 \cdot 2^4 + \cdots\cdots\cdots\cdots + (n-1) \cdot 2^n + n \cdot 2^{n+1}$$

$$-S_n = 2 + 2^2 + 2^3 + \cdots\cdots\cdots + 2^n - n \cdot 2^{n+1}$$

$$= \frac{2(2^n - 1)}{2 - 1} - n \cdot 2^{n+1} \quad ←初項2，公比2，項数 n の$$
等比数列の和

$$S_n = (n-1)2^{n+1} + 2$$

【方法2】 ズレた差の和を利用

$k \cdot 2^k = \{a(k+1) + b\}2^{k+1} - (ak+b)2^k$ とおく。 ←（1次式）$\cdot 2^k$ のズレた差の形

$$k \cdot 2^k = \{2a(k+1) + 2b - (ak+b)\}2^k = \{ak + (2a+b)\}2^k$$

係数比較すると，$a = 1$，$2a + b = 0$ を解いて $a = 1$，$b = -2$

ここで，$f(k) = (k-2)2^k$ とおくと，求める和は ←$f(k)$ とおくと，かき出す
のが楽である

$$\sum_{k=1}^{n} k \cdot 2^k = \sum_{k=1}^{n} \{f(k+1) - f(k)\} = f(n+1) - f(1)$$

$$= (n-1)2^{n+1} - (-1) \cdot 2 = (n-1)2^{n+1} + 2$$

【方法3】 数学Ⅲの微分法の利用

$x \neq 1$ のとき

$$2x + 2x^2 + 2x^3 + \cdots + 2x^{n-1} + 2x^n = \frac{2x(x^n - 1)}{x - 1} = \frac{2x^{n+1} - 2x}{x - 1}$$

両辺 x で微分して

$$1 \cdot 2 + 2 \cdot 2x + 3 \cdot 2x^2 + \cdots + (n-1) \cdot 2x^{n-2} + n \cdot 2x^{n-1}$$

$$= \frac{\{2(n+1)x^n - 2\} \cdot (x-1) - (2x^{n+1} - 2x) \cdot 1}{(x-1)^2}$$

$x = 2$ を代入して

$$1 \cdot 2 + 2 \cdot 2^2 + 3 \cdot 2^3 + \cdots + (n-1) \cdot 2^{n-1} + n \cdot 2^n$$

$$= 2(n+1) \cdot 2^n - 2 - (2 \cdot 2^{n+1} - 2 \cdot 2)$$

$$S_n = (n-1)2^{n+1} + 2$$

9

Lv. ▮▯▯▯

数列 $\{a_n\}$ の初項から第 n 項までの和 S_n が $S_n = n^2 + 5n + 1$ で表されるとき，一般項 a_n を n で表せ。

navigate

和の条件式から一般項を求めるには n の値をズラして引けばよい。ただし，a_1 が $n \geqq 2$ における a_n の規則と一致しないので，答えは初項のみ場合分けして解答すればよい。

解

$n \geqq 2$ のとき

$$a_n = S_n - S_{n-1}$$
$$= (n^2 + 5n + 1) - \{(n-1)^2 + 5(n-1) + 1\}$$
$$= 2n + 4$$

$n = 1$ のとき

$$a_1 = S_1 = 7$$

したがって

$a_1 = 7$, $n \geqq 2$ のとき $a_n = 2n + 4$ —(答)

$a_n = 2n + 4$ は $n = 1$ のとき成り立たないので，答えを場合分けする。

参考 数列の和と一般項について

例 $\displaystyle\sum_{k=1}^{n} a_k = n^2$ のとき，一般項 a_n を求める。

$n \geqq 2$ のとき $a_n = \displaystyle\sum_{k=1}^{n} a_k - \sum_{k=1}^{n-1} a_k = n^2 - (n-1)^2 = 2n - 1$ …①

$n = 1$ のとき $a_1 = \displaystyle\sum_{k=1}^{1} a_k = 1^2 = 1$

であり，これは①を満たす。

これらをまとめて

$$a_n = 2n - 1$$

✓ SKILL UP

$n = 1$ のとき $S_1 = a_1$

$n \geqq 2$ のとき $S_n - S_{n-1} = a_n$

$$S_n = a_1 + a_2 + \cdots\cdots + a_{n-1} + a_n$$
$$-)\ S_{n-1} = a_1 + a_2 + \cdots\cdots + a_{n-1}$$
$$\overline{S_n - S_{n-1} = a_n}$$

10

$\displaystyle\sum_{k=1}^{n} kx^{k-1}$ を計算せよ。

Lv.∎∎∎∎

navigate

さまざま手法があるが，まずは $S_n - rS_n$ を利用するのが一般的である。

解

$x=1$ のとき　$S_n = 1 + 2 + 3 + \cdots + n = \dfrac{1}{2}n(n+1)$

> 公比が文字の等比の和は場合分けする。

また，$x \neq 1$ のとき

$$S_n = 1 + 2x + 3x^2 + \cdots + nx^{n-1}$$

$$-)\ \ xS_n = \quad\quad x + 2x^2 + \cdots + (n-1)x^{n-1} + nx^n$$

$$(1-x)S_n = \ \ 1 + x + x^2\ + \cdots + x^{n-1}\ \ -nx^n$$

> 初項 1，公比 x，項数 n の等比数列の和である。

$$(1-x)S_n = \frac{1-x^n}{1-x} - nx^n$$

$$= \frac{1-x^n - (1-x)nx^n}{1-x} = \frac{nx^{n+1} - (n+1)x^n + 1}{1-x}$$

$$S_n = \frac{nx^{n+1} - (n+1)x^n + 1}{(1-x)^2} = \frac{nx \cdot x^n - (n+1)x^n + 1}{(1-x)^2}$$

$$= \frac{(nx - n - 1)x^n + 1}{(1-x)^2} \ \text{—答}$$

参考　数学Ⅲの微分公式の利用

$x \neq 1$ のとき

$x + x^2 + x^3 + \cdots + x^{n-1} + x^n = \dfrac{x(1-x^n)}{1-x} = \dfrac{x - x^{n+1}}{1-x}$　の両辺を x で微分して

$$1 + 2x + 3x^2 + \cdots + (n-1)x^{n-2} + nx^{n-1} = \frac{(1-(n+1)x^n)(1-x) - (x-x^{n+1})(-1)}{(1-x)^2}$$

$$= \frac{\{1 - x - (n+1)x^n + (n+1)x^{n+1}\} + (x - x^{n+1})}{(1-x)^2}$$

$$= \frac{1 - (n+1)x^n + n \cdot x^{n+1}}{(1-x)^2}$$

✓ SKILL UP

等差×等比の和は，公比をかけて，辺々引く。

$$S = ● + ● + ● + \cdots\cdots + ● + ● + ●$$

$$-)\ rS = \quad\quad ● + ● + ● + \cdots\cdots + ● + ● + ●$$

11

$\displaystyle\sum_{k=1}^{n} k^2 \cdot 2^k$ を計算せよ。

Lv.▫▪▪▪

navigate

$S_n - rS_n$ の計算をするより，強引にズレた差の形をつくる方が簡単。

解

$k^2 \cdot 2^k = \{a(k+1)^2 + b(k+1) + c\} 2^{k+1} - (ak^2 + bk + c) 2^k$ とおく。 （2次式）$\cdot 2^k$

$k^2 \cdot 2^k = \{2a(k^2 + 2k + 1) + 2b(k+1) + 2c - (ak^2 + bk + c)\} 2^k$ のズレた差

$\quad\quad = \{ak^2 + (4a+b)k + (2a+2b+c)\} 2^k$ の形。

係数比較すると，$a=1,\ 4a+b=0,\ 2a+2b+c=0$ を解いて

$\quad a=1,\ b=-4,\ c=6$

ここで，$f(k) = (k^2 - 4k + 6) 2^k$ とおくと，求める和は $f(k)$ とおくと，かき出

$$\sum_{k=1}^{n} k^2 \cdot 2^k = \sum_{k=1}^{n} \{f(k+1) - f(k)\}$$ すのが楽である。

$$= f(n+1) - f(1)$$

$$= 2^{n+1} \{(n+1)^2 - 4(n+1) + 6\} - 2(1 - 4 + 6)$$

$$= \boldsymbol{2^{n+1}(n^2 - 2n + 3) - 6} \text{—（答）}$$

参考 $S_n = \displaystyle\sum_{k=1}^{n} (-1)^{k-1} \cdot k^2$ の計算

$(-1)^{k-1} \cdot k^2 = \{a(k+1)^2 + b(k+1) + c\}(-1)^k - (ak^2 + bk + c)(-1)^{k-1}$ とおくと，

係数比較により $a = -\dfrac{1}{2},\ b = \dfrac{1}{2},\ c = 0$

となり，$f(k) = \left(-\dfrac{1}{2}k^2 + \dfrac{1}{2}k\right)(-1)^{k-1}$ とおくと

$$S_n = \sum_{k=1}^{n} \{f(k+1) - f(k)\} = f(n+1) - f(1) = -\frac{1}{2}n(n+1)(-1)^n$$

$$= \frac{1}{2}n(n+1)(-1)^{n+1}$$

✓ SKILL UP

k がズレた差の形になっているものは，かき出せば途中の項は消える。

$$\sum_{k=1}^{n}(f(k+1) - f(k))$$

$$= \{f(2) - f(1)\} + \{f(3) - f(2)\} + \cdots + \{f(n+1) - f(n)\}$$

$$= f(n+1) - f(1)$$

12

Lv.

$\displaystyle\sum_{k=1}^{n}\left[\frac{k}{2}\right]$ を計算して n で表せ。ただし，$[x]$ は x を超えない最大の整数とする。

navigate

$$\sum_{k=1}^{n}\left[\frac{k}{2}\right]=\left[\frac{1}{2}\right]+\left[\frac{2}{2}\right]+\left[\frac{3}{2}\right]+\left[\frac{4}{2}\right]+\left[\frac{5}{2}\right]+\left[\frac{6}{2}\right]+\cdots+\left[\frac{n}{2}\right]$$

$$=0+1+1+2+2+3+\cdots+\left[\frac{n}{2}\right]$$

は偶奇で規則が変わる数列である。このような数列の和は n 自体を偶奇で場合分けすることになる。

解

m を自然数とし，$a_n=\left[\dfrac{n}{2}\right]$，$S_n=\displaystyle\sum_{k=1}^{n}\left[\frac{k}{2}\right]$ とおくと $a_{2k-1}=k-1$，$a_{2k}=k$

であるから，$n=2m$ のとき

$$S_{2m}=\sum_{k=1}^{m}(a_{2k-1}+a_{2k})$$

$S_{2m}=a_1+a_3+a_5+\cdots+a_{2m-3}+a_{2m-1} \rightarrow \displaystyle\sum_{k=1}^{m}a_{2k-1}$
$\qquad +a_2+a_4+a_6+\cdots+a_{2m-2}+a_{2m} \rightarrow \displaystyle\sum_{k=1}^{m}a_{2k}$

$$=\sum_{k=1}^{m}\{(k-1)+k\}=\sum_{k=1}^{m}(2k-1)=m^2$$

$$S_n=\frac{n^2}{4} \qquad\qquad m=\frac{n}{2}\,\text{より。}$$

$n=2m-1$ のとき

$$S_{2m-1}=S_{2m}-a_{2m}$$

$S_{2m-1}=a_1+a_2+\cdots+a_{2m-1}$
$\qquad =(a_1+a_2+\cdots+a_{2m-1}+a_{2m})-a_{2m}$
$\qquad =S_{2m}-a_{2m}$

$$=m^2-m$$

$$S_n=\left(\frac{n+1}{2}\right)^2-\frac{n+1}{2}$$

$$=\frac{(n+1)(n-1)}{4} \qquad\qquad m=\frac{n+1}{2}\,\text{より。}$$

以上から，**n が偶数のとき $\dfrac{n^2}{4}$，n が奇数のとき $\dfrac{(n+1)(n-1)}{4}$** —答

✓ SKILL UP

$S_n=a_1+a_2+a_3+a_4+\cdots+a_n$ に対して，$\{a_{2k-1}\}$ と $\{a_{2k}\}$ で規則が異なるときは，$n=2m,\ 2m-1$（m は自然数）と場合分けして計算する。

Theme 4 いろいろな数列

13
Lv. ■ ■ ■ ■

数列 $\{a_n\}$: 3, 4, 7, 16, 43, 124, …… の一般項 a_n を求めよ。

14
Lv. ■ ■ ■ ■

数列 $\{a_n\}$: 1, 5, 7, 11, 13, 17, 19, 23, …… の一般項 a_n を求めよ。

15
Lv. ■ ■ ■ ■

数列 $\{a_n\}$: 1, 2, 2, 3, 3, 3, 4, 4, 4, 4, …… の第 100 項を求めよ。また、初項から第 100 項までの和を求めよ。

16
Lv. ■ ■ ■ ■

自然数 1, 2, 3, …… を右図のように並べる。150 は左から何番目、上から何番目の位置にあるか。また、250 は左から何番目、上から何番目の位置にあるか。

1	2	5	10	17	…
4	3	6	11	18	…
9	8	7	12	…	…
16	15	14	13	…	…
…	…	…	…	…	…

Ｔｈｅｍｅ分析

このThemeでは，いろいろな数列について扱う。まずは階差数列について扱う。

例 次の数列$\{a_n\}$の一般項を求める。

$$1,\ 2,\ 4,\ 7,\ 11,\ 16,\ 22,\cdots$$

隣り合う２つの項の差を項とする階差数列$\{b_n\}$を考えてみる。この階差数列を順に加えることで，元の数列$\{a_n\}$を求めることができる。

$$\{a_n\}\ \ 1\ ,\ \ 2\ ,\ \ 4\ ,\ \ 7\ ,\ \cdots\cdots\cdots\ ,\ a_{n-1}\ ,\ a_n$$
$$\{b_n\}\quad\ \ 1\quad\ \ 2\quad\ \ 3\qquad\qquad\qquad (n-1)$$

$n\geqq 2$ のとき

$$a_n = a_1 + (b_1 + b_2 + \cdots + b_{n-1})$$
$$= 1 + \sum_{k=1}^{n-1} k$$
$$= 1 + \frac{1}{2}n(n-1)$$

$$a_2 - a_1 = b_1$$
$$a_3 - a_2 = b_2$$
$$a_4 - a_3 = b_3$$
$$\cdots\cdots$$
$$\underline{+)\ \ a_n - a_{n-1} = b_{n-1}}$$
$$a_n - a_1 = b_1 + b_2 + \cdots + b_{n-1}$$

と求められるが，これは$n\geqq 2$のときであり，$n=1$で成り立つ保証はない。

そこで，$n=1$を代入すると，$a_1 = 1 + \dfrac{1}{2}\cdot 1\cdot 0 = 1$で成り立つことがわかるので

$n\geqq 1$において $a_n = \dfrac{1}{2}n^2 - \dfrac{1}{2}n + 1$

階差数列では，$n=1$，$n\geqq 2$の区別と，一般項を求めたあとでの$n=1$の確認が大切である。

次は，群数列についてである。群数列とは次のようにグループ分けされた数列である。

第１群 / 第２群 / 第３群 /
1 / 2 2 / 3 3 3 / 4 …

また，群数列には「ある規則の数列を強引に群に分ける」タイプの問題もある。群数列では，その群の最初の項や末項での規則性を調べるとうまくいくことが多い。

13

数列 $\{a_n\}$：3, 4, 7, 16, 43, 124, …… の一般項 a_n を求めよ。

Lv.▮▮▮▮

navigate

各項の差をとると等比数列が現れる。こういったときは，その差をかき集めて，もとの数列の一般項を求めることができる。

解

与えられた数列を $\{a_n\}$ とし，その階差数列を $\{b_n\}$ とすると

$$\{a_n\}：3,\ 4,\ 7,\ 16,\ 43,\ 124, \cdots\cdots$$

$$\{b_n\}：1,\ 3,\ 9,\ 27,\ 81, \cdots\cdots$$

数列 $\{b_n\}$ は，初項1，公比3の等比数列であるから $b_n = 3^{n-1}$

$n \geqq 2$ のとき

$$a_n = 3 + \sum_{k=1}^{n-1} 3^{k-1} = 3 + \frac{3^{n-1}-1}{3-1} = \frac{1}{2}(3^{n-1}+5) \quad \cdots \text{①}$$

初項1，公比3，項数 $n-1$ の等比数列の和である。

$n=1$ のとき $\dfrac{1}{2}(3^{n-1}+5) = \dfrac{1}{2}(1+5) = 3$

初項は $a_1 = 3$ であるから，①は $n=1$ のときも成り立つ。

したがって $a_n = \dfrac{1}{2}(3^{n-1}+5)$ —(答)

参考 階差数列の正負をみれば，数列 $\{a_n\}$ の最大・最小がわかる

例 $a_n = 4n^3 - 27n^2 + 23n + 1$ で定まる数列 $\{a_n\}$ が最小となる n の値を求める。

$$a_{n+1} - a_n = 4(n+1)^3 - 27(n+1)^2 + 23(n+1) + 1 - (4n^3 - 27n^2 + 23n + 1)$$
$$= 6n(2n-7)$$

$a_{n+1} - a_n > 0$ を解くと，$n > \dfrac{7}{2}$ より $n \geqq 4$ ←これより，$a_4 < a_5,\ a_5 < a_6,\ a_6 < a_7, \cdots$

$a_{n+1} - a_n < 0$ を解くと $1 \leqq n \leqq 3$ ←これより，$a_1 > a_2,\ a_2 > a_3,\ a_3 > a_4$

よって $a_1 > a_2 > a_3 > a_4 < a_5 < a_6 < \cdots$ となり，$\{a_n\}$ が最小となる n は $n=4$

✓ SKILL UP

数列 $\{a_n\}$ の階差数列を $\{b_n\}$ とすると，$n \geqq 2$ のとき

$$a_n = a_1 + \sum_{k=1}^{n-1} b_k$$

$$a_1,\ a_2,\ a_3,\ a_4,\ \cdots\cdots\cdots,\ a_{n-1},\ a_n$$
$$\quad b_1\ \ b_2\ \ b_3 \qquad\qquad\qquad b_{n-1}$$

$$a_n = a_1 + (b_1 + b_2 + b_3 + \cdots + b_{n-1})$$

14

数列$\{a_n\}$：$1,\ 5,\ 7,\ 11,\ 13,\ 17,\ 19,\ 23,\ \cdots\cdots$　の一般項a_nを求めよ。

Lv.⊪⊪⊪

navigate

第2階差数列まで考えると，等比数列が現れる。

解

数列$\{a_n\}$の階差数列を$\{b_n\}$とし，数列$\{b_n\}$の階差数列を$\{c_n\}$とすると

$\{a_n\}$：$1,\ 5,\ 7,\ 11,\ 13,\ 17,\ 19,\ 23,\ \cdots$

$\{b_n\}$：$4,\ 2,\ 4,\ 2,\ 4,\ 2,\ \cdots$

$\{c_n\}$：$-2,\ 2,\ -2,\ 2,\ -2,\ \cdots$

数列$\{c_n\}$は，初項-2，公比-1の等比数列であるから

$$c_n = -2(-1)^{n-1}$$

$n \geqq 2$のとき

$$b_n = b_1 + \sum_{k=1}^{n-1} c_k = 4 + \sum_{k=1}^{n-1}\{-2(-1)^{k-1}\}$$

初項-2，公比-1，項数$n-1$の等比数列の和。

$$= 4 + \frac{-2\{1-(-1)^{n-1}\}}{1-(-1)}$$

$$= 3 + (-1)^{n-1} \quad (n=1 \text{のときも成り立つ})$$

よって，$n \geqq 2$で

$$a_n = a_1 + \sum_{k=1}^{n-1} b_k = 1 + \sum_{k=1}^{n-1}\{3+(-1)^{k-1}\}$$

$\displaystyle\sum_{k=1}^{n-1}(-1)^{k-1}$は初項1，公比$-1$，項数$n-1$の等比数列の和。

$$= 1 + 3(n-1) + \frac{1-(-1)^{n-1}}{1-(-1)}$$

$$= \boldsymbol{3n - \frac{3}{2} + \frac{1}{2}(-1)^n} \quad (\text{これは}n=1\text{のときも成り立つ}) \quad \text{──}\textcircled{答}$$

✅ SKILL UP

数列の規則のみつけ方

① 階差数列（あるいは第2階差数列まで）を考える

② 階比を考える

③ 数種類の混ざった数列と考える

④ グループごとに分けて，群数列と考える

15

数列$\{a_n\}$：1, 2, 2, 3, 3, 3, 4, 4, 4, 4, ……の第100項を求めよ。また，

Lv.∎∎∎ 初項から第100項までの和を求めよ。

> navigate
>
> 第100項a_{100}を求めるには，まず①k群の和，②k群の末項が第何項目か
> を先に調べておくと便利である。

解

1｜2, 2｜3, 3, 3｜4, 4, ……　　と群に分ける。

① 　第1群には1項，第2群には2項，……，第k群にはk項あるから，

② 　第k群の最後の項は$1+2+\cdots\cdots+k=\dfrac{k(k+1)}{2}$（番目の項）である。

a_{100}が第n群にあるとすると　　$\dfrac{n(n-1)}{2}<100\leqq\dfrac{n(n+1)}{2}$

この不等式は，$n=14$のときに　$91<100\leqq105$　となり成り立つ。

第13群末項は第91項目であるから，第100項目は第14群第9項である。

よって，第100項目は第14群にあり，**14**である。——（答）

③ 　（第k群の和）$=k\cdot k=k^2$　である。

求める和は，第14群第9項までの和であり

$\qquad$（第1群の和）$+\cdots\cdots+$（第13群の和）$+\underbrace{14+14+\cdots\cdots+14}_{9個}$

$=1^2+2^2+\cdots\cdots+13^2+14\times9$

$=\dfrac{1}{6}\cdot13\cdot14\cdot27+126=\boldsymbol{945}$——（答）　　$\displaystyle\sum_{k=1}^{n}k^2=\dfrac{1}{6}n(n+1)(2n+1)$

✓ SKILL UP

群数列の解法

STEP 1：群に分ける。

STEP 2：求めるものが，第何群，第何項か求める。

$\qquad\qquad$①第k群の項数

$\qquad\qquad$②第k群の末項が初めから第何項か　を先に求めておく。

STEP 3（和の問題があれば）：群数列の和は群ごとに求める。

$\qquad\qquad$そのために，③第k群の和　を先に求めておく。

16

Lv. ■■❚❚

自然数1, 2, 3, ……を右図のように並べる。150
は左から何番目，上から何番目の位置にあるか。
また，250は左から何番目，上から何番目の位置
にあるか。

1	2	5	10	17	…
4	3	6	11	18	…
9	8	7	12	…	…
16	15	14	13	…	…
…	…	…	…	…	

navigate

群数列に対応させて考える。

解

$1 \mid 2, 3, 4 \mid 5, 6, 7, 8, 9 \mid 10, 11, ……$　と群に分ける。

①　第1群には1項，第2群には3項，……，第k群には$2k-1$項あるから，

②　第k群の最後の項は$1+3+……+(2k-1)=k^2$(項目)である。

第150項目が第n群にあるとすると　$(n-1)^2 < 150 \leqq n^2$

この不等式は，$n=13$のときに　$144 < 150 \leqq 169$　となり成り立つ。

第12群の末項は第144項目だから，第150項目は第13群の第6項である。

第13群の真ん中の数は，13番目の数なので，

150は左から13番目，上から6番目の位置にある。—(答)

第250項目が第n群にあるとすると　$(n-1)^2 < 250 \leqq n^2$

この不等式は，$n=16$のときに　$225 < 250 \leqq 256$　となり成り立つ。

第15群の末項は第225項目だから，第250項目は第16群の第25項である。

第16群の真ん中の数は，16番目の数なので，

250は左から7番目，上から16番目の位置にある。—(答)

✓ SKILL UP

平面上に規則的に並べられた数列を，群数列と考える。

1	2	5	10	17	…
4	3	6	11	18	…
9	8	7	12	…	…
16	15	14	13	…	…
…	…	…	…	…	

⟺　$1 \mid 2, 3, 4 \mid 5, 6, 7,$
　　$8, 9 \mid 10, 11, ……$

格子点の個数

17
Lv. ∎∎∎∎

次の連立不等式の表す領域に含まれる格子点の個数を求めよ。

$$x \geq 0, \quad y \geq 0, \quad x+y \leq n$$

18
Lv. ∎∎∎∎

次の連立不等式の表す領域に含まれる格子点の個数を求めよ。

$$x \geq 0, \quad y \geq 0, \quad x+2y \leq 2n$$

19
Lv. ∎∎∎∎

次の連立不等式の表す領域に含まれる格子点の個数を求めよ。

$$x \geq 0, \quad y \geq 0, \quad 3x+2y \leq 6n$$

20
Lv. ∎∎∎∎

次の連立不等式の表す領域に含まれる格子点の個数を求めよ。

$$x \geq 0, \quad y \geq 0, \quad z \geq 0, \quad 3x+2y+6z \leq 6n$$

Theme分析

このThemeでは，格子点の個数について扱う。格子点とは，x座標，y座標ともに整数の点のことである。xy平面などで，ある領域内の格子点の個数を求めさせる問題は入試で頻出。やり方は決まっているので，下の例で説明する。

例 $0\leqq y\leqq x^2$，$0\leqq x\leqq 10$ の領域内の格子点の
個数を求める。直線 $x=k$（$k=0,\ 1,\ 2,\cdots,\ 10$）
上の格子点の個数は

$$k^2-0+1=k^2+1(\text{個})$$

よって，$k=0$ から $k=10$ まで加えたものが，
求める格子点の個数で

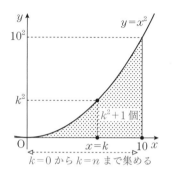

$$\sum_{k=0}^{10}(k^2+1) \quad \leftarrow \sum_{k=0}^{10}(x=k\text{上の格子点の個数})$$

$$=1+\sum_{k=1}^{10}(k^2+1)$$

$$=1+\frac{1}{6}\cdot 10\cdot 11\cdot 21+10$$

$$=396(\text{個})$$

平面内の格子点の個数

STEP 1：直線 $x=k$（または $y=k$）上の格子点の個数を求める。

その際，端点の座標の差をとって整数の個数を考えるとよい。

STEP 2：$\sum$ をとって平面内の格子点の個数を集める。

$$(\text{平面内の格子点の個数})=\sum_{k=\bullet}^{\blacktriangle}(\text{直線上の格子点の個数})$$

17 次の連立不等式の表す領域に含まれる格子点の個数を求めよ。

Lv.

$$x \geq 0, \quad y \geq 0, \quad x+y \leq n$$

navigate

平面内の格子点の個数は，直線上の格子点の個数を $\sum$ をとって集める。

解

直線 $x=k \ (k=0, \ 1, \ 2, \cdots, \ n)$ 上の格子点の個数は

$n-k+1$ 個

よって，求める格子点の個数は

$$\sum_{k=0}^{n} (n+1-k) \qquad \sum_{k=0}^{n}(直線 x=k 上の格子点の個数)$$

$$= \underbrace{n+1}_{\uparrow k=0} + \sum_{k=1}^{n}(n+1-k)$$

$$= n+1+(n+1)\sum_{k=1}^{n}1 - \sum_{k=1}^{n}k$$

$$= n+1+(n+1)\cdot n - \frac{1}{2}n(n+1)$$

$$= \frac{1}{2}(n+1)(n+2) \ -\text{答}$$

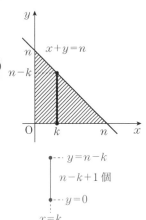

別解

（求める格子点の個数）

$$= \frac{1}{2}\{(正方形内の格子点)-(対角線上の格子点)\}+(対角線上の格子点)$$

$$= \frac{1}{2}\{(n+1)^2-(n+1)\}+(n+1) = \frac{1}{2}(n+1)(n+2) \ -\text{答}$$

✓ SKILL UP

平面内の格子点の個数

STEP 1：直線 $x=k$（または $y=k$）上の格子点の個数を求める。

STEP 2：$\sum$ をとって平面内の格子点の個数を集める。

18

Lv. ▫▫▮▮

次の連立不等式の表す領域に含まれる格子点の個数を求めよ。

$$x \geqq 0, \quad y \geqq 0, \quad x+2y \leqq 2n$$

---

navigate

直線 $x=k$ 上の格子点の個数を数えると，k が偶数か奇数かで場合分けする必要がでてくるが，直線 $y=k$ であれば場合分けしなくてすむ。

解

直線 $y=k$ $(k=0, 1, 2, \cdots, n)$ 上の格子点の個数は $2n-2k+1$ 個

よって，求める格子点の個数は

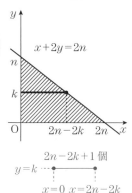

$$\sum_{k=0}^{n}(2n+1-2k) \quad \sum_{k=0}^{n}(\text{直線}y=k\text{上の格子点の個数})$$

$$=\underbrace{2n+1}_{\uparrow k=0}+\sum_{k=1}^{n}(2n+1-2k)$$

$$=2n+1+(2n+1)\sum_{k=1}^{n}1-2\sum_{k=1}^{n}k$$

$$=2n+1+(2n+1)\cdot n-2\cdot\frac{1}{2}n(n+1)$$

$$=(n+1)^2 \quad \text{—答}$$

別解

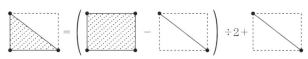

（求める格子点の個数）

$$=\frac{1}{2}\{(長方形内の格子点)-(対角線上の格子点)\}+(対角線上の格子点)$$

$$=\frac{1}{2}\{(n+1)(2n+1)-(n+1)\}+(n+1)=(n+1)^2 \quad \text{—答}$$

☑ SKILL UP

平面内の格子点の個数を求めるにあたって，

STEP1：直線 $x=k$ 上の格子点の個数を求める際に場合分けなどが面倒なときは，いったん直線 $y=k$ 上の格子点の個数を数えてみる。

STEP2：$\sum$ をとって平面内の格子点の個数を集める。

19

次の連立不等式の表す領域に含まれる格子点の個数を求めよ。

Lv.■■■

$$x \geq 0, \quad y \geq 0, \quad 3x + 2y \leq 6n$$

navigate

本問は，$x=k$ で切って集めても，$y=k$ で切って集めても場合分けが必要になる問題である。$y=k$ で切ると k を3で割った余りで3通りに場合分けしないといけない。$x=k$ で切ればまだ偶奇分けの2通りで済む。

解

直線 $x=k$（$k=0,~1,~2,\cdots,~2n$）上の格子点の個数を k の偶奇で場合分けして求める。

(i) k が偶数のとき

$k=2i$（$i=0,~1,\cdots\cdots,~n$）とすると

直線 $x=2i$ 上の格子点は

$$(3n-3i)-0+1=3n-3i+1(\text{個})$$

(ii) k が奇数のとき

$k=2i-1$（$i=1,~2,\cdots\cdots,~n$）とすると

よって，直線 $x=2i-1$ 上の格子点は

$$(3n-3i+1)-0+1=3n-3i+2(\text{個})$$

(i), (ii)から，求める格子点の個数は

$$\sum_{i=0}^{n}(3n-3i+1)+\sum_{i=1}^{n}(3n-3i+2)$$

$$=\underline{3n+1}+\sum_{i=1}^{n}(6n+3-6i) \quad \begin{array}{l}(3n-3i+1)\\+(3n-3i+2)\\=(6n+3-6i)\end{array}$$

$$\uparrow i=0$$

$$=3n+1+(6n+3)\sum_{i=1}^{n}1-6\sum_{i=1}^{n}i$$

$$=3n+1+(6n+3)\cdot n-6\cdot\frac{1}{2}n(n+1)$$

$$=\boldsymbol{3n^2+3n+1}\quad\text{(答)}$$

整数でないので，上端を $3n-3i+1$ ↓で考えるとよい

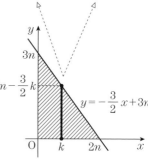

○---$y=3n-3i+\frac{3}{2}$

・---$y=3n-3i$　　---$y=3n-3i+1$

$\boxed{3n-3i+1\text{個}}$　$\boxed{3n-3i+2\text{個}}$

・---$y=0$　　---$y=0$

$x=2i$　　　$x=2i-1$
k が偶数のとき　k が奇数のとき

$y=-\dfrac{3}{2}x+3n$

✓ SKILL UP

直線 $x=k$, $y=k$ 上の格子点の個数を求める際に，場合分けなどが生じて面倒なときでも，図形的に考えると楽に求められることもある。

20 次の連立不等式の表す領域に含まれる格子点の個数を求めよ。

Lv.■■■

$$x \geqq 0, \ y \geqq 0, \ z \geqq 0, \ 3x+2y+6z \leqq 6n$$

navigate

まずは平面内の格子点を求め，それを $\sum$ をとって集めればよい。

解

$3x+2y+6z \leqq 6n$ と $x \geqq 0$，$y \geqq 0$ から $z \leqq n$ である。
また，$z \geqq 0$ から，$0 \leqq z \leqq n$ となる。
平面 $z=k$ $(k=0, 1, 2, \cdots, n)$ 上の格子点の個数は
$$x \geqq 0, \ y \geqq 0, \ 3x+2y \leqq 6(n-k)$$
を満たす格子点の個数であるから，前問から
$$3(n-k)^2+3(n-k)+1 (個)$$
である。よって，求める格子点の個数は

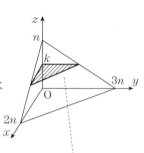

$$\sum_{k=0}^{n}\{3(n-k)^2+3(n-k)+1\}$$
$$=(3n^2+3n+1)+\{3(n-1)^2+3(n-1)+1\}$$
$$+\cdots+(3\cdot1^2+3\cdot1+1)+1$$
$$=1+(3\cdot1^2+3\cdot1+1)+\cdots$$
$$+\{3(n-1)^2+3(n-1)+1\}+(3n^2+3n+1)$$
$$=1+\sum_{k=1}^{n}(3k^2+3k+1)$$
$$=1+3\cdot\frac{1}{6}n(n+1)(2n+1)+3\cdot\frac{1}{2}n(n+1)+n$$
$$=\boldsymbol{(n+1)^3} —(答)$$

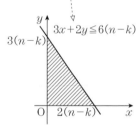

$\uparrow n-k=m$ とおくと，
$x \geqq 0$, $y \geqq 0$, $3x+2y \leqq 6m$
を満たす格子点の個数より
前問から，
$3m^2+3m+1$ 個である

参考 整数解の個数と格子点の個数

図示可能な 2，3 変数の整数解の個数は，図形的に考えれば，ある領域内の格子点の個数として処理することができる。

☑ **SKILL UP**

空間内の格子点の個数

STEP 1：平面 $z=k$（または $x=k$, $y=k$）上の格子点の個数を求める。

STEP 2：$\sum$ をとって空間内の格子点の個数を集める。

21
Lv.∎∎▮▮

(1) $a_1 = 1$, $a_{n+1} = a_n + 2^n - 3n + 1$ で定まる数列 $\{a_n\}$ の一般項 a_n を求めよ。

(2) $a_1 = 2$, $a_{n+1} = 2a_n + 3$ で定まる数列 $\{a_n\}$ の一般項 a_n を求めよ。

22
Lv.∎∎▮▮

(1) $a_1 = \dfrac{1}{6}$, $a_{n+1} = \dfrac{a_n}{6a_n + 7}$ で定まる数列 $\{a_n\}$ の一般項 a_n を求めよ。

(2) $a_1 = 3$, $a_{n+1} = 2a_n + 2 \cdot 3^n$ で定まる数列 $\{a_n\}$ の一般項 a_n を求めよ。

23
Lv.∎∎∎▮

(1) $a_1 = 1$, $a_{n+1} = 2a_n + n - 1$ で定まる数列 $\{a_n\}$ の一般項 a_n を求めよ。

(2) $a_1 = 1$, $a_{n+1} = 5\sqrt{a_n}$ で定まる数列 $\{a_n\}$ の一般項 a_n を求めよ。

24
Lv.∎∎∎▮

(1) $a_1 = 1$, $a_{n+1} = \dfrac{n+2}{n} a_n$ で定まる数列 $\{a_n\}$ の一般項 a_n を求めよ。

(2) $a_1 = 3$, $a_{n+1} = 2a_n - n^2 + n$ で定まる数列 $\{a_n\}$ の一般項 a_n を求めよ。

Theme分析

このThemeでは，漸化式について扱う。漸化式には様々なパターンがあるので，ひとつずつていねいに理解してマスターしてほしい。

1 $a_{n+1}=a_n+q$ は公差qの等差数列であり $a_n=a_1+q(n-1)$

2 $a_{n+1}=pa_n$ は公比pの等比数列であり $a_n=a_1\cdot p^{n-1}$

3 $a_{n+1}=a_n+f(n)$ は階差数列を利用して数列$\{a_n\}$の一般項を求める。

4 $a_{n+1}=pa_n+q$は特性方程式を利用すれば，$a_{n+1}-\alpha=p(a_n-\alpha)$の形に変形できる。これを「カタマリ等比形」と呼ぶことにする。これは$\{a_n-\alpha\}$が公比pの等比数列であることから$a_n-\alpha=(a_1-\alpha)\cdot p^{n-1}$と解くことができる。

5 $a_{n+1}=\dfrac{ra_n}{pa_n+q}$は両辺の逆数をとると，$\dfrac{1}{a_{n+1}}=\dfrac{q}{r}\cdot\dfrac{1}{a_n}+\dfrac{p}{r}$となり，$\dfrac{1}{a_n}=b_n$

とおけば，$b_{n+1}=\dfrac{q}{r}b_n+\dfrac{p}{r}$となり，**4**の形に帰着できる。

6 $a_{n+1}=pa_n+q^n$は両辺をq^{n+1}で割ると，$\dfrac{a_{n+1}}{q^{n+1}}=\dfrac{p}{q}\cdot\dfrac{a_n}{q^n}+\dfrac{1}{q}$となり，$\dfrac{a_n}{q^n}=b_n$

とおけば，$b_{n+1}=\dfrac{p}{q}b_n+\dfrac{1}{q}$となり，**4**の形に帰着できる。

7 $a_{n+1}=pa_n+qn+r$はnの値をズラして引くと，**4**の形に帰着できる。また，一発で，カタマリ等比形に帰着することもできる。

8 $a_{n+1}=pa_n{}^q$は両辺の対数をとると，**4**の形に帰着できる。

9 $a_{n+1}=\dfrac{cn+d}{an+b}a_n$型は，$(n+1$番目の式$)=(n$番目の式$)$に可能ならばする。

例えば，$a_{n+1}=\dfrac{2n}{n+1}a_n$であれば，$(n+1)a_{n+1}=2\cdot na_n$として，$na_n=b_n$とおけば，$b_{n+1}=2b_n$の等比数列となる。

また，$a_{n+1}=\dfrac{3(n+1)}{n}a_n$であれば，$\dfrac{a_{n+1}}{n+1}=3\cdot\dfrac{a_n}{n}$として，$\dfrac{a_n}{n}=b_n$とおけば，$b_{n+1}=3b_n$の等比数列となる。

10 $a_{n+1}=pa_n+qn^2+rn+s$は$f(n+1)=pf(n)$に帰着できるか調べる。

21

Lv. ▪▫▫▫

(1) $a_1=1$, $a_{n+1}=a_n+2^n-3n+1$ で定まる数列 $\{a_n\}$ の一般項 a_n を求めよ。

(2) $a_1=2$, $a_{n+1}=2a_n+3$ で定まる数列 $\{a_n\}$ の一般項 a_n を求めよ。

🚩 navigate

(1)は a_n の係数が1でその後に $(n$ の式$)$ が続く漸化式で，階差数列を利用する。(2)は頻出の漸化式で，解法を必ず習得しなければならない。

解

(1) $n \geqq 2$ のとき

$$a_n = a_1 + \sum_{k=1}^{n-1}(2^k - 3k + 1)$$

$$= 1 + \frac{2(2^{n-1}-1)}{2-1} - 3 \cdot \frac{1}{2}n(n-1) + (n-1)$$

$$= \boldsymbol{2^n - \frac{3}{2}n^2 + \frac{5}{2}n - 2} \text{——(答)}$$

初項2，公比2，項数 $n-1$ の等比数列の和と，$\sum$ 公式を利用する和である。

（$n=1$ のときも成り立つ）

(2) 与式を変形すると

$$(a_{n+1}+3)=2(a_n+3)$$

$a_{n+1}=a_n=x$ とおくと，
$x=2x+3$ であり，
$x=-3$

$$\begin{array}{r} a_{n+1}=2a_n+3 \\ -)\ -3=2(-3)+3 \\ \hline a_{n+1}+3=2(a_n+3) \end{array}$$

よって，数列 $\{a_n+3\}$ は公比2の等比数列より

$$a_n+3=(a_1+3)\cdot 2^{n-1}$$

$a_1=2$ より $a_n+3=(2+3)\cdot 2^{n-1}$

$$a_n = \boldsymbol{5 \cdot 2^{n-1} - 3} \text{——(答)}$$

カタマリ等比形の解法

$$a_{n+1}+\bullet=r(a_n+\bullet)$$
$$a_n+\bullet=(a_1+\bullet)\cdot r^{n-1}$$

参考 階差数列を利用する場合

a_n の係数が1のときは，$a_{n+1}-a_n$ から階差型になる。

✓ SKILL UP

3 $a_{n+1}=a_n+f(n)$

$\implies$ 階差数列利用：$a_n = a_1 + \sum_{k=1}^{n-1} f(k)$ （$n \geqq 2$ のとき）

4 $a_{n+1}=pa_n+q$

$\implies$ 特性方程式利用：$a_{n+1}=a_n=x$ とおき，解

を $x=\alpha$ とする。

$$\begin{array}{r} a_{n+1}=pa_n+q \\ -)\ \ \alpha=p\alpha+q \\ \hline a_{n+1}-\alpha=p(a_n-\alpha) \end{array}$$

22

Lv.

(1) $a_1 = \dfrac{1}{6}$, $a_{n+1} = \dfrac{a_n}{6a_n + 7}$ で定まる数列 $\{a_n\}$ の一般項 a_n を求めよ。

(2) $a_1 = 3$, $a_{n+1} = 2a_n + 2 \cdot 3^n$ で定まる数列 $\{a_n\}$ の一般項 a_n を求めよ。

navigate

(1)は両辺の逆数をとる。(2)は両辺を 3^{n+1} で割る。

解

(1) $a_1 = \dfrac{1}{6} \neq 0$ から, $a_2 = \dfrac{a_1}{6a_1 + 7} \neq 0$ であり, 以下同様にして, $a_n \neq 0$ である。

両辺の逆数をとると $\dfrac{1}{a_{n+1}} = \dfrac{7}{a_n} + 6$

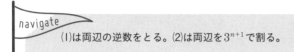

$b_{n+1} = b_n = x$ とおくと, $\qquad b_{n+1} = 7b_n + 6$
$x = 7x + 6$ であり, $\qquad \underline{-)\ -1 = 7(-1) + 6}$
$x = -1 \qquad\qquad b_{n+1} + 1 = 7(b_n + 1)$

$\dfrac{1}{a_n} = b_n$ とおくと $b_{n+1} = 7b_n + 6$

より $b_{n+1} + 1 = 7(b_n + 1)$ 　　　　　　カタマリ等比形。

数列 $\{b_n + 1\}$ は公比 7 の等比数列だから $b_n + 1 = (b_1 + 1) \cdot 7^{n-1}$

$b_1 = \dfrac{1}{a_1} = 6$ より $b_n = 7^n - 1$ よって $a_n = \dfrac{1}{7^n - 1}$ —(答)

(2) 両辺を 3^{n+1} で割ると $\dfrac{a_{n+1}}{3^{n+1}} = \dfrac{2}{3} \cdot \dfrac{a_n}{3^n} + \dfrac{2}{3}$

$\dfrac{a_n}{3^n} = b_n$ とおくと $b_{n+1} = \dfrac{2}{3} b_n + \dfrac{2}{3}$

$b_{n+1} - 2 = \dfrac{2}{3}(b_n - 2)$ 　　　　　　カタマリ等比形。

数列 $\{b_n - 2\}$ は公比 $\dfrac{2}{3}$ の等比数列だから $b_n - 2 = (b_1 - 2) \cdot \left(\dfrac{2}{3}\right)^{n-1}$

$b_1 = \dfrac{a_1}{3} = 1$ より $b_n = 2 - \left(\dfrac{2}{3}\right)^{n-1}$

よって $a_n = 2 \cdot 3^n - 3 \cdot 2^{n-1}$ —(答)

✓ SKILL UP

5 $a_{n+1} = \dfrac{ra_n}{pa_n + q} \implies$ 両辺の逆数をとる : $\dfrac{1}{a_{n+1}} = \dfrac{q}{r} \cdot \dfrac{1}{a_n} + \dfrac{p}{r}$

6 $a_{n+1} = pa_n + q^n \implies$ 両辺を q^{n+1} で割る : $\dfrac{a_{n+1}}{q^{n+1}} = \dfrac{p}{q} \cdot \dfrac{a_n}{q^n} + \dfrac{1}{q}$

23

Lv. ∎∎∎∎

(1) $a_1=1$, $a_{n+1}=2a_n+n-1$ で定まる数列 $\{a_n\}$ の一般項 a_n を求めよ。

(2) $a_1=1$, $a_{n+1}=5\sqrt{a_n}$ で定まる数列 $\{a_n\}$ の一般項 a_n を求めよ。

navigate

(1)は n の値をズラして引く。(2)は両辺の対数をとればよい。

解

(1) $a_{n+1}=2a_n+n-1$ …①

①より $a_{n+2}=2a_{n+1}+n$ …②

②−①より $a_{n+2}-a_{n+1}=2(a_{n+1}-a_n)+1$

$a_{n+1}-a_n=b_n$ とおくと $b_{n+1}=2b_n+1$

変形すると $b_{n+1}+1=2(b_n+1)$

よって，数列 $\{b_n+1\}$ は公比 2 の等比数列より，

$$b_n+1=(b_1+1)\cdot 2^{n-1}$$

$b_1=a_2-a_1=(2a_1+1-1)-a_1=1$ より $b_n=2^n-1$

よって $a_{n+1}-a_n=2^n-1$ …③

①と③から，a_{n+1} を消去して $a_n=\boxed{2^n-n}$ —㊜

$b_{n+1}=b_n=x$ とおくと，
$x=2x+1$ であり，$x=-1$

$$\begin{array}{r} b_{n+1}=2b_n+1 \\ -)\ -1\ =2(-1)+1 \\ \hline b_{n+1}+1=2(b_n+1) \end{array}$$

カタマリ等比形。

(2) $a_1=1>0$ から，$a_2=5\sqrt{a_1}>0$ であり，以下同様にして，$a_n>0$ である。　↓ 対数をとる準備

両辺 5 を底とする対数をとると $\log_5 a_{n+1}=1+\dfrac{1}{2}\log_5 a_n$

$b_n=\log_5 a_n$ とおくと $b_{n+1}=\dfrac{1}{2}b_n+1$ より

$$b_{n+1}-2=\dfrac{1}{2}(b_n-2)$$

数列 $\{b_n-2\}$ は公比 $\dfrac{1}{2}$ の等比数列だから $b_n-2=(b_1-2)\cdot\left(\dfrac{1}{2}\right)^{n-1}$

$b_1-2=\log_5 a_1-2=-2$ から $b_n=2-\left(\dfrac{1}{2}\right)^{n-2}$

ゆえに $a_n=5^{b_n}=\boxed{5^{2-\left(\frac{1}{2}\right)^{n-2}}}$ —㊜

✓ SKILL UP

7 $a_{n+1}=pa_n+qn+r \Longrightarrow n$ の値をズラして引く

8 $a_{n+1}=pa_n{}^q \Longrightarrow$ 両辺の対数をとる（底は p の値で決める）

24

Lv.

(1) $a_1=1$, $a_{n+1}=\dfrac{n+2}{n}a_n$ で定まる数列 $\{a_n\}$ の一般項 a_n を求めよ。

(2) $a_1=3$, $a_{n+1}=2a_n-n^2+n$ で定まる数列 $\{a_n\}$ の一般項 a_n を求めよ。

> navigate
>
> (1)は階比型漸化式と呼ばれる典型問題。a_{n+1} を a_n, a_{n-1}, …で表してい
> けばよい。
> (2)は前問の(1)の問題の応用問題である。今度はカタマリをつくろう。

解

(1) $n \geqq 2$ とすると $a_n=\dfrac{n+1}{n-1}a_{n-1}$

これを繰り返して $a_n=\dfrac{n+1}{n-1}\cdot\dfrac{n}{n-2}\cdot\dfrac{n-1}{n-3}\cdots\cdots\dfrac{5}{3}\cdot\dfrac{4}{2}\cdot\dfrac{3}{1}a_1$

よって $a_n=\dfrac{(n+1)n}{2\cdot1}\cdot1$ これは $n=1$ でも成り立ち

$a_n=\dfrac{1}{2}n(n+1)$ —答

(2) 与式を変形すると

$a_{n+1}-(n+1)^2-(n+1)-2=2(a_n-n^2-n-2)$ カタマリ等比形。

よって，数列 $\{a_n-n^2-n-2\}$

は公比 2 の等比数列より

a_n-n^2-n-2
$=(a_1-1^2-1-2)\cdot2^{n-1}$

となるので

$a_n=n^2+n+2-2^{n-1}$ —答

$a_{n+1}+x(n+1)^2+y(n+1)+z=2(a_n+xn^2+yn+z)$
とおく。
$a_{n+1}=2a_n+xn^2+(y-2x)n+(z-x-y)$ と与式を比
較して，$x=-1$ かつ $y-2x=1$ かつ $z-x-y=0$ より，
$x=-1$, $y=-1$, $z=-2$

✅ SKILL UP

9 $a_{n+1}=\dfrac{cn+d}{an+b}a_n \implies$ 番号下げor$(n+1)$とnのカタマリをつくる

10 $a_{n+1}=pa_n+qn^2+rn+s \implies$ カタマリ等比に変形

Theme 7 | 二項間漸化式②

25
Lv.▪▫▫

$a_1 = 4$, $a_{n+1} = \dfrac{4a_n + 3}{a_n + 2}$ で定まる数列 $\{a_n\}$ の一般項 a_n を求めよ。

26
Lv.▪▫▫

数列 $\{a_n\}$ の初項から第 n 項までの和 S_n が $S_1 = 0$, $S_{n+1} - 3S_n = n^2$ を満たすとき，一般項 a_n を求めよ。

27
Lv.▪▫▫

$a_1 = 1$, $a_{2n} = 2a_{2n-1}$ …①, $a_{2n+1} = a_{2n} + 2^{n-1}$ …②で定まる数列 $\{a_n\}$ の第 $2n$ 項 a_{2n} と第 $(2n-1)$ 項 a_{2n-1} を求めよ。

28
Lv.▪▫▫

$\angle \mathrm{XPY}(=60°)$ の 2 辺 PX，PY に接する半径 1 の円を $\mathrm{O_1}$ とする。次に，2 辺 PX，PY および円 $\mathrm{O_1}$ に接する円のうち半径の小さい方の円を $\mathrm{O_2}$ とする。以下，同様にして順に円 $\mathrm{O_3}$，$\mathrm{O_4}$，……をつくる。円 $\mathrm{O_n}$ の半径 r_n を n で表せ。

Theme分析

このThemeでは，隣接二項間漸化式の応用について扱う。

25 は，分数型漸化式の応用である。誘導がつくことが多いが，今回はノーヒントでやってみることにする。

> 11 $a_{n+1}=\dfrac{ra_n+s}{pa_n+q}$ $(ps-qr\neq0)$ $\Longrightarrow$ 特性方程式利用
>
> $a_{n+1}=a_n=x$ とおく。その解の1つを $x=\alpha$ とする。
>
> $a_{n+1}-\alpha=\dfrac{ra_n+s}{pa_n+q}-\alpha$ を変形して，両辺の逆数をとればよい。

11 $a_{n+1}=\dfrac{ra_n+s}{pa_n+q}$ の1つの解法は，$x=\dfrac{rx+s}{px+q}$ とおいた解を利用する。

$$a_{n+1}-x=\dfrac{ra_n+s}{pa_n+q}-x$$

$$=\dfrac{(r-px)a_n+(s-qx)}{pa_n+q} \quad\cdots①$$

ここで，$1:x=(r-px):(s-qx)$ とすると

$$px^2+qx=rx+s \iff (px+q)x=rx+s$$

より，$x=\dfrac{rx+s}{px+q}$ を利用して

$$① \iff a_{n+1}-x=\dfrac{k(a_n-x)}{pa_n+q} \quad\leftarrow 1:x=(r-px):(s-qx) より$$
$$r-px=k,\ s-qx=kx とおける$$

この両辺の逆数をとって

$$\dfrac{1}{a_{n+1}-x}=\dfrac{pa_n+q}{k(a_n-x)}$$

$$=\dfrac{p(a_n-x)+q+px}{k(a_n-x)}$$

$$=\dfrac{q+px}{k}\cdot\dfrac{1}{a_n-x}+\dfrac{p}{k}$$

で，$\dfrac{1}{a_n-x}=b_n$ とおけば，$a_{n+1}=pa_n+q$ タイプに帰着できる。

他の応用についても，26 ～ 28 で学んでほしい。

25

$a_1 = 4$, $a_{n+1} = \dfrac{4a_n + 3}{a_n + 2}$ で定まる数列 $\{a_n\}$ の一般項 a_n を求めよ。

Lv.▄▮▮

> **navigate**
>
> 分数型漸化式 **22** の応用問題である。いきなり逆数をとるよりも特性方程式の解を利用して変形したあと，両辺の逆数をとるとうまくいく。

解

$a_1 = 4$, $a_{n+1} = \dfrac{4a_n + 3}{a_n + 2}$

$a_{n+1} - 3 = \dfrac{4a_n + 3}{a_n + 2} - 3 = \dfrac{a_n - 3}{a_n + 2}$

$a_{n+1} = a_n = x$ とおくと，

$x = \dfrac{4x + 3}{x + 2}$ から，$x^2 - 2x - 3 = 0$, $x = -1$, 3

この2解のうちの $x = 3$ を利用した。

$a_1 = 4 \neq 3$ から，$a_2 - 3 = \dfrac{a_1 - 3}{a_1 + 2} \neq 0$ であり，以下同様にして，$a_n - 3 \neq 0$ である。

↳ 逆数をとる
ための準備

両辺の逆数をとって

$$\dfrac{1}{a_{n+1} - 3} = \dfrac{a_n + 2}{a_n - 3} = \dfrac{5}{a_n - 3} + 1$$

$\dfrac{1}{a_n - 3} = b_n$ とおくと $b_{n+1} = 5b_n + 1$

$b_{n+1} = b_n = x$ とおくと，$x = 5x + 1$ であり，$x = -\dfrac{1}{4}$

$$\begin{aligned} & b_{n+1} = 5b_n + 1 \\ -)\ & -\dfrac{1}{4} = 5\left(-\dfrac{1}{4}\right) + 1 \\ \hline & b_{n+1} + \dfrac{1}{4} = 5\left(b_n + \dfrac{1}{4}\right) \end{aligned}$$

これを変形して $b_{n+1} + \dfrac{1}{4} = 5\left(b_n + \dfrac{1}{4}\right)$

カタマリ等比形。

数列 $\left\{b_n + \dfrac{1}{4}\right\}$ は公比5の等比数列より $b_n + \dfrac{1}{4} = \left(b_1 + \dfrac{1}{4}\right)5^{n-1}$

$b_1 = \dfrac{1}{a_1 - 3} = 1$ から $b_n = \dfrac{5^n - 1}{4}$

よって，$\dfrac{1}{a_n - 3} = \dfrac{5^n - 1}{4}$ となり $a_n = \dfrac{3 \cdot 5^n + 1}{5^n - 1}$ —㊜

✔ **SKILL UP**

11 $a_{n+1} = \dfrac{ra_n + s}{pa_n + q}$ $(ps - qr \neq 0)$ ⟹ 特性方程式利用

$a_{n+1} = a_n = x$ とおく。その解の1つを $x = \alpha$ とする。

$a_{n+1} - \alpha = \dfrac{ra_n + s}{pa_n + q} - \alpha$ を変形して，両辺の逆数をとればよい。

26

Lv.▫▫▪▪

数列 $\{a_n\}$ の初項から第 n 項までの和 S_n が $S_1=0$, $S_{n+1}-3S_n=n^2$ を満たすとき，一般項 a_n を求めよ。

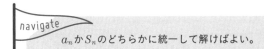

navigate

a_n か S_n のどちらかに統一して解けばよい。

解

$\{a_n\}$ の漸化式を解く。

$n \geqq 2$ のとき

$$S_{n+1}=3S_n+n^2 \quad \cdots ①$$

$$S_n=3S_{n-1}+(n-1)^2$$

$n-1 \geqq 1$ より，$n \geqq 2$ である。

の辺々を引いて

$$a_{n+1}=3a_n+2n-1 \quad (n \geqq 2)$$

また，$S_1=0$ より $a_1=0$

①で $n=1$ として，$S_2=3S_1+1^2$ より

$$(a_1+a_2)=3a_1+1^2$$

$a_1=0$ より $a_2=1$

この関係式は $n \geqq 2$ でしか成り立たないので，a_1 と a_2 を求めて，$n=1$ で成り立つか調べる。

よって $a_{n+1}=3a_n+2n-1 \quad (n \geqq 1) \quad \cdots ②$

これを変形して

$$a_{n+1}+n+1=3(a_n+n)$$

よって，数列 $\{a_n+n\}$ は公比 3 の等比数列より

$$a_n+n=(a_1+1)\cdot 3^{n-1}$$

$$a_n=\boldsymbol{3^{n-1}-n} \quad \text{—(答)}$$

$\boxed{7}$型の漸化式である。

$a_{n+1}+x(n+1)+y=3(a_n+xn+y)$ とおく。

$a_{n+1}=3a_n+2xn+(-x+2y)$ と②を比較して，

$2x=2$ かつ $-x+2y=-1$ より，$x=1$, $y=0$

✓ SKILL UP

和と一般項の関係式

$n=1$ のとき，$S_1=a_1$

$n \geqq 2$ のとき，$S_n-S_{n-1}=a_n$

上記を利用して，a_n または S_n の関係式に統一する。

$a_{n+1}=(a_n \text{の式})$ となれば，解いて a_n を求める。

$S_{n+1}=(S_n \text{の式})$ となれば，解いて S_n を求めてから a_n を求める。

27 $a_1=1$, $a_{2n}=2a_{2n-1}$ …①, $a_{2n+1}=a_{2n}+2^{n-1}$ …②で定まる数列$\{a_n\}$の第$2n$

Lv.∎∎❙❙ 項a_{2n}と第$(2n-1)$項a_{2n-1}を求めよ。

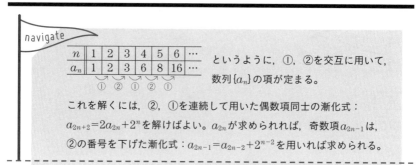

navigate

n	1	2	3	4	5	6	⋯
a_n	1	2	3	6	8	16	⋯

というように，①，②を交互に用いて，数列$\{a_n\}$の項が定まる。

これを解くには，②，①を連続して用いた偶数項同士の漸化式：

$a_{2n+2}=2a_{2n}+2^n$ を解けばよい。a_{2n}が求められれば，奇数項a_{2n-1}は，②の番号を下げた漸化式：$a_{2n-1}=a_{2n-2}+2^{n-2}$を用いれば求められる。

解

①，②より

$$a_{2n+2}=2a_{2n+1}=2(a_{2n}+2^{n-1})=2a_{2n}+2^n$$

両辺を2^{n+1}で割ると

$$\frac{a_{2(n+1)}}{2^{n+1}}=\frac{a_{2n}}{2^n}+\frac{1}{2}$$

よって，数列$\left\{\dfrac{a_{2n}}{2^n}\right\}$は初項$\dfrac{a_2}{2}=\dfrac{2a_1}{2}=1$，

公差$\dfrac{1}{2}$の等差数列であり

$$\frac{a_{2n}}{2^n}=1+\frac{1}{2}(n-1)=\frac{1}{2}(n+1)$$

ゆえに $\boldsymbol{a_{2n}=(n+1)2^{n-1}}$ —答

また②から，$n\geqq2$のとき，$a_{2n-1}=\underline{a_{2n-2}}+2^{n-2}$であるから

$$\boldsymbol{a_{2n-1}}=\underline{n\cdot2^{n-2}}+2^{n-2}$$

$$=\boldsymbol{(n+1)\cdot2^{n-2}} \quad (\text{これは}n=1\text{のときも成り立つ}) —答$$

苦手な人は，

$a_{2n}=b_n$とおくと，

$b_{n+1}=2b_n+2^n$であり，

$$\frac{b_{n+1}}{2^{n+1}}=\frac{b_n}{2^n}+\frac{1}{2}$$

$\dfrac{b_n}{2^n}=c_n$とおいて，

$$c_{n+1}=c_n+\frac{1}{2}$$

$$c_n=c_1+\frac{1}{2}(n-1)$$

$$\frac{b_n}{2^n}=\frac{b_1}{2^1}+\frac{1}{2}(n-1)$$

$$\frac{a_{2n}}{2^n}=\frac{a_2}{2^1}+\frac{1}{2}(n-1)$$

とすればよい。

参考 奇数項についての漸化式

$a_{2n+1}=a_{2n}+2^{n-1}=2a_{2n-1}+2^{n-1}$から，$a_{2n+1}$と$a_{2n-1}$の漸化式をつくることもできる。

☑ **SKILL UP**

偶奇分けされた漸化式を解くには，偶数項または奇数項についての漸化式を立てて，その漸化式を解けばよい。

28 ∠XPY（＝60°）の2辺PX，PYに接する半径1の円をO_1とする。次に，2辺
Lv.▮▮▮ PX，PYおよび円O_1に接する円のうち半径の小さい方の円をO_2とする。以
下，同様にして順に円O_3，O_4，……をつくる。円O_nの半径r_nをnで表せ。

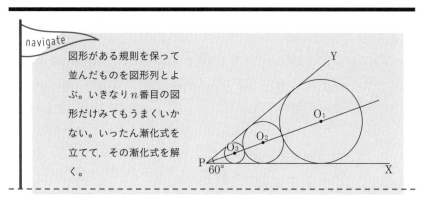

navigate

図形がある規則を保って並んだものを図形列とよぶ。いきなりn番目の図形だけみてもうまくいかない。いったん漸化式を立てて，その漸化式を解く。

解

右図の△$O_n O_{n+1} H$について

$$O_n O_{n+1} = r_n + r_{n+1}$$

$$O_n H = r_n - r_{n+1}$$

∠$O_n O_{n+1} H = 30°$ であるから

$$O_n H : O_{n+1} O_n = 1 : 2$$

$$O_n O_{n+1} = 2 O_n H$$

よって

$$r_n + r_{n+1} = 2(r_n - r_{n+1})$$

$$r_{n+1} = \frac{1}{3} r_n$$

また，$r_1 = 1$

数列$\{r_n\}$は初項1，公比$\frac{1}{3}$の等比数列であるから

$$r_n = \left(\frac{1}{3}\right)^{n-1} \ -\ ㊙$$

✓ **SKILL UP**

図形列の問題は，n番目と$(n+1)$番目の図形に着目して漸化式を立てる。

三項間・連立漸化式

29
Lv. ∎∎∎∎

$a_1=1$, $a_2=2$, $a_{n+2}=2a_{n+1}+3a_n$ で定まる数列 $\{a_n\}$ の一般項 a_n を求めよ。

30
Lv. ∎∎∎∎

$\begin{cases} a_1=1 \\ b_1=0 \end{cases}$, $\begin{cases} a_{n+1}=3a_n+2b_n \\ b_{n+1}=2a_n+3b_n \end{cases}$ で定まる数列 $\{a_n\}$, $\{b_n\}$ の一般項 a_n, b_n を求めよ。

31
Lv. ∎∎∎∎

$\begin{cases} a_1=1 \\ b_1=0 \end{cases}$, $\begin{cases} a_{n+1}=3a_n+2b_n \\ b_{n+1}=2a_n+6b_n \end{cases}$ で定まる数列 $\{a_n\}$, $\{b_n\}$ の一般項 a_n, b_n を求めよ。

32
Lv. ∎∎∎∎

$\begin{cases} a_1=1 \\ b_1=0 \end{cases}$, $\begin{cases} a_{n+1}=a_n+2b_n \\ b_{n+1}=a_n+b_n \end{cases}$ のとき, $a_n^2-2b_n^2$ の値を求めよ。

Theme分析

今回のThemeは，「三項間漸化式」と「連立漸化式」である。

■ 三項間漸化式の解法

12 $a_{n+2}+pa_{n+1}+qa_n=0$ はカタマリ等比形 $a_{n+2}-\alpha a_{n+1}=\beta(a_{n+1}-\alpha a_n)$ に変形することを目標にする。これを展開すると，$a_{n+2}-(\alpha+\beta)a_{n+1}+\alpha\beta a_n=0$
係数を比較すると，$\alpha+\beta=-p$，$\alpha\beta=q$ だから，解と係数の関係から，
$x^2+px+q=0$ の解として求めればよい。

$$a_{n+2}+pa_{n+1}+qa_n=0 \longrightarrow \begin{cases} a_{n+2}=x^2 \\ a_{n+1}=x \\ a_n=1 \end{cases} \longrightarrow \boxed{\begin{array}{l} x^2+px+q=0 \text{の解を}\alpha,\ \beta\text{として,} \\ a_{n+2}-\alpha a_{n+1}=\beta(a_{n+1}-\alpha a_n)\text{に変形する.} \end{array}}$$

■ 連立漸化式の解法

31 $\begin{cases} a_1=1 \\ b_1=0 \end{cases}$, $\begin{cases} a_{n+1}=3a_n+2b_n \\ b_{n+1}=2a_n+6b_n \end{cases}$ の漸化式解法には，次のようなものもある。

$a_{n+1}+\alpha b_{n+1}=\beta(a_n+\alpha b_n)$ となるような α，β を求める。

$$\begin{aligned} a_{n+1}+\alpha b_{n+1} &= (3a_n+2b_n)+\alpha(2a_n+6b_n) \\ &= (2\alpha+3)a_n+(6\alpha+2)b_n \\ &= (2\alpha+3)\left(a_n+\frac{6\alpha+2}{2\alpha+3}b_n\right) \end{aligned}$$

$\dfrac{6\alpha+2}{2\alpha+3}=\alpha$，$\beta=2\alpha+3$ から，α は，$2\alpha^2-3\alpha-2=0$ の解であり，

$\alpha=2$，$-\dfrac{1}{2}$ から $(\alpha,\ \beta)=(2,\ 7)$，$\left(-\dfrac{1}{2},\ 2\right)$

よって，与えられた漸化式は，$\begin{cases} a_{n+1}+2b_{n+1}=7(a_n+2b_n) \\ a_{n+1}-\dfrac{1}{2}b_{n+1}=2\left(a_n-\dfrac{1}{2}b_n\right) \end{cases}$ と変形でき，

これらから $a_n+2b_n=(a_1+2b_1)\cdot7^{n-1}$，$a_n-\dfrac{1}{2}b_n=\left(a_1-\dfrac{1}{2}b_1\right)\cdot2^{n-1}$

$a_n+2b_n=7^{n-1}$，$a_n-\dfrac{1}{2}b_n=2^{n-1}$

となり $a_n=\dfrac{2^{n+1}+7^{n-1}}{5}$，$b_n=\dfrac{2\cdot7^{n-1}-2^n}{5}$

29

$a_1=1$, $a_2=2$, $a_{n+2}=2a_{n+1}+3a_n$ で定まる数列 $\{a_n\}$ の一般項 a_n を求めよ。

Lv. ∎∎∎

> navigate
> 三項間漸化式を解くには，特性方程式を利用する。最後の a_{n+1} を消去するところも含めて解法パターンを覚える。

解

$$a_{n+2}-2a_{n+1}-3a_n=0 \quad \cdots(*)$$

これを変形すると

$$(*) \iff a_{n+2}-3a_{n+1}$$
$$= -(a_{n+1}-3a_n)$$

数列 $\{a_{n+1}-3a_n\}$ は公比 -1 の等比数列だから

$$a_{n+1}-3a_n=(a_2-3a_1)\cdot(-1)^{n-1}$$

$a_1=1$, $a_2=2$ より

$$a_{n+1}-3a_n=(-1)^n \qquad \cdots①$$

また

$$(*) \iff a_{n+2}+a_{n+1}=3(a_{n+1}+a_n)$$

よって，数列 $\{a_{n+1}+a_n\}$ は公比 3 の等比数列より

$$a_{n+1}+a_n=(a_2+a_1)\cdot 3^{n-1}$$

$a_1=1$, $a_2=2$ より

$$a_{n+1}+a_n=3^n \qquad \cdots②$$

①と②より，a_{n+1} を消去して

$$a_n=\frac{3^n-(-1)^n}{4} \text{—⊛}$$

$a_{n+2}=x^2$, $a_{n+1}=x$, $a_n=1$ とおくと，
$$x^2-2x-3=0 \iff x=3, -1$$
よって，
$$\begin{cases} a_{n+2}-3a_{n+1}=-(a_{n+1}-3a_n) \\ a_{n+2}+a_{n+1}=3(a_{n+1}+a_n) \end{cases}$$
と変形できる。

カタマリ等比形。

✓ SKILL UP

12 $a_{n+2}+pa_{n+1}+qa_n=0 \implies$ 特性方程式利用

$a_{n+2}=x^2$, $a_{n+1}=x$, $a_n=1$ とおく。

$x^2+px+q=0$ の2解を $x=\alpha$, β とおくと，

$$\implies \begin{cases} a_{n+2}-\alpha a_{n+1}=\beta(a_{n+1}-\alpha a_n) \\ a_{n+2}-\beta a_{n+1}=\alpha(a_{n+1}-\beta a_n) \end{cases}$$

とカタマリ等比形に変形できる。

30

Lv. ■■□□

$$\begin{cases} a_1=1 \\ b_1=0 \end{cases}, \quad \begin{cases} a_{n+1}=3a_n+2b_n \\ b_{n+1}=2a_n+3b_n \end{cases}$$ で定まる数列 $\{a_n\}$, $\{b_n\}$ の一般項 a_n, b_n を求め

よ。

navigate

係数対称型連立漸化式は，辺々足したり，引いたりすれば，カタマリ等
比形が現れる。

解

$$\begin{cases} a_{n+1}=3a_n+2b_n & \cdots ① \\ b_{n+1}=2a_n+3b_n & \cdots ② \end{cases}$$

①＋②より

$$(a_{n+1}+b_{n+1})=5(a_n+b_n)$$ 　　　　　　　　　　カタマリ等比形。

よって，数列 $\{a_n+b_n\}$ は公比5の等比数列より

$$a_n+b_n=(a_1+b_1)\cdot 5^{n-1}$$

$a_1=1$, $b_1=0$ から

$$a_n+b_n=5^{n-1} \quad \cdots ③$$

①－②より

$$a_{n+1}-b_{n+1}=a_n-b_n$$ 　　　　　　　　　　　　カタマリ等比形。

よって，数列 $\{a_n-b_n\}$ の値はすべて等しく

$$a_n-b_n=a_1-b_1$$

$a_1=1$, $b_1=0$ から

$$a_n-b_n=1 \quad \cdots ④$$

③，④から

$$a_n=\frac{1}{2}(5^{n-1}+1), \quad b_n=\frac{1}{2}(5^{n-1}-1) \, -\text{答}$$

✓ SKILL UP

係数対称型連立漸化式の解法

13 $$\begin{cases} a_{n+1}=\underline{p}a_n+\underline{q}b_n \\ b_{n+1}=\underline{q}a_n+\underline{p}b_n \end{cases} \implies$$ 辺々足したり，引いたりすると，
カタマリ等比形になる。

31

Lv. ..ll

$$\begin{cases} a_1 = 1 \\ b_1 = 0 \end{cases}, \quad \begin{cases} a_{n+1} = 3a_n + 2b_n \\ b_{n+1} = 2a_n + 6b_n \end{cases}$$ で定まる数列 $\{a_n\}$, $\{b_n\}$ の一般項 a_n, b_n を求めよ。

navigate

係数非対称型連立漸化式は，1文字消去して三項間漸化式に帰着させる。

解

与式の上の式より $b_n = \dfrac{1}{2}(a_{n+1} - 3a_n)$ …①

また①より $b_{n+1} = \dfrac{1}{2}(a_{n+2} - 3a_{n+1})$

これらを，下の式に代入して，b_{n+1}, b_n を消去すると

$$a_{n+2} - 9a_{n+1} + 14a_n = 0 \quad \cdots②$$

また $a_1 = 1$, $a_2 = 3a_1 + 2b_1 = 3$

②を変形すると

$$② \iff a_{n+2} - 7a_{n+1} = 2(a_{n+1} - 7a_n)$$

数列 $\{a_{n+1} - 7a_n\}$ は公比 2 の等比数列だから

$$a_{n+1} - 7a_n = (a_2 - 7a_1) \cdot 2^{n-1}$$

$a_1 = 1$, $a_2 = 3$ より $a_{n+1} - 7a_n = -4 \cdot 2^{n-1}$ …③

また $② \iff a_{n+2} - 2a_{n+1} = 7(a_{n+1} - 2a_n)$

よって，数列 $\{a_{n+1} - 2a_n\}$ は公比 7 の等比数列より

$$a_{n+1} - 2a_n = (a_2 - 2a_1) \cdot 7^{n-1}$$

$a_1 = 1$, $a_2 = 3$ より $a_{n+1} - 2a_n = 7^{n-1}$ …④

③と④より，a_{n+1} を消去して $\boldsymbol{a_n = \dfrac{2^{n+1} + 7^{n-1}}{5}}$ —答

また，①より $\boldsymbol{b_n = \dfrac{2 \cdot 7^{n-1} - 2^n}{5}}$ —答

> $a_{n+2} = x^2$, $a_{n+1} = x$, $a_n = 1$ とおくと，
> $$x^2 - 9x + 14 = 0 \iff x = 2, 7$$
> よって，
> $$\begin{cases} a_{n+2} - 7a_{n+1} = 2(a_{n-1} - 7a_n) \\ a_{n+2} - 2a_{n+1} = 7(a_{n-1} - 2a_n) \end{cases}$$
> と変形できる。

✓ SKILL UP

14 $\begin{cases} a_{n+1} = pa_n + qb_n \\ b_{n+1} = ra_n + sb_n \end{cases} \implies$ 1文字消去すると，三項間漸化式

32

Lv.∎∎∎

$$\begin{cases} a_1 = 1 \\ b_1 = 0 \end{cases}, \quad \begin{cases} a_{n+1} = a_n + 2b_n \\ b_{n+1} = a_n + b_n \end{cases} \quad \text{のとき,} \quad a_n{}^2 - 2b_n{}^2 \text{の値を求めよ。}$$

navigate

a_n, b_n が求められなくても，$a_n{}^2 - 2b_n{}^2$ の値がわかればよいので，
$a_n{}^2 - 2b_n{}^2 = x_n$ とおいて，x_n の漸化式を立ててから x_n を求めればよい。

解

$x_n = a_n{}^2 - 2b_n{}^2$ とおくと

$$\begin{aligned} x_{n+1} &= a_{n+1}{}^2 - 2b_{n+1}{}^2 \\ &= (a_n + 2b_n)^2 - 2(a_n + b_n)^2 \\ &= -(a_n{}^2 - 2b_n{}^2) \\ &= -x_n \end{aligned}$$

漸化式から，
$a_{n+1} = a_n + 2b_n$, $b_{n+1} = a_n + b_n$

数列 $\{x_n\}$ は，初項 $x_1 = a_1{}^2 - 2b_1{}^2 = 1$，公比 -1 の等比数列より

$$x_n = 1 \cdot (-1)^{n-1} = (-1)^{n-1}$$

よって　$a_n{}^2 - 2b_n{}^2 = \boldsymbol{(-1)^{n-1}}$ —(答)

参考　漸化式の利用

例　$a_1 = 1$, $a_2 = 2$, $a_{n+2} = 2a_{n+1} + a_n$ で定まる整数列 $\{a_n\}$ で a_n が 4 の倍数になる n を求める。

n	1	2	3	4	5	6	7	8	$\cdots$
a_n	1	2	5	12	29	70	169	408	$\cdots$
a_n を 4 で割った余り	1	2	1	0	1	2	1	0	$\cdots$

具体化すると，上の表のようになり $\{1, 2, 1, 0\}$ の周期であることが類推される。これを以下のように論証することができる。

$$a_{n+4} = 2a_{n+3} + a_{n+2} = 2(2a_{n+2} + a_{n+1}) + a_{n+2} = 5a_{n+2} + 2a_{n+1} = 5(2a_{n+1} + a_n) + 2a_{n+1}$$
$$= 12a_{n+1} + 5a_n \quad \leftarrow \text{漸化式を繰り返し用いて，} a_{n+4} \text{と} a_n \text{の関係式を求める}$$

$a_{n+4} - a_n = 4(3a_{n+1} + a_n)$ となり，$3a_{n+1} + a_n$ は整数であるから $a_{n+4} - a_n$ は 4 の倍数となり，a_{n+4} と a_n を 4 で割った余りは等しい。

また，初めの 4 項の余りは順に 1, 2, 1, 0 であるから，$\{1, 2, 1, 0\}$ の周期数列となる。よって　n は 4 の倍数となるすべての自然数

☑ SKILL UP

漸化式は，解いて一般項を求めることがすべてでなく，隣の項との関係式として利用する場合もある。

数学的帰納法

33
Lv. ▪▫▫

すべての自然数nで，$2^{6n-5}+3^{2n}$は11で割り切れることを証明せよ。

34
Lv. ▪▫▫

自然数nについて，n^2と2^nの大小比較をせよ。

35
Lv. ▪▫▫

$x+y$，xyがともに偶数のとき，すべての自然数nで，x^n+y^nは偶数となることを証明せよ。

36
Lv. ▪▫▫

$(a_1+a_2+\cdots\cdots+a_n)^2=a_1{}^3+a_2{}^3+\cdots\cdots+a_n{}^3$で定まる数列$\{a_n\}$の一般項$a_n$を求めよ。ただし，すべての自然数$n$に対して，$a_n>0$とする。

Theme分析

このThemeでは，数学的帰納法について扱う。

例 $\displaystyle\sum_{k=1}^{n} k^2 = \frac{1}{6}n(n+1)(2n+1)$ が成り立つことを数学的帰納法を用いて証明する。

「$1^2 + 2^2 + \cdots + n^2 = \dfrac{1}{6}n(n+1)(2n+1)$ が成り立つ」 $\cdots(*)$

以上を証明する。

(i) $n=1$ のとき　　(左辺)＝(右辺)＝1

よって，$(*)$は成り立つ。

(ii) $n=k$ のとき，$(*)$が成り立つと仮定する。

すなわち　$1^2 + 2^2 + \cdots + k^2 = \dfrac{1}{6}k(k+1)(2k+1)$ $\cdots$①

このとき　$1^2 + 2^2 + \cdots + k^2 + (k+1)^2 = \dfrac{1}{6}(k+1)(k+2)(2k+3)$ $\cdots$②

が成り立つことを示す。

①の両辺に$(k+1)^2$を加えると

$$1^2 + 2^2 + \cdots\cdots + k^2 + (k+1)^2 = \frac{1}{6}k(k+1)(2k+1) + (k+1)^2$$

$$= \frac{1}{6}(k+1)\{k(2k+1) + 6(k+1)\}$$

$$= \frac{1}{6}(k+1)(2k^2 + 7k + 6)$$

$$= \frac{1}{6}(k+1)(k+2)(2k+3)$$

となり，$n=k+1$のときも$(*)$が成り立つ。

(i), (ii)より，$(*)$はすべての自然数nで成り立つ。

数学的帰納法

(i) $n=1$ のとき成り立つことを示す。

(ii) $n=k$ のとき成り立つと仮定して，$n=k+1$のとき成り立つことを示す。

33

Lv. ▫▫▪▍

すべての自然数nで，$2^{6n-5}+3^{2n}$は11で割り切れることを証明せよ。

> navigate
>
> 数学的帰納法を用いて，整数の倍数問題を証明する。

解

すべての自然数nで，「$2^{6n-5}+3^{2n}$が11で割り切れる」…(P)ことを証明する。

(i) $n=1$のとき　$2^{6\cdot1-5}+3^{2\cdot1}=2+9=11$

よって，(P)は成り立つ。

(ii) $n=k$のとき，(P)が成り立つと仮定する。

すなわち，$2^{6k-5}+3^{2k}=11m$（mは整数）　…①

このとき，$2^{6k-5}=11m-3^{2k}$であり，①の左辺のkを$k+1$でおきかえると

$$2^{6k+1}+3^{2k+2}=2^6\cdot2^{6k-5}+3^2\cdot3^{2k}$$
$$=64(11m-3^{2k})+9\cdot3^{2k}$$
$$=11(64m-5\cdot3^{2k})$$

> 仮定を用いて，指数の底を3にすれば，うまく式変形できる。

となるから，$n=k+1$のときも(P)が成り立つ。

(i)，(ii)より，(P)はすべての自然数nで成り立つ。──証明終

参考 **数学的帰納法を用いない別解**

【別解1】　二項定理利用

$$2^{6n-5}+3^{2n}=2\cdot2^{6(n-1)}+3^{2n}=2\cdot64^{n-1}+9\cdot9^{n-1}=2\cdot(55+9)^{n-1}+9\cdot9^{n-1}$$
$$=2({}_{n-1}C_0 55^{n-1}+{}_{n-1}C_1 55^{n-2}\cdot9^1+\cdots+{}_{n-1}C_{n-2}\cdot55\cdot9^{n-2}$$
$$+{}_{n-1}C_{n-1}9^{n-1})+9\cdot9^{n-1}$$
$$=2\cdot55^{n-1}+18n\cdot55^{n-2}+\cdots+110n\cdot9^{n-2}+11\cdot9^{n-1}$$
$$=（11の倍数）$$

【別解2】　合同式利用

$2^{6n-5}+3^{2n}=2\cdot2^{6(n-1)}+3^{2n}=2\cdot64^{n-1}+9\cdot9^{n-1}$として，11を法とする合同式を用いる。

$64\equiv9$より，$64^{n-1}\equiv9^{n-1}$から　$2\cdot64^{n-1}\equiv2\cdot9^{n-1}$

両辺に$9\cdot9^{n-1}$を加えて　$2\cdot64^{n-1}+9\cdot9^{n-1}\equiv11\cdot9^{n-1}\equiv0$

となり，11の倍数である。

✓ SKILL UP

数学的帰納法

(i) $n=1$のとき成り立つことを示す。

(ii) $n=k$のとき成り立つと仮定して$n=k+1$のとき成り立つことを示す。

34

自然数nについて，n^2と2^nの大小比較をせよ。

Lv.∎∎∎∎

navigate
大小比較を予想で終わらしてはいけない。

解

$n=1$のとき：$1^2<2^1$

$n=2$，4のとき：$2^2=2^2$，$4^2=2^4$，

$n=3$のとき：$3^2>2^3$

$n\geqq5$のとき：$n^2<2^n$

以上のように類推される。5以上のすべての自然数nで，「$n^2<2^n$」$\cdots(P)$が成り立つことを数学的帰納法で証明する。

(i) $n=5$のとき

$\qquad$(Pの左辺)$=5^2=25$，(Pの右辺)$=2^5=32$

$\quad$よって，(P)は成り立つ。

(ii) $n=k$のとき

$\quad(P)$が成り立つと仮定する。すなわち　$k^2<2^k$　$\cdots$①

$\quad$このとき

$$\begin{aligned}
2^{k+1}-(k+1)^2 &= 2\cdot2^k-(k^2+2k+1)\\
&> 2\cdot k^2-(k^2+2k+1)\\
&= k^2-2k-1\\
&= (k-1)^2-2\\
&> (5-1)^2-2>0
\end{aligned}$$

仮定を用いて，2次関数どうしで考える。

$\quad$となり，$n=k+1$のときも(P)が成り立つ。

(i)，(ii)より，(P)は5以上のすべての自然数nで成り立つ。──証明終

以上より

$n=1$，$n\geqq5$のとき$n^2<2^n$，$n=2$，4のとき$n^2=2^n$，$n=3$のとき$n^2>2^n$──答

✓ SKILL UP

解法の思いつかない数列の問題では，小さい数字で試して一般化する。

具体化　→　類推　→　数学的帰納法　の流れで解答をつくる。

35
Lv.■■■

$x+y$, xy がともに偶数のとき, すべての自然数 n で, x^n+y^n は偶数となることを証明せよ。

navigate

$x+y=2l$, $xy=2m$, $a_n=x^n+y^n$ とおいて, 具体化してみると

$a_1=x+y=2l$

$a_2=x^2+y^2=(x+y)^2-2xy=2(2l^2-2m)$

$a_3=x^3+y^3=(x^2+y^2)(x+y)-xy(x+y)=2(la_2-ma_1)$

$a_4=x^4+y^4=(x^3+y^3)(x+y)-xy(x^2+y^2)=2(la_3-ma_2)$

となり, すべての自然数で成り立ちそうである。ここで, 上の例をじっくりみると, a_4 を示すには a_3 と a_2 が必要であり, a_3 を示すには a_2 と a_1 が必要であることに注意する。

解

$x+y=2l$, $xy=2m$ (l, m は整数)とおく。

すべての自然数 n で,「x^n+y^n が偶数である」$\cdots(P)$ ことを証明する。

(i) $n=1$, 2 のとき

x^1+y^1 は偶数である。

$x^2+y^2=(x+y)^2-2xy=4l^2-4m=2(2l^2-2m)$

よって, (P) は成り立つ。

> 2個仮定のときは, はじめの2個の証明からはじめる。

(ii) $n=k$, $k+1$ のとき, (P) が成り立つと仮定する。

すなわち $x^k+y^k=2p$, $x^{k+1}+y^{k+1}=2q$ (p, q は整数) $\cdots$①

このとき

$x^{k+2}+y^{k+2}=(x^{k+1}+y^{k+1})(x+y)-xy(x^k+y^k)$

$=(2q)(2l)-(2m)(2p)=2(2lq-2mp)$

となり, $n=k+2$ のときも (P) が成り立つ。

(i), (ii)より, (P) はすべての自然数 n で成り立つ。—証明終

✓ SKILL UP

数学的帰納法(2個仮定)

(i) $n=1$, 2 のとき成り立つことを示す。

(ii) $n=k$, $k+1$ のとき成り立つと仮定して, $n=k+2$ のとき成り立つことを示す。

36 $(a_1+a_2+\cdots\cdots+a_n)^2=a_1^3+a_2^3+\cdots\cdots+a_n^3$ で定まる数列 $\{a_n\}$ の一般項 a_n を
Lv.▪▪▮▮ 求めよ。ただし，すべての自然数 n に対して，$a_n>0$ とする。

navigate

具体化により $a_n=n$ と推測できるが，a_k を求めるためには，$a_1,\cdots,\ a_{k-1}$
までのすべての a の値が必要である，つまり，これを数学的帰納法で証
明するには，$a_1,\ a_2,\cdots,\ a_k$ のすべてを仮定する必要がある。

解

$$(a_1+a_2+\cdots\cdots+a_n)^2=a_1^3+a_2^3+\cdots\cdots+a_n^3 \quad\cdots①$$

すべての自然数 n で，「$a_n=n$ である」$\cdots(P)$　ことを証明する。

(i)　$n=1$ のとき

①に $n=1$ を代入して，$a_1^2=a_1^3 \iff a_1^2(a_1-1)=0$ を解いて，　$a_1>0$
より　$a_1=1$　よって，(P) は成り立つ。

(ii)　$n\leqq k$ のとき，(P) が成り立つと仮定する。

すなわち，$a_i=i$　$(i=1,\ 2,\ 3,\cdots,\ k)$

このとき，$a_{k+1}=k+1$ であることを示す。

①に $n=k+1$ を代入して

$$(a_1+a_2+\cdots\cdots+a_k+a_{k+1})^2=a_1^3+a_2^3+\cdots\cdots+a_k^3+a_{k+1}^3$$

$$(1+2+\cdots\cdots+k+a_{k+1})^2=1^3+2^3+\cdots\cdots+k^3+a_{k+1}^3$$

$$\left\{\frac{1}{2}k(k+1)+a_{k+1}\right\}^2=\left\{\frac{1}{2}k(k+1)\right\}^2+a_{k+1}^3$$

$$a_{k+1}^3-a_{k+1}^2-k(k+1)a_{k+1}=0$$

$$a_{k+1}(a_{k+1}+k)\{a_{k+1}-(k+1)\}=0$$

$a_{k+1}>0$ より $a_{k+1}=k+1$ となり，$n=k+1$ のときも (P) が成り立つ。

(i), (ii)より，(P) はすべての自然数 n で成り立つ。

よって　$\boldsymbol{a_n=n}$ —答

✓ SKILL UP

数学的帰納法（全仮定）

(i)　$n=1$ のとき成り立つことを示す。

(ii)　$n\leqq k$ のとき成り立つと仮定して，$n=k+1$ のとき成り立つことを示す。

確率分布

1
Lv. ∎∎∎∎

1から6までの番号をつけてある6枚のカードがある。この中から2枚のカードを引くとき，引いたカードの番号の大きい方をXとする。Xの期待値$E(X)$，分散$V(X)$，標準偏差$\sigma(X)$を求めよ。

2
Lv. ∎∎∎∎

期待値5，標準偏差2の確率変数Xから，変換$Y=aX+b$によって，期待値0，標準偏差1の確率変数Yをつくりたい。定数a，bの値を求めよ。ただし，$a>0$とする。

3
Lv. ∎∎∎∎

1から5までの数がかかれた5枚のカードが箱の中に入っている。この中から1枚ずつ2枚のカードを取り出す。取り出したカードをもとに戻さずに取り出したときの数の和をXとおく。このとき，Xの期待値，分散を求めよ。

4
Lv. ∎∎∎∎

座標平面上の原点から出発する動点$\mathrm{P}(x, y)$はサイコロを投げて1，2，3，4の目が出るとx軸の正の方向に1だけ，5，6の目が出るとy軸の正の方向に1だけ動く。
サイコロをn回投げたとき，確率変数X，Zをそれぞれ$X=x$，$Z=x-y$とするとき，X，Zの期待値と分散を求めよ。

(注) この章の問題を解くにあたって，必要ならばp.434の正規分布表を用いてもよい。

Theme分析

1個のサイコロを投げる試行において，1回目に出た目をX，2回目に出た目をYとすると，XやYの値は試行の結果によって定まる。この試行の起こり得る結果は1，2，3，4，5，6の6通りであり，そのどれが起こる確率も$\dfrac{1}{6}$である。

Xの値	1	2	3	4	5	6	計
確率P	$\dfrac{1}{6}$	$\dfrac{1}{6}$	$\dfrac{1}{6}$	$\dfrac{1}{6}$	$\dfrac{1}{6}$	$\dfrac{1}{6}$	1

それを表にすると右のようになる。

この例で，Xは1，2，3，4，5，6のいずれかの値をとる変数である。このXのように，どの値をとるかは試行の結果によって定まり，したがって，とり得る値のおのおのに対してその値をとる確率が定まるような変数を**確率変数**という。また，上のような表を**確率分布表**という。

確率変数Xの**期待値$E(X)$**は，各Xの値にそれぞれの確率を掛けて加えた平均となり

$$E(X)=1\times\dfrac{1}{6}+2\times\dfrac{1}{6}+\cdots+6\times\dfrac{1}{6}=\dfrac{7}{2}$$

と計算できる。同様にして，$E(Y)=\dfrac{7}{2}$となる。

また，**和の期待値$E(X+Y)$**は，$X+Y$の値が1から12まであるが，それぞれの確率を求めなくても，**期待値の和**を考えて次のように計算できる。

$$E(X+Y)=E(X)+E(Y)=\dfrac{7}{2}+\dfrac{7}{2}=7$$

1個のサイコロをn回投げたときに，1の目がでる回数をXとすると，$p=\dfrac{1}{6}$，$q=\dfrac{5}{6}$として，確率分布は次のようになる。

X	0	1	$\cdots$	r	$\cdots$	n	計
P	${}_nC_0q^n$	${}_nC_1pq^{n-1}$	$\cdots$	${}_nC_rp^rq^{n-r}$	$\cdots$	${}_nC_np^n$	1

この表の確率は，二項定理の展開式

$$(q+p)^n={}_nC_0q^n+{}_nC_1pq^{n-1}+\cdots+{}_nC_rp^rq^{n-r}+\cdots+{}_nC_np^n$$

の各項を順に並べたものである。この確率分布を**二項分布**といい，$B(n,\ p)$で表す。

1

Lv.∎∎∎∎

1から6までの番号をつけてある6枚のカードがある。この中から2枚のカードを引くとき，引いたカードの番号の大きい方をXとする。Xの期待値$E(X)$，分散$V(X)$，標準偏差$\sigma(X)$を求めよ。

navigate

期待値は，確率分布表から求める。また，分散，標準偏差は，X^2の確率分布表から$V(X)=E(X^2)-\{E(X)\}^2$を計算する。

解

6枚のカードから2枚を引く方法は ${}_6C_2=15$（通り）

$$P(X=2)=\frac{1}{15}, \ P(X=3)=\frac{2}{15}, \ P(X=4)=\frac{3}{15}, \ P(X=5)=\frac{4}{15},$$

$$P(X=6)=\frac{5}{15}$$

よって，確率変数Xの確率分布表は右のようになる。

X	2	3	4	5	6	計
P	$\frac{1}{15}$	$\frac{2}{15}$	$\frac{3}{15}$	$\frac{4}{15}$	$\frac{5}{15}$	1

$$E(X)=2\times\frac{1}{15}+3\times\frac{2}{15}+4\times\frac{3}{15}+5\times\frac{4}{15}+6\times\frac{5}{15}=\frac{70}{15}=\boldsymbol{\frac{14}{3}} \ \ —答$$

また，確率変数X^2の確率分布表は次のようになる。

X^2	4	9	16	25	36	計
P	$\frac{1}{15}$	$\frac{2}{15}$	$\frac{3}{15}$	$\frac{4}{15}$	$\frac{5}{15}$	1

$$E(X^2)=4\times\frac{1}{15}+9\times\frac{2}{15}+16\times\frac{3}{15}+25\times\frac{4}{15}+36\times\frac{5}{15}=\frac{70}{3}$$

よって $V(X)=E(X^2)-\{E(X)\}^2=\frac{70}{3}-\frac{196}{9}=\boldsymbol{\frac{14}{9}} \ \ —答$

よって，標準偏差$\sigma(X)$は $\sigma(X)=\sqrt{V(X)}=\sqrt{\frac{14}{9}}=\boldsymbol{\frac{\sqrt{14}}{3}} \ \ —答$

✓ SKILL UP

確率変数Xの期待値（平均）$E(X)$

$$E(X)=x_1p_1+x_2p_2+\cdots+x_np_n$$

X	x_1	x_2	$\cdots$	x_n	計
P	p_1	p_2	$\cdots$	p_n	1

Xの期待値をmとする。このとき，Xの分散$V(X)$は次のようになる。

[1] $V(X)=(x_1-m)^2p_1+\cdots+(x_n-m)^2p_n=\sum_{k=1}^{n}(x_k-m)^2p_k$

[2] $V(X)=E(X^2)-\{E(X)\}^2$

また，標準偏差$\sigma(X)$は次のようになる。 $\sigma(X)=\sqrt{V(X)}$

2 期待値5，標準偏差2の確率変数 X から，変換 $Y=aX+b$ によって，期待値

Lv.∎∎∎ 0，標準偏差1の確率変数 Y をつくりたい。定数 a，b の値を求めよ。ただし，$a>0$ とする。

navigate
$E(aX+b)=aE(X)+b$ から，a と b についての連立方程式を解く。

解

$E(Y)=E(aX+b)=aE(X)+b=5a+b$ 期待値の変換公式による。

$\sigma(Y)=\sigma(aX+b)=|a|\sigma(X)=2a$ 標準偏差の変換公式による。

よって，$5a+b=0$，$2a=1$ を解いて

$\boldsymbol{a=\dfrac{1}{2}}$，$\boldsymbol{b=-\dfrac{5}{2}}$ —(答)

この結果から，$Y=\dfrac{X-5}{2}=\dfrac{X-(期待値)}{(標準偏差)}$

と変数変換すれば，確率変数 Y の期待値は 0，標準偏差は1となる。この変換を「標準化」という。

参考 データの分析における変量と確率変数

右の表は8人の生徒に10点満点のテストを実施した結果である。このとき各生徒の点数 x に対して，平均 $\bar{x}$，分散 s_x^2 は

x(点)	1	3	4	6	7	10
度数	1	1	1	1	2	2

$$\bar{x}=\frac{1}{8}(1+3+4+6+7\cdot2+10\cdot2)=\frac{48}{8} \quad \cdots①$$

$$s_x^2=\frac{1}{8}\{(1-6)^2+(3-6)^2+(4-6)^2+(6-6)^2+(7-6)^2\cdot2+(10-6)^2\cdot2\}=\frac{72}{8}\cdots②$$

これを，8人から1人を無作為に選んで，点数 X を記録する試行と考えると，X は確率変数であり，右の確率分布に従う。

X	1	3	4	6	7	10	計
P	$\frac{1}{8}$	$\frac{1}{8}$	$\frac{1}{8}$	$\frac{1}{8}$	$\frac{2}{8}$	$\frac{2}{8}$	1

これにもとづき，X の平均(期待値)$E(X)$，分散 $V(X)$ を求めると

$$E(X)=1\cdot\frac{1}{8}+3\cdot\frac{1}{8}+4\cdot\frac{1}{8}+6\cdot\frac{1}{8}+7\cdot\frac{2}{8}+10\cdot\frac{2}{8} \quad \cdots③ \quad \leftarrow 上の①で \frac{1}{8} を$$

$$V(X)=(1-6)^2\cdot\frac{1}{8}+(3-6)^2\cdot\frac{1}{8}+(4-6)^2\cdot\frac{1}{8} \qquad (\ )に展開した式$$

$$+(6-6)^2\cdot\frac{1}{8}+(7-6)^2\cdot\frac{2}{8}+(10-6)^2\cdot\frac{2}{8} \quad \cdots④$$

となり，③と④は同じ式となる。

✓ SKILL UP

確率変数 X と定数 a，b に対して，$Y=aX+b$ とすると，

期待値 $E(Y)=aE(X)+b$ 分散 $V(Y)=a^2V(X)$

標準偏差 $\sigma(Y)=|a|\sigma(X)$

3 1から5までの数がかかれた5枚のカードが箱の中に入っている。この中から
Lv.■■■ 1枚ずつ2枚のカードを取り出す。取り出したカードをもとに戻さずに取り
出したときの数の和をXとおく。このとき，Xの期待値，分散を求めよ。

navigate

もとに戻さない場合の1，2回目の数字をX_1，X_2とすると，X_1，X_2は
独立な確率変数でないので，$V(X_1+X_2)=V(X_1)+V(X_2)$は成り立たな
い。期待値については，常に$E(X_1+X_2)=E(X_1)+E(X_2)$が成り立つ。

解

2枚の取り出し方は $_5P_2=5\cdot4=20$（通り）

X	3	4	5	6	7	8	9	計
P	$\dfrac{2}{20}$	$\dfrac{2}{20}$	$\dfrac{4}{20}$	$\dfrac{4}{20}$	$\dfrac{4}{20}$	$\dfrac{2}{20}$	$\dfrac{2}{20}$	1

X_2＼X_1	1	2	3	4	5
1		3	4	5	6
2	3		5	6	7
3	4	5		7	8
4	5	6	7		9
5	6	7	8	9	

← 表にしてすべ
てをかき出す
と早い

$$E(X)=3\times\frac{2}{20}+4\times\frac{2}{20}+5\times\frac{4}{20}+6\times\frac{4}{20}+7\times\frac{4}{20}+8\times\frac{2}{20}+9\times\frac{2}{20}$$

$$=\mathbf{6}\text{（答）}$$

X^2	9	16	25	36	49	64	81	計
P	$\dfrac{2}{20}$	$\dfrac{2}{20}$	$\dfrac{4}{20}$	$\dfrac{4}{20}$	$\dfrac{4}{20}$	$\dfrac{2}{20}$	$\dfrac{2}{20}$	1

$$E(X^2)=9\times\frac{2}{20}+16\times\frac{2}{20}+25\times\frac{4}{20}+36\times\frac{4}{20}+49\times\frac{4}{20}+64\times\frac{2}{20}$$

$$+81\times\frac{2}{20}=39$$

$$V(X)=E(X^2)-\{E(X)\}^2$$
$$=39-6^2=\mathbf{3}\text{（答）}$$

✓ SKILL UP

確率変数X，Yと定数a，bに対して

$$E(X+Y)=E(X)+E(Y), \quad E(aX+bY)=aE(X)+bE(Y)$$

確率変数XとYが独立でないならば

期待値　$E(XY)=E(X)E(Y)$

分散　　$V(X+Y)\neq V(X)+V(Y)$

4

Lv. ∎∎∎∎

座標平面上の原点から出発する動点$P(x, y)$はサイコロを投げて1, 2, 3, 4 の目が出るとx軸の正の方向に1だけ，5, 6の目が出るとy軸の正の方向に 1だけ動く。

サイコロをn回投げたとき，確率変数X, Zをそれぞれ$X=x$, $Z=x-y$とするとき，X, Zの期待値と分散を求めよ。

navigate

Xの確率分布は，次のようになり，Xは二項分布$B\left(n, \dfrac{2}{3}\right)$に従う。よって，$X$の期待値と分散は，公式により簡単に求められる。

X	0	1	2	$\cdots$	$(n-1)$	n	計
P	$_nC_0\left(\dfrac{1}{3}\right)^n$	$_nC_1\left(\dfrac{2}{3}\right)\left(\dfrac{1}{3}\right)^{n-1}$	$_nC_2\left(\dfrac{2}{3}\right)^2\left(\dfrac{1}{3}\right)^{n-2}$	$\cdots$	$_nC_{n-1}\left(\dfrac{2}{3}\right)^{n-1}\left(\dfrac{1}{3}\right)$	$_nC_n\left(\dfrac{2}{3}\right)^n$	1

解

Xは二項分布$B\left(n, \dfrac{2}{3}\right)$に従うので

$$E(X)=\frac{2}{3}n, \quad V(X)=n \cdot \frac{2}{3} \cdot \frac{1}{3}=\frac{2}{9}n \quad \text{答}$$

$x+y=n$より

$$Z=x-y=x-(n-x)=2x-n$$
$$E(Z)=E(2X-n)=2E(X)-n$$
$$=\frac{4}{3}n-n=\frac{1}{3}n \quad \text{答}$$
$$V(Z)=V(2X-n)=2^2V(X)$$
$$=\frac{8}{9}n \quad \text{答}$$

二項分布は，
B(回数，1回の確率)
で表す。

$Y=y$とすると，$B\left(n, \dfrac{1}{3}\right)$に従い

$E(Y)=\dfrac{n}{3}$, $V(y)=\dfrac{2}{9}n$となる。

$E(Z)=E(X-Y)=E(X)-E(Y)$

は成り立つが，

$V(Z)=V(X-Y) \neq V(X)-V(Y)$

となる。

✓ SKILL UP

確率変数Xが二項分布$B(n, p)$に従うとき，$q=1-p$とすると

期待値 $E(X)=np$　　分散 $V(X)=npq$

標準偏差 $\sigma(X)=\sqrt{npq}$

正規分布

5
Lv. ■■■■

確率変数 X の確率密度関数が $f(x) = ax$ $(0 \leq x \leq 5)$ で与えられているとき，定数 a の値を求めよ。また，X の期待値 $E(X)$ と分散 $V(X)$ を求めよ。

6
Lv. ■■■■

(1) 確率変数 Z が標準正規分布 $N(0, 1)$ に従うとき，$P(-2 \leq Z \leq 1)$ を求めよ。

(2) 確率変数 X が正規分布 $N(30, 4^2)$ に従うとき，$P(X \geq 35)$ を求めよ。

7
Lv. ■■■■

ある試験の結果は，平均64点，標準偏差14点であり，正規分布に従うものとする。36点から92点のものが400人いたとき，受験者の総数は約何人か。また，このとき試験の合格点を50点とすると，約何人が合格することになるか。四捨五入して整数値で答えよ。

8
Lv. ■■■■

さいころを720回投げるとき，1の目が出る回数が100回以上120回以下となる確率を求めよ。

Theme分析

連続的な値をとる確率変数 X の確率分布を考える場合には，X に1つの曲線を対応させ，$a \leqq X \leqq b$ となる確率が図の斜線を施した部分の面積で表されるようにする。このような曲線を**分布曲線**という。

また，m を実数，σ を正の実数として

$$f(x) = \frac{1}{\sqrt{2\pi}\sigma} e^{-\frac{(x-m)^2}{2\sigma^2}}$$

とおくとき，この $f(x)$ は連続型確率変数 X の確率密度関数となることが知られている。

このとき，X は**正規分布 $N(m, \sigma^2)$** に従うといい，曲線 $y = f(x)$ を**正規分布曲線**という。

$N(0, 1)$ を標準正規分布と呼び，各確率を求めるための面積を求める表を正規分布表という。

正規分布表により，標準正規分布の各確率を求めることができる。

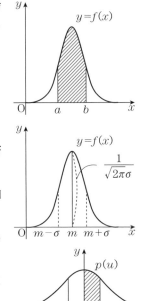

例 確率変数 Z が標準正規分布 $N(0, 1)$ に従うとき，次の確率を求める。

(1) $P(0 \leqq Z \leqq 1.54)$

(2) $P(1 \leqq Z \leqq 3)$

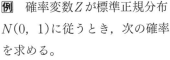

u の小数第2位 ↓

u	.00	.01	.02	.03	.04	.05	⋯
⋯							
1.0	0.3413						
⋯							
1.5					0.4382		
⋯							
3.0	0.49865						

↑ u の整数部分と小数第1位

正規分布表より

(1) $P(0 \leqq Z \leqq 1.54) = p(1.54)$
$$= 0.4382$$

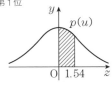

(2) $P(1 \leqq Z \leqq 3) = p(3) - p(1)$
$$= 0.49865 - 0.3413$$
$$= 0.15735$$

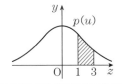

5

Lv.∎∎∥∥ 確率変数 X の確率密度関数が $f(x)=ax$ （$0 \leq x \leq 5$）で与えられているとき，定数 a の値を求めよ。また，X の期待値 $E(X)$ と分散 $V(X)$ を求めよ。

navigate

$f(x)$ は確率密度関数であるから，$\int_0^5 f(x)dx=1$ である。これから a が求められる。その後，期待値と分散を求めればよい。

解

$$P(0 \leq x \leq 5)=\int_0^5 f(x)dx=\int_0^5 axdx$$

$$=\left[\frac{1}{2}ax^2\right]_0^5=\frac{25}{2}a$$

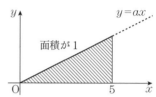

面積が 1

$y=ax$

$f(x)$ は確率密度関数であるから，これが 1 に等しい。

よって，$\dfrac{25}{2}a=1$ より　$a=\dfrac{\textbf{2}}{\textbf{25}}$ ―(答)

$$E(X)=\int_0^5 xf(x)dx=\int_0^5 \frac{2}{25}x^2dx=\left[\frac{2}{75}x^3\right]_0^5=\frac{\textbf{10}}{\textbf{3}} \text{―(答)}$$

$$V(X)=\int_0^5 \left(x-\frac{10}{3}\right)^2\left(\frac{2}{25}x\right)dx=\frac{2}{25}\int_0^5 \left(x^3-\frac{20}{3}x^2+\frac{100}{9}x\right)dx$$

$$=\frac{2}{25}\left[\frac{1}{4}x^4-\frac{20}{9}x^3+\frac{50}{9}x^2\right]_0^5=\frac{\textbf{25}}{\textbf{18}} \text{―(答)}$$

参考 **確率密度関数 $f(x)$ の性質**

[1]　常に $f(x) \geq 0$

[2]　確率 $P(a \leq X \leq b)$ は，$y=f(x)$ のグラフと x 軸，および 2 直線 $x=a$, $x=b$ で囲まれた部分の面積に

　　等しく　$P(a \leq X \leq b)=\int_a^b f(x)dx$

[3]　X のとる値の範囲が $\alpha \leq X \leq \beta$ のとき

$$\int_\alpha^\beta f(x)dx=1$$

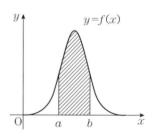

$y=f(x)$

✓ SKILL UP

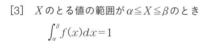

確率変数を X（$\alpha \leq X \leq \beta$），その確率密度関数を $f(x)$ とすると，

期待値　$E(X)=\displaystyle\int_\alpha^\beta xf(x)dx$（$=m$）

分散　　$V(X)=\displaystyle\int_\alpha^\beta (x-m)^2 f(x)dx$　　　標準偏差　$\sigma(X)=\sqrt{V(X)}$

6

Lv. ▫▪▪▪

(1) 確率変数 Z が標準正規分布 $N(0, 1)$ に従うとき，$P(-2 \leqq Z \leqq 1)$ を求めよ。

(2) 確率変数 X が正規分布 $N(30, 4^2)$ に従うとき，$P(X \geqq 35)$ を求めよ。

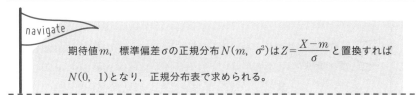

navigate

期待値 m，標準偏差 σ の正規分布 $N(m, \sigma^2)$ は $Z = \dfrac{X-m}{\sigma}$ と置換すれば $N(0, 1)$ となり，正規分布表で求められる。

解

(1)
$$P(-2 \leqq Z \leqq 1) = P(-2 \leqq Z \leqq 0) + P(0 \leqq Z \leqq 1)$$
$$= p(2) + p(1)$$
$$= 0.4772 + 0.3413 \quad \leftarrow \text{正規分布表より}$$
$$= \mathbf{0.8185} \ -\text{(答)}$$

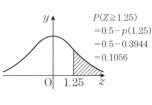

$P(-2 \leqq Z \leqq 0)$
$= P(0 \leqq Z \leqq 2)$
$= p(2)$
$= 0.4772$

$P(0 \leqq Z \leqq 1)$
$= p(1)$
$= 0.3413$

(2) X が正規分布 $N(30, 4^2)$ に従うとき，　←正規分布は，N（期待値，分散）と表現

$Z = \dfrac{X-30}{4}$ は標準正規分布 $N(0, 1)$ に従う。

$$P(X \geqq 35) = P(Z \geqq 1.25)$$
$$= 0.5 - p(1.25)$$
$$= 0.5 - 0.3944 \quad \leftarrow \text{正規分布表より}$$
$$= \mathbf{0.1056} \ -\text{(答)}$$

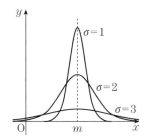

$P(Z \geqq 1.25)$
$= 0.5 - p(1.25)$
$= 0.5 - 0.3944$
$= 0.1056$

参考　正規分布の利用

正規分布曲線は次の性質をもつ。

[1] 曲線は，直線 $x = m$ に関して対称であり，$f(x)$ の値は $x = m$ で最大となる。

[2] x 軸を漸近線とする。

[3] 標準偏差 σ が大きくなると，曲線の山が低くなって横に広がり，σ が小さくなると，曲線の山は高くなって対称軸 $x = m$ のまわりに集まる。

✅ SKILL UP

確率変数 X が正規分布 $N(m, \sigma^2)$ に従うとき，$Z = \dfrac{X-m}{\sigma}$ とおくと，確率変数 Z は標準正規分布 $N(0, 1)$ に従う。

7

Lv. ▪▫▫▫

ある試験の結果は，平均64点，標準偏差14点であり，正規分布に従うものとする。36点から92点のものが400人いたとき，受験者の総数は約何人か。また，このとき試験の合格点を50点とすると，約何人が合格することになるか。四捨五入して整数値で答えよ。

navigate

試験結果は正規分布に従うので，点数帯がわかれば確率・人数がわかる。
36点から92点までに400人いたことから，全体の人数もわかる。

解

得点 X が正規分布 $N(64,\ 14^2)$ に従うとき，

$Z=\dfrac{X-64}{14}$ は標準正規分布 $N(0,\ 1)$ に従う。

$\dfrac{X-期待値}{標準偏差}$ により標準化。

$X=36$ のとき $Z=-2$, $X=92$ のとき $Z=2$ であるから

$$
\begin{aligned}
P(36\leqq X\leqq 92)&=P(-2\leqq Z\leqq 2)\\
&=2P(0\leqq Z\leqq 2)\\
&=2p(2)=2\cdot 0.4772 \quad \leftarrow 正規分布表より\\
&=0.9544
\end{aligned}
$$

$P(-2\leqq Z\leqq 2)$
$=2P(0\leqq Z\leqq 2)$
$=2\cdot p(2)$
$=2\cdot 0.4772$

よって，受験者の総数は

$$400\div 0.9544=419.1\cdots\cdots$$

したがって **約419人** —⌈答⌋

$X=50$ のとき $Z=-1$ であるから

$$
\begin{aligned}
P(X\geqq 50)&=P(Z\geqq -1)=0.5+p(1)\\
&=0.5+0.3413 \quad \leftarrow 正規分布表より\\
&=0.8413
\end{aligned}
$$

$P(Z\geqq -1)$
$=P(-1\leqq Z\leqq 0)+P(Z\geqq 0)$
$=P(0\leqq Z\leqq 1)+0.5$
$=0.3413+0.5$

よって，合格者の人数は

$$419.1\cdot 0.8413=352.5\cdots\cdots$$

したがって **約353人** —⌈答⌋

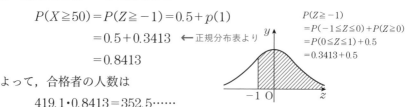

✓ SKILL UP

確率変数 X が正規分布 $N(m,\ \sigma^2)$ に従う確率変数であるとき，

期待値 $E(X)=m$ 　標準偏差 $\sigma(X)=\sigma$

8 さいころを720回投げるとき，1の目が出る回数が100回以上120回以下と
Lv.▮▮▮▮ なる確率を求めよ。

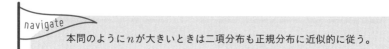

navigate

本問のようにnが大きいときは二項分布も正規分布に近似的に従う。

解

さいころを720回投げるとき，1の目が出る回数をXとすると，Xは二項分布$B\left(720, \dfrac{1}{6}\right)$に従う。

二項分布(回数，1回の確率)

よって　$E(X)=720 \cdot \dfrac{1}{6}=120$，$\sigma(X)=\sqrt{720 \cdot \dfrac{1}{6} \cdot \dfrac{5}{6}}=10$

$E(X)=np$,
$\sigma(X)=\sqrt{np(1-p)}$

$n=720$は十分大きいので，Xは正規分布$N(120, 10^2)$に近似的に従う。

ここで，$Z=\dfrac{X-120}{10}$とおくと，Zは$N(0, 1)$に従い

$\dfrac{X-期待値}{標準偏差}$により標準化。

$$
\begin{aligned}
P(100 \leqq X \leqq 120) &= P\left(\dfrac{100-120}{10} \leqq Z \leqq \dfrac{120-120}{10}\right) \\
&= P(-2 \leqq Z \leqq 0) \\
&= P(0 \leqq Z \leqq 2) \\
&= p(2) = \mathbf{0.4772} \ \text{—答}
\end{aligned}
$$

$P(-2 \leqq Z \leqq 0)$
$=P(0 \leqq Z \leqq 2)$
$=p(2)$
$=0.4772$

参考 **二項分布と正規分布**

さいころをn回投げて，1の目が出る回数をXとすると，確率変数Xは

二項分布$B\left(n, \dfrac{1}{6}\right)$

に従う。Xの期待値mと分散σ^2は

$$m=\dfrac{n}{6}, \quad \sigma^2=n \cdot \dfrac{1}{6} \cdot \dfrac{5}{6}=\dfrac{5}{36}n$$

となる。$X=r$となる確率Pを折れ線グラフにすると，nが大きくなるにつれて，ほぼ左右対称な正規分布曲線に近づくことがわかる。

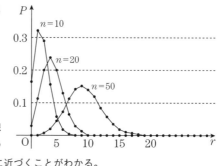

✓ SKILL UP

二項分布$B(n, p)$に従う確率変数Xは，nが大きいとき，近似的に正規分布$N(np, npq)$に従う。ただし，$q=1-p$である。

Theme 3 | 推定と検定

9
Lv.▮▮▯▯

ある母集団から大きさ20の標本を復元抽出により無作為に100回取り出し，その標本平均 $\overline{X}$ の平均 $E(\overline{X})$ と標準偏差 $\sigma(\overline{X})$ を計算したところ，$E(\overline{X}) = 53$，$\sigma(\overline{X}) = 8$ であった。母平均 m と母標準偏差 σ を求めよ。

10
Lv.▮▮▮▯

発芽して一定期間後のある花の苗の高さの分布は，母平均 m cm，母標準偏差1.5 cmの正規分布であるとする。大きさ n の標本を無作為抽出して，信頼度99%の m に対する信頼区間を求めたところ，[9.81, 10.79] であった。標本平均 $\overline{X}$ と n の値を求めよ。

11
Lv.▮▮▮▮

ある選挙区で100人を無作為に選んでA党の支持者数を調べたところ，64人であった。このとき，この選挙区におけるA党の支持率 p に対する信頼度95%の信頼区間を求めよ。また，信頼度99%の信頼区間を求めよ。

12
Lv.▮▮▮▯

ある大学の昨年度の男子全体の平均身長は170.0 cm，標準偏差は7.5 cmであった。今年度の男子から無作為に100人選んで身長を測ったところ，平均身長が168.0 cmであった。このことから，今年度の男子の平均身長は昨年度に比べて変わったといえるか。5%の有意水準で検定せよ。

Theme分析

統計的な調査には，調べたい対象全体の資料を集める**全数調査**と，対象全体から一部を抜き出して調べ，その結果から全体の状況を推測する**標本調査**がある。

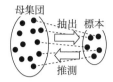

母集団 抽出 標本 推測

標本調査では，調べたい対象全体の集合を**母集団**，調査のために母集団から抜き出された要素の集合を**標本**といい，母集団から標本を抜き出すことを標本の**抽出**という。また，母集団，標本の要素の個数を，それぞれ**母集団の大きさ**，**標本の大きさ**という。

一般に，母集団における変量 x の分布を**母集団分布**，その平均値を**母平均**，標準偏差を**母標準偏差**という。

母集団から大きさ n の標本を無作為に抽出し，その n 個の要素における変量 x の値を X_1, $X_2, \cdots, X_n$ とする。このとき，$\overline{X} = \dfrac{1}{n}(X_1 + X_2 + \cdots + X_n)$ を**標本平均**といい，$S = \sqrt{\dfrac{1}{n}\sum_{k=1}^{n}(X_k - \overline{X})^2}$ を**標本標準偏差**という。

母平均 m，母標準偏差 σ をもつ母集団から抽出された大きさ n の無作為標本の標本平均 $\overline{X}$ は，n が大きいとき，近似的に正規分布 $N\!\left(m, \dfrac{\sigma^2}{n}\right)$ に従う。

ここで，$Z = \dfrac{\overline{X} - m}{\dfrac{\sigma}{\sqrt{n}}}$ は近似的に標準正規分布 $N(0, 1)$ に従う。

また，正規分布表から $\quad P(|Z| \leqq 1.96) \fallingdotseq 0.95$
これをかきかえると

$$P\!\left(m - 1.96 \cdot \frac{\sigma}{\sqrt{n}} \leqq \overline{X} \leqq m + 1.96 \cdot \frac{\sigma}{\sqrt{n}}\right) \fallingdotseq 0.95$$

$$P\!\left(\overline{X} - 1.96 \cdot \frac{\sigma}{\sqrt{n}} \leqq m \leqq \overline{X} + 1.96 \cdot \frac{\sigma}{\sqrt{n}}\right) \fallingdotseq 0.95$$

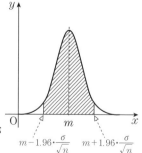

この式は，区間 $\overline{X} - 1.96 \cdot \dfrac{\sigma}{\sqrt{n}} \leqq x \leqq \overline{X} + 1.96 \cdot \dfrac{\sigma}{\sqrt{n}}$ が m の値を含むことが約95%の確からしさで期待できることを示す。この区間を母平均 m に対する**信頼度95%の信頼区間**という。

9

Lv.▮▮▮ ある母集団から大きさ20の標本を復元抽出により無作為に100回取り出し, その標本平均$\overline{X}$の平均$E(\overline{X})$と標準偏差$\sigma(\overline{X})$を計算したところ, $E(\overline{X})=53$, $\sigma(\overline{X})=8$であった。母平均mと母標準偏差σを求めよ。

> **navigate**
>
> 標本平均の標準偏差は$\dfrac{\sigma}{\sqrt{n}}$となるが, このnは標本の大きさ20であり, 標本平均の平均を測定するために行った試行回数100回ではないことに注意する。すなわち, 本問では100という数値は用いなくてもよい。

解

母平均m, 母標準偏差σから, 大きさ20の標本を抽出したとき, 標本平均$\overline{X}$について

$$E(\overline{X})=m$$

$$\sigma(\overline{X})=\frac{\sigma}{\sqrt{20}}=\frac{\sigma}{2\sqrt{5}}$$

である。よって

$m=53$ —(答)

また, $\dfrac{\sigma}{2\sqrt{5}}=8$より

$\sigma=16\sqrt{5}$ —(答)

標本平均の分布は, 母平均m, 母標準偏差σのとき,
$$E(\overline{X})=m, \quad \sigma(\overline{X})=\frac{\sigma}{\sqrt{n}}$$
となる。

✓ SKILL UP

母平均m, 母標準偏差σの母集団から大きさnの無作為標本を抽出するとき, 標本平均$\overline{X}$の期待値と標準偏差は

$$E(\overline{X})=m, \quad \sigma(\overline{X})=\frac{\sigma}{\sqrt{n}}$$

母平均m, 母標準偏差σの母集団から大きさnの無作為標本を抽出するとき, 標本平均$\overline{X}$は, nが大きいとき, 近似的に正規分布$N\left(m, \dfrac{\sigma^2}{n}\right)$に従うとみなせる。

母集団が正規分布の場合, 標本平均$\overline{X}$の分布は正確に正規分布$N\left(m, \dfrac{\sigma^2}{n}\right)$に従う。

10

Lv.∎∎∎∎

発芽して一定期間後のある花の苗の高さの分布は，母平均 m cm，母標準偏差1.5 cmの正規分布であるとする。大きさ n の標本を無作為抽出して，信頼度99%の m に対する信頼区間を求めたところ，[9.81，10.79]であった。標本平均 $\overline{X}$ と n の値を求めよ。

> navigate
>
> 母平均 m，母標準偏差 σ の母集団から，大きさ n の標本を無作為抽出するとき，n が大きければ標本平均 $\overline{X}$ は近似的に正規分布に従うので，99%の信頼区間は $\left[\overline{X}-2.58\cdot\dfrac{\sigma}{\sqrt{n}},\ \overline{X}+2.58\cdot\dfrac{\sigma}{\sqrt{n}}\right]$ となる。

解

母平均 m に対する信頼度99%の信頼区間が[9.81，10.79]であるから

$$\overline{X}-2.58\cdot\frac{1.5}{\sqrt{n}}=9.81 \quad \cdots① , \quad \overline{X}+2.58\cdot\frac{1.5}{\sqrt{n}}=10.79 \quad \cdots②$$

①+②から　$2\overline{X}=20.6 \iff \boldsymbol{\overline{X}=10.3}$ —答

$\overline{X}=10.3$ を①に代入して整理すると　$\dfrac{3.87}{\sqrt{n}}=0.49 \iff \sqrt{n}=\dfrac{3.87}{0.49}$

両辺を2乗して　$n=\left(\dfrac{3.87}{0.49}\right)^2≒62.38$

よって　$\boldsymbol{n=62}$ —答

参考　信頼区間とは

母平均 m に対する信頼度95%の信頼区間とは，無作為抽出を繰り返し，このような区間を例えば100個作ると，m を含む区間が95個位あることを意味している。

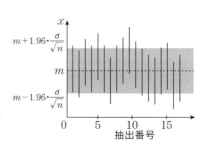

SKILL UP

母平均の推定　標本の大きさ n が大きいとき，

母平均 m，母標準偏差 σ に対する信頼度95%の信頼区間は

$$\left[\overline{X}-1.96\cdot\frac{\sigma}{\sqrt{n}},\ \overline{X}+1.96\cdot\frac{\sigma}{\sqrt{n}}\right]$$

信頼度99%の信頼区間は

$$\left[\overline{X}-2.58\cdot\frac{\sigma}{\sqrt{n}},\ \overline{X}+2.58\cdot\frac{\sigma}{\sqrt{n}}\right]$$

11

Lv.▮▮▮▯

ある選挙区で100人を無作為に選んでA党の支持者数を調べたところ，64人であった。このとき，この選挙区におけるA党の支持率 p に対する信頼度95%の信頼区間を求めよ。また，信頼度99%の信頼区間を求めよ。

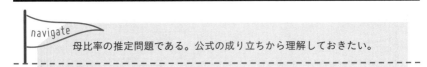

navigate
母比率の推定問題である。公式の成り立ちから理解しておきたい。

解

標本比率 R は $\quad R = \dfrac{64}{100} = 0.64$

求める信頼区間は $\quad \left[R - 1.96\sqrt{\dfrac{R(1-R)}{100}}, \ \ R + 1.96\sqrt{\dfrac{R(1-R)}{100}} \right] \quad \cdots ①$

ここで $\quad R \pm 1.96\sqrt{\dfrac{R(1-R)}{100}} = 0.64 \pm 0.09408$

$0.5459 \fallingdotseq 0.546$

したがって，①は $\quad [\mathbf{0.546}, \ \mathbf{0.734}]$ —答

$0.7340 \fallingdotseq 0.734$

求める信頼区間は $\quad \left[R - 2.58\sqrt{\dfrac{R(1-R)}{n}}, \ \ R + 2.58\sqrt{\dfrac{R(1-R)}{n}} \right] \quad \cdots ②$

ここで $\quad R \pm 2.58\sqrt{\dfrac{R(1-R)}{100}} = 0.64 \pm 0.12384$

したがって，②は $\quad [\mathbf{0.516}, \ \mathbf{0.764}]$ —答

信頼度を高くすると，区間の幅は広がる。

参考 母比率の推定の公式について

母比率 p の母集団から n 個取り出して標本をつくるとき，求める性質をもつ個数を X とすると X は二項分布 $B(n, \ p)$ に従うから，$E(X) = np$，$V(X) = np(1-p)$。標本比率は $R = \dfrac{X}{n}$ であり $\quad E\left(\dfrac{X}{n}\right) = \dfrac{1}{n}E(X) = \dfrac{1}{n} \cdot np = p$，$V\left(\dfrac{X}{n}\right) = \dfrac{1}{n^2}V(X) = \dfrac{p(1-p)}{n}$

n が十分に大きいとき，$B(n, \ p)$ は近似的に $N(np, \ np(1-p))$ に従うので，$R = \dfrac{X}{n}$ は，$N\left(p, \ \dfrac{p(1-p)}{n}\right)$ に従う。

✓ SKILL UP

母比率の推定 標本の大きさ n が大きいとき，標本比率を R とすると，母比率 p に対する信頼度95%の信頼区間は

$$\left[R - 1.96\sqrt{\dfrac{R(1-R)}{n}}, \ \ R + 1.96\sqrt{\dfrac{R(1-R)}{n}} \right]$$

12

Lv. ■■■

ある大学の昨年度の男子全体の平均身長は170.0 cm，標準偏差は7.5 cmであった。今年度の男子から無作為に100人選んで身長を測ったところ，平均身長が168.0 cmであった。このことから，今年度の男子の平均身長は昨年度に比べて変わったといえるか。5%の有意水準で検定せよ。

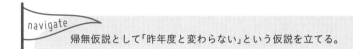

navigate

帰無仮説として「昨年度と変わらない」という仮説を立てる。

解

① 仮説を立てる

対立仮説：「今年度の男子の平均身長は，昨年度より変わった」

帰無仮説：「今年度の男子の平均身長は，昨年度と変わらない」

平均身長をxとすると
対立仮説「$x \neq 170.0$」
帰無仮説「$x = 170.0$」
であるから，両側検定で考える。

② 棄却域を求める

今年の男子から無作為に抽出された大きさ$n=100$の標本の標本平均$\overline{X}$は，nが大きいので，近似的に正規分布$N\left(170.0, \dfrac{7.5^2}{100}\right)$に従う。このとき

$$P\left(170.0 - 1.96 \cdot \frac{7.5}{10} < \overline{X} < 170.0 + 1.96 \cdot \frac{7.5}{10}\right) = 0.95$$

$$P(168.53 < \overline{X} < 171.47) = 0.95$$

であるから，棄却域は　$\overline{X} < 168.53$, $171.47 < \overline{X}$

③ 結果を判定する

$\overline{X} = 168.0$は棄却域に入るので，帰無仮説は棄却され，対立仮説が正しいと判断される。

よって，**今年度の男子の平均身長は，昨年度より変わったといえる。** ―㊪

✓ **SKILL UP**

仮説検定の手順

① 仮説を立てる　　② 棄却域を求める　　③ 結果を判定する

Theme 1 ベクトルの基本

1
Lv. ■■■

正六角形ABCDEFにおいて，中心をOとする。$\overrightarrow{AB}=\vec{a}$, $\overrightarrow{AF}=\vec{b}$とするとき，$\overrightarrow{AO}$, $\overrightarrow{DF}$をそれぞれ$\vec{a}$, $\vec{b}$で表せ。

2
Lv. ■■■

1辺の長さが1である正五角形ABCDEにおいて，$\overrightarrow{AB}=\vec{a}$, $\overrightarrow{AE}=\vec{b}$とおく。$\overrightarrow{CD}$, $\overrightarrow{BC}$をそれぞれ$\vec{a}$, $\vec{b}$を用いて表せ。ただし，$\cos 36° = \dfrac{\sqrt{5}+1}{4}$を用いてもよい。

3
Lv. ■■■

△OABにおいて，辺ABを3:2に内分する点をPとするとき，$\overrightarrow{OP}$を$\overrightarrow{OA}$, $\overrightarrow{OB}$で表せ。また，辺ABを5:2に外分する点をQとするとき，$\overrightarrow{OQ}$を$\overrightarrow{OA}$, $\overrightarrow{OB}$で表せ。

4
Lv. ■■■

△ABCの内部に点Pがあり，等式$2\overrightarrow{AP}+3\overrightarrow{BP}+4\overrightarrow{CP}=\vec{0}$が成り立っているとき，点Pはどのような位置にあるか。また，△ABCと△PBCの面積比を求めよ。

Theme分析

このThemeでは，ベクトルの基本について扱う。

まずは，基礎知識について整理する。

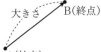

線分ABがあって，この線分にAからBへの向きをつけた
とき，この線分ABを**有向線分**ABといい，$\overrightarrow{AB}$で表す。A
を**始点**，Bを**終点**という。有向線分は位置をもつが，「向き」と「大きさ（長さ）」
だけを考えたものを「**ベクトル**」という。「ベクトル」は「有向線分」で表す。

ベクトル$\vec{a}$の大きさを$|\vec{a}|$と表す。$\overrightarrow{AA}$を大きさが0のベクトルと考え，**零（ゼ
ロ）ベクトル**といい，$\vec{0}$で表す。つまり，零ベクトルは向きをもたない点である。
また，大きさが1のベクトルを**単位ベクトル**という。

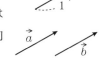

$\vec{a}$と$\vec{b}$の向きが同じで大きさが等しいとき，2つのベクトルは
等しいといい，$\vec{a}=\vec{b}$とかく。$\vec{a}=\vec{b}$ならば，それらを表す有向
線分を平行移動して重ね合わせることができる。

また，このことの逆も成り立つ。

今回の問題では，

1 $\overrightarrow{AO}$, $\overrightarrow{DF}$をそれぞれ$\vec{a}$, $\vec{b}$で表せ。

2 $\overrightarrow{CD}$, $\overrightarrow{BC}$をそれぞれ$\vec{a}$, $\vec{b}$で表せ。

3 $\overrightarrow{OP}$, $\overrightarrow{OQ}$をそれぞれ$\overrightarrow{OA}$, $\overrightarrow{OB}$で表せ。

と2本のベクトルを用いて表すことを目標にしている。平面ベクトルにおいては，

「1つのベクトルを一次独立な2つのベクトルを用いた一次結合で表す」

方法はただ1通りであるという基本定理があり，この発想は重要である。

2つのベクトル$\vec{a}$, $\vec{b}$は
$\vec{0}$でなく，また平行でない（一次独立）とする。

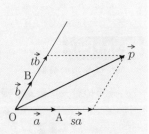

このとき，任意のベクトル$\vec{p}$は，次の形（一次結
合）にただ1通りに表すことができる。

$$\vec{p}=s\vec{a}+t\vec{b} \quad （ただし，s, tは実数）$$

よって，あるベクトル$\vec{p}$が2通りで表されたと
き，係数比較することができる。

$$\vec{p}=s\vec{a}+t\vec{b} \quad かつ \quad \vec{p}=s'\vec{a}+t'\vec{b} \quad ならば \quad s=s' \quad かつ \quad t=t'$$

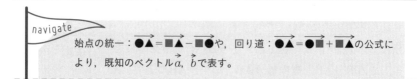

1
Lv.▮▮▮▮ 正六角形ABCDEFにおいて，中心をOとする。$\overrightarrow{AB}=\vec{a}$，$\overrightarrow{AF}=\vec{b}$とするとき，$\overrightarrow{AO}$，$\overrightarrow{DF}$をそれぞれ$\vec{a}$，$\vec{b}$で表せ。

navigate
始点の統一：$\overrightarrow{●▲}=\overrightarrow{■▲}-\overrightarrow{■●}$や，回り道：$\overrightarrow{●▲}=\overrightarrow{●■}+\overrightarrow{■▲}$の公式により，既知のベクトル$\vec{a}$，$\vec{b}$で表す。

解

$\overrightarrow{AO}=\overrightarrow{AB}+\overrightarrow{BO}$ 回り道
$=\overrightarrow{AB}+\overrightarrow{AF}$ $\overrightarrow{AO}=\overrightarrow{AB}+\overrightarrow{BO}$
$=\vec{a}+\vec{b}$ —(答)

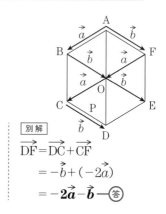

$\overrightarrow{DF}=\overrightarrow{AF}-\overrightarrow{AD}$ 始点の統一
$=\overrightarrow{AF}-2\overrightarrow{AO}$ $\overrightarrow{DF}=\overrightarrow{AF}-\overrightarrow{AD}$
$=\vec{b}-2(\vec{a}+\vec{b})$
$=-2\vec{a}-\vec{b}$ —(答)

別解
$\overrightarrow{DF}=\overrightarrow{DC}+\overrightarrow{CF}$
$=-\vec{b}+(-2\vec{a})$
$=-2\vec{a}-\vec{b}$ —(答)

参考 下の公式はベクトルの加法・減法がもとである

ベクトルの加法$\vec{a}+\vec{b}$
2つのベクトル$\vec{a}$，$\vec{b}$に対して，Aを始点として$\vec{a}$に等しい$\overrightarrow{AB}$をとり，次に，Bを始点として$\vec{b}$に等しい$\overrightarrow{BC}$をとる。このとき，$\overrightarrow{AC}$を2つのベクトルの和といい$\vec{a}+\vec{b}$と表す。
$\overrightarrow{AC}=\overrightarrow{AB}+\overrightarrow{BC}$

ベクトルの減法$\vec{a}-\vec{b}$
2つのベクトル$\vec{a}$，$\vec{b}$に対して，$\vec{b}+\vec{x}=\vec{a}$を満たす$\vec{x}$を$\vec{x}=\vec{a}-\vec{b}$と表し，$\vec{x}$を$\vec{a}$から$\vec{b}$を引いた差という。
$\overrightarrow{BC}=\overrightarrow{AC}-\overrightarrow{AB}$

✓ SKILL UP

ベクトルの分解
始点の統一：$\overrightarrow{●▲}=\overrightarrow{■▲}-\overrightarrow{■●}$　　　回り道：$\overrightarrow{●▲}=\overrightarrow{●■}+\overrightarrow{■▲}$

上記の公式を用いて，$\vec{a}$や$\vec{b}$だけで表す。

2 1辺の長さが1である正五角形ABCDEにおいて，$\overrightarrow{AB}=\vec{a}$，$\overrightarrow{AE}=\vec{b}$とおく。

Lv. ❚❙❙❙ $\overrightarrow{CD}$, $\overrightarrow{BC}$をそれぞれ$\vec{a}$, $\vec{b}$を用いて表せ。ただし，$\cos 36°=\dfrac{\sqrt{5}+1}{4}$を用いても

よい。

> ⚑ navigate
>
> 始点の統一：$\overrightarrow{●▲}=\overrightarrow{■▲}-\overrightarrow{■●}$や，回り道：$\overrightarrow{●▲}=\overrightarrow{●■}+\overrightarrow{■▲}$の公式に
> より，既知のベクトル$\vec{a}$, $\vec{b}$で表す。

解1

$BE=2\cos 36°=\dfrac{\sqrt{5}+1}{2}$

であるから

$$\overrightarrow{CD}=\dfrac{2}{\sqrt{5}+1}\overrightarrow{BE}$$

$$=\dfrac{2}{\sqrt{5}+1}(\overrightarrow{AE}-\overrightarrow{AB})$$

始点の統一
$\overrightarrow{BE}=\overrightarrow{AE}-\overrightarrow{AB}$

$$=\dfrac{\sqrt{5}-1}{2}(\vec{b}-\vec{a}) \ \text{—答}$$

$$\overrightarrow{BC}=\overrightarrow{BA}+\overrightarrow{AE}+\overrightarrow{EC}$$ 回り道：$\overrightarrow{BC}=\overrightarrow{BA}+\overrightarrow{AE}+\overrightarrow{EC}$

$$=-\vec{a}+\vec{b}+2\cos 36°\cdot\vec{a}$$

$$=\dfrac{\sqrt{5}-1}{2}\vec{a}+\vec{b} \ \text{—答}$$

解2

$BD=2\cos 36°=\dfrac{\sqrt{5}+1}{2}$　であるから　$\overrightarrow{BD}=\dfrac{\sqrt{5}+1}{2}\overrightarrow{AE}=\dfrac{\sqrt{5}+1}{2}\vec{b}$

よって

$$\overrightarrow{BC}=\overrightarrow{BD}-\overrightarrow{CD}=\dfrac{\sqrt{5}+1}{2}\vec{b}-\dfrac{\sqrt{5}-1}{2}(\vec{b}-\vec{a})=\dfrac{\sqrt{5}-1}{2}\vec{a}+\vec{b} \ \text{—答}$$

✓ **SKILL UP**

正五角形とベクトルの分解

$\cos 36°=\dfrac{\sqrt{5}+1}{4}$であることも利用して，$\vec{a}$や$\vec{b}$だけで表す。

3 △OABにおいて，辺ABを3:2に内分する点をPとするとき，$\overrightarrow{OP}$を$\overrightarrow{OA}$, $\overrightarrow{OB}$
Lv.∎∎∎ で表せ。また，辺ABを5:2に外分する点をQとするとき，$\overrightarrow{OQ}$を$\overrightarrow{OA}$, $\overrightarrow{OB}$で
表せ。

> navigate
> 分点公式に関する問題。よく用いられる公式なので必ず習得すること。

解

内分点の公式より ↓$\overrightarrow{AP}=\dfrac{3}{5}\overrightarrow{AB}$から導いてもよい

$$\overrightarrow{OP}=\frac{2\overrightarrow{OA}+3\overrightarrow{OB}}{3+2}=\frac{2}{5}\overrightarrow{OA}+\frac{3}{5}\overrightarrow{OB}\ -\text{(答)}$$

外分点の公式より ↓$\overrightarrow{AQ}=\dfrac{5}{3}\overrightarrow{AB}$から導いてもよい

$$\overrightarrow{OQ}=\frac{-2\overrightarrow{OA}+5\overrightarrow{OB}}{5-2}$$

$$=-\frac{2}{3}\overrightarrow{OA}+\frac{5}{3}\overrightarrow{OB}\ -\text{(答)}$$

参考 **分点公式は線分比からつくれる**

《内分点》

$$\overrightarrow{AP}=\frac{m}{m+n}\overrightarrow{AB}\iff\overrightarrow{OP}-\overrightarrow{OA}=\frac{m}{m+n}(\overrightarrow{OB}-\overrightarrow{OA})\iff\overrightarrow{OP}=\frac{n\overrightarrow{OA}+m\overrightarrow{OB}}{m+n}$$

《外分点》（$m \neq n$とする）

$$\overrightarrow{AP}=\frac{m}{m-n}\overrightarrow{AB}\iff\overrightarrow{OP}-\overrightarrow{OA}=\frac{m}{m-n}(\overrightarrow{OB}-\overrightarrow{OA})\iff\overrightarrow{OP}=\frac{-n\overrightarrow{OA}+m\overrightarrow{OB}}{m-n}$$

✓ SKILL UP

内分点の公式

△OABについて，線分ABを$m:n$に内分する点を

Pとすると $\overrightarrow{OP}=\dfrac{n\overrightarrow{OA}+m\overrightarrow{OB}}{m+n}$

外分点の公式

△OABについて，線分AB

を$m:n$に外分する点をP

とすると

$$\overrightarrow{OP}=\frac{-n\overrightarrow{OA}+m\overrightarrow{OB}}{m-n}$$

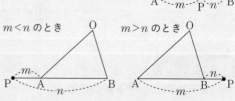

4

Lv.▪▪▫▫

△ABCの内部に点Pがあり，等式$2\overrightarrow{AP}+3\overrightarrow{BP}+4\overrightarrow{CP}=\vec{0}$が成り立っているとき，点Pはどのような位置にあるか。また，△ABCと△PBCの面積比を求めよ。

🚩 navigate

点の位置の決定問題である。始点を統一し，内分点の公式が使えるように変形する。面積比については線分比から求めればよい。

解

$$2\overrightarrow{AP}+3\overrightarrow{BP}+4\overrightarrow{CP}=\vec{0}$$
$$2\overrightarrow{AP}+3(\overrightarrow{AP}-\overrightarrow{AB})+4(\overrightarrow{AP}-\overrightarrow{AC})=\vec{0}$$
$$9\overrightarrow{AP}=3\overrightarrow{AB}+4\overrightarrow{AC}$$
$$\overrightarrow{AP}=\frac{3}{9}\overrightarrow{AB}+\frac{4}{9}\overrightarrow{AC}$$
$$=\frac{7}{9}\cdot\frac{3\overrightarrow{AB}+4\overrightarrow{AC}}{3+4}$$

始点をAに統一。

内分点の公式が使えるように分母を7にする。

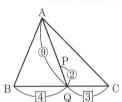

$\overrightarrow{AQ}=\dfrac{3\overrightarrow{AB}+4\overrightarrow{AC}}{3+4}$とおくと，点Qは線分BCを4:3に内分する点である。

$\overrightarrow{AP}=\dfrac{7}{9}\overrightarrow{AQ}$だから　**PはAQを7:2に内分する点である。**──㊐

AQ:PQ=9:2であるから

　　　　△ABC:△PBC=9:2──㊐

左右に分けて，AQ，PQを底辺とみると，高さは共通なので，底辺の比が面積比である。

✓ SKILL UP

点の位置の決定

始点を統一して，内分点の公式が使えるように，分母を調整する。

$$\overrightarrow{AP}=\frac{\bullet\overrightarrow{AB}+\blacktriangle\overrightarrow{AC}}{\blacksquare}$$

$$=\frac{\bullet+\blacktriangle}{\blacksquare}\cdot\frac{\bullet\overrightarrow{AB}+\blacktriangle\overrightarrow{AC}}{\blacktriangle+\bullet}$$

$$=\frac{\bullet+\blacktriangle}{\blacksquare}\overrightarrow{AD}$$

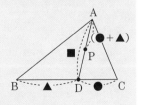

とすると，Dは線分BCを▲：●に内分する点，

Pは線分ADを(●+▲)：(■-●-▲)に内分する点。

Theme 2 | ベクトルの内積

5
Lv. ▪▫▫

$\vec{a}$, $\vec{b}$が$|\vec{a}|=5$, $|\vec{b}|=3$, $|\vec{a}-2\vec{b}|=7$を満たしている。このとき，$\vec{a}\cdot\vec{b}$を求めよ。また，$\vec{a}-2\vec{b}$と$2\vec{a}+\vec{b}$のなす角をθとするとき，$\cos\theta$を求めよ。

6
Lv. ▪▫▫

$\vec{a}$, $\vec{b}$が$|\vec{a}|=5$, $|\vec{b}|=3$, $|\vec{a}-2\vec{b}|=7$を満たしている。tが実数全体を動くとき，$|\vec{a}+t\vec{b}|$の最小値を求めよ。

7
Lv. ▪▪▫

右図において，$\overrightarrow{OA}\cdot\overrightarrow{OB}$の値を求めよ。

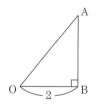

8
Lv. ▪▫▫

$\overrightarrow{OA}=\vec{a}$, $\overrightarrow{OB}=\vec{b}$とおく。△OABについて，点Aの直線OBに関して対称な点をCとするとき，$\overrightarrow{OC}$を$\vec{a}$, $\vec{b}$を用いて表せ。

Theme分析

このThemeでは，ベクトルの内積について扱う。

$\vec{0}$でない2つのベクトル$\vec{a}$, $\vec{b}$について，1点Oを定め，
$\vec{a}=\overrightarrow{OA}$, $\vec{b}=\overrightarrow{OB}$となる点A，Bをとる。このとき，
$\angle AOB=\theta$ $(0°\leqq\theta\leqq180°)$を$\vec{a}$, $\vec{b}$の**なす角**という。
また，$|\vec{a}||\vec{b}|\cos\theta$を$\vec{a}$, $\vec{b}$の**内積**といい，記号$\vec{a}\cdot\vec{b}$で表す。
$$\vec{a}\cdot\vec{b}=|\vec{a}||\vec{b}|\cos\theta$$
$\vec{a}=\vec{0}$または$\vec{b}=\vec{0}$のときは，$\vec{a}\cdot\vec{b}=0$と定める。

例 1辺の長さが4の正三角形ABCについて，以下の内積を求める。

(1) $\overrightarrow{AB}\cdot\overrightarrow{AC}$　　　(2) $\overrightarrow{AB}\cdot\overrightarrow{BC}$

安易に60°とせず，始点をそろえて
なす角を測れば，120°

(1)

$\overrightarrow{AB}\cdot\overrightarrow{AC}=|\overrightarrow{AB}||\overrightarrow{AC}|\cos60°$
$$=4\cdot4\cdot\frac{1}{2}=8$$

(2)

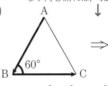

$\overrightarrow{AB}\cdot\overrightarrow{BC}=|\overrightarrow{AB}||\overrightarrow{BC}|\cos120°$
$$=4\cdot4\cdot\left(-\frac{1}{2}\right)=-8$$

内積の定義から，$\vec{0}$でない2つのベクトルのなす角がわかる。

ベクトルのなす角

$\vec{0}$でない$\vec{a}$, $\vec{b}$のなす角がθ $(0\leqq\theta\leqq\pi)$ $\Longleftrightarrow$ $\cos\theta=\dfrac{\vec{a}\cdot\vec{b}}{|\vec{a}||\vec{b}|}$

$\vec{a}$と$\vec{b}$のなす角が鋭角 $\Longleftrightarrow$ $\vec{a}\cdot\vec{b}>0$　　$\vec{a}\perp\vec{b}$ $\Longleftrightarrow$ $\vec{a}\cdot\vec{b}=0$

$\vec{a}$と$\vec{b}$のなす角が鈍角 $\Longleftrightarrow$ $\vec{a}\cdot\vec{b}<0$

内積の演算については，次のことが成り立つ。

内積の演算

① $\vec{a}\cdot\vec{b}=\vec{b}\cdot\vec{a}$　　② $(\vec{a}+\vec{b})\cdot\vec{c}=\vec{a}\cdot\vec{c}+\vec{b}\cdot\vec{c}$, $\vec{a}\cdot(\vec{b}+\vec{c})=\vec{a}\cdot\vec{b}+\vec{a}\cdot\vec{c}$

③ $(k\vec{a})\cdot\vec{b}=\vec{a}\cdot(k\vec{b})=k(\vec{a}\cdot\vec{b})$ （kは実数）　　④ $\vec{a}\cdot\vec{a}=|\vec{a}|^2$

⑤ $|\vec{a}|=\sqrt{\vec{a}\cdot\vec{a}}$

5 $\vec{a}$, $\vec{b}$が$|\vec{a}|=5$, $|\vec{b}|=3$, $|\vec{a}-2\vec{b}|=7$を満たしている。このとき，$\vec{a}\cdot\vec{b}$を求め

Lv.｜||| よ。また，$\vec{a}-2\vec{b}$と$2\vec{a}+\vec{b}$のなす角をθとするとき，$\cos\theta$を求めよ。

> navigate
>
> $|\vec{a}-2\vec{b}|=7$を2乗すると，$\vec{a}\cdot\vec{b}$は求められる。なす角θを求めるには内積
> の定義を利用すればよい。本問は，内積に関する基本操作として習得し
> ておきたい。

解

$|\vec{a}-2\vec{b}|=7$を2乗して

$$|\vec{a}-2\vec{b}|^2=49$$
$$|\vec{a}|^2-4\vec{a}\cdot\vec{b}+4|\vec{b}|^2=49$$
$$5^2-4\vec{a}\cdot\vec{b}+4\cdot3^2=49$$
$$\vec{a}\cdot\vec{b}=\mathbf{3} \ \text{—(答)}$$

$(a-2b)^2=a^2-4ab+4b^2$
のイメージで展開する。

この結果から

$$(\vec{a}-2\vec{b})\cdot(2\vec{a}+\vec{b})=2|\vec{a}|^2-3\vec{a}\cdot\vec{b}-2|\vec{b}|^2=23$$
$$|2\vec{a}+\vec{b}|^2=4|\vec{a}|^2+4\vec{a}\cdot\vec{b}+|\vec{b}|^2$$
$$=4\times5^2+4\times3+3^2=121$$

$(a-2b)(2a+b)$
$=2a^2-3ab-2b^2$
のイメージで展開する。

$|2\vec{a}+\vec{b}|\geqq0$であるから

$$|2\vec{a}+\vec{b}|=11$$

また，$|\vec{a}-2\vec{b}|=7$であるから，これらを①に代入して

$$23=7\cdot11\cos\theta \quad \text{より} \quad \cos\theta=\frac{\mathbf{23}}{\mathbf{77}} \ \text{—(答)}$$

✓ SKILL UP

内積の演算

① $\vec{a}\cdot\vec{b}=\vec{b}\cdot\vec{a}$ ② $(\vec{a}+\vec{b})\cdot\vec{c}=\vec{a}\cdot\vec{c}+\vec{b}\cdot\vec{c}$, $\vec{a}\cdot(\vec{b}+\vec{c})=\vec{a}\cdot\vec{b}+\vec{a}\cdot\vec{c}$

③ $(k\vec{a})\cdot\vec{b}=\vec{a}\cdot(k\vec{b})=k(\vec{a}\cdot\vec{b})$ （kは実数） ④ $\vec{a}\cdot\vec{a}=|\vec{a}|^2$

⑤ $|\vec{a}|=\sqrt{\vec{a}\cdot\vec{a}}$

これらの性質から

$$|●\vec{a}\pm▲\vec{b}|^2=●^2|\vec{a}|^2\pm2●▲\vec{a}\cdot\vec{b}+▲^2|\vec{b}|^2 \quad （複号同順）$$

となり，実数と同じように計算できる。

6 $\vec{a}$, $\vec{b}$が$|\vec{a}|=5$, $|\vec{b}|=3$, $|\vec{a}-2\vec{b}|=7$を満たしている。tが実数全体を動くと

Lv.▪▫▫ き，$|\vec{a}+t\vec{b}|$の最小値を求めよ。

▹navigate

条件から$\vec{a}$と$\vec{b}$の内積が求められ，$|\vec{a}+t\vec{b}|$も2乗すれば，tの2次関数の

最小値を考えることになる。

解

$|\vec{a}-2\vec{b}|=7$を2乗して

$$|\vec{a}-2\vec{b}|^2=49$$
$$|\vec{a}|^2-4\vec{a}\cdot\vec{b}+4|\vec{b}|^2=49$$
$$5^2-4\vec{a}\cdot\vec{b}+4\cdot3^2=49$$
$$\vec{a}\cdot\vec{b}=3$$

$(a-2b)^2=a^2-4ab+4b^2$
のイメージで展開する。

ここで，$|\vec{a}+t\vec{b}|\geqq0$であるから，$|\vec{a}+t\vec{b}|^2$が最小のとき$|\vec{a}+t\vec{b}|$も最小になる。

$$|\vec{a}+t\vec{b}|^2=|\vec{a}|^2+2t\vec{a}\cdot\vec{b}+t^2|\vec{b}|^2$$
$$=5^2+2t\times3+t^2\times3^2$$
$$=9t^2+6t+25=9\left(t+\frac{1}{3}\right)^2+24$$

$(a+tb)^2=a^2+2tab+t^2b^2$
のイメージで展開する。

よって，$t=-\dfrac{1}{3}$のとき，$|\vec{a}+t\vec{b}|$は最小値$\sqrt{24}=\mathbf{2\sqrt{6}}$をとる。—(答)

参考 平面ベクトルは2本のベクトルを基準に扱う

例 $\vec{a}+\vec{b}+\vec{c}=\vec{0}$, $|\vec{a}|=\sqrt{3}$, $|\vec{b}|=3$, $|\vec{c}|=2\sqrt{3}$のとき，$\vec{b}$と$\vec{c}$のなす角θを求める。

$\vec{a}+\vec{b}+\vec{c}=\vec{0}$から $\vec{a}=-\vec{b}-\vec{c}$ ←$\vec{a}$を$\vec{b}$, $\vec{c}$で表して考える。

$|\vec{a}|^2=3$から

$$|-\vec{b}-\vec{c}|^2=3 \iff |\vec{b}|^2+2\vec{b}\cdot\vec{c}+|\vec{c}|^2=3$$

したがって $\vec{b}\cdot\vec{c}=-9$

内積の定義より，$\vec{b}\cdot\vec{c}=|\vec{b}||\vec{c}|\cos\theta$であるから

$$\cos\theta=\frac{\vec{b}\cdot\vec{c}}{|\vec{b}||\vec{c}|}=\frac{-9}{3\cdot2\sqrt{3}}=-\frac{\sqrt{3}}{2}$$

$0°\leqq\theta\leqq180°$であるから $\theta=150°$

✓ SKILL UP

$|\vec{a}+t\vec{b}|$の最小値は，$|\vec{a}+t\vec{b}|^2=(|\vec{b}|^2)t^2+2(\vec{a}\cdot\vec{b})t+(|\vec{a}|^2)$から，$t$の2次

関数の最小値へと帰着させればよい。

7

右図において，$\overrightarrow{OA}\cdot\overrightarrow{OB}$の値を求めよ。

Lv.

（図：点Aが右上，点Oと点Bが下にあり，OB間が2，角Bが直角の直角三角形）

🚩 navigate

不思議な図にも思えるが，これで$\overrightarrow{OA}$と$\overrightarrow{OB}$の内積は求められる。

- -

解

$$\overrightarrow{OA}\cdot\overrightarrow{OB}=|\overrightarrow{OA}||\overrightarrow{OB}|\cos\angle AOB$$
$$=|\overrightarrow{OB}|\cdot\underline{|\overrightarrow{OA}|\cos\angle AOB}$$
$$=|\overrightarrow{OB}|^2=\mathbf{4}\ \text{—（答）}$$

下線の大きさをもつ$\overrightarrow{OB}$に
平行なベクトルを，$\overrightarrow{OA}$の
直線OBへの正射影ベクト
ルという。

参考 なす角による内積の違い

例 以下の図における$\overrightarrow{OA}\cdot\overrightarrow{OB}$を求める。

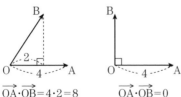

$$\overrightarrow{OA}\cdot\overrightarrow{OB}=4\cdot2=8 \qquad \overrightarrow{OA}\cdot\overrightarrow{OB}=0$$

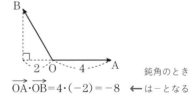

鈍角のとき

$$\overrightarrow{OA}\cdot\overrightarrow{OB}=4\cdot(-2)=-8 \ \leftarrow \text{は－となる}$$

✓ SKILL UP

内積は，正射影したベクトルとの符号付き長さの積である。

$$\overrightarrow{OA}\cdot\overrightarrow{OB}=|\overrightarrow{OB}|\cdot|\overrightarrow{OA}|\cos\theta$$

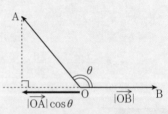

$\overrightarrow{OA}$を$\overrightarrow{OB}$方向に正射影したベクトルの長さ（$|\overrightarrow{OA}|\cos\theta$）と$\overrightarrow{OB}$の長さ
（$|\overrightarrow{OB}|$）の積が内積である。θが鈍角のときは符号はマイナスになる。
（もちろん，$\overrightarrow{OB}$を$\overrightarrow{OA}$方向に正射影してもよい）

8

Lv. ▮▮▯▯

$\overrightarrow{OA}=\vec{a}$, $\overrightarrow{OB}=\vec{b}$ とおく。△OABについて，点Aの直線OBに関して対称な点をCとするとき，$\overrightarrow{OC}$を$\vec{a}$, $\vec{b}$を用いて表せ。

navigate

正射影ベクトルの公式から，点Aから直線OBに下した垂線$\overrightarrow{OH}$が求められるので，これを利用すれば，$\overrightarrow{OH}=\dfrac{\overrightarrow{OA}+\overrightarrow{OC}}{2}$から$\overrightarrow{OC}$は求められる。

解

点Aから直線OBに下した垂線をOHとすると，
$\overrightarrow{OH}$は，$\vec{a}$の$\vec{b}$への正射影ベクトルであり

$$\overrightarrow{OH}=\frac{\vec{a}\cdot\vec{b}}{|\vec{b}|^2}\vec{b} \quad \cdots ①$$

また，点Hは線分ACの中点であるので

$$\overrightarrow{OH}=\frac{\vec{a}+\overrightarrow{OC}}{2} \quad \cdots ②$$

①，②より

$$\frac{\vec{a}\cdot\vec{b}}{|\vec{b}|^2}\vec{b}=\frac{\vec{a}+\overrightarrow{OC}}{2}$$

よって

$$\overrightarrow{OC}=\frac{2\vec{a}\cdot\vec{b}}{|\vec{b}|^2}\vec{b}-\vec{a} \;-\text{(答)}$$

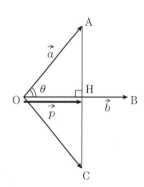

✓ SKILL UP

正射影ベクトル

$\vec{a}$の$\vec{b}$への正射影ベクトル$\vec{p}$を$\vec{a}$, $\vec{b}$を用いて表す。
$\vec{p}=k\vec{b}$とおく。

$$\overrightarrow{AP}\cdot\overrightarrow{OB}=0 \iff (\vec{p}-\vec{a})\cdot\vec{b}=0$$
$$\iff \vec{p}\cdot\vec{b}-\vec{a}\cdot\vec{b}=0$$
$$\iff k|\vec{b}|^2-\vec{a}\cdot\vec{b}=0$$

から，$k=\dfrac{\vec{a}\cdot\vec{b}}{|\vec{b}|^2}$ となるので $\vec{p}=\dfrac{\vec{a}\cdot\vec{b}}{|\vec{b}|^2}\vec{b}$

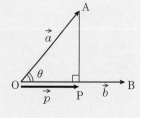

9
Lv.▪▫▫▫

$\vec{a}+\vec{b}=(7, 2)$, $\vec{a}-2\vec{b}=(4, -7)$のとき, $\vec{a}$, $\vec{b}$を求めよ。また, $|-\vec{a}+3\vec{b}|$を求めよ。

10
Lv.▪▫▫▫

$\vec{a}=(1, x)$, $\vec{b}=(2, -1)$について, $\vec{a}$と$\vec{b}$のなす角が$60°$であるとき, xの値を求めよ。また, $\vec{b}$に垂直な単位ベクトルをすべて求めよ。

11
Lv.▪▫▫▫

$\vec{a}=(1, x)$, $\vec{b}=(2, -1)$について, $\vec{a}+\vec{b}$と$2\vec{a}-3\vec{b}$が垂直であるときxの値を求めよ。また, $\vec{a}+\vec{b}$と$2\vec{a}-3\vec{b}$が平行であるとき, xの値を求めよ。

12
Lv.▪▫▫▫

$A(2, 0)$, $B(4, 5)$, $C(0, 2)$のとき, $\triangle ABC$の面積を求めよ。

Theme分析

このThemeでは，ベクトルの成分表示について扱う。

Oを原点とする座標平面上に，点E(1, 0) F(0, 1)をとり，$\vec{e_1}=\overrightarrow{OE}$, $\vec{e_2}=\overrightarrow{OF}$

とおくと，$\vec{e_1}$と$\vec{e_2}$は，互いに直交する，大き

さ1のベクトル(単位ベクトル)であり，これ

らを用いて，$\overrightarrow{OP}=x\vec{e_1}+y\vec{e_2}$とする。

この$\vec{e_1}$, $\vec{e_2}$を座標平面の**基本ベクトル**とい

う。$\overrightarrow{OP}=(x, y)$となり，この表し方をベク

トルの**成分表示**という。

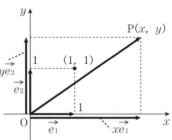

とくに $\vec{0}=(0, 0)$, $\vec{e_1}=(1, 0)$, $\vec{e_2}=(0, 1)$

$\vec{a}=x\vec{e_1}+y\vec{e_2}$：基本ベクトル表示 ➡ $\vec{a}=(x, y)$：成分表示

また，$\vec{a}=(x_1, y_1)$, $\vec{b}=(x_2, y_2)$のとき，基本ベクトル$\vec{e_1}$, $\vec{e_2}$を用いて，

$$\vec{a}=x_1\vec{e_1}+y_1\vec{e_2}, \quad \vec{b}=x_2\vec{e_1}+y_2\vec{e_2}$$

と表されるから

$$\vec{a}+\vec{b}=(x_1+x_2)\vec{e_1}+(y_1+y_2)\vec{e_2}=(x_1+x_2, \ y_1+y_2)$$

となる。また，kを実数とすると $k\vec{a}=kx_1\vec{e_1}+ky_1\vec{e_2}=(kx_1, \ ky_1)$

となる。

ベクトルの成分表示と和・差・実数倍

$\vec{a}=(x_1, y_1)$ $\vec{b}=(x_2, y_2)$のとき，

加法・減法 $\vec{a}\pm\vec{b}=(x_1\pm x_2, y_1\pm y_2)$ (複号同順)　　実数倍 $k\vec{a}=(kx_1, ky_1)$

また，ベクトルの成分計算をするときは，教科書では横書きとなっているが縦

書きで計算すると，行数をとるが計算ミスのリスクが減る可能性がある。

例えば，$\vec{a}=(1, 2)$, $\vec{b}=(3, 4)$のとき，$\vec{p}=5\vec{a}+6\vec{b}$の成分を求めてみる。

横書き

$$\vec{p}=5\vec{a}+6\vec{b}$$
$$=5(1, \ 2)+6(3, \ 4)$$
$$=(5, \ 10)+(18, \ 24)$$
$$=(23, \ 34)$$

縦書き

$$\vec{p}=5\vec{a}+6\vec{b}$$
$$=5\begin{pmatrix}1\\2\end{pmatrix}+6\begin{pmatrix}3\\4\end{pmatrix}$$
$$=\begin{pmatrix}5\\10\end{pmatrix}+\begin{pmatrix}18\\24\end{pmatrix}=\begin{pmatrix}23\\34\end{pmatrix}$$

9

Lv. ■■■

$\vec{a}+\vec{b}=(7,\ 2)$, $\vec{a}-2\vec{b}=(4,\ -7)$ のとき，$\vec{a}$，$\vec{b}$を求めよ。また，$|-\vec{a}+3\vec{b}|$ を求めよ。

navigate

成分の演算に関する問題。成分を縦書きにすると計算ミスが減る。

解

$$\vec{a}+\vec{b}=\begin{pmatrix}7\\2\end{pmatrix}\quad\cdots① ,\qquad \vec{a}-2\vec{b}=\begin{pmatrix}4\\-7\end{pmatrix}\quad\cdots②$$

とする。①×2+②より　$3\vec{a}=\begin{pmatrix}18\\-3\end{pmatrix}$ 　　　　　①，②を用いて$\vec{b}$を消去する。

よって　$\vec{a}=(6,\ -1)$ —答

①より　$\vec{b}=\begin{pmatrix}7\\2\end{pmatrix}-\begin{pmatrix}6\\-1\end{pmatrix}=\begin{pmatrix}1\\3\end{pmatrix}$ 　　　①，②を用いて$\vec{a}$を消去する。

よって　$\vec{b}=(1,\ 3)$ —答

$$-\vec{a}+3\vec{b}=-\begin{pmatrix}6\\-1\end{pmatrix}+3\begin{pmatrix}1\\3\end{pmatrix}=\begin{pmatrix}-3\\10\end{pmatrix} \text{より}$$

$$|-\vec{a}+3\vec{b}|=\sqrt{(-3)^2+10^2}=\sqrt{109}\ \text{—答}$$

参考 内積と成分

$\vec{0}$でない2つのベクトル$\vec{a}=(a_1,\ a_2)$，$\vec{b}=(b_1,\ b_2)$の内積について，右図のように　$\vec{a}=\overrightarrow{OA}$，$\vec{b}=\overrightarrow{OB}$，$\angle AOB=\theta$ として，$\triangle OAB$に余弦定理を用いると

$$AB^2=OA^2+OB^2-2OA\cdot OB\cdot\cos\theta$$
$$2OA\cdot OB\cdot\cos\theta=OA^2+OB^2-AB^2$$
$$2|\vec{a}||\vec{b}|\cos\theta=(a_1{}^2+a_2{}^2)+(b_1{}^2+b_2{}^2)-\{(b_1-a_1)^2+(b_2-a_2)^2\}$$
$$2\vec{a}\cdot\vec{b}=2(a_1b_1+a_2b_2)$$
$$\vec{a}\cdot\vec{b}=a_1b_1+a_2b_2$$

✓ SKILL UP

$\vec{a}=(x_1,\ y_1)$　$\vec{b}=(x_2,\ y_2)$のとき，

大きさ　$|\vec{a}|=\sqrt{x_1{}^2+y_1{}^2}$　　実数倍　$k\vec{a}=(kx_1,\ ky_1)$

加法・減法　$\vec{a}\pm\vec{b}=(x_1\pm x_2,\ y_1\pm y_2)$　（複号同順）

相等　$\vec{a}=\vec{b}\iff x_1=x_2,\ y_1=y_2$

内積　$\vec{a}\cdot\vec{b}=x_1x_2+y_1y_2$

10
Lv.∎∎▮▮

$\vec{a}=(1,\ x)$, $\vec{b}=(2,\ -1)$について，$\vec{a}$と$\vec{b}$のなす角が$60°$であるとき，xの値を求めよ。また，$\vec{b}$に垂直な単位ベクトルをすべて求めよ。

navigate
> ベクトルどうしのなす角や垂直条件は，内積を考えればよい。

解

内積の定義より，$\vec{a}\cdot\vec{b}=|\vec{a}||\vec{b}|\cos60°$から　$2-x=\sqrt{1+x^2}\times\sqrt{5}\times\dfrac{1}{2}$

$2-x\geqq0$のもとで，両辺を2乗して　　●$=\sqrt{▲}$の方程式を解くときは，
　　　　　　　　　　　　　　　　　　　　●$\geqq0$のもとで2乗する必要がある。

$$(2-x)^2=\frac{5}{4}(x^2+1)\iff x^2+16x-11=0$$

したがって　$x=\boldsymbol{-8\pm5\sqrt{3}}$ ─(答)

これはいずれも$x\leqq2$を満たす。

$\vec{b}$に垂直な単位ベクトルを$\vec{e}=(x,\ y)$とする。$\vec{b}\perp\vec{e}$から

$\vec{b}\cdot\vec{e}=0$　ゆえに　$2x-y=0$　…①

また，$|\vec{e}|=1$から　$|\vec{e}|^2=1$　ゆえに　$x^2+y^2=1$　…②

①，②から　$x^2+4x^2=1$　よって　$x^2=\dfrac{1}{5}$

$$x=\pm\frac{1}{\sqrt{5}},\ y=\pm\frac{2}{\sqrt{5}}\quad(複号同順)$$

よって　$(x,\ y)=\left(\boldsymbol{\dfrac{1}{\sqrt{5}},\ \dfrac{2}{\sqrt{5}}}\right),\ \left(\boldsymbol{-\dfrac{1}{\sqrt{5}},\ -\dfrac{2}{\sqrt{5}}}\right)$ ─(答)

参考　**垂直な単位ベクトルの求め方**

$\vec{a}\neq\vec{0}$とする。ベクトル$\vec{a}=(a,\ b)$に対し，ベクトル$(b,\ -a)$または$(-b,\ a)$は，$\vec{a}$に垂直。これを利用すると，$(2,\ -1)$に垂直なベクトルは，$(1,\ 2)$と$(-1,\ -2)$で，ともに，大きさは$\sqrt{5}$だから

$$\left(\frac{1}{\sqrt{5}},\ \frac{2}{\sqrt{5}}\right),\ \left(-\frac{1}{\sqrt{5}},\ -\frac{2}{\sqrt{5}}\right)$$

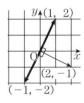

✓ **SKILL UP**

$\vec{a}=(x_1,\ y_1)$, $\vec{b}=(x_2,\ y_2)$で，$\vec{a}\neq\vec{0}$，$\vec{b}\neq\vec{0}$，$\vec{a}$，$\vec{b}$のなす角をθとすると

$$\cos\theta=\frac{\vec{a}\cdot\vec{b}}{|\vec{a}||\vec{b}|}=\frac{x_1x_2+y_1y_2}{\sqrt{x_1{}^2+y_1{}^2}\sqrt{x_2{}^2+y_2{}^2}}$$

11 $\vec{a}=(1,\ x),\ \vec{b}=(2,\ -1)$ について，$\vec{a}+\vec{b}$ と $2\vec{a}-3\vec{b}$ が垂直であるとき x の値
Lv.▪▫▫▫ を求めよ。また，$\vec{a}+\vec{b}$ と $2\vec{a}-3\vec{b}$ が平行であるとき，x の値を求めよ。

> **navigate**
> 垂直条件は，内積0である。平行条件は，実数倍である。これらを利用
> して数式化すればよい。

解

$$\vec{a}+\vec{b}=\begin{pmatrix}1\\x\end{pmatrix}+\begin{pmatrix}2\\-1\end{pmatrix}=\begin{pmatrix}3\\x-1\end{pmatrix}$$

$$2\vec{a}-3\vec{b}=2\begin{pmatrix}1\\x\end{pmatrix}-3\begin{pmatrix}2\\-1\end{pmatrix}=\begin{pmatrix}-4\\2x+3\end{pmatrix}$$

となり，$\vec{a}+\vec{b}\neq\vec{0},\ 2\vec{a}-3\vec{b}\neq\vec{0}$ である。

$(\vec{a}+\vec{b})\perp(2\vec{a}-3\vec{b})$ であるとき

平行，垂直条件を考えるのでまず，$\vec{0}$ でないことを調べる。

$(\vec{a}+\vec{b})\cdot(2\vec{a}-3\vec{b})=0$ より　$3\times(-4)+(x-1)(2x+3)=0$

$$2x^2+x-15=0$$
$$(2x-5)(x+3)=0$$

したがって　$\boldsymbol{x=\dfrac{5}{2},\ -3}$ —答

$(\vec{a}+\vec{b})//(2\vec{a}-3\vec{b})$ であるとき，$\vec{a}+\vec{b}=k(2\vec{a}-3\vec{b})$（$k$ は実数）と表される。

$$\begin{pmatrix}3\\x-1\end{pmatrix}=k\begin{pmatrix}-4\\2x+3\end{pmatrix}\quad より\quad\begin{cases}3=-4k\\x-1=k(2x+3)\end{cases}$$

平行は実数倍。

したがって　$k=-\dfrac{3}{4},\ \boldsymbol{x=-\dfrac{1}{2}}$ —答

✓ SKILL UP

平行・垂直条件の数式化

$\vec{0}$ でない $\vec{a},\ \vec{b}$ に対して

$\vec{a}//\vec{b}\iff\vec{a}=k\vec{b}$ となる0以外の実数 k が存在する。

$\vec{a}\perp\vec{b}\iff\vec{a}\cdot\vec{b}=0$

$\vec{a}=(a_1,\ a_2),\ \vec{b}=(b_1,\ b_2)$ がともに $\vec{0}$ でないとき

$\vec{a}//\vec{b}\iff(a_1,\ a_2)=k(b_1,\ b_2)$ となる0以外の実数 k が存在する。

$\vec{a}\perp\vec{b}\iff a_1b_1+a_2b_2=0$

12 A(2, 0), B(4, 5), C(0, 2)のとき，△ABCの面積を求めよ。

Lv.∎∎▮▮

navigate

三角形の面積公式を利用する問題である。

解

$\overrightarrow{AB}=(2, 5)$，$\overrightarrow{AC}=(-2, 2)$であるから

$|\overrightarrow{AB}|=\sqrt{29}$，$|\overrightarrow{AC}|=2\sqrt{2}$，$\overrightarrow{AB}\cdot\overrightarrow{AC}=6$

△ABCの面積は

$$\triangle ABC=\frac{1}{2}\sqrt{|\overrightarrow{AB}|^2|\overrightarrow{AC}|^2-(\overrightarrow{AB}\cdot\overrightarrow{AC})^2}$$

$$=\frac{1}{2}\sqrt{(\sqrt{29})^2(2\sqrt{2})^2-6^2}$$

$$=7 \text{—(答)}$$

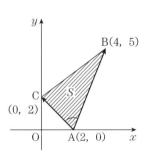

参考 面積公式の証明

三角比の面積公式より

$$S=\frac{1}{2}|\overrightarrow{AB}||\overrightarrow{AC}|\sin A=\frac{1}{2}|\overrightarrow{AB}||\overrightarrow{AC}|\sqrt{1-\cos^2 A}$$

$$=\frac{1}{2}\sqrt{|\overrightarrow{AB}|^2|\overrightarrow{AC}|^2(1-\cos^2 A)}$$

$$=\frac{1}{2}\sqrt{|\overrightarrow{AB}|^2|\overrightarrow{AC}|^2-(|\overrightarrow{AB}||\overrightarrow{AC}|\cos A)^2}=\frac{1}{2}\sqrt{|\overrightarrow{AB}|^2|\overrightarrow{AC}|^2-(\overrightarrow{AB}\cdot\overrightarrow{AC})^2}$$

$\overrightarrow{AB}=(a, b)$，$\overrightarrow{AC}=(c, d)$のとき

$$S=\frac{1}{2}\sqrt{(a^2+b^2)(c^2+d^2)-(ac+bd)^2}=\frac{1}{2}\sqrt{a^2d^2-2abcd+b^2c^2}$$

$$=\frac{1}{2}\sqrt{(ad-bc)^2}=\frac{1}{2}|ad-bc| \quad \leftarrow\sqrt{\bullet^2}=|\bullet|$$

✓ SKILL UP

△ABCの面積をSとすると

$$S=\frac{1}{2}\sqrt{|\overrightarrow{AB}|^2|\overrightarrow{AC}|^2-(\overrightarrow{AB}\cdot\overrightarrow{AC})^2} \quad \cdots①$$

$\overrightarrow{AB}=(a, b)$，$\overrightarrow{AC}=(c, d)$のとき

$$S=\frac{1}{2}|ad-bc| \quad \cdots②$$

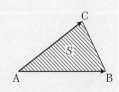

Theme
4

直線のベクトル方程式

13

Lv. ▪▫▫▫

定点$A(0, 2)$を通り，$\vec{d}=(1, 2)$に平行な直線の方程式を求めよ。

14

Lv. ▪▪▫▫

$\triangle OAB$において，点Pが$\overrightarrow{OP}=\dfrac{k}{3}\overrightarrow{OA}+\dfrac{k}{2}\overrightarrow{OB}$を満たしている。線分OAを$1:2$に内分する点をA′，線分OBを$3:2$に内分する点をB′とする。点Pが直線A′B′上にあるとき，定数kの値を求めよ。

15

Lv. ▪▪▫▫

点$A(5, -1)$を通り，$\vec{n}=(1, 2)$が法線ベクトルである直線の方程式を求めよ。また，この直線と直線$x-3y-2=0$とのなす角を求めよ。

16

Lv. ▪▪▫▫

$\triangle OAB$において$\overrightarrow{OA}=\vec{a}$, $\overrightarrow{OB}=\vec{b}$とし，点Pが$\angle AOB$の二等分線上にあるとき，適当な実数$t$を用いて$\overrightarrow{OP}=t\left(\dfrac{\vec{a}}{|\vec{a}|}+\dfrac{\vec{b}}{|\vec{b}|}\right)$と表されることを示せ。

Theme分析

このThemeでは，直線のベクトル方程式について扱う。

点A($\vec{a}$)を通り，$\vec{0}$でないベクトル$\vec{d}$に平行な直線をℓとする。

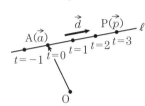

点P($\vec{p}$)が直線ℓ上にあることは

$$\overrightarrow{AP} /\!/ \vec{d} \quad または \quad \overrightarrow{AP} = \vec{0}$$

が成り立つことであり，これは

$$\overrightarrow{AP} = t\vec{d}を満たす実数tが存在する$$

ことと同値である。$\overrightarrow{AP} = \vec{p} - \vec{a}$であるから

$$\vec{p} = \vec{a} + t\vec{d} \quad (tは媒介変数) \quad \cdots ①$$

①の式において，tがすべての実数値をとって変化すると，点P($\vec{p}$)は直線ℓ上のすべての点を動く。

①の式を直線ℓの**ベクトル方程式**といい，tを**媒介変数**という。また，$\vec{d}$を直線ℓの**方向ベクトル**という。

また，異なる2点A($\vec{a}$)，B($\vec{b}$)を通る直線ℓとする。直線ℓは点A($\vec{a}$)を通り，$\overrightarrow{AB}$について平行な直線と考えられる。

$$\vec{p} = \vec{a} + t(\vec{b} - \vec{a}) \iff \vec{p} = (1-t)\vec{a} + t\vec{b}$$

$$(tは媒介変数)$$

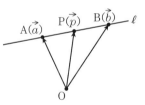

となる。また，$1-t=s$とおくと

$$\vec{p} = s\vec{a} + t\vec{b} \quad かつ \quad s+t=1$$

これも直線のベクトル方程式である。

さらに，点A($\vec{a}$)を通り$\vec{n}$に垂直な直線ℓとする。

直線ℓ上の点P($\vec{p}$)はつねに

$$\vec{n} \cdot \overrightarrow{AP} = 0$$

を満たすので，これを整理すると

$$\vec{n} \cdot (\vec{p} - \vec{a}) = 0$$

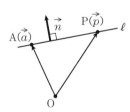

となる。これも内積を利用した直線のベクトル方程式である。

与えられた状況に応じて，これらのベクトル方程式を使いこなしたい。

13 定点A(0, 2)を通り，$\vec{d}=(1, 2)$に平行な直線の方程式を求めよ。

Lv.∎∎∎∎

navigate

直線のベクトル方程式の基本問題である。

解1

直線上の任意の点をP(x, y)とすると，

直線のベクトル方程式は

$$\overrightarrow{OP}=\overrightarrow{OA}+t\vec{d} \quad (tは実数)$$

$$\begin{pmatrix} x \\ y \end{pmatrix}=\begin{pmatrix} 0 \\ 2 \end{pmatrix}+t\begin{pmatrix} 1 \\ 2 \end{pmatrix}$$

$$\begin{cases} x=t \\ y=2+2t \end{cases}$$

よって，tを消去して

$$\boldsymbol{y=2x+2} -\text{答}$$

直線のベクトル方程式。

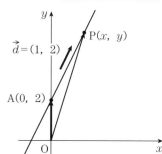

解2

点$(0, 2)$を通り，傾きが$\dfrac{2}{1}=2$の直線であるから

$$\boldsymbol{y=2x+2} -\text{答}$$

ベクトルを利用せず，
直接求めることもできる。

✓ SKILL UP

直線のベクトル方程式：$\boldsymbol{\vec{p}=\vec{a}+t\vec{d}}$

定点A$(\vec{a})$を通り，方向ベクトルが$\vec{d}$の直線の

ベクトル方程式は

$$\overrightarrow{OP}=\overrightarrow{OA}+\overrightarrow{AP}$$
$$=\vec{a}+t\vec{d}$$

すなわち

$$\vec{p}=\vec{a}+t\vec{d} \quad (tは媒介変数)$$

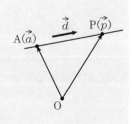

14

Lv. ▮▮▮▯

△OABにおいて，点Pが$\overrightarrow{\mathrm{OP}}=\dfrac{k}{3}\overrightarrow{\mathrm{OA}}+\dfrac{k}{2}\overrightarrow{\mathrm{OB}}$を満たしている。線分OAを

$1:2$に内分する点をA′，線分OBを$3:2$に内分する点をB′とする。点Pが直

線A′B′上にあるとき，定数kの値を求めよ。

🚩 navigate

点Pが直線A′B′上にあるので

$$\overrightarrow{\mathrm{A'P}}=t\overrightarrow{\mathrm{A'B'}} \iff \overrightarrow{\mathrm{OP}}-\overrightarrow{\mathrm{OA'}}=t(\overrightarrow{\mathrm{OB'}}-\overrightarrow{\mathrm{OA'}})$$
$$\iff \overrightarrow{\mathrm{OP}}=(1-t)\overrightarrow{\mathrm{OA'}}+t\overrightarrow{\mathrm{OB'}}$$

$1-t=s$とおくと

$$\overrightarrow{\mathrm{OP}}=s\overrightarrow{\mathrm{OA'}}+t\overrightarrow{\mathrm{OB'}}\,かつ\,s+t=1$$

である。よって，$\overrightarrow{\mathrm{OP}}$を$\overrightarrow{\mathrm{OA'}}$，$\overrightarrow{\mathrm{OB'}}$で表して，係数の和が1になるような
定数kを求めればよい。

- -

解

$$\overrightarrow{\mathrm{OP}}=\frac{k}{3}\overrightarrow{\mathrm{OA}}+\frac{k}{2}\overrightarrow{\mathrm{OB}}$$

$$=k\left(\frac{1}{3}\overrightarrow{\mathrm{OA}}\right)+\frac{5}{6}k\left(\frac{3}{5}\overrightarrow{\mathrm{OB}}\right)$$

$$=k\overrightarrow{\mathrm{OA'}}+\frac{5}{6}k\overrightarrow{\mathrm{OB'}}$$

$\overrightarrow{\mathrm{OA'}}=\dfrac{1}{3}\overrightarrow{\mathrm{OA}}$,

$\overrightarrow{\mathrm{OB'}}=\dfrac{3}{5}\overrightarrow{\mathrm{OB}}$

を利用できるよ
うに変形する。

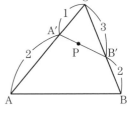

点Pが直線A′B′上にあるので

$k+\dfrac{5}{6}k=1$から　$\boldsymbol{k=\dfrac{6}{11}}$ —答

✓ SKILL UP

直線のベクトル方程式：$\boldsymbol{\vec{p}=(1-t)\vec{a}+t\vec{b}}$

異なる2定点$\mathrm{A}(\vec{a})$，$\mathrm{B}(\vec{b})$を通る直線の

ベクトル方程式は

$$\vec{p}=(1-t)\vec{a}+t\vec{b} \quad (t\text{は媒介変数})$$

また，これより，点$\mathrm{P}(\vec{p})$が異なる2定点$\mathrm{A}(\vec{a})$，$\mathrm{B}(\vec{b})$

を通る直線AB上にあるための必要十分条件は

$$\vec{p}=s\vec{a}+t\vec{b} \quad \text{かつ} \quad s+t=1$$

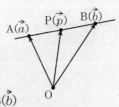

15 点$A(5, -1)$を通り，$\vec{n}=(1, 2)$が法線ベクトルである直線の方程式を求め
Lv.■■□□ よ。また，この直線と直線$x-3y-2=0$とのなす角を求めよ。

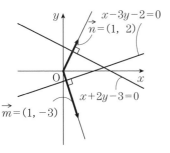

navigate

法線ベクトルを利用した直線のベクトル方程式である。2直線のなす角
は法線ベクトルのなす角の補角である。

解

直線上の任意の点を$P(x, y)$とすると，直線のベクトル方程式は

$$\vec{n}\cdot\vec{AP}=0$$

$$\begin{pmatrix}1\\2\end{pmatrix}\cdot\begin{pmatrix}x-5\\y+1\end{pmatrix}=0$$

$$1\cdot(x-5)+2(y+1)=0$$

$$\boldsymbol{x+2y-3=0} \text{──(答)}$$

ここで，$\vec{m}=(1, -3)$とすると，$\vec{m}$は直線
$x-3y-2=0$の法線ベクトルである。

$\vec{n}$と$\vec{m}$のなす角をθ $(0°\leqq\theta\leqq180°)$とすると

内積の定義より $\vec{n}\cdot\vec{m}=|\vec{n}||\vec{m}|\cos\theta$

$$|\vec{n}|=\sqrt{1^2+2^2}=\sqrt{5}$$

$$|\vec{m}|=\sqrt{1^2+(-3)^2}=\sqrt{10}$$

$$\vec{n}\cdot\vec{m}=1\times1+2\times(-3)=-5$$

ゆえに，$-5=\sqrt{5}\sqrt{10}\cos\theta$より $\cos\theta=-\dfrac{1}{\sqrt{2}}$

よって $\theta=135°$

以上より，直線$x+2y-3=0$と直線$x-3y-2=0$のなす角は **45°**──(答)

> 直線$ax+by+c=0$の法線
> ベクトル$\vec{n}$は $\vec{n}=(a, b)$

> 2つのベクトルのなす角θは
> $0°\leqq\theta\leqq180°$であり，2直線の
> なす角αは$0°\leqq\alpha\leqq90°$なの
> で，θが鈍角のときは，180°
> から引いて鋭角に直す。

☑ SKILL UP

直線のベクトル方程式：$\boldsymbol{\vec{n}\cdot(\vec{p}-\vec{a})=0}$

定点$A(\vec{a})$を通り，法線ベクトルが$\vec{n}$の直線の
ベクトル方程式は，Pが直線上にあるとき，

$\vec{AP}\perp\vec{n}$または$\vec{AP}=\vec{0}$より，$\vec{n}\cdot\vec{AP}=0$となるので

$$\vec{n}\cdot(\vec{p}-\vec{a})=0$$

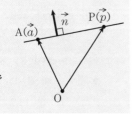

16

Lv.■■■

△OABにおいて$\overrightarrow{OA}=\vec{a}$, $\overrightarrow{OB}=\vec{b}$とし，点Pが∠AOBの二等分線上にあるとき，適当な実数tを用いて$\overrightarrow{OP}=t\left(\dfrac{\vec{a}}{|\vec{a}|}+\dfrac{\vec{b}}{|\vec{b}|}\right)$と表されることを示せ。

navigate

角の二等分線の数式化の証明問題である。公式として習得しておきたい。

解

$\overrightarrow{OA'}=\dfrac{\vec{a}}{|\vec{a}|}$, $\overrightarrow{OB'}=\dfrac{\vec{b}}{|\vec{b}|}$とおくと，$|\overrightarrow{OA'}|=|\overrightarrow{OB'}|=1$である。

また，$\overrightarrow{OC'}=\overrightarrow{OA'}+\overrightarrow{OB'}$である点C′を考えると，

四角形OA′C′B′は平行四辺形であると同時に，

OA′＝B′C′，OB′＝A′C′であることから四辺の長さが

等しいので，ひし形となる。 ←ひし形に注目

このとき，△OB′C′と△OA′C′はともに二等辺三角

形であり，平行線の錯角により，∠C′OA′＝∠OC′B′

だから

$\qquad$∠B′OC′＝∠A′OC′

よって，C′は∠A′OB′の二等分線上にあり，3点O，P，C′は一直線上にあるから，$\overrightarrow{OP}=t\overrightarrow{OC'}$（$t$は実数）と表される。

したがって，$\overrightarrow{OP}=t\left(\dfrac{\vec{a}}{|\vec{a}|}+\dfrac{\vec{b}}{|\vec{b}|}\right)$と表される。──証明終

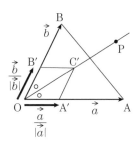

✓ SKILL UP

角の二等分線の数式化

△OABについて，∠AOBの二等分線上に

点Pがあるとき

$$\overrightarrow{OP}=t\left(\dfrac{\overrightarrow{OA}}{|\overrightarrow{OA}|}+\dfrac{\overrightarrow{OB}}{|\overrightarrow{OB}|}\right)\quad (t\text{は実数})$$

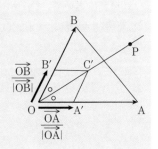

Theme
5

位置ベクトルと平面図形

17
Lv. ∎∎∎∎

右図のような六角形ABCDEFの各辺の中点を順にL, M, N, P, Q, Rとするとき, △LNQと△MPRの重心は一致することを証明せよ。

18
Lv. ∎∎∎∎

△OABにおいて, 辺OAを1:2の比に内分する点をP, 辺OBを3:2の比に内分する点をQとする。さらに, 線分AQを5:1の比に内分する点をRとすると, 点Rは直線BP上にあることを示せ。

19
Lv. ∎∎∎∎

△OABにおいて, 辺OAを3:2の比に内分する点をP, 辺OBを3:1の比に内分する点をQとし, 直線AQと直線BPとの交点をRとする。$\overrightarrow{OA}=\vec{a}$, $\overrightarrow{OB}=\vec{b}$とするとき, $\overrightarrow{OR}$を$\vec{a}$, $\vec{b}$を用いて表せ。

20
Lv. ∎∎∎∎

△OABにおいて, OA=2, OB=3, AB=4である。点Oから直線ABに下ろした垂線をOHとする。$\overrightarrow{OA}=\vec{a}$, $\overrightarrow{OB}=\vec{b}$とするとき, $\overrightarrow{OH}$を$\vec{a}$, $\vec{b}$で表せ。

Theme分析

このThemeでは，位置ベクトルと平面図形について扱う。

平面上で，点Oを固定して考えると，任意の点Pの位置は，ベクトル $\vec{p}=\overrightarrow{\mathrm{OP}}$ によって定められる。このとき，$\vec{p}$ を点Oに関する点Pの位置ベクトルといい，$\mathrm{P}(\vec{p})$ と表す。

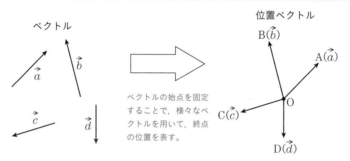

ベクトルの始点を固定することで，様々なベクトルを用いて，終点の位置を表す。

位置ベクトルでは，次の共線条件はよく用いられる。

2点A，Bが異なるとき，

点Pが直線AB上にある　$\Longleftrightarrow$　$\overrightarrow{\mathrm{AP}}=t\overrightarrow{\mathrm{AB}}$ となる実数 t が存在する

直線ABと直線CDの交点Pの位置ベクトルを求める。

点Pは直線AB上かつ直線CD上であり

$$\overrightarrow{\mathrm{AP}}=s\overrightarrow{\mathrm{AB}} \text{ かつ } \overrightarrow{\mathrm{CP}}=t\overrightarrow{\mathrm{CD}}$$

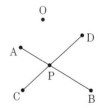

この2式をもとに $\overrightarrow{\mathrm{OP}}$ を2通りに表すと

$$\overrightarrow{\mathrm{OP}}=x\vec{a}+y\vec{b} \text{ かつ } \overrightarrow{\mathrm{OP}}=x'\vec{a}+y'\vec{b}$$

これら2式を係数比較して

$$x=x' \text{ かつ } y=y'$$

2つのベクトル $\vec{a}$，$\vec{b}$ は $\vec{0}$ でなく，また平行でない(一次独立)とする。

あるベクトル $\vec{p}$ が $\vec{a}$，$\vec{b}$ を用いて2通りで表されたとき，下のように係数比較することができる。

$$\vec{p}=s\vec{a}+t\vec{b} \text{ かつ } \vec{p}=s'\vec{a}+t'\vec{b} \text{ ならば } s=s' \text{ かつ } t=t'$$

17 右図のような六角形ABCDEFの各辺の中点を順にL,
Lv. M, N, P, Q, Rとするとき, △LNQと△MPRの重心
は一致することを証明せよ。

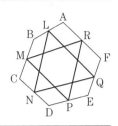

🚩 navigate

点の一致の証明は, 位置ベクトルが一致することを証明すればよい。

解

六角形の頂点A, B, C, D, E, Fの位置ベクトルを, それぞれ$\vec{a}$, $\vec{b}$, $\vec{c}$, $\vec{d}$, $\vec{e}$, $\vec{f}$とし, 点L, M, N, P, Q, Rの位置ベクトルを, それぞれ$\vec{l}$, $\vec{m}$, $\vec{n}$, $\vec{p}$, $\vec{q}$, $\vec{r}$とする。

$$\vec{l}=\frac{\vec{a}+\vec{b}}{2}, \quad \vec{m}=\frac{\vec{b}+\vec{c}}{2}, \quad \vec{n}=\frac{\vec{c}+\vec{d}}{2}, \quad \vec{p}=\frac{\vec{d}+\vec{e}}{2}, \quad \vec{q}=\frac{\vec{e}+\vec{f}}{2}, \quad \vec{r}=\frac{\vec{f}+\vec{a}}{2}$$

△LNQの重心の位置ベクトルを$\vec{g_1}$とすると

$$\vec{g_1}=\frac{\vec{l}+\vec{n}+\vec{q}}{3}=\frac{1}{3}\left(\frac{\vec{a}+\vec{b}}{2}+\frac{\vec{c}+\vec{d}}{2}+\frac{\vec{e}+\vec{f}}{2}\right)$$

$$=\frac{1}{6}(\vec{a}+\vec{b}+\vec{c}+\vec{d}+\vec{e}+\vec{f})$$

ふつうは, 一次独立な2本のベクトル$\vec{a}$, $\vec{b}$を用いて, $s\vec{a}+t\vec{b}$の形で表すことを目標にするが, 今回は6本の頂点の位置ベクトルで表す。

△MPRの重心の位置ベクトルを$\vec{g_2}$とすると

$$\vec{g_2}=\frac{\vec{m}+\vec{p}+\vec{r}}{3}=\frac{1}{3}\left(\frac{\vec{b}+\vec{c}}{2}+\frac{\vec{d}+\vec{e}}{2}+\frac{\vec{f}+\vec{a}}{2}\right)$$

$$=\frac{1}{6}(\vec{a}+\vec{b}+\vec{c}+\vec{d}+\vec{e}+\vec{f})$$

$\vec{g_1}=\vec{g_2}$だから, △LNQと△MPRの重心は一致する。——(証明終)

✓ SKILL UP

中点の位置ベクトル 2点A($\vec{a}$), B($\vec{b}$)の中点M($\vec{m}$)

位置ベクトルは $\vec{m}=\dfrac{\vec{a}+\vec{b}}{2}$

重心の位置ベクトル 3点A($\vec{a}$), B($\vec{b}$), C($\vec{c}$)の重心G($\vec{g}$)

位置ベクトルは $\vec{g}=\dfrac{\vec{a}+\vec{b}+\vec{c}}{3}$

18 △OABにおいて，辺OAを1：2の比に内分する点をP，辺OBを3：2の比に
Lv.∎∎∎∎ 内分する点をQとする。さらに，線分AQを5：1の比に内分する点をRとす
ると，点Rは直線BP上にあることを示せ。

navigate

点Rが直線BP上にあることを示すには $\overrightarrow{BR}=t\overrightarrow{BP}$ を示せばよい。Oを始点
とする位置ベクトル $\overrightarrow{OA}=\vec{a}$，$\overrightarrow{OB}=\vec{b}$ を基準として考える。

解

$\overrightarrow{OA}=\vec{a}$，$\overrightarrow{OB}=\vec{b}$ とする。このとき

$$\overrightarrow{OP}=\frac{1}{3}\vec{a}, \quad \overrightarrow{OQ}=\frac{3}{5}\vec{b},$$

$$\overrightarrow{OR}=\frac{1}{6}\overrightarrow{OA}+\frac{5}{6}\overrightarrow{OQ}=\frac{1}{6}\vec{a}+\frac{1}{2}\vec{b}$$

このとき

$$\overrightarrow{BR}=\overrightarrow{OR}-\overrightarrow{OB}=\left(\frac{1}{6}\vec{a}+\frac{1}{2}\vec{b}\right)-\vec{b}=\frac{1}{6}\vec{a}-\frac{1}{2}\vec{b}$$

$$\overrightarrow{BP}=\overrightarrow{OP}-\overrightarrow{OB}=\frac{1}{3}\vec{a}-\vec{b}=2\left(\frac{1}{6}\vec{a}-\frac{1}{2}\vec{b}\right)=2\overrightarrow{BR}$$

であるから，点Rは直線BP上にある。—証明終

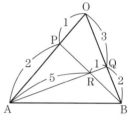

✓ SKILL UP

内分点の公式

2点$A(\vec{a})$，$B(\vec{b})$について，線分ABを$m：n$に内分す
る点を$P(\vec{p})$とすると

$$\vec{p}=\frac{n\vec{a}+m\vec{b}}{m+n}$$

共線条件の数式化

2点A，Bが異なるとき，

点Pが直線AB上にある $\iff$ $\overrightarrow{AP}=t\overrightarrow{AB}$ となる実数tが存在する

19

Lv. ▮▮▯▯

△OABにおいて，辺OAを3：2の比に内分する点をP，辺OBを3：1の比に内分する点をQとし，直線AQと直線BPとの交点をRとする。$\overrightarrow{OA}=\vec{a}$，$\overrightarrow{OB}=\vec{b}$とするとき，$\overrightarrow{OR}$を$\vec{a}$，$\vec{b}$を用いて表せ。

 navigate

メネラウスの定理の方が早いが，ベクトルによる連立の解法も必須。

解1

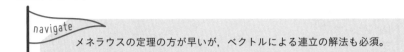

$$\overrightarrow{OP}=\frac{3}{5}\vec{a}, \quad \overrightarrow{OQ}=\frac{3}{4}\vec{b}$$

Rは直線PB上にあるので $\overrightarrow{PR}=s\overrightarrow{PB}$ （sは実数）

$$\overrightarrow{OR}=(1-s)\overrightarrow{OP}+s\overrightarrow{OB}=\frac{3}{5}(1-s)\vec{a}+s\vec{b} \quad \cdots①$$

Rは直線AQ上にあるので $\overrightarrow{AR}=t\overrightarrow{AQ}$ （tは実数）

$$\overrightarrow{OR}=(1-t)\overrightarrow{OA}+t\overrightarrow{OQ}=(1-t)\vec{a}+\frac{3}{4}t\vec{b} \quad \cdots②$$

$\vec{a}$と$\vec{b}$は一次独立なので，①，②より

係数比較する際は，一次独立であることを確認。

$$\frac{3}{5}(1-s)=1-t, \quad s=\frac{3}{4}t \iff s=\frac{6}{11}, \quad t=\frac{8}{11}$$

よって $\overrightarrow{OR}=\left(1-\frac{8}{11}\right)\overrightarrow{OA}+\frac{3}{4}\times\frac{8}{11}\overrightarrow{OB}=\dfrac{\textbf{3}}{\textbf{11}}\vec{\textbf{a}}+\dfrac{\textbf{6}}{\textbf{11}}\vec{\textbf{b}}$ —(答)

解2

△OAQと直線PBに関してメネラウスの定理を適用すると

$$\frac{AR}{RQ}\times\frac{QB}{BO}\times\frac{OP}{PA}=1$$

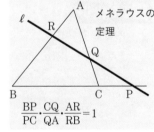

メネラウスの定理

$$\frac{BP}{PC}\cdot\frac{CQ}{QA}\cdot\frac{AR}{RB}=1$$

$$\iff \frac{AR}{RQ}\times\frac{1}{4}\times\frac{3}{2}=1 \iff \frac{AR}{RQ}=\frac{8}{3}$$

よって $\overrightarrow{OR}=\dfrac{3\overrightarrow{OA}+8\overrightarrow{OQ}}{8+3}=\dfrac{3}{11}\overrightarrow{OA}+\dfrac{8}{11}\times\dfrac{3}{4}\overrightarrow{OB}=\dfrac{\textbf{3}}{\textbf{11}}\vec{\textbf{a}}+\dfrac{\textbf{6}}{\textbf{11}}\vec{\textbf{b}}$ —(答)

✓ SKILL UP

2つのベクトル$\vec{a}$，$\vec{b}$が$\vec{0}$でなく，また，平行でない（一次独立）とき

$$\vec{p}=s\vec{a}+t\vec{b} \quad かつ \quad \vec{p}=s'\vec{a}+t'\vec{b} \quad ならば \quad s=s' \quad かつ \quad t=t'$$

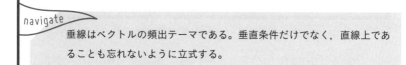

20

Lv. ▮▮▮

△OABにおいて，OA＝2，OB＝3，AB＝4である。点Oから直線ABに下ろした垂線をOHとする。$\overrightarrow{OA}=\vec{a}$，$\overrightarrow{OB}=\vec{b}$とするとき，$\overrightarrow{OH}$を$\vec{a}$，$\vec{b}$で表せ。

navigate

垂線はベクトルの頻出テーマである。垂直条件だけでなく，直線上であることも忘れないように立式する。

解

$|\vec{a}|=2$，$|\vec{b}|=3$，$|\vec{b}-\vec{a}|=4$ を2乗して，

$$|\vec{b}-\vec{a}|^2=4^2 \iff |\vec{b}|^2-2\vec{a}\cdot\vec{b}+|\vec{a}|^2=16 \quad \text{から} \quad \vec{a}\cdot\vec{b}=-\frac{3}{2}$$

点Hは，直線AB上にあるので ←まずは直線上

$\overrightarrow{BH}=t\overrightarrow{BA}$ （tは実数）

$\iff \overrightarrow{OH}=t\vec{a}+(1-t)\vec{b}$

$\overrightarrow{OH}\perp\overrightarrow{AB}$であるから

$\overrightarrow{OH}\cdot\overrightarrow{AB}=0$ ←次に垂直条件

$\overrightarrow{OH}\cdot\overrightarrow{AB}=\{t\vec{a}+(1-t)\vec{b}\}\cdot(\vec{b}-\vec{a})$

$= -t|\vec{a}|^2+(1-t)|\vec{b}|^2+(2t-1)\vec{a}\cdot\vec{b}$

$= -4t+9(1-t)-\frac{3}{2}(2t-1)$

$= \frac{21}{2}-16t$

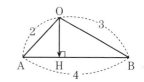

AH$=x$とおくと

$$2^2-x^2=3^2-(4-x)^2$$

$$x=\frac{11}{8}$$

よって

$$\text{AH}:\text{HB}=\frac{11}{8}:\left(4-\frac{11}{8}\right)$$

$$=11:21$$

と幾何的に求めることもできる。

よって，$\frac{21}{2}-16t=0$から

$$t=\frac{21}{32}$$

ゆえに $\overrightarrow{OH}=\dfrac{\mathbf{21}}{\mathbf{32}}\vec{a}+\dfrac{\mathbf{11}}{\mathbf{32}}\vec{b}$ —(答)

✓ SKILL UP

点Aから直線BCに下ろした垂線をAHとする。

$\iff$ 点Hは直線BC上 かつ $\overrightarrow{AH}\perp\overrightarrow{BC}$

$\iff \overrightarrow{BH}=t\overrightarrow{BC}$（$t$は実数） かつ $\overrightarrow{AH}\cdot\overrightarrow{BC}=0$

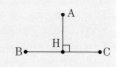

Theme 6 | 円のベクトル方程式

21
Lv. ■■□□

平面上に定点 $A(\vec{a})$，$B(\vec{b})$ があり，$|\vec{a}|=3$，$|\vec{b}|=6$，$\vec{a}\cdot\vec{b}=10$ とする。次の点 $P(\vec{p})$ に関するベクトル方程式で表される円の中心の位置ベクトルと半径を求めよ。

(1) $|\vec{p}-\vec{a}+\vec{b}|=|2\vec{a}+\vec{b}|$　　　(2) $(\vec{p}-\vec{a})\cdot(2\vec{p}-\vec{b})=0$

22
Lv. ■■■□

△ABC の外心を O，外接円の半径を 1 とする。$4\overrightarrow{OA}+5\overrightarrow{OB}+6\overrightarrow{OC}=\vec{0}$ であるとき，辺 AB の長さを求めよ。

23
Lv. ■■■□

点 $C(\vec{c})$ を中心とする半径 r の円上に点 $A(\vec{a})$ をとる。点 A におけるこの円の接線のベクトル方程式は接線上の任意の点を $P(\vec{p})$ とすると
$$(\vec{p}-\vec{c})\cdot(\vec{a}-\vec{c})=r^2$$
であることを示せ。

24
Lv. ■■■□

△OAB において，$\vec{a}=\overrightarrow{OA}$，$\vec{b}=\overrightarrow{OB}$ とする。また，$|\vec{a}|=3$，$|\vec{b}|=5$，$\vec{a}\cdot\vec{b}=9$ とする。このとき，∠AOB の二等分線と B を中心とする半径 $\sqrt{10}$ の円との交点の，O を始点とする位置ベクトルを $\vec{a}$，$\vec{b}$ を用いて表せ。

Theme分析

このThemeでは，円のベクトル方程式について扱う。2つの形があり，ともに公式として，使いこなしたい。定点C($\vec{c}$)を中心とし，半径がrの円のベクトル方程式は，$|\overrightarrow{CP}|=r$となるので

$$|\vec{p}-\vec{c}|=r \quad \cdots①$$

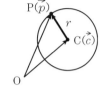

Oを座標平面の原点として，C(a, b)，P(x, y)とすると，

$$\vec{p}-\vec{c}=\begin{pmatrix} x-a \\ y-b \end{pmatrix} \quad より \quad (x-a)^2+(y-b)^2=r^2$$

また，定点A($\vec{a}$)，B($\vec{b}$)を直径の両端とする円のベクトル方程式は，PがA，Bに一致するときは

$$\overrightarrow{AP}=\vec{0}, \quad \overrightarrow{BP}=\vec{0}$$

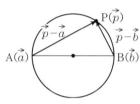

であり，そうでないときは

$$\overrightarrow{AP}\perp\overrightarrow{BP}$$

であるから，これらをまとめると

$$\overrightarrow{AP}\cdot\overrightarrow{BP}=0$$

となるので

$$(\vec{p}-\vec{a})\cdot(\vec{p}-\vec{b})=0 \quad \cdots②$$

方程式①と方程式②の関係性については，$(\vec{p}-\vec{a})\cdot(\vec{p}-\vec{b})=0$より

$$|\vec{p}|^2-(\vec{a}+\vec{b})\cdot\vec{p}+\vec{a}\cdot\vec{b}=0$$

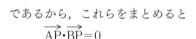

$$\left|\vec{p}-\frac{\vec{a}+\vec{b}}{2}\right|^2-\frac{1}{4}|\vec{a}+\vec{b}|^2+\vec{a}\cdot\vec{b}=0$$

$$\left|\vec{p}-\frac{\vec{a}+\vec{b}}{2}\right|^2=\frac{1}{4}(|\vec{a}|^2-2\vec{a}\cdot\vec{b}+|\vec{b}|^2)$$

$$\left|\vec{p}-\frac{\vec{a}+\vec{b}}{2}\right|^2=\frac{1}{4}|\vec{a}-\vec{b}|^2$$

$$\left|\vec{p}-\frac{\vec{a}+\vec{b}}{2}\right|=\frac{1}{2}|\vec{a}-\vec{b}| \quad となり，ABの中点\frac{\vec{a}+\vec{b}}{2}を中心(\vec{c})とする半径\frac{1}{2}|\overrightarrow{BA}|$$

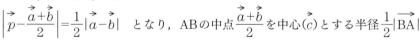

の円である$\left(r=\frac{1}{2}|\vec{a}-\vec{b}|\right)$ことが確認できる。

21 平面上に定点 $A(\vec{a})$, $B(\vec{b})$ があり, $|\vec{a}|=3$, $|\vec{b}|=6$, $\vec{a}\cdot\vec{b}=10$ とする。次の点
Lv. $P(\vec{p})$ に関するベクトル方程式で表される円の中心の位置ベクトルと半径を
求めよ。

(1) $|\vec{p}-\vec{a}+\vec{b}|=|2\vec{a}+\vec{b}|$　　　　(2) $(\vec{p}-\vec{a})\cdot(2\vec{p}-\vec{b})=0$

navigate

直径の両端に関する円のベクトル方程式を覚えていれば解答のようにで
きるし，覚えてなくても(1)のように式変形すればよい。

解

(1) （与式）$\iff$ $|\vec{p}-(\vec{a}-\vec{b})|=|2\vec{a}+\vec{b}|$

中心は $\vec{a}-\vec{b}$, 半径は $|2\vec{a}+\vec{b}|$ である。　　中心の位置ベクトルはわかった

$$|2\vec{a}+\vec{b}|^2=4|\vec{a}|^2+4\vec{a}\cdot\vec{b}+|\vec{b}|^2=112$$
が，あとは半径を調べる。

以上より，円の**中心は $\vec{a}-\vec{b}$**, **半径は** $\sqrt{112}=\boldsymbol{4\sqrt{7}}$ —答

(2) （与式）$\iff$ $(\vec{p}-\vec{a})\cdot\left(\vec{p}-\dfrac{\vec{b}}{2}\right)=0$

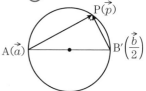

よって，$A(\vec{a})$, $B'\left(\dfrac{\vec{b}}{2}\right)$ を直径の両端とする

円である。

$$(直径)^2=\left|\dfrac{\vec{b}}{2}-\vec{a}\right|^2=\left|\dfrac{\vec{b}-2\vec{a}}{2}\right|^2=\dfrac{|\vec{b}|^2-4\vec{a}\cdot\vec{b}+4|\vec{a}|^2}{4}=8 \quad (直径)=|\overrightarrow{AB'}|$$

$(直径)=2\sqrt{2}$ より　$(半径)=\sqrt{2}$

以上より，円の**中心は** $\dfrac{1}{2}\left(\vec{a}+\dfrac{\vec{b}}{2}\right)=\dfrac{\boldsymbol{2\vec{a}+\vec{b}}}{\boldsymbol{4}}$, **半径は** $\boldsymbol{\sqrt{2}}$ —答　中心はAB′の
中点。

☑ SKILL UP

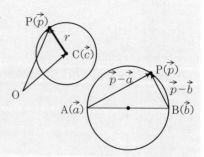

1 定点 $C(\vec{c})$ を中心とし，半径が r
の円のベクトル方程式は
$$|\vec{p}-\vec{c}|=r$$

2 定点 $A(\vec{a})$, $B(\vec{b})$ を直径の両端
とする円のベクトル方程式は
$$(\vec{p}-\vec{a})\cdot(\vec{p}-\vec{b})=0$$

22

△ABCの外心をO, 外接円の半径を1とする。$4\overrightarrow{OA}+5\overrightarrow{OB}+6\overrightarrow{OC}=\vec{0}$ であるとき, 辺ABの長さを求めよ。

Lv.

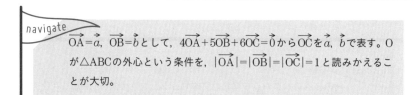

navigate

$\overrightarrow{OA}=\vec{a}$, $\overrightarrow{OB}=\vec{b}$として, $4\overrightarrow{OA}+5\overrightarrow{OB}+6\overrightarrow{OC}=\vec{0}$から$\overrightarrow{OC}$を$\vec{a}$, $\vec{b}$で表す。Oが△ABCの外心という条件を, $|\overrightarrow{OA}|=|\overrightarrow{OB}|=|\overrightarrow{OC}|=1$と読みかえることが大切。

解

$\overrightarrow{OA}=\vec{a}$, $\overrightarrow{OB}=\vec{b}$とする。このとき

$$4\overrightarrow{OA}+5\overrightarrow{OB}+6\overrightarrow{OC}=\vec{0} \iff \overrightarrow{OC}=-\frac{2}{3}\vec{a}-\frac{5}{6}\vec{b} \qquad \vec{a}, \vec{b}を基準に考える。$$

Oを中心とする半径1の円上に, 3点A, B, Cがあるので

$$|\overrightarrow{OA}|=|\overrightarrow{OB}|=|\overrightarrow{OC}|=1 \quad \cdots①$$

ここで, $|\overrightarrow{OC}|=1$から

$$\left|-\frac{2}{3}\vec{a}-\frac{5}{6}\vec{b}\right|=1$$

両辺を2乗して

$$\frac{4}{9}|\vec{a}|^2+\frac{10}{9}\vec{a}\cdot\vec{b}+\frac{25}{36}|\vec{b}|^2=1$$

$|\vec{a}|=|\vec{b}|=1$ より $\vec{a}\cdot\vec{b}=-\frac{1}{8}$

求めるのはABの長さだから

$$|\overrightarrow{AB}|^2=|\vec{b}-\vec{a}|^2=|\vec{b}|^2-2\vec{a}\cdot\vec{b}+|\vec{a}|^2=1-2\left(-\frac{1}{8}\right)+1=\frac{9}{4}$$

以上より $|\overrightarrow{AB}|=\dfrac{3}{2}$ —答

✓ SKILL UP

定点Cを中心とし, 半径がrの円上に点Pがあるとき

$$|\overrightarrow{CP}|=r$$

が成り立つ。

23

点$C(\vec{c})$を中心とする半径rの円上に点$A(\vec{a})$をとる。点Aにおけるこの円の接線のベクトル方程式は接線上の任意の点を$P(\vec{p})$とすると

$$(\vec{p}-\vec{c})\cdot(\vec{a}-\vec{c})=r^2$$

であることを示せ。

navigate

円の接線のベクトル方程式の問題である。法線ベクトル利用した直線の
ベクトル方程式を利用する。

解

求める方程式について $\overrightarrow{AP}=\vec{0}$ または $\overrightarrow{AP}\perp\overrightarrow{AC}$

$\overrightarrow{CA}\cdot\overrightarrow{AP}=0$ 法線ベクトルを利用した

$(\vec{a}-\vec{c})\cdot(\vec{p}-\vec{a})=0$ 直線のベクトル方程式。

$(\vec{a}-\vec{c})\cdot\{(\vec{p}-\vec{c})-(\vec{a}-\vec{c})\}=0$

$(\vec{p}-\vec{c})\cdot(\vec{a}-\vec{c})-|\vec{a}-\vec{c}|^2=0$

$|\vec{a}-\vec{c}|^2=|\overrightarrow{CA}|^2=r^2$であるから， $|\overrightarrow{CA}|$は半径rに等しい。

求めるベクトル方程式は $(\vec{p}-\vec{c})\cdot(\vec{a}-\vec{c})=r^2$ —(証明終)

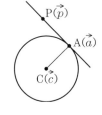

参考   座標における円の接線公式

中心が原点$O(\vec{0})$，半径rの円上の点$A(\vec{a})$における接線の
ベクトル方程式は，本問の結果において，$\vec{c}=\vec{0}$とおくと
得られるから

$$\vec{a}\cdot\vec{p}=r^2 \quad \cdots①$$

$\vec{a}=(x_0,\ y_0)$，$\vec{p}=(x,\ y)$とおくと

$$\vec{a}\cdot\vec{p}=x_0x+y_0y$$

これを①に代入して，接線の方程式は

$$x_0x+y_0y=r^2$$

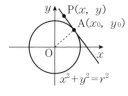

✓ SKILL UP

点$C(\vec{c})$を中心とする半径rの円上に点$A(\vec{a})$をとる。
点Aにおけるこの円の接線のベクトル方程式は接線上
の任意の点を$P(\vec{p})$とすると

$$(\vec{p}-\vec{c})\cdot(\vec{a}-\vec{c})=r^2$$

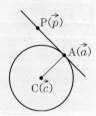

24

Lv.▪▫◦

△OABにおいて，$\vec{a}=\overrightarrow{OA}$，$\vec{b}=\overrightarrow{OB}$とする。また，$|\vec{a}|=3$，$|\vec{b}|=5$，$\vec{a}\cdot\vec{b}=9$とする。このとき，∠AOBの二等分線とBを中心とする半径$\sqrt{10}$の円との交点の，Oを始点とする位置ベクトルを$\vec{a}$，$\vec{b}$を用いて表せ。

▷ navigate

本問は「角の二等分線」と「円」の交点である。「角の二等分線」については，16 で学習しており，これと今回の「円」のベクトル方程式を連立する。

解

点Pは∠AOBの二等分線上にあるので

$$\overrightarrow{OP}=k\left(\frac{\overrightarrow{OA}}{|\overrightarrow{OA}|}+\frac{\overrightarrow{OB}}{|\overrightarrow{OB}|}\right)=\frac{k}{3}\vec{a}+\frac{k}{5}\vec{b} \quad \cdots①$$

角の二等分線の数式化。

点PはBを中心とする半径$\sqrt{10}$の円周上の点だから

$$|\overrightarrow{BP}|=\sqrt{10} \iff |\overrightarrow{OP}-\overrightarrow{OB}|=\sqrt{10} \quad \cdots②$$

円の数式化。

①を②に代入して $\left|\dfrac{k}{3}\vec{a}+\left(\dfrac{k}{5}-1\right)\vec{b}\right|=\sqrt{10}$

両辺2乗して $\dfrac{k^2}{9}|\vec{a}|^2+\dfrac{2}{3}k\left(\dfrac{k}{5}-1\right)\vec{a}\cdot\vec{b}+\left(\dfrac{k}{5}-1\right)^2|\vec{b}|^2=10$

$|\vec{a}|=3$，$|\vec{b}|=5$，$\vec{a}\cdot\vec{b}=9$であるから

$$\dfrac{16}{5}k^2-16k+15=0 \iff 16k^2-80k+75=0$$

$$\iff (4k-5)(4k-15)=0$$

よって，$k=\dfrac{15}{4}$，$\dfrac{5}{4}$であるから，①に代入して

$$\overrightarrow{OP}=\frac{5}{4}\vec{a}+\frac{3}{4}\vec{b}, \quad \frac{5}{12}\vec{a}+\frac{1}{4}\vec{b} \text{—(答)}$$

✓ SKILL UP

定点C($\vec{c}$)を中心とし，半径がrの円のベクトル方程式は

$$|\vec{p}-\vec{c}|=r$$

△OABについて，∠AOBの二等分線上に点Pがあるとき

$$\overrightarrow{OP}=t\left(\frac{\overrightarrow{OA}}{|\overrightarrow{OA}|}+\frac{\overrightarrow{OB}}{|\overrightarrow{OB}|}\right) \quad (t\text{は実数})$$

Theme
7

三角形の五心とベクトル

25
Lv.▫▪▪▪

△ABCにおいて，AB=4，BC=3，AC=2である。$\overrightarrow{AB}=\vec{b}$，$\overrightarrow{AC}=\vec{c}$とするとき，△ABCの内心をIとして$\overrightarrow{AI}$を$\vec{b}$，$\vec{c}$で表せ。

26
Lv.▫▪▪▪

△ABCにおいて，$\overrightarrow{AB}=\vec{b}$，$\overrightarrow{AC}=\vec{c}$とし，$|\vec{b}|=4$，$|\vec{c}|=3$，$\vec{b}\cdot\vec{c}=4$である。△ABCの外心をPとして$\overrightarrow{AP}$を$\vec{b}$，$\vec{c}$で表せ。

27
Lv.▫▪▪▪

△ABCにおいて，AB=7，BC=8，AC=5である。$\overrightarrow{AB}=\vec{b}$，$\overrightarrow{AC}=\vec{c}$とするとき，∠Aの内角の二等分線と∠Bの外角の二等分線の交点をEとして$\overrightarrow{AE}$を$\vec{b}$，$\vec{c}$で表せ。

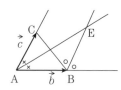

28
Lv.▫▪▪▪

鋭角三角形ABCにおいて，外心をO，垂心をHとする。辺BCの中点をMとするとき，AH：OMを求めよ。また，$\overrightarrow{OH}$を$\overrightarrow{OA}$，$\overrightarrow{OB}$，$\overrightarrow{OC}$を用いて表せ。

Theme分析

このThemeでは，三角形の五心とベクトルについて扱う。重心については扱ったので，他の四心について扱う。まずは，これら四心についての幾何知識から確認する。

三角形の外心

各辺の垂直二等分線は1点で交わり，それを外心と呼ぶ。

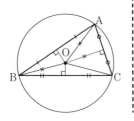

三角形の内心

各頂点の内角の二等分線は1点で交わり，それを内心と呼ぶ。

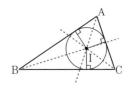

三角形の垂心

各頂点から対辺に下ろした垂線は1点で交わり，それを垂心と呼ぶ。

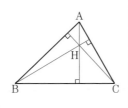

三角形の傍心

1つの内角の二等分線と他の2つの外角の二等分線は1点で交わり，それを傍心と呼ぶ。1つの三角形につき傍心は3つある。

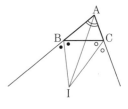

これら四心のベクトルによる数式化の方法を確認する。

外心：まず，$\overrightarrow{AO} = x\overrightarrow{AB} + y\overrightarrow{AC}$とおく。その後，円の方程式を立式するか，辺の垂直二等分線の交点であることを内積を利用して立式する。

内心：内角の二等分線の方程式を連立する方法もあるが，幾何的に比を求めて，内分点の公式を使うほうが早い。

垂心：まず，$\overrightarrow{AH} = x\overrightarrow{AB} + y\overrightarrow{AC}$とおく。頂点と結んだ直線が対辺と垂直であることを内積を利用して立式するとよい。

傍心：内心と同様に考えるとよい。

25

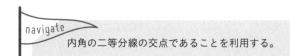

Lv. ⅰⅰⅰ

△ABCにおいて，AB=4，BC=3，AC=2である。$\overrightarrow{AB}=\vec{b}$，$\overrightarrow{AC}=\vec{c}$とするとき，△ABCの内心をIとして$\overrightarrow{AI}$を$\vec{b}$，$\vec{c}$で表せ。

> navigate
>
> 内角の二等分線の交点であることを利用する。

解1

角Aの二等分線とBCの交点をDとおくと

$$BD:DC=AB:AC=4:2=2:1$$

これより BD=2

また，BIは∠Bの二等分線より

$$AI:ID=AB:BD=4:2=2:1$$

よって $\overrightarrow{AI}=\dfrac{2}{3}\overrightarrow{AD}=\dfrac{2}{3}\cdot\dfrac{\overrightarrow{AB}+2\overrightarrow{AC}}{2+1}=\dfrac{\mathbf{2}}{\mathbf{9}}\vec{b}+\dfrac{\mathbf{4}}{\mathbf{9}}\vec{c}$ —(答)

角の二等分線の比の性質を用いるほうが早い。

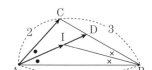

解2

Iは∠Aの二等分線上だから，sを実数として

$$\overrightarrow{AI}=s\left(\dfrac{\overrightarrow{AB}}{|\overrightarrow{AB}|}+\dfrac{\overrightarrow{AC}}{|\overrightarrow{AC}|}\right)=\dfrac{s}{4}\vec{b}+\dfrac{s}{2}\vec{c} \quad\cdots①$$

Iは∠Bの二等分線上だから，tを実数として

$$\overrightarrow{BI}=t\left(\dfrac{\overrightarrow{BA}}{|\overrightarrow{BA}|}+\dfrac{\overrightarrow{BC}}{|\overrightarrow{BC}|}\right)より$$

$$\overrightarrow{AI}-\vec{b}=t\left(\dfrac{-\vec{b}}{4}+\dfrac{\vec{c}-\vec{b}}{3}\right) \quad すなわち \quad \overrightarrow{AI}=\left(1-\dfrac{7}{12}t\right)\vec{b}+\dfrac{t}{3}\vec{c} \quad\cdots②$$

ここで，$\vec{b}$，$\vec{c}$は一次独立より，①，②で係数比較して

$$\dfrac{s}{4}=1-\dfrac{7}{12}t \quad かつ \quad \dfrac{s}{2}=\dfrac{t}{3}$$

これを解いて $s=\dfrac{8}{9}$，$t=\dfrac{4}{3}$ よって $\overrightarrow{AI}=\dfrac{\mathbf{2}}{\mathbf{9}}\vec{b}+\dfrac{\mathbf{4}}{\mathbf{9}}\vec{c}$ —(答)

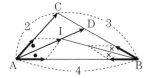

係数比較する際は，一次独立であることを確認する。

✓ SKILL UP

内心の位置ベクトル

1 幾何的性質から比を求める。

2 角の二等分線のベクトル方程式を連立する。

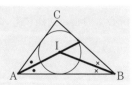

26

Lv.∎∎∎∎

$\triangle ABC$ において，$\overrightarrow{AB}=\vec{b}$，$\overrightarrow{AC}=\vec{c}$ とし，$|\vec{b}|=4$，$|\vec{c}|=3$，$\vec{b}\cdot\vec{c}=4$ である。$\triangle ABC$ の外心を P として $\overrightarrow{AP}$ を $\vec{b}$，$\vec{c}$ で表せ。

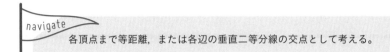

navigate

各頂点まで等距離，または各辺の垂直二等分線の交点として考える。

解1

$\overrightarrow{AP}=x\vec{b}+y\vec{c}$ とおく。（x，y は実数）

外心から各頂点までは等距離なので $|\overrightarrow{AP}|=|\overrightarrow{BP}|=|\overrightarrow{CP}|$

$|\overrightarrow{AP}|^2=|\overrightarrow{BP}|^2$

$\iff |\overrightarrow{AP}|^2=|\overrightarrow{AP}-\overrightarrow{AB}|^2$

$\iff 2\overrightarrow{AB}\cdot\overrightarrow{AP}=|\overrightarrow{AB}|^2$

$\iff 2\vec{b}\cdot(x\vec{b}+y\vec{c})=|\vec{b}|^2$

$\iff 2x|\vec{b}|^2+2y\vec{b}\cdot\vec{c}=|\vec{b}|^2$

$\iff 4x+y=2 \quad \cdots\text{①}$

$|\overrightarrow{AP}|^2=|\overrightarrow{CP}|^2$

$\iff |\overrightarrow{AP}|^2=|\overrightarrow{AP}-\overrightarrow{AC}|^2$

$\iff 2\overrightarrow{AC}\cdot\overrightarrow{AP}=|\overrightarrow{AC}|^2$ ← 計算の工夫をする

$\iff 2\vec{c}\cdot(x\vec{b}+y\vec{c})=|\vec{c}|^2$

$\iff 2x\vec{b}\cdot\vec{c}+2y|\vec{c}|^2=|\vec{c}|^2$

$\iff 8x+18y=9 \quad \cdots\text{②}$

①，②から $x=\dfrac{27}{64}$，$y=\dfrac{5}{16}$ よって $\overrightarrow{AP}=\dfrac{27}{64}\vec{b}+\dfrac{5}{16}\vec{c}$ —㊐

解2

$\overrightarrow{AP}=x\vec{b}+y\vec{c}$（$x$，$y$ は実数），辺 AB の中点を M，辺 AC の中点を N とおく。

$\overrightarrow{MP}\cdot\overrightarrow{AB}=0$

$\iff \left\{\left(x-\dfrac{1}{2}\right)\vec{b}+y\vec{c}\right\}\cdot\vec{b}=0$

$\iff \left(x-\dfrac{1}{2}\right)|\vec{b}|^2+y\vec{b}\cdot\vec{c}=0$

$\iff 4x+y=2 \quad \cdots\text{①}$

$\overrightarrow{NP}\cdot\overrightarrow{AC}=0$

$\iff \left\{x\vec{b}+\left(y-\dfrac{1}{2}\right)\vec{c}\right\}\cdot\vec{c}=0$

$\iff x\vec{b}\cdot\vec{c}+\left(y-\dfrac{1}{2}\right)|\vec{c}|^2=0$

$\iff 8x+18y=9 \quad \cdots\text{②}$

①，②から $x=\dfrac{27}{64}$，$y=\dfrac{5}{16}$ よって $\overrightarrow{AP}=\dfrac{27}{64}\vec{b}+\dfrac{5}{16}\vec{c}$ —㊐

✓ SKILL UP

外心の位置ベクトル

1　各辺の垂直二等分線の交点

2　各頂点まで等距離

で考える。

27

Lv. ▪▫▫

△ABCにおいて，AB=7，BC=8，AC=5である。
$\overrightarrow{AB}=\vec{b}$，$\overrightarrow{AC}=\vec{c}$とするとき，∠Aの内角の二等分線と
∠Bの外角の二等分線の交点をEとして$\overrightarrow{AE}$を$\vec{b},\vec{c}$で表
せ。

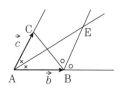

navigate

傍心の位置ベクトルの問題である。内心と同様に考える。

解1

角Aの二等分線とBCの交点をDとおくと

$$BD:DC=AB:AC=7:5 \quad より \quad BD=\frac{14}{3}$$

また，BEは∠Bの外角の二等分線より

$$AE:ED=AB:BD=7:\frac{14}{3}=3:2$$

よって　$\overrightarrow{AE}=\dfrac{3}{1}\overrightarrow{AD}=3\cdot\dfrac{5\overrightarrow{AB}+7\overrightarrow{AC}}{7+5}=\dfrac{\mathbf{5}}{\mathbf{4}}\vec{b}+\dfrac{\mathbf{7}}{\mathbf{4}}\vec{c}$　㊙

外角の二等分線の性質

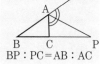

BP：PC＝AB：AC

解2

Eは∠Aの内角の二等分線上より，sを実数として

$$\overrightarrow{AE}=s\left(\frac{\overrightarrow{AB}}{|\overrightarrow{AB}|}+\frac{\overrightarrow{AC}}{|\overrightarrow{AC}|}\right)=\frac{s}{7}\vec{b}+\frac{s}{5}\vec{c} \quad \cdots①$$

Eは∠Bの外角の二等分線上より，tを実数として

$$\overrightarrow{BE}=t\left(\frac{\overrightarrow{BC}}{|\overrightarrow{BC}|}+\frac{\overrightarrow{AB}}{|\overrightarrow{AB}|}\right) \iff \overrightarrow{AE}=\left(1+\frac{t}{56}\right)\vec{b}+\frac{t}{8}\vec{c} \quad \cdots②$$

ここで，$\vec{b},\vec{c}$は一次独立より，①，②で係数比較して

$$\frac{s}{7}=1+\frac{t}{56} \quad かつ \quad \frac{s}{5}=\frac{t}{8} \quad これを解いて \quad s=\frac{35}{4},\ t=14$$

よって　$\overrightarrow{AE}=\dfrac{\mathbf{5}}{\mathbf{4}}\vec{b}+\dfrac{\mathbf{7}}{\mathbf{4}}\vec{c}$　㊙

✓ SKILL UP

傍心の位置ベクトル

角の二等分線をベクトルで立式して連立する。

28

Lv. ∎∎❙❙

鋭角三角形ABCにおいて，外心をO，垂心をHとする。辺BCの中点をMと
するとき，AH：OMを求めよ。また，$\overrightarrow{\mathrm{OH}}$を$\overrightarrow{\mathrm{OA}}$，$\overrightarrow{\mathrm{OB}}$，$\overrightarrow{\mathrm{OC}}$を用いて表せ。

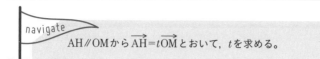

navigate

AH∥OMから$\overrightarrow{\mathrm{AH}}=t\overrightarrow{\mathrm{OM}}$とおいて，$t$を求める。

解

Oは△ABCの外心であるから

$$|\overrightarrow{\mathrm{OA}}|=|\overrightarrow{\mathrm{OB}}|=|\overrightarrow{\mathrm{OC}}| \quad \cdots ①$$

AH∥OMから　$\overrightarrow{\mathrm{AH}}=t\overrightarrow{\mathrm{OM}}$（$t$は実数）とおくと

$$\overrightarrow{\mathrm{OH}}=\overrightarrow{\mathrm{OA}}+\frac{t}{2}\overrightarrow{\mathrm{OB}}+\frac{t}{2}\overrightarrow{\mathrm{OC}}$$

Hは垂心だから，AH⊥BC
Oは外心だから，OM⊥BC
より，AH∥OM

BH⊥CAから

$$\overrightarrow{\mathrm{BH}}\cdot\overrightarrow{\mathrm{CA}}=0$$

$\Longleftrightarrow \left\{\overrightarrow{\mathrm{OA}}+\left(\dfrac{t}{2}-1\right)\overrightarrow{\mathrm{OB}}+\dfrac{t}{2}\overrightarrow{\mathrm{OC}}\right\}\cdot(\overrightarrow{\mathrm{OA}}-\overrightarrow{\mathrm{OC}})=0$

$\Longleftrightarrow \left(\dfrac{t}{2}-1\right)(-|\overrightarrow{\mathrm{OA}}|^2+\overrightarrow{\mathrm{OA}}\cdot\overrightarrow{\mathrm{OB}}+\overrightarrow{\mathrm{OA}}\cdot\overrightarrow{\mathrm{OC}}-\overrightarrow{\mathrm{OB}}\cdot\overrightarrow{\mathrm{OC}})=0$

①より，
$|\overrightarrow{\mathrm{OC}}|=|\overrightarrow{\mathrm{OA}}|$
を用いて整理する。

$\Longleftrightarrow \left(\dfrac{t}{2}-1\right)\{\overrightarrow{\mathrm{OA}}\cdot(\overrightarrow{\mathrm{OB}}-\overrightarrow{\mathrm{OA}})-\overrightarrow{\mathrm{OC}}\cdot(\overrightarrow{\mathrm{OB}}-\overrightarrow{\mathrm{OA}})\}=0$

$\Longleftrightarrow \left(\dfrac{t}{2}-1\right)(\overrightarrow{\mathrm{OB}}-\overrightarrow{\mathrm{OA}})\cdot(\overrightarrow{\mathrm{OA}}-\overrightarrow{\mathrm{OC}})=0$

△ABCは鋭角三角形だから
$\overrightarrow{\mathrm{AB}}\neq\vec{0}$，$\overrightarrow{\mathrm{CA}}\neq\vec{0}$，∠A<90°

$\Longleftrightarrow \left(\dfrac{t}{2}-1\right)\cdot(\overrightarrow{\mathrm{AB}}\cdot\overrightarrow{\mathrm{CA}})=0$

ここで，△ABCは鋭角三角形であるから　$\overrightarrow{\mathrm{AB}}\cdot\overrightarrow{\mathrm{CA}}\neq0$

したがって $t=2$ となり **AH：OM＝2：1** また $\overrightarrow{\mathbf{OH}}=\overrightarrow{\mathbf{OA}}+\overrightarrow{\mathbf{OB}}+\overrightarrow{\mathbf{OC}}$ ──㊜

参考 結果について

　この結果は重要で出題されることもあるが，自分で導けることが大切。結果だけかい
ても得点にはならないので注意。

✓ SKILL UP

垂心と外心と重心の関係

外心O，重心G，垂心Hはこの順に一直線上にあり　OG：GH＝1：2

Theme 8 | ベクトルの終点の存在範囲

29
Lv. ▮▮▮

△OABがある。動点Pが，$\overrightarrow{\mathrm{OP}}=\alpha\overrightarrow{\mathrm{OA}}+\beta\overrightarrow{\mathrm{OB}}$ （$-\alpha+2\beta=1$）を満たすとき，点Pの存在する範囲を求めよ。

30
Lv. ▮▮▮

△OABがある。動点Pが，$\overrightarrow{\mathrm{OP}}=\alpha\overrightarrow{\mathrm{OA}}+\beta\overrightarrow{\mathrm{OB}}$ （$3\alpha+2\beta=6$, $\alpha\geqq0$, $\beta\geqq0$）を満たすとき，点Pの存在する範囲を求めよ。

31
Lv. ▮▮▮

△OABがある。動点Pが，$\overrightarrow{\mathrm{OP}}=\alpha\overrightarrow{\mathrm{OA}}+\beta\overrightarrow{\mathrm{OB}}$ （$2\alpha+3\beta\leqq6$, $\alpha\geqq0$, $\beta\geqq0$）を満たすとき，点Pの存在する範囲を求めよ。

32
Lv. ▮▮▮

△OABがある。動点Pが，$\overrightarrow{\mathrm{OP}}=\alpha\overrightarrow{\mathrm{OA}}+\beta\overrightarrow{\mathrm{OB}}$ （$1\leqq\alpha+\beta\leqq2$, $0\leqq\alpha\leqq1$, $0\leqq\beta\leqq1$）を満たすとき，点Pの存在する範囲を求めよ。

Theme分析

このThemeでは，ベクトルの終点の存在範囲について扱う。

「終点の存在範囲」つまり領域は，直交座標の領域と考え方は同じである。

$\overrightarrow{OP}=s\overrightarrow{OA}+t\overrightarrow{OB}$で定まる点Pに対し，実数の組$(s,t)$を点Pの斜交座標という。

直交座標 $(x,\ y)$

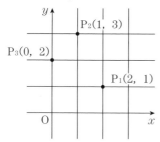

斜交座標 $(s,\ t)$

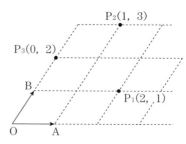

この考え方を利用すると，①から④の公式は次のように考えることができる。

直交座標 $(x,\ y)$

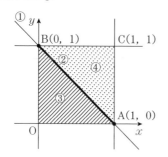

斜交座標 $(s,\ t)$

①$x+y=1$のとき，点Pは直線AB上

②$x+y=1$，$x\geqq0$，$y\geqq0$のとき，

　　点Pは線分AB上（両端含む）

③$x+y\leqq1$，$x\geqq0$，$y\geqq0$のとき，

　　点Pは三角形OABの周および内部

④$0\leqq x\leqq1$，$0\leqq y\leqq1$のとき，

　　点Pは正方形OACBの周および内部を

　　それぞれ動く。

①$s+t=1$のとき，点Pは直線AB上

②$s+t=1$，$s\geqq0$，$t\geqq0$のとき，

　　点Pは線分AB上（両端含む）

③$s+t\leqq1$，$s\geqq0$，$t\geqq0$のとき，

　　点Pは三角形OABの周および内部

④$0\leqq s\leqq1$，$0\leqq t\leqq1$のとき，

　　点Pは平行四辺形OACBの周および内

　　部をそれぞれ動く。

直交座標と斜交座標を比較すると，ベクトルで表す領域も理解しやすいが，この考えを直接用いることはできないことに注意が必要。

29

Lv. ▮▯▯

△OABがある。動点Pが，$\overrightarrow{\text{OP}}=\alpha\overrightarrow{\text{OA}}+\beta\overrightarrow{\text{OB}}$ $(-\alpha+2\beta=1)$ を満たすとき，点Pの存在する範囲を求めよ。

navigate

ベクトルの終点の存在範囲の問題である。係数の和が1になるように，係数，ベクトルをおき換えることがポイントとなる。

解

$$\overrightarrow{\text{OP}}=\alpha\overrightarrow{\text{OA}}+\beta\overrightarrow{\text{OB}} \text{ かつ } -\alpha+2\beta=1$$

$$\overrightarrow{\text{OP}}=-\alpha(-\overrightarrow{\text{OA}})+2\beta\left(\frac{1}{2}\overrightarrow{\text{OB}}\right) \text{ かつ } -\alpha+2\beta=1$$

したがって

$$-\alpha=s, \quad 2\beta=t,$$

$$-\overrightarrow{\text{OA}}=\overrightarrow{\text{OA}'}, \quad \frac{1}{2}\overrightarrow{\text{OB}}=\overrightarrow{\text{OB}'}$$

とおくと

$$\overrightarrow{\text{OP}}=s\overrightarrow{\text{OA}'}+t\overrightarrow{\text{OB}'} \text{ かつ } s+t=1$$ 　　直線のベクトル方程式に帰着させる。

より，OAを1：2に外分する点をA'，OBの中点をB'としたとき，

点Pは直線A'B'上の点である。—答

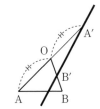

参考　斜交座標系で考える

$-\alpha+2\beta=1$ から，$\alpha=x$，$\beta=y$として，$-x+2y=1$を図示すると右図のようになる。

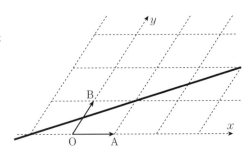

✓ SKILL UP

△OABについて

$$\overrightarrow{\text{OP}}=s\overrightarrow{\text{OA}}+t\overrightarrow{\text{OB}} \text{ かつ } s+t=1$$

$\Longleftrightarrow$　Pが直線AB上にある。

30
Lv.∎∎∎∎

△OABがある。動点Pが，$\overrightarrow{OP}=\alpha\overrightarrow{OA}+\beta\overrightarrow{OB}$ $(3\alpha+2\beta=6,\ \alpha\geqq0,\ \beta\geqq0)$を満たすとき，点Pの存在する範囲を求めよ。

> **navigate**
>
> ベクトルの終点の存在範囲の問題である。係数の和が1になるように，係数，ベクトルをおき換えることがポイントとなる。

解

$\overrightarrow{OP}=\alpha\overrightarrow{OA}+\beta\overrightarrow{OB}$ かつ $3\alpha+2\beta=6,\ \alpha\geqq0,\ \beta\geqq0$

$\overrightarrow{OP}=\alpha\overrightarrow{OA}+\beta\overrightarrow{OB}$ かつ $\dfrac{\alpha}{2}+\dfrac{\beta}{3}=1,\ \alpha\geqq0,\ \beta\geqq0$

$\overrightarrow{OP}=\dfrac{\alpha}{2}(2\overrightarrow{OA})+\dfrac{\beta}{3}(3\overrightarrow{OB})$

かつ $\dfrac{\alpha}{2}+\dfrac{\beta}{3}=1,\ \alpha\geqq0,\ \beta\geqq0$

したがって，$\dfrac{\alpha}{2}=s,\ \dfrac{\beta}{3}=t,\ 2\overrightarrow{OA}=\overrightarrow{OA'},\ 3\overrightarrow{OB}=\overrightarrow{OB'}$ とおくと

$\overrightarrow{OP}=s\overrightarrow{OA'}+t\overrightarrow{OB'}$ かつ $s+t=1,\ s\geqq0,\ t\geqq0$

> 直線のベクトル方程式に帰着させる。

より，OAを2:1に外分する点をA'，OBを3:2に外分する点をB'とするとき，**点Pは線分A'B'上（両端を含む）の点である。**—⊛

参考 斜交座標系で考える

$3\alpha+2\beta=6,\ \alpha\geqq0,\ \beta\geqq0$ から，

$\alpha=x,\ \beta=y$ として，

$3x+2y=6,\ x\geqq0,\ y\geqq0$ を図示すると右図のようになる。

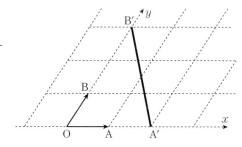

✓ SKILL UP

△OABについて

$\overrightarrow{OP}=s\overrightarrow{OA}+t\overrightarrow{OB}$ かつ $s+t=1,\ s\geqq0,\ t\geqq0$

⟺ Pが線分AB上にある。（両端を含む）

31 △OABがある。動点Pが，$\overrightarrow{\mathrm{OP}}=\alpha\overrightarrow{\mathrm{OA}}+\beta\overrightarrow{\mathrm{OB}}$ $(2\alpha+3\beta\leqq6,\ \alpha\geqq0,\ \beta\geqq0)$を

Lv.⦿⦿❙❙ 満たすとき，点Pの存在する範囲を求めよ。

> ⚑ navigate
>
> ベクトルの終点の存在範囲の問題である。係数の和が1になるように，係数，ベクトルをおき換えることがポイントとなる。

解

$\overrightarrow{\mathrm{OP}}=\alpha\overrightarrow{\mathrm{OA}}+\beta\overrightarrow{\mathrm{OB}}$ かつ $2\alpha+3\beta\leqq6,\ \alpha\geqq0,\ \beta\geqq0$

$\overrightarrow{\mathrm{OP}}=\alpha\overrightarrow{\mathrm{OA}}+\beta\overrightarrow{\mathrm{OB}}$ かつ $\dfrac{\alpha}{3}+\dfrac{\beta}{2}\leqq1,\ \alpha\geqq0,\ \beta\geqq0$

$\overrightarrow{\mathrm{OP}}=\dfrac{\alpha}{3}(3\overrightarrow{\mathrm{OA}})+\dfrac{\beta}{2}(2\overrightarrow{\mathrm{OB}})$

かつ $\dfrac{\alpha}{3}+\dfrac{\beta}{2}\leqq1,\ \alpha\geqq0,\ \beta\geqq0$

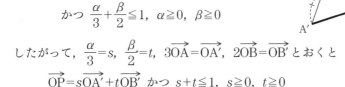

したがって，$\dfrac{\alpha}{3}=s,\ \dfrac{\beta}{2}=t,\ 3\overrightarrow{\mathrm{OA}}=\overrightarrow{\mathrm{OA'}},\ 2\overrightarrow{\mathrm{OB}}=\overrightarrow{\mathrm{OB'}}$ とおくと

$\overrightarrow{\mathrm{OP}}=s\overrightarrow{\mathrm{OA'}}+t\overrightarrow{\mathrm{OB'}}$ かつ $s+t\leqq1,\ s\geqq0,\ t\geqq0$

より，OAを3：2に外分する点をA′，OBを2：1に外分する点をB′とすると

き，点Pは**△OA′B′の周上および内部。** —答

参考 斜交座標系で考える

$3\alpha+2\beta\leqq6,\ \alpha\geqq0,\ \beta\geqq0$ から，

$\alpha=x,\ \beta=y$ として，$3x+2y\leqq6,$

$x\geqq0,\ y\geqq0$ を図示すると右図のよ

うになる。

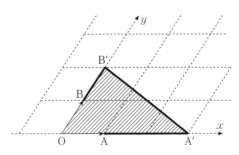

✓ SKILL UP

△OABについて

$\overrightarrow{\mathrm{OP}}=s\overrightarrow{\mathrm{OA}}+t\overrightarrow{\mathrm{OB}}$ かつ $s+t\leqq1,\ s\geqq0,\ t\geqq0$

$\Longleftrightarrow$ Pが△OABの周上および内部にある。

32

Lv.∎∎❙❙

△OABがある。動点Pが，$\overrightarrow{OP}=\alpha\overrightarrow{OA}+\beta\overrightarrow{OB}$ （$1\leq\alpha+\beta\leq2$，$0\leq\alpha\leq1$，$0\leq\beta\leq1$）を満たすとき，点Pの存在する範囲を求めよ。

navigate

ベクトルの終点の存在範囲の問題である。係数の和が1になるように，係数，ベクトルをおき換えることがポイントとなる。

解

$$\overrightarrow{OP}=\alpha\overrightarrow{OA}+\beta\overrightarrow{OB} \text{ かつ } 1\leq\alpha+\beta\leq2$$

ここで，$\alpha+\beta=k$とおく。

$$\overrightarrow{OP}=\frac{\alpha}{k}(k\overrightarrow{OA})+\frac{\beta}{k}(k\overrightarrow{OB}) \text{ かつ } \frac{\alpha}{k}+\frac{\beta}{k}=1,\ 1\leq k\leq2$$

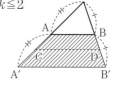

したがって，$\dfrac{\alpha}{k}=s$，$\dfrac{\beta}{k}=t$，$k\overrightarrow{OA}=\overrightarrow{OC}$，$k\overrightarrow{OB}=\overrightarrow{OD}$とおくと　$\overrightarrow{OP}=s\overrightarrow{OC}+t\overrightarrow{OD}$ かつ $s+t=1$，$1\leq k\leq2$

から，点Pは直線CD上を動く。

また，$1\leq k\leq2$と$s\geq0$，$t\geq0$から，点Pは直線ABと直線A′B′の間の帯状領域を動く。

$$\overrightarrow{OP}=\alpha\overrightarrow{OA}+\beta\overrightarrow{OB} \text{ かつ } 0\leq\alpha\leq1,\ 0\leq\beta\leq1$$

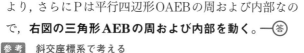

より，さらにPは平行四辺形OAEBの周および内部なので，**右図の三角形AEBの周および内部を動く。**──⊛

参考　斜交座標系で考える

$1\leq\alpha+\beta\leq2$，$0\leq\alpha\leq1$，$0\leq\beta\leq1$　から，
$\alpha=x$，$\beta=y$として，
$1\leq x+y\leq2$，$0\leq x\leq1$，$0\leq y\leq1$
を図示すると，右図のようになる。

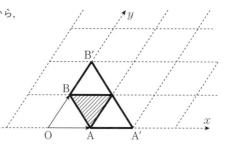

✓ SKILL UP

△OABについて
$$\overrightarrow{OP}=s\overrightarrow{OA}+t\overrightarrow{OB} \text{ かつ } 0\leq s\leq1,\ 0\leq t\leq1$$
$\iff$ Pが▱OACBの周上および内部にある。

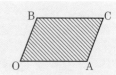

Theme 9 | 空間座標

33
Lv. ∎∎▮▮

右の図の直方体OABC−DEFGについて，yz平面に関して点Fと対称な点Pの座標を求めよ。また，y軸に関して点Pと対称な点Qの座標を求めよ。

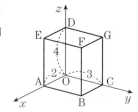

34
Lv. ∎▮▮▮

2点A(-1, 2, -4)，B(5, -3, 1)から等距離にあるx軸上の点Pの座標を求めよ。

35
Lv. ∎▮▮▮

4点O(0, 0, 0)，A(2, 2, 4)，B(-1, 1, 2)，C(4, 1, 1)を頂点とする四面体の外接球の中心Pの座標を求めよ。

36
Lv. ∎▮▮▮

3点A(1, 0, 0)，B(-1, 0, 0)，C(0, $\sqrt{3}$, 0)をとる。△ABCを1つの面とし，$z \geqq 0$の部分に含まれる正四面体ABCDをとる。さらに△ABDを1つの面とし，点Cと異なる点Eをもう1つの頂点とする正四面体ABDEをとるとき，点Eの座標を求めよ。

Theme分析

このThemeでは，空間座標について扱う。

xy平面，yz平面，zx平面を合わせて，座標平面という。

空間座標では，点Pの座標を右図のようにとり，P$(a,\ b,\ c)$と表し，$a,\ b,\ c$をそれぞれ点Pのx座標，y座標，z座標という。

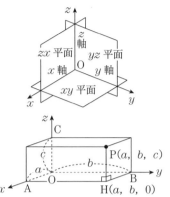

また，OPの距離については

$$OP^2 = OH^2 + HP^2 = (OA^2 + AH^2) + HP^2$$
$$= a^2 + b^2 + c^2$$

より，$OP = \sqrt{a^2 + b^2 + c^2}$ となる。

同様に，A$(x_1,\ y_1,\ z_1)$，B$(x_2,\ y_2,\ z_2)$のときの2点間A，Bの距離は

$$AB = \sqrt{(x_2 - x_1)^2 + (y_2 - y_1)^2 + (z_2 - z_1)^2}$$

分点の公式も以下のようになる。

A$(x_1,\ y_1,\ z_1)$，B$(x_2,\ y_2,\ z_2)$とするとき，線分ABを

$m:n$に内分する点の座標は

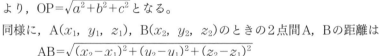

$$\left(\frac{nx_1 + mx_2}{m+n},\ \frac{ny_1 + my_2}{m+n},\ \frac{nz_1 + mz_2}{m+n} \right)$$

特に，中点の座標は

$$\left(\frac{x_1 + x_2}{2},\ \frac{y_1 + y_2}{2},\ \frac{z_1 + z_2}{2} \right)$$

線分ABを$m:n$に外分する点の座標は

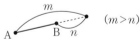

$$\left(\frac{-nx_1 + mx_2}{m-n},\ \frac{-ny_1 + my_2}{m-n},\ \frac{-nz_1 + mz_2}{m-n} \right)$$

となる。また，三角形の重心の座標も同様である。

A$(x_1,\ y_1,\ z_1)$，B$(x_2,\ y_2,\ z_2)$，C$(x_3,\ y_3,\ z_3)$とするとき，

△ABCの重心の座標は

$$\left(\frac{x_1 + x_2 + x_3}{3},\ \frac{y_1 + y_2 + y_3}{3},\ \frac{z_1 + z_2 + z_3}{3} \right)$$

となる。

33

右の図の直方体OABC−DEFGについて，yz平面に関して点Fと対称な点Pの座標を求めよ。また，y軸に関して点Pと対称な点Qの座標を求めよ。

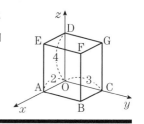

navigate

空間座標の基本問題である。きれいに図をかいて求めたい。

解

A$(2,\ 0,\ 0)$，B$(2,\ 3,\ 0)$，C$(0,\ 3,\ 0)$，D$(0,\ 0,\ 4)$，
E$(2,\ 0,\ 4)$，F$(2,\ 3,\ 4)$，G$(0,\ 3,\ 4)$

点Pは直線FG上にあって

$$FG = GP = 2$$

よって，点Pのx座標は-2であるから

P$(-2,\ 3,\ 4)$ ―答

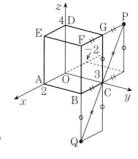

点Qは直線PC上にあって　PC＝CQ

よって，点Qのx座標は$-(-2)$，z座標は-4であるから　**Q$(2,\ 3,\ -4)$** ―答

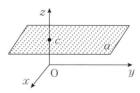

参考 **座標平面に平行な平面の方程式**

xy平面に平行な平面をαとすると，αはz軸と交わる。その交点の座標をcとすれば，平面α上の任意の点のz座標はつねにcである。逆に，z座標がcである点はつねに平面α上にある。よって，xy平面に平行な平面の方程式は$z=c$で表される。$x=a$，$y=b$も同様に考えられる。

✓ SKILL UP

点$(a,\ b,\ c)$について，

x軸対称$(a,\ -b,\ -c)$，yz平面対称$(-a,\ b,\ c)$
y軸対称$(-a,\ b,\ -c)$，zx平面対称$(a,\ -b,\ c)$
z軸対称$(-a,\ -b,\ c)$，xy平面対称$(a,\ b,\ -c)$
原点対称$(-a,\ -b,\ -c)$

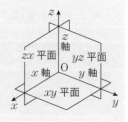

34 2点$A(-1,\ 2,\ -4)$，$B(5,\ -3,\ 1)$から等距離にあるx軸上の点Pの座標を
Lv. 求めよ。

> navigate
>
> Pをおいて，空間座標における2点間距離の公式を利用する。

解

Pはx軸上より，$P(x,\ 0,\ 0)$とおく。　　　　　　　　　　　点Pはx軸上である。

$AP=BP$から

$$AP^2=BP^2$$
$$(x+1)^2+(0-2)^2+(0+4)^2=(x-5)^2+(0+3)^2+(0-1)^2$$
$$x=\frac{7}{6}$$

2点間距離の公式。

よって

$$\mathbf{P\left(\frac{7}{6},\ 0,\ 0\right)}\ -\text{答}$$

参考 **2点から等距離にある点**

平面の場合，2点A，Bからの等距離にある点の集合は線分
ABの垂直二等分線を表す。

空間の場合，2点A，Bからの等距離にある点の集合は線分
ABの中点を通る直線ABに垂直な平面を表し，それは右の
ような平面をなす。

本問において，$P(x,\ y,\ z)$とすると

$$AP^2=BP^2$$
$$(x+1)^2+(y-2)^2+(z+4)^2=(x-5)^2+(y+3)^2+(z-1)^2$$
$$6x-5y+5z=7$$

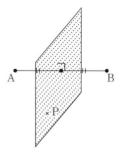

となり，これはその平面の方程式を表す。

✓ SKILL UP

$A(x_1,\ y_1,\ z_1)$，$B(x_2,\ y_2,\ z_2)$とするとき
$$AB=\sqrt{(x_2-x_1)^2+(y_2-y_1)^2+(z_2-z_1)^2}$$

35

Lv. ▫ ◾ ◾ ◾

4点O(0, 0, 0), A(2, 2, 4), B(−1, 1, 2), C(4, 1, 1)を頂点とする四面体の外接球の中心Pの座標を求めよ。

navigate

Pの座標をおいて，各頂点まで等距離の関係式を解けばよい。

解

P(x, y, z)とおくと，外心は各頂点から等距離にある点だから

$$OP = AP = BP = CP$$

であり，2乗して

外心は各頂点から
等距離の点である。

$$OP^2 = AP^2 = BP^2 = CP^2$$

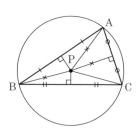

ここで

$$OP^2 = AP^2 \iff x^2 + y^2 + z^2 = (x-2)^2 + (y-2)^2 + (z-4)^2$$
$$\iff x + y + 2z = 6 \quad \cdots ①$$

$$OP^2 = BP^2 \iff x^2 + y^2 + z^2 = (x+1)^2 + (y-1)^2 + (z-2)^2$$
$$\iff -x + y + 2z = 3 \quad \cdots ②$$

$$OP^2 = CP^2 \iff x^2 + y^2 + z^2 = (x-4)^2 + (y-1)^2 + (z-1)^2$$
$$\iff 4x + y + z = 9 \quad \cdots ③$$

①，②，③の連立方程式を解いて $x = \dfrac{3}{2}$, $y = \dfrac{3}{2}$, $z = \dfrac{3}{2}$

したがって **P$\left(\dfrac{3}{2}, \dfrac{3}{2}, \dfrac{3}{2}\right)$**—答

参考　外接球の中心

平面で，△ABC外接円の中心Pは，各辺の垂直二等分線
の交点であった。

空間でも上の解答における①，②，③はそれぞれ

①：線分OAの中点を通ってOAに垂直な平面
②：線分OBの中点を通ってOBに垂直な平面
③：線分OCの中点を通ってOCに垂直な平面

であり，これらの交点を求めたことになる。

✓ SKILL UP

各頂点から等距離にある点が外接球の中心である。

36

Lv. ∎∎∎

3点A(1, 0, 0)，B(−1, 0, 0)，C(0, $\sqrt{3}$, 0)をとる。△ABCを1つの面とし，$z≧0$の部分に含まれる正四面体ABCDをとる。さらに△ABDを1つの面とし，点Cと異なる点Eをもう1つの頂点とする正四面体ABDEをとるとき，点Eの座標を求めよ。

navigate

正四面体なので，座標を設定して長さの関係式から立式する。

- -

解

D(s, t, u)とおくと，四面体ABCDは1辺の長さが2の正四面体だから

$DA^2=4$より　$(s-1)^2+t^2+u^2=4$　…①

$DB^2=4$より　$(s+1)^2+t^2+u^2=4$　…②

$DC^2=4$より　$s^2+(t-\sqrt{3})^2+u^2=4$　…③

①−②より　$s=0$　②−③より　$2s+2\sqrt{3}t-2=0$

$s=0$から　$t=\dfrac{\sqrt{3}}{3}$　$s=0$, $t=\dfrac{\sqrt{3}}{3}$を①に代入して　$u^2=\dfrac{8}{3}$

$u≧0$から　$u=\dfrac{2\sqrt{6}}{3}$　よって　D$\left(0, \dfrac{\sqrt{3}}{3}, \dfrac{2\sqrt{6}}{3}\right)$

E(x, y, z)とおく。

$EA^2=4 \iff (x-1)^2+y^2+z^2=4$　…④

$EB^2=4 \iff (x+1)^2+y^2+z^2=4$　…⑤

$ED^2=4 \iff x^2+\left(y-\dfrac{\sqrt{3}}{3}\right)^2+\left(z-\dfrac{2\sqrt{6}}{3}\right)^2=4$　…⑥

④−⑤より　$x=0$　⑤−⑥より　$2x+\dfrac{2\sqrt{3}}{3}y+\dfrac{4\sqrt{6}}{3}z-2=0$

$x=0$から，$y=\sqrt{3}-2\sqrt{2}z$であり，これらを④に代入して　$9z^2-4\sqrt{6}z=0$

$z\neq0$より　$z=\dfrac{4\sqrt{6}}{9}$，また　$y=\sqrt{3}-2\sqrt{2}\cdot\dfrac{4\sqrt{6}}{9}=-\dfrac{7\sqrt{3}}{9}$

よって　**E$\left(0, -\dfrac{7\sqrt{3}}{9}, \dfrac{4\sqrt{6}}{9}\right)$** —答

同様に長さの条件を利用して，座標設定ができる。

✓ SKILL UP

正四面体の長さの条件から座標を設定して立式する。

内積と成分

37
Lv.∎∎▮▮

A(-2, 1, 3), B(-3, 1, 4), C(-3, 3, 5)に対し，∠BACの大きさを求めよ。

38
Lv.∎∎▮▮

$\vec{a}=(2, -1, 2)$, $\vec{b}=(4, 1, 8)$, $\vec{c}=\vec{a}+t\vec{b}$について，$\vec{c}$と$\vec{a}$，$\vec{c}$と$\vec{b}$のなす角が等しいとき，実数tの値を求めよ。

39
Lv.∎∎∎▮

A(1, 1, 4), B(2, 1, 5), C(3, -1, 8)のとき，△ABCの面積を求めよ。

40
Lv.∎∎▮▮

2つのベクトル$\vec{a}=(6, -1, -4)$, $\vec{b}=(-6, 3, -4)$に垂直な単位ベクトルを求めよ。

Theme分析

このThemeでは，内積と成分について扱う。

空間のベクトルも平面のベクトルと同様に定義されるので，

平面のときと同様に考えることが重要である。

内積についても，平面ベクトルのときと同様に考えればよい。

$$\vec{a}\cdot\vec{b}=|\vec{a}||\vec{b}|\cos\theta$$

$\vec{a}=\vec{0}$ または $\vec{b}=\vec{0}$ のときは，$\vec{a}\cdot\vec{b}=0$　と定める。

例 1辺の長さが4の正四面体ABCDについて，以下の内積

を求める。

(1) $\overrightarrow{AB}\cdot\overrightarrow{BD}$　　　(2) $\overrightarrow{AB}\cdot\overrightarrow{CD}$

(1) $\overrightarrow{AB}$ と $\overrightarrow{BD}$ のなす角は $120°$

であるから

$$\overrightarrow{AB}\cdot\overrightarrow{BD}=4\cdot4\cdot\cos120°$$
$$=-8$$

(2) $\overrightarrow{AB}\cdot\overrightarrow{CD}$
$$=\overrightarrow{AB}\cdot(\overrightarrow{AD}-\overrightarrow{AC})$$
$$=\overrightarrow{AB}\cdot\overrightarrow{AD}-\overrightarrow{AB}\cdot\overrightarrow{AC}$$
$$=4\cdot4\cdot\cos60°-4\cdot4\cdot\cos60°$$
$$=0$$

内積の演算については，平面ベクトルのときと同じように考えればよい。

内積の演算

① $\vec{a}\cdot\vec{b}=\vec{b}\cdot\vec{a}$　② $(\vec{a}+\vec{b})\cdot\vec{c}=\vec{a}\cdot\vec{c}+\vec{b}\cdot\vec{c}$, $\vec{a}\cdot(\vec{b}+\vec{c})=\vec{a}\cdot\vec{b}+\vec{a}\cdot\vec{c}$

③ $(k\vec{a})\cdot\vec{b}=\vec{a}\cdot(k\vec{b})=k(\vec{a}\cdot\vec{b})$　(**k** は実数)　④ $\vec{a}\cdot\vec{a}=|\vec{a}|^2$

⑤ $|\vec{a}|=\sqrt{\vec{a}\cdot\vec{a}}$

空間ベクトルの成分は，z 成分が増えるだけで，基本的な演算ルールは平面ベクトルと同じである。

ベクトルの成分表示と演算

$\vec{a}=(x_1,\ y_1,\ z_1)$ $\vec{b}=(x_2,\ y_2,\ z_2)$ のとき，

大きさ $|\vec{a}|=\sqrt{x_1{}^2+y_1{}^2+z_1{}^2}$　　　実数倍 $k\vec{a}=(kx_1,\ ky_1,\ kz_1)$

加法・減法 $\vec{a}\pm\vec{b}=(x_1\pm x_2,\ y_1\pm y_2,\ z_1\pm z_2)$　(複号同順)

相等 $\vec{a}=\vec{b} \iff x_1=x_2,\ y_1=y_2,\ z_1=z_2$

内積 $\vec{a}\cdot\vec{b}=x_1x_2+y_1y_2+z_1z_2$

37

Lv. ▫▮▮▮

A(-2, 1, 3), B(-3, 1, 4), C(-3, 3, 5)に対し，∠BACの大きさを求めよ。

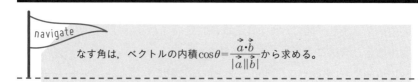

navigate

なす角は，ベクトルの内積$\cos\theta=\dfrac{\vec{a}\cdot\vec{b}}{|\vec{a}||\vec{b}|}$から求める。

解

$\overrightarrow{AB}=\overrightarrow{OB}-\overrightarrow{OA}=(-1,\ 0,\ 1)$，$\overrightarrow{AC}=\overrightarrow{OC}-\overrightarrow{OA}=(-1,\ 2,\ 2)$

$$|\overrightarrow{AB}|=\sqrt{(-1)^2+0^2+1^2}$$
$$=\sqrt{2}$$
$$|\overrightarrow{AC}|=\sqrt{(-1)^2+2^2+2^2}$$
$$=3$$

$\overrightarrow{AB}\cdot\overrightarrow{AC}=(-1)\cdot(-1)+0\cdot2+1\cdot2=3$であるから

$$\cos\angle BAC=\frac{\overrightarrow{AB}\cdot\overrightarrow{AC}}{|\overrightarrow{AB}||\overrightarrow{AC}|}$$

$$=\frac{3}{\sqrt{2}\times3}=\frac{1}{\sqrt{2}}$$

内積の定義
$\overrightarrow{AB}\cdot\overrightarrow{AC}=|\overrightarrow{AB}||\overrightarrow{AC}|\cos\angle BAC$

$0°\leqq\angle BAC\leqq180°$であるから

$$\angle BAC=\mathbf{45°}\ \text{—(答)}$$

✓ SKILL UP

内積の定義

$\vec{0}$でない2つのベクトル$\vec{a}$，$\vec{b}$について，1点Oを定め，
$\vec{a}=\overrightarrow{OA}$，$\vec{b}=\overrightarrow{OB}$となる点A，Bをとる。このとき，
∠AOB$=\theta$ ($0°\leqq\theta\leqq180°$)を$\vec{a}$，$\vec{b}$のなす角という。
また，$|\vec{a}||\vec{b}|\cos\theta$を$\vec{a}$，$\vec{b}$の内積といい，記号$\vec{a}\cdot\vec{b}$で表す。

$$\vec{a}\cdot\vec{b}=|\vec{a}||\vec{b}|\cos\theta$$

$\vec{a}=\vec{0}$または$\vec{b}=\vec{0}$のときは，$\vec{a}\cdot\vec{b}=0$ と定める。

38 $\vec{a}=(2, -1, 2)$, $\vec{b}=(4, 1, 8)$, $\vec{c}=\vec{a}+t\vec{b}$について，$\vec{c}$と$\vec{a}$，$\vec{c}$と$\vec{b}$のなす角
Lv. ████ が等しいとき，実数tの値を求めよ。

navigate

内積の定義から，$\cos\theta=\dfrac{\vec{a}\cdot\vec{c}}{|\vec{a}||\vec{c}|}=\dfrac{\vec{b}\cdot\vec{c}}{|\vec{b}||\vec{c}|}$を$t$の式で表す。

解

$$\vec{c}=\vec{a}+t\vec{b}=\begin{pmatrix}2\\-1\\2\end{pmatrix}+t\begin{pmatrix}4\\1\\8\end{pmatrix}=\begin{pmatrix}4t+2\\t-1\\8t+2\end{pmatrix}$$

$\vec{c}$と$\vec{a}$，$\vec{c}$と$\vec{b}$のなす角が等しいので，$\vec{a}\neq\vec{0}$，$\vec{b}\neq\vec{0}$，$\vec{c}\neq\vec{0}$から

$$\frac{\vec{a}\cdot\vec{c}}{|\vec{a}||\vec{c}|}=\frac{\vec{b}\cdot\vec{c}}{|\vec{b}||\vec{c}|} \iff \frac{\vec{a}\cdot\vec{c}}{|\vec{a}|}=\frac{\vec{b}\cdot\vec{c}}{|\vec{b}|} \quad \cdots ①$$

ここで

$$\vec{a}\cdot\vec{c}=\begin{pmatrix}2\\-1\\2\end{pmatrix}\cdot\begin{pmatrix}4t+2\\t-1\\8t+2\end{pmatrix}=2(4t+2)-(t-1)+2(8t+2)=23t+9$$

$$\vec{b}\cdot\vec{c}=\begin{pmatrix}4\\1\\8\end{pmatrix}\cdot\begin{pmatrix}4t+2\\t-1\\8t+2\end{pmatrix}=4(4t+2)+(t-1)+8(8t+2)=81t+23$$

$$|\vec{a}|=\sqrt{2^2+(-1)^2+2^2}=3, \quad |\vec{b}|=\sqrt{4^2+1^2+8^2}=9$$

であるから，これらを①に代入して

$$\frac{23t+9}{3}=\frac{81t+23}{9} \iff \boldsymbol{t=\frac{1}{3}} -\boxed{答}$$

✓ SKILL UP

ベクトルの成分表示と演算

$\vec{a}=(x_1, y_1, z_1)$ $\vec{b}=(x_2, y_2, z_2)$のとき，

大きさ $|\vec{a}|=\sqrt{x_1^2+y_1^2+z_1^2}$ 　　実数倍 $k\vec{a}=(kx_1, ky_1, kz_1)$

加法・減法 $\vec{a}\pm\vec{b}=(x_1\pm x_2, y_1\pm y_2, z_1\pm z_2)$ （複号同順）

相等 $\vec{a}=\vec{b} \iff x_1=x_2, y_1=y_2, z_1=z_2$

内積 $\vec{a}\cdot\vec{b}=x_1x_2+y_1y_2+z_1z_2$

なす角 $\vec{0}$でない$\vec{a}$，$\vec{b}$のなす角がθ $(0\leqq\theta\leqq\pi)$ $\iff \cos\theta=\dfrac{\vec{a}\cdot\vec{b}}{|\vec{a}||\vec{b}|}$

39

A(1, 1, 4), B(2, 1, 5), C(3, −1, 8)のとき，△ABCの面積を求めよ。

Lv.￭￭￭￭

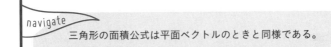

navigate 三角形の面積公式は平面ベクトルのときと同様である。

解

$\overrightarrow{AB}=\overrightarrow{OB}-\overrightarrow{OA}=(1, 0, 1)$, $\overrightarrow{AC}=\overrightarrow{OC}-\overrightarrow{OA}=(2, -2, 4)$から

$|\overrightarrow{AB}|=\sqrt{1^2+0^2+1^2}=\sqrt{2}$

$|\overrightarrow{AC}|=\sqrt{2^2+(-2)^2+4^2}=2\sqrt{6}$

$\overrightarrow{AB}\cdot\overrightarrow{AC}=\begin{pmatrix}1\\0\\1\end{pmatrix}\cdot\begin{pmatrix}2\\-2\\4\end{pmatrix}=1\cdot2+0\cdot(-2)+1\cdot4=6$

よって

$$\triangle ABC=\frac{1}{2}\sqrt{|\overrightarrow{AB}|^2|\overrightarrow{AC}|^2-(\overrightarrow{AB}\cdot\overrightarrow{AC})^2}$$

三角形の面積公式。

$$=\sqrt{3} \text{ ─ 答}$$

参考 外積について

外積$(\vec{a}\times\vec{b})$

$\vec{a}$と$\vec{b}$に垂直で，$\vec{a}$から$\vec{b}$に右ねじを回す向きをもち，その大きさが，$\vec{a}$と$\vec{b}$でつくる平行四辺形の面積$(S=|\vec{a}||\vec{b}|\sin\theta)$となるベクトルを外積$\vec{a}\times\vec{b}$という。内積$\vec{a}\cdot\vec{b}$は数値であるが，外積$\vec{a}\times\vec{b}$はベクトルである。

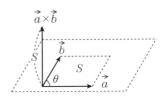

外積の成分

$\vec{a}=(a, b, c)$, $\vec{b}=(p, q, r)$のとき

$$\vec{a}\times\vec{b}=\begin{pmatrix}br-cq\\cp-ar\\aq-bp\end{pmatrix}$$

外積により，法線ベクトルを楽に求めることができる。

✓ SKILL UP

△ABCの面積をSとすると

$$S=\frac{1}{2}\sqrt{|\overrightarrow{AB}|^2|\overrightarrow{AC}|^2-(\overrightarrow{AB}\cdot\overrightarrow{AC})^2}$$

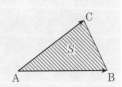

40 2つのベクトル $\vec{a}=(6,\ -1,\ -4)$, $\vec{b}=(-6,\ 3,\ -4)$ に垂直な単位ベクトル
Lv.▃▮▮▮ を求めよ。

navigate

解 のように素直に立式する方法もあるが，外積 $\vec{a}\times\vec{b}$ を求めて，その
ベクトルの大きさで割る方が計算は早い。ただし，向きが逆になるもの
もあることに注意する。

解

求める単位ベクトルを $\vec{e}=(x,\ y,\ z)$ とする。
$\vec{a}\cdot\vec{e}=0$ であるから

$$6x-y-4z=0 \quad \cdots ①$$

$\vec{b}\cdot\vec{e}=0$ であるから

$$-6x+3y-4z=0 \quad \cdots ②$$

$|\vec{e}|=1$ であるから

$$x^2+y^2+z^2=1^2 \quad \cdots ③$$

よって，求める単位ベクトルは

文字を消去しながら，①，②，③の連立方程式を解く。

$$\left(\frac{4}{13},\ \frac{12}{13},\ \frac{3}{13}\right),\ \left(-\frac{4}{13},\ -\frac{12}{13},\ -\frac{3}{13}\right) ー答$$

別解

外積を用いる。$\vec{a}=(6,\ -1,\ -4)$, $\vec{b}=(-6,\ 3,\ -4)$ より

$$\vec{a}\times\vec{b}=\begin{pmatrix}(-1)(-4)-(-4)\cdot3\\(-4)(-6)-6(-4)\\6\cdot3-(-1)(-6)\end{pmatrix}=\begin{pmatrix}16\\48\\12\end{pmatrix}$$

ここで

$$|\vec{a}\times\vec{b}|=4\sqrt{4^2+12^2+3^2}=4\times13=52$$

から，求める単位ベクトル $\vec{e}$ は

$$\vec{e}=\pm\frac{1}{52}(16,\ 48,\ 12)$$

$$=\pm\frac{1}{13}(4,\ 12,\ 3) ー答$$

逆向きの単位ベクトルもあるので，符号を±とすることを忘れないようにする。

座標空間における直線のベクトル方程式

41
Lv. ▮▯▯

点A(1, 2, 3)を通り, $\vec{d} = (-2, 3, 4)$に平行な直線の方程式を媒介変数tを用いて表せ。また, tを消去した形で表せ。

42
Lv. ▮▯▯

2点A(1, 3, 2), B(2, 1, 5)を通る直線の方程式を媒介変数tを用いて表せ。また, tを消去した形で表せ。

43
Lv. ▮▯▯

点(3, 5, 6)を通り, $\vec{u} = (1, 2, -1)$に平行な直線とyz平面との交点の座標を求めよ。

44
Lv. ▮▯▯

空間内に, 2つの直線

$$\ell_1 : (x, y, z) = (1, 1, 0) + s(1, 1, -1)$$
$$\ell_2 : (x, y, z) = (-1, 1, -2) + t(0, -2, 1)$$

がある。ただし, s, tは実数とする。ℓ_1, ℓ_2上にそれぞれ点P, Qをとるとき, 線分PQの長さの最小値を求めよ。

Theme分析

このThemeでは，直線のベクトル方程式について扱う。

空間における直線のベクトル方程式については，以下の2つが有名である。

点$A(\vec{a})$を通り，方向ベクトルが$\vec{d}$の直線のベクトル方

程式は，Pが直線上にあるとき，$\overrightarrow{AP} /\!/ \vec{d}$または$\overrightarrow{AP} = \vec{0}$よ

り，$\overrightarrow{AP} = t\vec{d}$から，$\vec{p} - \vec{a} = t\vec{d}$となるので

$\vec{p} = \vec{a} + t\vec{d}$　（tは媒介変数）　…①

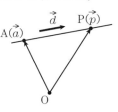

異なる2点$A(\vec{a})$，$B(\vec{b})$を通る直線のベクトル方程式は

$\vec{p} = (1-t)\vec{a} + t\vec{b}$　（tは媒介変数）　…②

これより，点$P(\vec{p})$が異なる2定点$A(\vec{a})$，$B(\vec{b})$を通る直

線AB上にあるための必要十分条件は

$\vec{p} = s\vec{a} + t\vec{b}$　かつ　$s + t = 1$

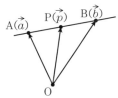

次に空間内における直線や平面の関係について確認する。直線ℓと平面αの位置関係は，次の3つの場合がある。

(1)　ℓはαに含まれる　　(2)　1点で交わる　　(3)　平行である

　（ℓはαに含まれる）

 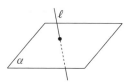 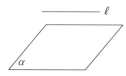

空間における2直線の位置関係は，次の3つの場合がある。

(1)　1点で交わる　　　　(2)　平行である　　　　(3)　ねじれの位置にある

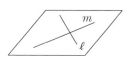 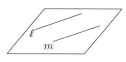 

空間内における直線に関する問題をベクトルで扱うには，①または②の方程式を立式して考えればよい。

41

Lv.∎∎❙❙

点A(1, 2, 3)を通り，$\vec{d}=(-2,\ 3,\ 4)$に平行な直線の方程式を媒介変数tを用いて表せ。また，tを消去した形で表せ。

navigate

直線のベクトル方程式の問題。通る点と方向ベクトルから立式する。

解

直線上の任意の点を$P(x,\ y,\ z)$とすると，　　　　　　直線上の任意の点をおく。

直線のベクトル方程式は

$$\overrightarrow{OP}=\overrightarrow{OA}+t\vec{d}\quad(t は実数)$$
　　　　　　　　　　　　　　　　　　　　　　　　　直線のベクトル方程式。

$$\begin{pmatrix}x\\y\\z\end{pmatrix}=\begin{pmatrix}1\\2\\3\end{pmatrix}+t\begin{pmatrix}-2\\3\\4\end{pmatrix}$$ より $$\begin{cases}\boldsymbol{x=1-2t}\\\boldsymbol{y=2+3t}\ -\text{⑳}\\\boldsymbol{z=3+4t}\end{cases}$$

よって，tを消去して　$\dfrac{\boldsymbol{x-1}}{\boldsymbol{-2}}=\dfrac{\boldsymbol{y-2}}{\boldsymbol{3}}=\dfrac{\boldsymbol{z-3}}{\boldsymbol{4}}$ —⑳

✅ SKILL UP

直線のベクトル方程式(通る点と方向ベクトル)

点$A(\vec{a})$を通り，方向ベクトルが$\vec{d}$の直線のベクトル方程式は，Pが直線上にあるとき，

$\overrightarrow{AP}/\!/\vec{d}$または$\overrightarrow{AP}=\vec{0}$より，$\overrightarrow{AP}=t\vec{d}$から，$\vec{p}-\vec{a}=t\vec{d}$

となるので

$$\vec{p}=\vec{a}+t\vec{d}\quad(t は媒介変数)$$

Oを座標平面の原点として，$A(x_1,\ y_1,\ z_1)$，$P(x,\ y,\ z)$，$\vec{d}=(p,\ q,\ r)$とすると

$$\begin{pmatrix}x\\y\\z\end{pmatrix}=\begin{pmatrix}x_1\\y_1\\z_1\end{pmatrix}+t\begin{pmatrix}p\\q\\r\end{pmatrix}\iff\begin{cases}x=x_1+pt\\y=y_1+qt\\z=z_1+rt\end{cases}\quad\textbf{媒介変数表示}$$

上の式からtを消去すると

$$\frac{x-x_1}{p}=\frac{y-y_1}{q}=\frac{z-z_1}{r}$$

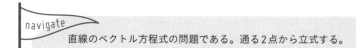

42 2点A(1, 3, 2), B(2, 1, 5)を通る直線の方程式を媒介変数tを用いて表せ。
Lv. また，tを消去した形で表せ。

> navigate
>
> 直線のベクトル方程式の問題である。通る2点から立式する。

解

直線上の任意の点をP(x, y, z)とすると，　　　直線上の任意の点をおく。

直線のベクトル方程式は，

$$\overrightarrow{OP}=(1-t)\overrightarrow{OA}+t\overrightarrow{OB} \quad (t\text{は実数})$$　　直線のベクトル方程式。

$$\begin{pmatrix} x \\ y \\ z \end{pmatrix}=(1-t)\begin{pmatrix} 1 \\ 3 \\ 2 \end{pmatrix}+t\begin{pmatrix} 2 \\ 1 \\ 5 \end{pmatrix} \text{より} \quad \begin{cases} \boldsymbol{x=1+t} \\ \boldsymbol{y=3-2t} \\ \boldsymbol{z=2+3t} \end{cases}\text{—(答)}$$

よって，tを消去して

$$\boldsymbol{x-1=\dfrac{y-3}{-2}=\dfrac{z-2}{3}}\text{—(答)}$$

参考 共線条件

3点A(1, 0, 1), B(3, 2, 2), P(2, y, z)が同一直線上にある
ようなy, zの値を求める。
点Pが直線AB上にあるので，$\overrightarrow{AP}=t\overrightarrow{AB}$となる実数$t$が存在する。
ここで

$$\overrightarrow{AB}=\overrightarrow{OB}-\overrightarrow{OA}=(2, 2, 1), \quad \overrightarrow{AP}=\overrightarrow{OP}-\overrightarrow{OA}=(1, y, z-1)$$

より，$\begin{pmatrix} 1 \\ y \\ z-1 \end{pmatrix}=t\begin{pmatrix} 2 \\ 2 \\ 1 \end{pmatrix}$ を解いて $t=\dfrac{1}{2}$, $y=1$, $z=\dfrac{3}{2}$

✓ SKILL UP

直線のベクトル方程式（2点を通る）

異なる2点A($\vec{a}$), B($\vec{b}$)を通る直線のベクトル
方程式は

$$\vec{p}=(1-t)\vec{a}+t\vec{b} \quad (t\text{は媒介変数})$$

これより，点P($\vec{p}$)が異なる2点A($\vec{a}$), B($\vec{b}$)
を通る直線AB上にあるための必要十分条件は

$$\vec{p}=s\vec{a}+t\vec{b} \text{ かつ } s+t=1$$

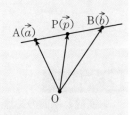

43

Lv.▪▫▫▫

点$(3, 5, 6)$を通り，$\vec{d}=(1, 2, -1)$に平行な直線とyz平面との交点の座標を求めよ。

> ### navigate
> 直線と平面の交点を求める問題である。2式を連立すればよい。

解

交点を$P(x, y, z)$とおく。点Pは点$(3, 5, 6)$を通り，$\vec{d}=(1, 2, -1)$に平行な直線上の点だから

$$\begin{pmatrix} x \\ y \\ z \end{pmatrix} = \begin{pmatrix} 3 \\ 5 \\ 6 \end{pmatrix} + t\begin{pmatrix} 1 \\ 2 \\ -1 \end{pmatrix} \quad (t\text{は実数})$$

$$\Longleftrightarrow \begin{cases} x = 3+t \\ y = 5+2t \\ z = 6-t \end{cases}$$

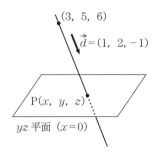

また，点Pはyz平面より，$x=0$とすると　$t=-3$　（yz平面の方程式は$x=0$）
このとき　$y=-1,\ z=9$
よって，求める交点の座標は　**$(0, -1, 9)$** ―答

参考 **類題**

2点$A(0, 0, 2)$，$B(1, 2, 1)$とxy平面上の動点P
について，$AP+PB$の最小値を求める。
点Bをxy平面に関して対称移動した点をB'とする。
　　$B'(1, 2, -1)$
このとき，$PB=PB'$であり，$AP+PB'$が最小となる
のは，A，P，B'が一直線上のときである。
　　$AP+PB=AP+PB' \geqq AB'$
　　$AB'=\sqrt{(1-0)^2+(2-0)^2+(-1-2)^2}=\sqrt{14}$
したがって，$AP+PB$の最小値は　$\sqrt{14}$

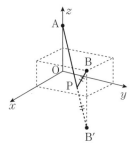

✓ SKILL UP

直線と平面の交点

直線と平面の方程式をそれぞれ求め，2式を連立すればよい。

44

Lv.■■■

空間内に，2つの直線

$$\ell_1 : (x,\ y,\ z) = (1,\ 1,\ 0) + s(1,\ 1,\ -1)$$

$$\ell_2 : (x,\ y,\ z) = (-1,\ 1,\ -2) + t(0,\ -2,\ 1)$$

がある。ただし，s，t は実数とする。ℓ_1，ℓ_2 上にそれぞれ点P，Qをとるとき，線分PQの長さの最小値を求めよ。

navigate

図形量の最大・最小には2つのアプローチ方法がある。

解

P$(s+1,\ s+1,\ -s)$，Q$(-1,\ -2t+1,\ t-2)$ であり，直線 ℓ_1 と ℓ_2 の方向ベクトルは $\vec{d_1} = (1,\ 1,\ -1)$，$\vec{d_2} = (0,\ -2,\ 1)$ である。

【方法1】 $\overrightarrow{PQ} = \overrightarrow{OQ} - \overrightarrow{OP} = (-s-2,\ -2t-s,\ t+s-2)$

P，Qが題意を満たすのは，

PQ⊥ℓ_1　かつ　PQ⊥ℓ_2 のとき

$\overrightarrow{PQ}$がそれぞれの方向ベクトル $\vec{d_1}$，$\vec{d_2}$ と垂直になればよい。

$$\begin{cases} \overrightarrow{PQ} \cdot \vec{d_1} = 0 \\ \overrightarrow{PQ} \cdot \vec{d_2} = 0 \end{cases} \iff \begin{cases} (-s-2) \cdot 1 + (-2t-s) \cdot 1 + (t+s-2)(-1) = 0 \\ (-2t-s)(-2) + (t+s-2) \cdot 1 = 0 \end{cases}$$

$$\iff \begin{cases} t+s = 0 \\ 5t+3s-2 = 0 \end{cases} \iff (s,\ t) = (-1,\ 1)$$

これを解いて，$(s,\ t) = (-1,\ 1)$ となり　$\overrightarrow{PQ} = (-1,\ -1,\ -2)$

ゆえに　$|\overrightarrow{PQ}| = \sqrt{(-1)^2 + (-1)^2 + (-2)^2} = \boldsymbol{\sqrt{6}}$ —㊜

【方法2】 $|\overrightarrow{PQ}|^2 = (-s-2)^2 + (-2t-s)^2 + (t+s-2)^2$

$$= 3s^2 + 5t^2 + 6st - 4t + 8$$

$$= 3(s+t)^2 + 2(t-1)^2 + 6$$

sの式とみて平方完成したあと，tの式とみて平方完成する。

よって，$s+t = 0$ かつ $t-1 = 0 \iff t = 1$，$s = -1$ のとき

最小値 $\boldsymbol{\sqrt{6}}$ —㊜

✓ SKILL UP

図形量の最大値・最小値

幾何的解法：図形を動かして，最大・最小を求める。

代数的解法：変数設定して，関数の最大・最小を求める。

Theme 12 | 球面のベクトル方程式

45
Lv.▪▫▫▫

(1) 2点A(4, −1, 3)，B(0, 11, 9)を直径の両端とする球面の方程式を求めよ。

(2) 点(−2, 1, −1)を通り，3つの座標平面に接する球面の方程式を求めよ。

46
Lv.▪▫▫▫

A(5, 4, −2)とする。$|\overrightarrow{\mathrm{OP}}|^2 - 2\overrightarrow{\mathrm{OA}} \cdot \overrightarrow{\mathrm{OP}} + 36 = 0$ を満たす点Pの集合はどのような図形を表すか。

47
Lv.▪▫▫▫

$\mathrm{A}\left(\dfrac{\sqrt{3}+1}{2},\ 1,\ \dfrac{\sqrt{3}-1}{2}\right)$，$\vec{b}=(1,\ 0,\ 1)$，$\vec{c}=(1,\ 0,\ -1)$ とし，動点Pが $\overrightarrow{\mathrm{OP}}=\overrightarrow{\mathrm{OA}}+(\cos t)\vec{b}+(\sin t)\vec{c}$ $(0 \leqq t < 2\pi)$ を満たすとき，$|\overrightarrow{\mathrm{OP}}|$ の最大値を求めよ。

48
Lv.▪▫▫▫

点A(0, 0, 5)を通り，球面 $S : x^2+y^2+(z-2)^2=1$ に接する直線全体によってできる円錐面の方程式を求めよ。

Theme分析

このThemeでは，球面のベクトル方程式について扱う。

球面のベクトル方程式については，以下の2つが有名である。平面ベクトルにおける「円のベクトル方程式」を参考にするとよい。

点$C(\vec{c})$を中心とし，半径がrの球面のベクトル方程式は，

$|\overrightarrow{CP}|=r$となるので $|\vec{p}-\vec{c}|=r$

Oを座標平面の原点として，$C(a,\ b,\ c)$，$P(x,\ y,\ z)$とすると

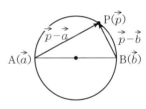

$$\vec{p}-\vec{c}=\begin{pmatrix} x-a \\ y-b \\ z-c \end{pmatrix}$$

なので $(x-a)^2+(y-b)^2+(z-c)^2=r^2$

点$A(\vec{a})$，$B(\vec{b})$を直径の両端とする球面のベクトル方程式は，PがA，Bに一致するときは，$\overrightarrow{AP}=\vec{0}$，$\overrightarrow{BP}=\vec{0}$であり，そうでないときは，$\overrightarrow{AP}\perp\overrightarrow{BP}$であるから，これらをまとめると，$\overrightarrow{AP}\cdot\overrightarrow{BP}=0$となるので

$$(\vec{p}-\vec{a})\cdot(\vec{p}-\vec{b})=0$$

Oを座標平面の原点として，$A(a_1,\ b_1,\ c_1)$，$B(a_2,\ b_2,\ c_2)$，$P(x,\ y,\ z)$とすると

$$\vec{p}-\vec{a}=\begin{pmatrix} x-a_1 \\ y-b_1 \\ z-c_1 \end{pmatrix},\quad \vec{p}-\vec{b}=\begin{pmatrix} x-a_2 \\ y-b_2 \\ z-c_2 \end{pmatrix}$$

なので $(x-a_1)(x-a_2)+(y-b_1)(y-b_2)+(z-c_1)(z-c_2)=0$

球面を表す2つのベクトル方程式$|\vec{p}-\vec{c}|=r$と$(\vec{p}-\vec{a})\cdot(\vec{p}-\vec{b})=0$の関係性については，平面ベクトルの円のベクトル方程式のときと同様に

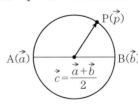

$(\vec{p}-\vec{a})\cdot(\vec{p}-\vec{b})=0$を整理して

$$|\vec{p}|^2-(\vec{a}+\vec{b})\cdot\vec{p}+\vec{a}\cdot\vec{b}=0$$

$$\left|\vec{p}-\frac{\vec{a}+\vec{b}}{2}\right|^2=\frac{1}{4}|\vec{a}-\vec{b}|^2 \quad となり，ABの中点\frac{\vec{a}+\vec{b}}{2}$$

を中心とする半径$\dfrac{1}{2}|\overrightarrow{BA}|$の球面であることが確認できる。

45

(1) 2点A(4, −1, 3), B(0, 11, 9)を直径の両端とする球面の方程式を求めよ。

(2) 点(−2, 1, −1)を通り, 3つの座標平面に接する球面の方程式を求めよ。

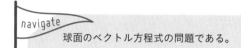

navigate

　球面のベクトル方程式の問題である。

解

(1) 球面上の任意の点を$P(x, y, z)$とおくと

$$\overrightarrow{AP} \cdot \overrightarrow{BP} = 0 \iff \begin{pmatrix} x-4 \\ y+1 \\ z-3 \end{pmatrix} \cdot \begin{pmatrix} x \\ y-11 \\ z-9 \end{pmatrix} = 0$$ ← 球面のベクトル方程式

$$\iff x(x-4) + (y+1)(y-11) + (z-3)(z-9) = 0$$

$$\iff x^2 + y^2 + z^2 - 4x - 10y - 12z + 16 = 0 \text{ —(答)}$$

(2) 3つの座標平面に接する球面の半径をrとすると, 球面の中心とxy平面, yz平面, xz平面の距離は半径rに等しい。球面は, $x<0$, $y>0$, $z<0$の範囲にある点$(-2, 1, -1)$を通るから, 中心もこの範囲にある。求める球面の方程式は, $(x+r)^2 + (y-r)^2 + (z+r)^2 = r^2$ とおける。

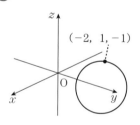

点$(-2, 1, -1)$の座標の値を代入すると

$$(-2+r)^2 + (1-r)^2 + (-1+r)^2 = r^2 \quad \text{より} \quad (r-3)(r-1) = 0$$

$r = 1$, 3より

$$(x+1)^2 + (y-1)^2 + (z+1)^2 = 1,$$
$$(x+3)^2 + (y-3)^2 + (z+3)^2 = 9 \text{ —(答)}$$

✓ SKILL UP

球面のベクトル方程式(直径の両端)

定点$A(\vec{a})$, $B(\vec{b})$を直径の両端とする球面のベクトル方程式は

$$(\vec{p} - \vec{a}) \cdot (\vec{p} - \vec{b}) = 0$$

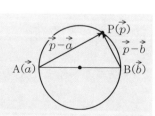

46 A(5, 4, −2)とする。$|\overrightarrow{OP}|^2-2\overrightarrow{OA}\cdot\overrightarrow{OP}+36=0$を満たす点Pの集合はどのような図形を表すか。

Lv.∎∎▮▮

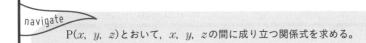

navigate

P(x, y, z)とおいて、x, y, zの間に成り立つ関係式を求める。

解 1

P(x, y, z)とすると

$$|\overrightarrow{OP}|^2=x^2+y^2+z^2$$

$\overrightarrow{OA}\cdot\overrightarrow{OP}=5x+4y-2z$　なので

$$x^2+y^2+z^2-2(5x+4y-2z)+36=0$$
$$(x-5)^2+(y-4)^2+(z+2)^2=9$$

空間座標の球面の方程式。

点Pの集合は**中心がA(5, 4, −2)、半径が3の球面**を表す。─答

解 2

$$|\overrightarrow{OP}|^2-2\overrightarrow{OA}\cdot\overrightarrow{OP}+36=0$$
$$|\overrightarrow{OP}-\overrightarrow{OA}|^2-|\overrightarrow{OA}|^2+36=0 \quad \cdots①$$
$$|\overrightarrow{OA}|^2=5^2+4^2+(-2)^2=45$$
$$① \iff |\overrightarrow{OP}-\overrightarrow{OA}|^2=9$$

よって　$|\overrightarrow{AP}|=3$

球面のベクトル方程式。

点Pは、**Aを中心とする半径3の球面**上を動く。─答

✓ SKILL UP

球面のベクトル方程式（中心と半径）

定点C($\vec{c}$)を中心とし、半径がrの球面の

ベクトル方程式は、$|\overrightarrow{CP}|=r$となるので

$$|\vec{p}-\vec{c}|=r$$

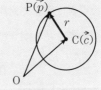

Oを座標平面の原点として、C(a, b, c), P(x, y, z)

とすると、

$\vec{p}-\vec{c}=\begin{pmatrix} x-a \\ y-b \\ z-c \end{pmatrix}$　なので　$(x-a)^2+(y-b)^2+(z-c)^2=r^2$

47 A$\left(\dfrac{\sqrt{3}+1}{2},\ 1,\ \dfrac{\sqrt{3}-1}{2}\right)$, $\vec{b}=(1,\ 0,\ 1)$, $\vec{c}=(1,\ 0,\ -1)$ とし，動点Pが

Lv. ▮▮▮
$\overrightarrow{\mathrm{OP}}=\overrightarrow{\mathrm{OA}}+(\cos t)\vec{b}+(\sin t)\vec{c}$ $(0\leqq t<2\pi)$ を満たすとき，$|\overrightarrow{\mathrm{OP}}|$ の最大値を求め

よ。

navigate

$|\overrightarrow{\mathrm{OP}}|^2$ を t の関数で表せば最大値を求められるが，解2 も習得したい。

解1

$\overrightarrow{\mathrm{OA}}=\vec{a}$ とすると $|\vec{a}|=\sqrt{3}$, $|\vec{b}|=|\vec{c}|=\sqrt{2}$, $\vec{a}\cdot\vec{b}=\sqrt{3}$, $\vec{b}\cdot\vec{c}=0$, $\vec{c}\cdot\vec{a}=1$

であるから $|\overrightarrow{\mathrm{OP}}|^2=|\vec{a}+(\cos t)\vec{b}+(\sin t)\vec{c}|^2$

$\qquad\qquad\qquad = |\vec{a}|^2+\cos^2 t|\vec{b}|^2+\sin^2 t|\vec{c}|^2+(2\cos t)\vec{a}\cdot\vec{b}+(2\sin t)\vec{c}\cdot\vec{a}$

$\qquad\qquad\qquad = 2\sin t+2\sqrt{3}\cos t+5=4\sin\left(t+\dfrac{\pi}{3}\right)+5\leqq 9$

$t=\dfrac{\pi}{6}$ のとき　最大値 **3** —(答)

解2

点Pは点Aを通り，$\vec{b}$, $\vec{c}$ に平行な平面 $y=1$ 上にある。　$\vec{b}, \vec{c}$ に平行な平面は xz
平面に平行となる。

また，$|\vec{b}|=|\vec{c}|=\sqrt{2}$, $\vec{b}\cdot\vec{c}=0$ から

$\qquad|\overrightarrow{\mathrm{AP}}|^2=|(\cos t)\vec{b}+(\sin t)\vec{c}|^2=2(\cos^2 t+\sin^2 t)=2$

$|\overrightarrow{\mathrm{AP}}|=\sqrt{2}$ から，点Pは平面 $y=1$ 上で点Aを中心とする半径 $\sqrt{2}$ の円上を動く。

点Oから平面 $y=1$ に下ろした垂線をOHとすると，

H$(0,\ 1,\ 0)$ である。　図形的にわかる。

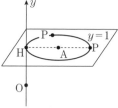

$|\overrightarrow{\mathrm{AH}}|=1$ であるから，Hも同じ円上にある。点Hを

点Aに関して対称移動した点にPがあるとき，最大

値をとり，$\mathrm{OP}^2=\mathrm{OH}^2+\mathrm{HP}^2=9$ となる。

$\overrightarrow{\mathrm{HP}}=2\overrightarrow{\mathrm{HA}}$ は $t=\dfrac{\pi}{6}$ のとき成り立つ。よって，$t=\dfrac{\pi}{6}$ のとき，最大値 **3** —(答)

✓ **SKILL UP**

平面 α 上の点Aを中心とする円で，円上の
直交する2つのベクトルを $\vec{b}$, $\vec{c}$ とすると，
円上の点Pは $\overrightarrow{\mathrm{OP}}=\overrightarrow{\mathrm{OA}}+(\cos t)\vec{b}+(\sin t)\vec{c}$

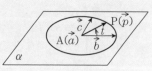

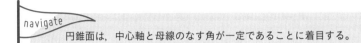

48 点 $A(0, 0, 5)$ を通り，球面 $S : x^2 + y^2 + (z-2)^2 = 1$ に接する直線全体によっ
Lv.∎∎∎∎ てできる円錐面の方程式を求めよ。

navigate

円錐面は，中心軸と母線のなす角が一定であることに着目する。

解

右図において

$$\cos\theta = \frac{AT}{AB} = \frac{\sqrt{AB^2 - r^2}}{AB} = \frac{2\sqrt{2}}{3}$$

右図で，円錐面上の点を P，P' とおくと，中心軸
と母線のなす角は θ または $\pi - \theta$ なので

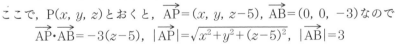

$π-θ$ のとき（上側の円錐）もあることに注意

$$\overrightarrow{AP} \cdot \overrightarrow{AB} = |\overrightarrow{AP}||\overrightarrow{AB}|\cos\theta$$

または

$$\overrightarrow{AB} \cdot \overrightarrow{AP'} = |\overrightarrow{AB}||\overrightarrow{AP'}|\cos(\pi - \theta)$$
$$\overrightarrow{AB} \cdot \overrightarrow{AP'} = |\overrightarrow{AB}||\overrightarrow{AP'}|(-\cos\theta)$$

であり，2乗すればともに

$$(\overrightarrow{AB} \cdot \overrightarrow{AP})^2 = |\overrightarrow{AB}|^2|\overrightarrow{AP}|^2\cos^2\theta$$

ここで，$P(x, y, z)$ とおくと，$\overrightarrow{AP} = (x, y, z-5)$，$\overrightarrow{AB} = (0, 0, -3)$ なので

$$\overrightarrow{AP} \cdot \overrightarrow{AB} = -3(z-5), \quad |\overrightarrow{AP}| = \sqrt{x^2 + y^2 + (z-5)^2}, \quad |\overrightarrow{AB}| = 3$$

であるから

$$\{-3(z-5)\}^2 = 3^2 \cdot \{x^2 + y^2 + (z-5)^2\}\left(\frac{2\sqrt{2}}{3}\right)^2$$

$$\boldsymbol{8x^2 + 8y^2 = (z-5)^2} \ —\text{答}$$

☑ SKILL UP

円錐面のベクトル方程式

中心軸と母線がなす角一定であることを数式化する。

頂点を A，底面の円の中心を B とし，円錐面の任意の点
を P，中心軸と母線のなす角を θ とすると

$$\overrightarrow{AB} \cdot \overrightarrow{AP} = |\overrightarrow{AB}||\overrightarrow{AP}|\cos\theta$$

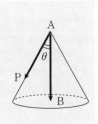

平面のベクトル方程式

49 (1) 点A(1, 2, 1)を通り, $\vec{n}=(1, -1, -2)$に垂直な平面の方程式を求めよ。

Lv.▪▫▫▫

(2) A(1, 1, -1), B(2, -1, 1), C(2, 1, 3)を通る平面の方程式を求めよ。

50 2点A(5, 3, -1), B(3, 2, 1)を通る直線と, 3点C(4, 3, 0), D(0, 3, 3),

Lv.▪▫▫▫ E(3, 0, 2)を通る平面との交点Pの座標を求めよ。

51 3点A(3, 0, 0), B(0, 2, 0), C(0, 0, 1)を通る平面の方程式を求めよ。

Lv.▪▫▫▫ また, この平面と原点との距離を求めよ。

52 点A(-2, 3, 4)を中心とする半径$\sqrt{13}$の球面Sが点B(1, 0, -2)を通り,

Lv.▪▫▫▫ $\vec{n}=(1, 2, -2)$に垂直な平面αと交わってできる円Kの中心と半径を求めよ。

Theme分析

このThemeでは，平面のベクトル方程式について扱う。

平面のベクトル方程式については，以下の2つが有名である。

異なる3定点$A(\vec{a})$，$B(\vec{b})$，$C(\vec{c})$を通る平面のベクト

ル方程式は

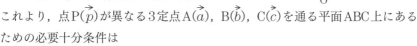

$$\overrightarrow{AP}=s\overrightarrow{AB}+t\overrightarrow{AC} \quad (s, t は媒介変数)$$
$$\overrightarrow{OP}-\overrightarrow{OA}=s(\overrightarrow{OB}-\overrightarrow{OA})+t(\overrightarrow{OC}-\overrightarrow{OA})$$
$$\overrightarrow{OP}=(1-s-t)\overrightarrow{OA}+s\overrightarrow{OB}+t\overrightarrow{OC}$$

これより，点$P(\vec{p})$が異なる3定点$A(\vec{a})$，$B(\vec{b})$，$C(\vec{c})$を通る平面ABC上にある

ための必要十分条件は

$$\vec{p}=r\vec{a}+s\vec{b}+t\vec{c} \quad かつ \quad r+s+t=1$$

参考 共面条件

例 3点$A(1, 2, 3)$，$B(-3, 2, 4)$，$C(2, 4, 1)$が定める平面上に点$P(1, y, 10)$

があるとき，yの値を求める。

点Pが平面ABC上にあるので，$\overrightarrow{AP}=s\overrightarrow{AB}+t\overrightarrow{AC}$となる実

数s, tが存在する。

$\overrightarrow{AB}=\overrightarrow{OB}-\overrightarrow{OA}=(-4, 0, 1)$より

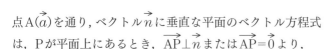

$$\overrightarrow{AC}=\overrightarrow{OC}-\overrightarrow{OA}=(1, 2, -2)$$
$$\overrightarrow{AP}=\overrightarrow{OP}-\overrightarrow{OA}=(0, y-2, 7)$$
$$(0, y-2, 7)=s(-4, 0, 1)+t(1, 2, -2)$$

であり，これらを解いて $s=-1$，$t=-4$，$y=-6$

点$A(\vec{a})$を通り，ベクトル$\vec{n}$に垂直な平面のベクトル方程式

は，Pが平面上にあるとき，$\overrightarrow{AP}\perp\vec{n}$または$\overrightarrow{AP}=\vec{0}$より，

$\vec{n}\cdot\overrightarrow{AP}=0$となるので

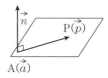

$$\vec{n}\cdot(\vec{p}-\vec{a})=0 \quad (この\vec{n}を法線ベクトルという)$$

Oを座標平面の原点として，$A(x_1, y_1, z_1)$，$P(x, y, z)$，$\vec{n}=(a, b, c)$とす

ると，$\vec{n}\cdot\overrightarrow{AP}=0$より

$$a(x-x_1)+b(y-y_1)+c(z-z_1)=0$$

$-ax_1-by_1-cz_1=d$とおくと ← 平面$ax+by+cz+d=0$の法線

$$ax+by+cz+d=0$$ ベクトル$\vec{n}$は，$\vec{n}=(a, b, c)$

49

Lv.▪▫▮▮

(1) 点A$(1,\ 2,\ 1)$を通り，$\vec{n}=(1,\ -1,\ -2)$に垂直な平面の方程式を求めよ。

(2) A$(1,\ 1,\ -1)$，B$(2,\ -1,\ 1)$，C$(2,\ 1,\ 3)$を通る平面の方程式を求めよ。

navigate

平面のベクトル方程式の基本問題である。

解

(1) 平面上の任意の点をP$(x,\ y,\ z)$とすると，平面のベクトル方程式は

$$\vec{n}\cdot\overrightarrow{\mathrm{AP}}=0$$

平面のベクトル方程式。

$$(x-1)-(y-2)-2(z-1)=0$$

$$\boldsymbol{x-y-2z+3=0}\ -\text{(答)}$$

$$\begin{pmatrix} 1 \\ -1 \\ -2 \end{pmatrix}\cdot\begin{pmatrix} x-1 \\ y-2 \\ z-1 \end{pmatrix}=0$$

(2) 平面上の任意の点をP$(x,\ y,\ z)$とすると，平面のベクトル方程式は

$$\overrightarrow{\mathrm{AP}}=s\overrightarrow{\mathrm{AB}}+t\overrightarrow{\mathrm{AC}}\quad (s,\ t\text{は実数})$$

平面のベクトル方程式。

$\overrightarrow{\mathrm{AB}}=(1,\ -2,\ 2)$，$\overrightarrow{\mathrm{AC}}=(1,\ 0,\ 4)$より

$$\begin{pmatrix} x-1 \\ y-1 \\ z+1 \end{pmatrix}=s\begin{pmatrix} 1 \\ -2 \\ 2 \end{pmatrix}+t\begin{pmatrix} 1 \\ 0 \\ 4 \end{pmatrix}\quad\Longleftrightarrow\quad\begin{cases} x=s+t+1 \\ y=-2s+1 \\ z=2s+4t-1 \end{cases}$$

$s,\ t$を消去して $\boldsymbol{4x+y-z=6}\ -\text{(答)}$

☑ SKILL UP

1 **3点を通る平面のベクトル方程式**

異なる3定点A$(\vec{a})$，B$(\vec{b})$，C$(\vec{c})$を通る平面のベクトル方程式は

$$\overrightarrow{\mathrm{AP}}=s\overrightarrow{\mathrm{AB}}+t\overrightarrow{\mathrm{AC}}\quad (s,\ t\text{は媒介変数})$$

2 **通る点と法線ベクトル**

点A$(\vec{a})$を通り，法線ベクトルが$\vec{n}$の平面のベクトル方程式は

$$\vec{n}\cdot(\vec{p}-\vec{a})=0$$

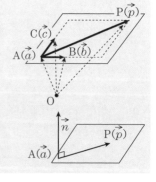

50

Lv.∎∎∎ 2点A(5, 3, −1)，B(3, 2, 1)を通る直線と，3点C(4, 3, 0)，D(0, 3, 3)，E(3, 0, 2)を通る平面との交点Pの座標を求めよ。

navigate

直線と平面の交点の問題である。それぞれの方程式を連立すればよい。

解

交点を$P(x, y, z)$とおく。

点Pは2点A，Bを通る直線上より

$$\overrightarrow{AP}=r\overrightarrow{AB} \quad (r は実数)$$

直線のベクトル方程式。

$$\Longleftrightarrow \overrightarrow{OP}=(1-r)\overrightarrow{OA}+r\overrightarrow{OB}$$

$$\Longleftrightarrow \begin{pmatrix} x \\ y \\ z \end{pmatrix}=(1-r)\begin{pmatrix} 5 \\ 3 \\ -1 \end{pmatrix}+r\begin{pmatrix} 3 \\ 2 \\ 1 \end{pmatrix}$$

$$\Longleftrightarrow \begin{cases} x=5-2r \\ y=3-r \quad \cdots ① \\ z=-1+2r \end{cases}$$

また，点Pは3点C，D，Eを通る平面上より

$$\overrightarrow{CP}=s\overrightarrow{CD}+t\overrightarrow{CE} \quad (s, t は実数)$$

平面のベクトル方程式。

$$\Longleftrightarrow \overrightarrow{OP}=(1-s-t)\overrightarrow{OC}+s\overrightarrow{OD}+t\overrightarrow{OE}$$

$$\Longleftrightarrow \overrightarrow{OP}=(1-s-t)\begin{pmatrix} 4 \\ 3 \\ 0 \end{pmatrix}+s\begin{pmatrix} 0 \\ 3 \\ 3 \end{pmatrix}+t\begin{pmatrix} 3 \\ 0 \\ 2 \end{pmatrix}$$

$$=\begin{pmatrix} -4s-t+4 \\ -3t+3 \\ 3s+2t \end{pmatrix} \Longleftrightarrow \begin{cases} x=4-4s-t \\ y=3-3t \quad \cdots ② \\ z=3s+2t \end{cases}$$

①，②を連立して

$$r=3, \ s=1, \ t=1$$

よって，求める交点の座標は $(-1, 0, 5)$ —答

✓ SKILL UP

直線と平面の交点

直線と平面の方程式を求め，この連立方程式を解く。

51

Lv.∎∎∎∎

3点A(3, 0, 0)，B(0, 2, 0)，C(0, 0, 1)を通る平面の方程式を求めよ。また，この平面と原点との距離を求めよ。

> navigate
>
> 平面の方程式も3つの切片がわかっているときは簡単に求められる。点と平面の距離公式も余力のある人は覚えたい。

解

$$\frac{x}{3}+\frac{y}{2}+\frac{z}{1}=1 \quad より \quad \boldsymbol{2x+3y+6z=6} —(答)$$

切片形の平面の方程式はすぐに求められる。

また，O(0, 0, 0)と平面：$2x+3y+6z-6=0$の距離hは

$$h=\frac{|2\cdot0+3\cdot0+6\cdot0-6|}{\sqrt{2^2+3^2+6^2}}=\frac{|-6|}{\sqrt{2^2+3^2+6^2}}=\frac{\boldsymbol{6}}{\boldsymbol{7}} —(答)$$

参考 点と平面の距離公式の証明

点$P(x_0, y_0, z_0)$から平面：$ax+by+cz+d=0$に下ろした垂線をPHとすると，求める長さは$|\overrightarrow{PH}|$である。$\overrightarrow{PH}$と平面の法線ベクトル$\vec{n}=(a, b, c)$は平行なので，

$$\overrightarrow{PH}=t\vec{n}とおける。 \quad \overrightarrow{OH}=\overrightarrow{OP}+t\vec{n}=\begin{pmatrix}x_0\\y_0\\z_0\end{pmatrix}+t\begin{pmatrix}a\\b\\c\end{pmatrix}=\begin{pmatrix}x_0+at\\y_0+bt\\z_0+ct\end{pmatrix}$$

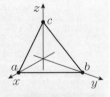

これを，平面：$ax+by+cz+d=0$に代入して

$$a(x_0+at)+b(y_0+bt)+c(z_0+ct)+d=0$$
$$(a^2+b^2+c^2)t+(ax_0+by_0+cz_0+d)=0$$
$$t=-\frac{ax_0+by_0+cz_0+d}{a^2+b^2+c^2}$$

であり，$|\overrightarrow{PH}|=|t\vec{n}|$であるから $|\overrightarrow{PH}|=\frac{|ax_0+by_0+cz_0+d|}{\sqrt{a^2+b^2+c^2}}$

✓ SKILL UP

平面の方程式（切片形）

$A(a, 0, 0)$, $B(0, b, 0)$, $C(0, 0, c)$ $(abc\neq0)$

を通る平面の方程式は $\dfrac{x}{a}+\dfrac{y}{b}+\dfrac{z}{c}=1$

点と平面の距離

点$P(x_0, y_0, z_0)$と平面：$ax+by+cz+d=0$との距離hは

$$h=\frac{|ax_0+by_0+cz_0+d|}{\sqrt{a^2+b^2+c^2}}$$

52

Lv. ∎∎∎

点A$(-2,\ 3,\ 4)$を中心とする半径$\sqrt{13}$の球面Sが点B$(1,\ 0,\ -2)$を通り，$\vec{n}=(1,\ 2,\ -2)$に垂直な平面αと交わってできる円Kの中心と半径を求めよ。

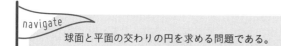

navigate

　球面と平面の交わりの円を求める問題である。

解

球面Sの方程式は　$(x+2)^2+(y-3)^2+(z-4)^2=13$

平面αの方程式は，平面上の任意の点をX$(x,\ y,\ z)$として

$$\vec{n}\cdot\overrightarrow{\mathrm{BX}}=0 \iff 1\cdot(x-1)+2(y-0)-2(z+2)=0$$
$$\iff x+2y-2z-5=0$$

点Aと平面αの距離hは

$$h=\frac{|-2+2\cdot3-2\cdot4-5|}{\sqrt{1^2+2^2+(-2)^2}}=3$$

球面S

平面α

円K

よって，求める円の半径は

$$\sqrt{(\sqrt{13})^2-3^2}=\mathbf{2} \text{ —(答)}$$

円Kの中心をHとすると，tを実数として

$$\overrightarrow{\mathrm{OH}}=\overrightarrow{\mathrm{OA}}+t\vec{n}=(-2+t,\ 3+2t,\ 4-2t) \qquad \text{点Aを通り，}\vec{n}\text{に平行な直線。}$$

これが平面α上にあるので

$$(-2+t)+2(3+2t)-2(4-2t)-5=0 \iff t=1 \qquad \text{平面}\alpha\text{との共有点。}$$

よって　$(\mathbf{-1,\ 5,\ 2})$ —(答)

✓ SKILL UP

球面と平面の交わりの円

点Aを中心とする半径rの球面Sと点
Bを通り，法線ベクトルが$\vec{n}$の平面α
との交わりの円Kについて考える。

球面S

$\vec{n}$

r

h

H

平面α

円K

円Kの半径：$\sqrt{r^2-h^2}$

円Kの中心：点Aを通り，$\vec{n}$に平行な直線と平面αとの共有点

Theme 14 | 位置ベクトルと空間図形

53
Lv. ∎∎∎∎

平行六面体OABC−DEFGにおいて，辺ABを3：1の比に内分する点をLとし，辺BC，DGの中点をそれぞれM，Nとする。直線LNと直線EMの交点をHとするとき，EH：HMを求めよ。

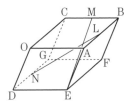

54
Lv. ∎∎∎∎

四面体OABCの辺OA，OB，OCをそれぞれ1：1，2：1，3：1に内分する点をP，Q，Rとする。点Oと△PQRの重心Gを通る直線が平面ABCと交わる点をKとする。$\overrightarrow{OA}=\vec{a}$，$\overrightarrow{OB}=\vec{b}$，$\overrightarrow{OC}=\vec{c}$とするとき，$\overrightarrow{OK}$を$\vec{a}$，$\vec{b}$，$\vec{c}$で表せ。

55
Lv. ∎∎∎∎

四面体ABCDにおいて，$\overrightarrow{AP}+2\overrightarrow{BP}+3\overrightarrow{CP}+6\overrightarrow{DP}=\vec{0}$を満たす点Pはどのような点か。

56
Lv. ∎∎∎∎

四面体ABCDの内部に点Pをとる。正の定数α，β，γ，δに対して$\alpha\overrightarrow{AP}+\beta\overrightarrow{BP}+\gamma\overrightarrow{CP}+\delta\overrightarrow{DP}=\vec{0}$が成り立つ。四面体BCDP，ACDP，ABDP，ABCPの体積をそれぞれV_1，V_2，V_3，V_4とするとき，$V_1:V_2:V_3:V_4$を求めよ。

Theme分析

このThemeでは，位置ベクトルと空間図形について扱う。

空間内で，点Oを固定して考えると，任意の点Pの位置は，ベクトル $\vec{p}=\overrightarrow{OP}$ によって定められる。このとき，$\vec{p}$ を点Oに関する点Pの位置ベクトルといい，P($\vec{p}$)と表す。

ベクトルの分解と連立

空間の3つのベクトル $\vec{a}$, $\vec{b}$, $\vec{c}$ は $\vec{0}$ でなく，またどの2つも平行でない（一次独立）とする。

このとき，任意のベクトル $\vec{p}$ は，次の形にただ1通りに表すことができる。

$$\vec{p}=s\vec{a}+t\vec{b}+u\vec{c} \quad （ただし，s, t, uは実数）$$

よって，あるベクトル $\vec{p}$ が2通りで表されたとき，係数比較することができる。$\vec{p}=s\vec{a}+t\vec{b}+u\vec{c}$ かつ $\vec{p}=s'\vec{a}+t'\vec{b}+u'\vec{c}$ ならば

$$s=s' \quad かつ \quad t=t' \quad かつ \quad u=u'$$

また，平面ベクトル同様，「分点公式」，「重心公式」も成り立つ。

■ 内分点の公式

2点A($\vec{a}$)，B($\vec{b}$)について，線分ABを $m:n$ に内分する点をP($\vec{p}$)とすると

$$\vec{p}=\frac{n\vec{a}+m\vec{b}}{m+n}$$

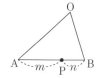

■ 外分点の公式

2点A($\vec{a}$)，B($\vec{b}$)について，線分ABを $m:n$ に外分する点をP($\vec{p}$)とすると

$$\vec{p}=\frac{-n\vec{a}+m\vec{b}}{m-n}$$

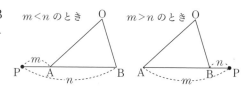

■ 重心の位置ベクトル

3点A($\vec{a}$)，B($\vec{b}$)，C($\vec{c}$)の重心G($\vec{g}$)の位置ベクトルは

$$\vec{g}=\frac{\vec{a}+\vec{b}+\vec{c}}{3}$$

53
Lv.▪▪▫▫

平行六面体OABC−DEFGにおいて，辺ABを3：1
の比に内分する点をLとし，辺BC，DGの中点をそ
れぞれM，Nとする。直線LNと直線EMの交点をH
とするとき，EH：HMを求めよ。

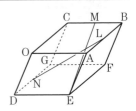

---

navigate

直線と直線の交点の問題である。それぞれの方程式を連立すればよい。

解

$\overrightarrow{OA}=\vec{a}$，$\overrightarrow{OC}=\vec{c}$，$\overrightarrow{OD}=\vec{d}$ とおく。このとき

$$\overrightarrow{OE}=\overrightarrow{OA}+\overrightarrow{AE}=\vec{a}+\vec{d}, \quad \overrightarrow{OM}=\overrightarrow{OC}+\overrightarrow{CM}=\vec{c}+\frac{1}{2}\vec{a}$$

$$\overrightarrow{OL}=\overrightarrow{OA}+\overrightarrow{AL}=\vec{a}+\frac{3}{4}\vec{c}, \quad \overrightarrow{ON}=\overrightarrow{OD}+\overrightarrow{DN}=\vec{d}+\frac{1}{2}\vec{c}$$

ここで，交点Hを求める。

Hは直線LN上にあるので $\overrightarrow{LH}=s\overrightarrow{LN}$ （sは実数）

$$\overrightarrow{OH}=(1-s)\overrightarrow{OL}+s\overrightarrow{ON}=(1-s)\vec{a}+\frac{3-s}{4}\vec{c}+s\vec{d} \quad \cdots\text{①}$$

また，Hは直線EM上にあるので $\overrightarrow{EH}=t\overrightarrow{EM}$ （tは実数）

$$\overrightarrow{OH}=(1-t)\overrightarrow{OE}+t\overrightarrow{OM}=\left(1-\frac{t}{2}\right)\vec{a}+t\vec{c}+(1-t)\vec{d} \quad \cdots\text{②}$$

$\vec{a}$，$\vec{b}$，$\vec{c}$ は互いに一次独立なので，①，②を連立して

$$1-\frac{t}{2}=1-s, \quad t=\frac{3-s}{4}, \quad 1-t=s \iff s=\frac{1}{3}, \quad t=\frac{2}{3}$$

係数比較すると
きは，一次独立
の確認をする。

以上から，直線LNと直線EMは交わり

$$\text{EH}：\text{HM}=t：(1-t)=\frac{2}{3}：\frac{1}{3}=\mathbf{2：1} ─ 答$$

✓ SKILL UP

点Pが直線AB上にある。

$\iff$ $\overrightarrow{AP}=t\overrightarrow{AB}$ となる実数tが存在する。

54

四面体OABCの辺OA，OB，OCをそれぞれ1：1，2：1，3：1に内分する点
Lv.▪▫▫ をP，Q，Rとする。点Oと△PQRの重心Gを通る直線が平面ABCと交わる
点をKとする。$\overrightarrow{OA}=\vec{a}$，$\overrightarrow{OB}=\vec{b}$，$\overrightarrow{OC}=\vec{c}$とするとき，$\overrightarrow{OK}$を$\vec{a}$，$\vec{b}$，$\vec{c}$で表せ。

navigate
直線と平面の交点の問題である。それぞれの方程式を連立すればよい。

解

$$\overrightarrow{OP}=\frac{1}{2}\vec{a},\ \overrightarrow{OQ}=\frac{2}{3}\vec{b},\ \overrightarrow{OR}=\frac{3}{4}\vec{c}\ \text{より}$$

$$\overrightarrow{OG}=\frac{1}{3}(\overrightarrow{OP}+\overrightarrow{OQ}+\overrightarrow{OR})=\frac{1}{3}\left(\frac{1}{2}\vec{a}+\frac{2}{3}\vec{b}+\frac{3}{4}\vec{c}\right)=\frac{1}{6}\vec{a}+\frac{2}{9}\vec{b}+\frac{1}{4}\vec{c}$$

ここで，交点Kを求める。

Kは直線OG上にあるので　$\overrightarrow{OK}=t\overrightarrow{OG}$　（tは実数）

$$\overrightarrow{OK}=t\left(\frac{1}{6}\vec{a}+\frac{2}{9}\vec{b}+\frac{1}{4}\vec{c}\right)$$

$$=\frac{t}{6}\vec{a}+\frac{2}{9}t\vec{b}+\frac{t}{4}\vec{c}$$

また，Kは平面ABC上にあるので

$$\frac{t}{6}+\frac{2}{9}t+\frac{t}{4}=1\iff t=\frac{36}{23}$$

以上から

$$\overrightarrow{OK}=\frac{6}{23}\vec{a}+\frac{8}{23}\vec{b}+\frac{9}{23}\vec{c}\ \text{（答）}$$

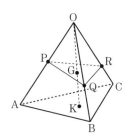

Kは平面ABC上にあるから，
$\overrightarrow{AK}=x\overrightarrow{AB}+y\overrightarrow{AC}$とおいて，始点を
Oにしたあと係数比較してもよい
が，左の方が簡単である。

✓ SKILL UP

異なる3定点A($\vec{a}$)，B($\vec{b}$)，C($\vec{c}$)を通る平面の
ベクトル方程式は

$$\overrightarrow{AP}=s\overrightarrow{AB}+t\overrightarrow{AC}\quad (s,\ t\text{は媒介変数})$$

点P($\vec{p}$)が異なる3定点A($\vec{a}$)，B($\vec{b}$)，C($\vec{c}$)

を通る平面ABC上にあるための必要十分条

件は

$$\vec{p}=r\vec{a}+s\vec{b}+t\vec{c}\ \text{かつ}\ r+s+t=1$$

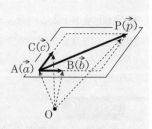

55

Lv. ▪▮▮▮

四面体ABCDにおいて，$\overrightarrow{AP}+2\overrightarrow{BP}+3\overrightarrow{CP}+6\overrightarrow{DP}=\vec{0}$を満たす点Pはどのような点か。

> navigate
>
> 点の位置の決定問題である。始点を統一して，平面の方程式が使えるように変形する。また，平面上における点の位置の決定は，始点を平面上の1点に統一して，内分点の公式が使えるように変形する。

解

$$(与式) \iff \overrightarrow{AP}=\frac{2\overrightarrow{AB}+3\overrightarrow{AC}+6\overrightarrow{AD}}{12}$$ 　　始点をAに統一する。

$$=\frac{11}{12}\cdot\frac{2\overrightarrow{AB}+3\overrightarrow{AC}+6\overrightarrow{AD}}{2+3+6}$$ 　平面の方程式が使えるように分母を11にする。

$\overrightarrow{AE}=\dfrac{2\overrightarrow{AB}+3\overrightarrow{AC}+6\overrightarrow{AD}}{11}$ …① とおくと，点Eは平面BCD上の点であり，

線分AEを11：1に内分する点がPである。

さらに　$\overrightarrow{AE}=\overrightarrow{BE}-\overrightarrow{BA}=\dfrac{2}{11}(-\overrightarrow{BA})+\dfrac{3}{11}(\overrightarrow{BC}-\overrightarrow{BA})+\dfrac{6}{11}(\overrightarrow{BD}-\overrightarrow{BA})$

$$\iff \overrightarrow{BE}=\frac{3\overrightarrow{BC}+6\overrightarrow{BD}}{11}=\frac{9}{11}\cdot\frac{3\overrightarrow{BC}+6\overrightarrow{BD}}{3+6}=\frac{9}{11}\cdot\frac{\overrightarrow{BC}+2\overrightarrow{BD}}{3}$$

$\overrightarrow{BF}=\dfrac{\overrightarrow{BC}+2\overrightarrow{BD}}{3}$とおくと，点Fは線分CDを

2：1に内分する点であり，線分BFを9：2に内分する点がEである。

以上から，

線分CDを2：1に内分する点をFとし，

線分BFを9：2に内分する点をEとするとき，

線分AEを11：1に内分する点がPである。—答

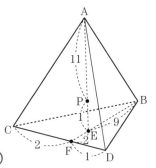

✓ SKILL UP

四面体の点の位置の決定

始点を統一して，平面の方程式が使えるように，分母を調整する。

56

四面体ABCDの内部に点Pをとる。正の定数 α, β, γ, δ に対して

Lv. ∎∎∎ $\alpha\overrightarrow{AP}+\beta\overrightarrow{BP}+\gamma\overrightarrow{CP}+\delta\overrightarrow{DP}=\vec{0}$ が成り立つ。四面体BCDP, ACDP, ABDP, ABCP

の体積をそれぞれ V_1, V_2, V_3, V_4 とするとき，$V_1:V_2:V_3:V_4$ を求めよ。

navigate

それぞれの線分比は前問 55 の解法と同様にして求める。

解

直線APと平面BCDの交点を Q_1，直線BPと平面ACDの交点を Q_2 とする。

$$\alpha\overrightarrow{AP}+\beta\overrightarrow{BP}+\gamma\overrightarrow{CP}+\delta\overrightarrow{DP}=\vec{0} \quad \cdots ①$$

$$\Longleftrightarrow \quad \overrightarrow{AP}=\frac{\beta\overrightarrow{AB}+\gamma\overrightarrow{AC}+\delta\overrightarrow{AD}}{\alpha+\beta+\gamma+\delta}=\frac{\beta+\gamma+\delta}{\alpha+\beta+\gamma+\delta}\cdot\frac{\beta\overrightarrow{AB}+\gamma\overrightarrow{AC}+\delta\overrightarrow{AD}}{\beta+\gamma+\delta}$$

$\overrightarrow{AQ_1}=\dfrac{\beta\overrightarrow{AB}+\gamma\overrightarrow{AC}+\delta\overrightarrow{AD}}{\beta+\gamma+\delta}$ とおくと，点 Q_1 は平面BCD上の点で，

$\overrightarrow{AP}=\dfrac{\beta+\gamma+\delta}{\alpha+\beta+\gamma+\delta}\overrightarrow{AQ_1}$，$AP:PQ_1=(\beta+\gamma+\delta):\alpha$ から

$$V_1=\frac{\alpha}{\alpha+\beta+\gamma+\delta}V$$

① から　$\overrightarrow{BP}=\dfrac{\alpha\overrightarrow{BA}+\gamma\overrightarrow{BC}+\delta\overrightarrow{BD}}{\alpha+\beta+\gamma+\delta}$

$$=\frac{\alpha+\gamma+\delta}{\alpha+\beta+\gamma+\delta}\cdot\frac{\alpha\overrightarrow{BA}+\gamma\overrightarrow{BC}+\delta\overrightarrow{BD}}{\alpha+\gamma+\delta}$$

$\overrightarrow{BQ_2}=\dfrac{\alpha\overrightarrow{BA}+\gamma\overrightarrow{BC}+\delta\overrightarrow{BD}}{\alpha+\gamma+\delta}$ とおくと，

点 Q_2 は平面ACD上の点であり　$\overrightarrow{BP}=\dfrac{\alpha+\gamma+\delta}{\alpha+\beta+\gamma+\delta}\overrightarrow{BQ_2}$

$BP:PQ_2=(\alpha+\gamma+\delta):\beta$ から　$V_2=\dfrac{\beta}{\alpha+\beta+\gamma+\delta}V$

同様に，$V_3=\dfrac{\gamma}{\alpha+\beta+\gamma+\delta}V$，$V_4=\dfrac{\delta}{\alpha+\beta+\gamma+\delta}V$ となり

$$\boldsymbol{V_1:V_2:V_3:V_4=\alpha:\beta:\gamma:\delta} \;—\text{(答)}$$

✓ SKILL UP

点の位置の決定では，対称性を利用する。

Theme 15 | 垂線

57
Lv.∎∎▮▮

2点A(1, -4, 1), B(0, -3, 3)がある。点Oから直線ABに下ろした垂線と直線ABとの交点Hの座標を求めよ。

58
Lv.∎▮▮▮

四面体OABCにおいて, 点Oから平面ABCに下ろした垂線をOHとする。$\overrightarrow{OA}=\vec{a}$, $\overrightarrow{OB}=\vec{b}$, $\overrightarrow{OC}=\vec{c}$とし, $|\vec{a}|=|\vec{c}|=4$, $|\vec{b}|=3$, $\vec{a}\cdot\vec{b}=\vec{b}\cdot\vec{c}=6$, $\vec{c}\cdot\vec{a}=8$のとき, $\overrightarrow{OH}$を$\vec{a}$, $\vec{b}$, $\vec{c}$を用いて表せ。

59
Lv.∎∎▮▮

3点A(0, 0, 2), B(1, 0, 1), C(0, 1, 3)を通る平面に点P(a, $a+4$, 0)から垂線PHを下ろしたとき, Hが△ABCの内部(周は含まない)にあるような定数aの値の範囲を求めよ。

60
Lv.∎∎▮▮

Oを原点として, 3点A(2, 1, 4), B(3, 0, 1), C(1, 2, 1)がある。四面体OABCの体積を求めよ。

Theme分析

このThemeでは，垂線について扱う。空間ベクトルで頻出のテーマなのでしっかり習得しておきたい。まずは，ある点から，直線に下ろした垂線について確認する。これは平面ベクトルでも学習している。

点Aから直線BCに下ろした垂線をAHとする。
$\iff$　点Hは直線BC上　かつ　$\overrightarrow{AH} \perp \overrightarrow{BC}$
$\iff$　$\overrightarrow{BH} = t\overrightarrow{BC}$ (tは実数)　かつ　$\overrightarrow{AH} \cdot \overrightarrow{BC} = 0$

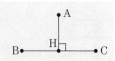

また，ある点から，平面に下ろした垂線について確認する。

点Dから平面ABCに下ろした垂線をDHとする。
$\iff$　点Hは平面ABC上　かつ　$\overrightarrow{DH} \perp$ 平面ABC
$\iff$　$\overrightarrow{AH} = s\overrightarrow{AB} + t\overrightarrow{AC}$ (s, tは実数)
　　かつ　$\overrightarrow{DH} \cdot \overrightarrow{AB} = 0$, $\overrightarrow{DH} \cdot \overrightarrow{AC} = 0$

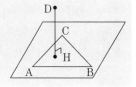

【例題】　3点 A$(2, 0, 0)$, B$(0, 1, 1)$, C$(1, 1, -1)$ を通る平面 α に点 D$(6, 7, -1)$ から下ろした垂線と平面 α との交点Hの座標を求めよ。

$\overrightarrow{AH} = s\overrightarrow{AB} + t\overrightarrow{AC}$ を利用する。
点Hは平面ABC上にあるから
　　　$\overrightarrow{AH} = s\overrightarrow{AB} + t\overrightarrow{AC}$ (s, tは実数)
　　　$\overrightarrow{OH} = (1-s-t)\overrightarrow{OA} + s\overrightarrow{OB} + t\overrightarrow{OC}$ $\iff$ $\overrightarrow{OH} = (2-2s-t, s+t, s-t)$
よって　$\overrightarrow{DH} = \overrightarrow{OH} - \overrightarrow{OD}$
　　　　　$= (-4-2s-t, s+t-7, s-t+1)$
ここで，直線DHと平面ABCは垂直なので
　　　$\overrightarrow{DH} \cdot \overrightarrow{AB} = 0$ $\iff$ $3s+t+1 = 0$
　　　$\overrightarrow{DH} \cdot \overrightarrow{AC} = 0$ $\iff$ $2s+3t-4 = 0$

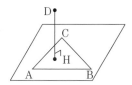

これらから，$s = -1$, $t = 2$ となり
　　　H$(2, 1, -3)$

57

Lv.∎∎ll

2点 A(1, −4, 1), B(0, −3, 3)がある。点Oから直線ABに下ろした垂線と直線ABとの交点Hの座標を求めよ。

navigate
垂直条件だけでなく，Hが直線AB上にあることを利用する。

解1

点Hは，直線AB上にあるので $\overrightarrow{AH}=t\overrightarrow{AB}$ （tは実数）

$\iff \overrightarrow{OH}=\overrightarrow{OA}+t\overrightarrow{AB}$

$\iff \overrightarrow{OH}=\begin{pmatrix}1\\-4\\1\end{pmatrix}+t\begin{pmatrix}-1\\1\\2\end{pmatrix}=\begin{pmatrix}-t+1\\t-4\\2t+1\end{pmatrix}$

$\overrightarrow{OH}\perp\overrightarrow{AB}$ であるから $\overrightarrow{OH}\cdot\overrightarrow{AB}=0$

O(0, 0, 0)

B(0, −3, 3)

H

A(1, −4, 1)

より $\begin{pmatrix}-t+1\\t-4\\2t+1\end{pmatrix}\cdot\begin{pmatrix}-1\\1\\2\end{pmatrix}=0 \iff -(-t+1)+(t-4)+2(2t+1)=0$

よって $t=\dfrac{1}{2}$ ゆえに $\mathbf{H\left(\dfrac{1}{2},\ -\dfrac{7}{2},\ 2\right)}$ —㊜

解2

正射影ベクトルを利用する。

$\overrightarrow{AO}$ の $\overrightarrow{AB}$ 方向への正射影が $\overrightarrow{AH}$ より $\overrightarrow{AH}=\dfrac{\overrightarrow{AB}\cdot\overrightarrow{AO}}{|\overrightarrow{AB}|^2}\overrightarrow{AB}$ 問題8参照。

$\overrightarrow{AO}\cdot\overrightarrow{AB}=\begin{pmatrix}-1\\4\\-1\end{pmatrix}\cdot\begin{pmatrix}-1\\1\\2\end{pmatrix}=3,\ |\overrightarrow{AB}|^2=(-1)^2+1^2+2^2=6$ から

$\overrightarrow{AH}=\dfrac{1}{2}\overrightarrow{AB} \iff \overrightarrow{OH}=\overrightarrow{OA}+\dfrac{1}{2}\overrightarrow{AB}=\begin{pmatrix}1\\-4\\1\end{pmatrix}+\dfrac{1}{2}\begin{pmatrix}-1\\1\\2\end{pmatrix}$

$=\left(\dfrac{1}{2},\ -\dfrac{7}{2},\ 2\right)$ —㊜

✓ SKILL UP

点Aから直線BCに下ろした垂線をAHとする。

$\iff$ 点Hは直線BC上 かつ $\overrightarrow{AH}\perp\overrightarrow{BC}$

$\iff \overrightarrow{BH}=t\overrightarrow{BC}$ （tは実数） かつ $\overrightarrow{AH}\cdot\overrightarrow{BC}=0$

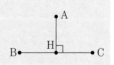

58 四面体OABCにおいて，点Oから平面ABCに下ろした垂線をOHとする。

Lv.▫▫▪▪ $\overrightarrow{OA}=\vec{a}$, $\overrightarrow{OB}=\vec{b}$, $\overrightarrow{OC}=\vec{c}$ とし，$|\vec{a}|=|\vec{c}|=4$, $|\vec{b}|=3$, $\vec{a}\cdot\vec{b}=\vec{b}\cdot\vec{c}=6$, $\vec{c}\cdot\vec{a}=8$
のとき，$\overrightarrow{OH}$を$\vec{a}$, $\vec{b}$, $\vec{c}$を用いて表せ。

🚩 navigate

Hは平面ABC上にあるから，$\overrightarrow{AH}=s\overrightarrow{AB}+t\overrightarrow{AC}$が成り立つ。また，
$\overrightarrow{OH}\perp\overrightarrow{AB}$, $\overrightarrow{OH}\perp\overrightarrow{AC}$である。

- -

解

点Hは，平面ABC上にあるから
$\qquad \overrightarrow{AH}=s\overrightarrow{AB}+t\overrightarrow{AC}$ （s, tは実数） 平面のベクトル方程式。
$\iff \overrightarrow{OH}-\overrightarrow{OA}=s(\overrightarrow{OB}-\overrightarrow{OA})+t(\overrightarrow{OC}-\overrightarrow{OA})$
$\iff \overrightarrow{OH}=(1-s-t)\vec{a}+s\vec{b}+t\vec{c}$

直線OHは平面ABCに垂直であるから，
$\overrightarrow{OH}\perp\overrightarrow{AB}$, $\overrightarrow{OH}\perp\overrightarrow{AC}$である。

$\overrightarrow{OH}$と平面ABCが垂直になるのは，平面ABC上の2本のベクトルと垂直になるときである。

$\qquad \overrightarrow{OH}\cdot\overrightarrow{AB}=0$
$\iff \{(1-s-t)\vec{a}+s\vec{b}+t\vec{c}\}\cdot(\vec{b}-\vec{a})=0$
$\iff (1-s-t)\vec{a}\cdot\vec{b}+s|\vec{b}|^2+t\vec{b}\cdot\vec{c}-(1-s-t)|\vec{a}|^2-s\vec{a}\cdot\vec{b}-t\vec{c}\cdot\vec{a}=0$
$\iff 13s+8t=10$ …①
$\qquad \overrightarrow{OH}\cdot\overrightarrow{AC}=0$
$\iff \{(1-s-t)\vec{a}+s\vec{b}+t\vec{c}\}\cdot(\vec{c}-\vec{a})=0$
$\iff (1-s-t)\vec{a}\cdot\vec{c}+s\vec{b}\cdot\vec{c}+t|\vec{c}|^2-(1-s-t)|\vec{a}|^2-s\vec{a}\cdot\vec{b}-t\vec{c}\cdot\vec{a}=0$
$\iff s+2t=1$ …②

①，②を解いて $s=\dfrac{2}{3}$, $t=\dfrac{1}{6}$

よって $\overrightarrow{\textbf{OH}}=\dfrac{1}{6}\vec{a}+\dfrac{2}{3}\vec{b}+\dfrac{1}{6}\vec{c}$ —(答)

✓ SKILL UP

点Dから平面ABCに下ろした垂線をDHとする。
$\iff$ 点Hは平面ABC上 かつ $\overrightarrow{DH}\perp$平面ABC
$\iff \overrightarrow{AH}=s\overrightarrow{AB}+t\overrightarrow{AC}$ （s, tは実数）
$\qquad$ かつ $\overrightarrow{DH}\cdot\overrightarrow{AB}=0$, $\overrightarrow{DH}\cdot\overrightarrow{AC}=0$

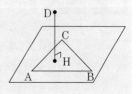

59

3点 A(0, 0, 2), B(1, 0, 1), C(0, 1, 3)を通る平面に点P(a, $a+4$, 0)から垂線PHを下ろしたとき, Hが△ABCの内部(周は含まない)にあるような定数aの値の範囲を求めよ。

Lv.

---

navigate

垂線と平面との交点Hが△ABCの内部にあるのは, $\overrightarrow{AH}=s\overrightarrow{AB}+t\overrightarrow{AC}$について, $s>0$, $t>0$, $s+t<1$ が成り立つときである。

解

点Hは平面ABC上にあるから $\overrightarrow{AH}=s\overrightarrow{AB}+t\overrightarrow{AC}$ (s, tは実数)

$\iff \overrightarrow{OH}=(1-s-t)\overrightarrow{OA}+s\overrightarrow{OB}+t\overrightarrow{OC}$

$= (s, t, 2-s+t)$

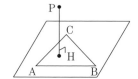

直線PHは平面ABCに垂直であるから, $\overrightarrow{PH}\perp\overrightarrow{AB}$, $\overrightarrow{PH}\perp\overrightarrow{AC}$である。

ここで $\overrightarrow{PH}=(s-a, t-a-4, 2-s+t)$

$\overrightarrow{AB}=(1, 0, -1)$, $\overrightarrow{AC}=(0, 1, 1)$

であるから

$\overrightarrow{PH}\cdot\overrightarrow{AB}=0 \iff (s-a)-(2-s+t)=0$

$\iff 2s-t-a-2=0$ …①

$\overrightarrow{PH}\cdot\overrightarrow{AC}=0 \iff (t-a-4)+(2-s+t)=0$

$\iff s-2t+a+2=0$ …②

①, ②を解いて $s=a+2$, $t=a+2$

Hは△ABCの内部にあるから, $\overrightarrow{AH}=s\overrightarrow{AB}+t\overrightarrow{AC}$において

$s>0$ かつ $t>0$ かつ $s+t<1$

$\iff a+2>0$ かつ $(a+2)+(a+2)<1$

$\iff \boldsymbol{-2<a<-\dfrac{3}{2}}$ —答

✓ SKILL UP

点Dから三角形ABCの内部に下ろした垂線をDHとする。

$\iff$ 点Hは三角形ABCの内部 かつ $\overrightarrow{DH}\perp$平面ABC

$\iff \overrightarrow{AH}=s\overrightarrow{AB}+t\overrightarrow{AC}$ (s, tは実数), $s>0$, $t>0$, $s+t<1$

かつ $\overrightarrow{DH}\cdot\overrightarrow{AB}=0$, $\overrightarrow{DH}\cdot\overrightarrow{AC}=0$

60 Oを原点として，3点A(2, 1, 4)，B(3, 0, 1)，C(1, 2, 1)がある。四面体OABCの体積を求めよ。

Lv. ∎∎∎∎

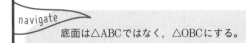

navigate 底面は△ABCではなく，△OBCにする。

解

$\overrightarrow{OB}=(3, 0, 1)$，$\overrightarrow{OC}=(1, 2, 1)$の2つのベクトルに垂直なベクトルを$\vec{n}=(a, b, c)$とすると

$$\vec{n}\cdot\overrightarrow{OB}=0, \quad \vec{n}\cdot\overrightarrow{OC}=0$$

から　$a:b:c=1:1:(-3)$

外積をひそかに使う。

平面OBCの法線ベクトルを，$\vec{n}=(1, 1, -3)$，P(x, y, z)とすると

$$\vec{n}\cdot\overrightarrow{OP}=0 \iff x+y-3z=0$$

したがって，この平面と点A(2, 1, 4)の距離hは

$$h=\frac{|2+1-3\cdot4|}{\sqrt{1^2+1^2+(-3)^2}}=\frac{9}{\sqrt{11}}$$

一方で，△OBCの面積Sは

$$S=\frac{1}{2}\sqrt{|\overrightarrow{OB}|^2|\overrightarrow{OC}|^2-(\overrightarrow{OB}\cdot\overrightarrow{OC})^2}$$

$$=\frac{1}{2}\sqrt{10\cdot6-4^2}=\sqrt{11}$$

以上より，求める四面体OABCの体積Vは

$$V=\frac{1}{3}\cdot\triangle OBC\cdot h=\frac{1}{3}\cdot\sqrt{11}\cdot\frac{9}{\sqrt{11}}=\boldsymbol{3}\ \text{─(答)}$$

✓ SKILL UP

右図の四面体OABCについて

$$\text{底面積}\triangle OBC=\frac{1}{2}\sqrt{|\overrightarrow{OB}|^2|\overrightarrow{OC}|^2-(\overrightarrow{OB}\cdot\overrightarrow{OC})^2}$$

高さ AH＝点Aと平面OBCの距離

として，体積$=\frac{1}{3}\cdot\triangle OBC\cdot AH$で求められる。

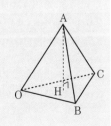

正規分布表

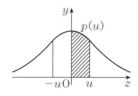

u	.00	.01	.02	.03	.04	.05	.06	.07	.08	.09
0.0	0.0000	0.0040	0.0080	0.0120	0.0160	0.0199	0.0239	0.0279	0.0319	0.0359
0.1	0.0398	0.0438	0.0478	0.0517	0.0557	0.0596	0.0636	0.0675	0.0714	0.0753
0.2	0.0793	0.0832	0.0871	0.0910	0.0948	0.0987	0.1026	0.1064	0.1103	0.1141
0.3	0.1179	0.1217	0.1255	0.1293	0.1331	0.1368	0.1406	0.1443	0.1480	0.1517
0.4	0.1554	0.1591	0.1628	0.1664	0.1700	0.1736	0.1772	0.1808	0.1844	0.1879
0.5	0.1915	0.1950	0.1985	0.2019	0.2054	0.2088	0.2123	0.2157	0.2190	0.2224
0.6	0.2257	0.2291	0.2324	0.2357	0.2389	0.2422	0.2454	0.2486	0.2517	0.2549
0.7	0.2580	0.2611	0.2642	0.2673	0.2704	0.2734	0.2764	0.2794	0.2823	0.2852
0.8	0.2881	0.2910	0.2939	0.2967	0.2995	0.3023	0.3051	0.3078	0.3106	0.3133
0.9	0.3159	0.3186	0.3212	0.3238	0.3264	0.3289	0.3315	0.3340	0.3365	0.3389
1.0	0.3413	0.3438	0.3461	0.3485	0.3508	0.3531	0.3554	0.3577	0.3599	0.3621
1.1	0.3643	0.3665	0.3686	0.3708	0.3729	0.3749	0.3770	0.3790	0.3810	0.3830
1.2	0.3849	0.3869	0.3888	0.3907	0.3925	0.3944	0.3962	0.3980	0.3997	0.4015
1.3	0.4032	0.4049	0.4066	0.4082	0.4099	0.4115	0.4131	0.4147	0.4162	0.4177
1.4	0.4192	0.4207	0.4222	0.4236	0.4251	0.4265	0.4279	0.4292	0.4306	0.4319
1.5	0.4332	0.4345	0.4357	0.4370	0.4382	0.4394	0.4406	0.4418	0.4429	0.4441
1.6	0.4452	0.4463	0.4474	0.4484	0.4495	0.4505	0.4515	0.4525	0.4535	0.4545
1.7	0.4554	0.4564	0.4573	0.4582	0.4591	0.4599	0.4608	0.4616	0.4625	0.4633
1.8	0.4641	0.4649	0.4656	0.4664	0.4671	0.4678	0.4686	0.4693	0.4699	0.4706
1.9	0.4713	0.4719	0.4726	0.4732	0.4738	0.4744	0.4750	0.4756	0.4761	0.4767
2.0	0.4772	0.4778	0.4783	0.4788	0.4793	0.4798	0.4803	0.4808	0.4812	0.4817
2.1	0.4821	0.4826	0.4830	0.4834	0.4838	0.4842	0.4846	0.4850	0.4854	0.4857
2.2	0.4861	0.4864	0.4868	0.4871	0.4875	0.4878	0.4881	0.4884	0.4887	0.4890
2.3	0.4893	0.4896	0.4898	0.4901	0.4904	0.4906	0.4909	0.4911	0.4913	0.4916
2.4	0.4918	0.4920	0.4922	0.4925	0.4927	0.4929	0.4931	0.4932	0.4934	0.4936
2.5	0.4938	0.4940	0.4941	0.4943	0.4945	0.4946	0.4948	0.4949	0.4951	0.4952
2.6	0.49534	0.49547	0.49560	0.49573	0.49585	0.49598	0.49609	0.49621	0.49632	0.49643
2.7	0.49653	0.49664	0.49674	0.49683	0.49693	0.49702	0.49711	0.49720	0.49728	0.49736
2.8	0.49744	0.49752	0.49760	0.49767	0.49774	0.49781	0.49788	0.49795	0.49801	0.49807
2.9	0.49813	0.49819	0.49825	0.49831	0.49836	0.49841	0.49846	0.49851	0.49856	0.49861
3.0	0.49865	0.49869	0.49874	0.49878	0.49882	0.49886	0.49889	0.49893	0.49897	0.49900

著者

松村 淳平

高等進学塾 専任講師。医進予備校 MEDiC および学研プライムゼミに出講中。
京都大学医学部医学研究科に在籍している頃から予備校の教壇に立ち始める。受験指導の楽しさに魅了されたことがきっかけで、医学の道から教育の道へ舵を切り、予備校講師として生きることを決意。
圧倒的なわかりやすさと豊富な知識で生徒を魅了し、人気講師に上りつめる。その授業を受講するために、他県からやってくる生徒も多い。難関大学へ数多くの生徒を合格させてきた実績を持つ。
ハイレベルな授業を展開する一方で、最も重要視しているのが「基礎の徹底」。本書の元となった基礎固め用のテキスト「技」は、著者の授業を受けている生徒はもちろん、塾に通っていない生徒も欲しがるほど。知る人ぞ知る名著である。

大学合格のための基礎知識と解法が身につく
技284 数学II・B＋ベクトル

STAFF

カバーデザイン	小口翔平＋後藤司（tobufune）
編集協力	能塚泰秋
校正	立石英夫，花園安紀
データ制作	株式会社 四国写研
印刷所	株式会社 リーブルテック
企画・編集	樋口亨